U0272732

高效**养羊**
综合配套新技术

第二版

张居农　主编

中国农业出版社

内 容 简 介

　　高效养羊是我国养羊业向工厂化、产业化方向发展的根本出路。全书共十四章，内容包括高效养羊的指导思想、发展途径、绵羊和山羊的生物学特性、饲草高产栽培、青贮、加工、保存技术、提高秸秆利用价值的方法、高效饲养及管理技术、高效高频繁殖管理技术、羔羊培育技术、肉羊高效育肥技术、羊产品及加工技术、兽医保健及防治指南、粪便无害化处理技术等。全书内容新颖，讨论问题深入全面，从高效养羊生产的重要环节入手，紧密联系我国当前养羊业的实际，借鉴了国内外的养羊新技术，并介绍了作者及其团队的最新科研成果。

　　本书适合于养羊专业户、大、中型养羊场技术人员阅读，可供农业院校畜牧、兽医专业师生和各级畜牧科技工作者参考，亦可作为农场、农村科技兴农的培训教材。

本书有关用药的声明

中国农业出版社

第二版编写人员

主　编　张居农

副主编　刘勇杰　云　鹏　剡根强　丑武江

　　　　　薛　渊　张　冰

编著者（以姓氏笔画为序）

　　　　　马学海　王　潇　王启菊　王国春

　　　　　王新峰　云　鹏　丑武江　卢全盛

　　　　　央　金　任航行　刘永祥　刘勇杰

　　　　　刘振国　吴新忠　宋　冉　张　冰

　　　　　张居农　苗启华　苓桂英　林松涛

　　　　　桂东城　晁生玉　剡根强　董正德

　　　　　蒋　琨　薛　渊

第一版编写人员

主　编　张居农
副主编　季明远
编著者（以姓氏笔画为序）

　　　　王东军　刘振国　李　辉　杨永军

　　　　张居农　苗启华　季明远　郭成宽

　　　　剡根强　闫增平　蒋学国　戴焕喜

第二版序一

　　1998 年 12 月，在山东的中国养羊学分会学术研讨会上，张居农教授宣读了他的论文——《工厂化高效养羊是我国养羊业的根本出路》，提出并阐述了"工厂化高效养羊"观点。

　　用高新技术改造传统养羊业；是本书的突出观点。本书以高效养羊的技术关键环节为主线，重点论述了优质饲草的高产栽培、饲草保存及提高秸秆利用价值、高效饲养与管理、高效繁殖与管理、羔羊培育、肉羊育肥、兽医保健、粪便无害化处理及羊产品的加工等方面的技术要点。张居农教授及团队根据多年从事养羊生产和科研的实践与经验，大量吸收并结合国内外养羊新技术，紧密结合工厂化高效养羊的实际，对本书第一版进行了修订。许多成果是首次公布。

　　我国养羊业正面临一场新技术革命的冲击，也可以说是严峻的考验。"适者生存"，顺应这种潮流，中国的养羊业才能振兴，才能大发展，才能跟上时代的步伐。应张居农教授之邀，我十分乐意向各位推荐并作此序。

　　祝贺本书的再版，愿本书成为我国养羊业生产、教学和科研工作人员有益的工具，对促进养羊业的科技进步发挥重要作用。

中国畜牧兽医学会养羊分会理事长　　　　
河北农业大学教授、博士生导师　　张英杰

2014 年 6 月

第二版序二

　　《高效养羊综合配套新技术》第二版是张居农教授及团队根据近年的实践与经验在一版之上修订而成的，本次修订增加了许多新内容，其中有些技术还是首次公布。

　　在与中国西部从事动物科学的专家交往中，张居农教授是我首批结识的朋友之一。我与张居农教授曾多次共同考察中国的一些农场、牧场、农村和城市郊区，从多方面验证了工厂化高效养羊的理论与技术思想。

　　再版《高效养羊综合配套新技术》，将为中国的工厂化高效养羊增添技术支持。

　　在此，谨向张居农教授表示祝贺！

日本大学生物资源科学部
农学博士　教授　藩　英仁
亚洲山羊之友会会长　　2014 年 6 月

第一版序一

　　张居农先生在多年从事养羊业生产和科学研究实践的基础上，汲取了当代国内外养羊业方面的新技术、新成果，撰写出《高效养羊综合配套新技术》一书。该书以高效养羊新技术为主线，重点介绍了优质饲草的高产栽培、饲草的保存及提高秸秆利用价值的方法、羊群的现代饲养管理工艺和繁殖新技术、羔羊培育和肉羊育肥方法、兽医保健、粪便无害化处理及羊产品加工技术等，是一部深入浅出、理论紧密联系实际，综合应用现代养羊新技术，促进养羊业向优质、高产、高效方向发展，具有重要参考价值的专著，特向全国养羊界和畜牧兽医界的同行们推荐，并应作者之邀以此作序。

中国畜牧兽医学会养羊学分会理事长　赵有璋
甘肃农业大学教授、博士研究生导师

2001 年 6 月 25 日于兰州

第一版序二

　　张居农教授是我在中国西部结识的首批从事动物科学的同事。自 1995 年以来，每年我们都有机会共同考察。《高效养羊综合配套新技术》一书所涉及的内容，我们在共同考察的农场、农村或牧场都能够看到，给我留下了深刻的印象。《高效养羊综合配套新技术》一书从理论到实际系统总结并提出了在中国实现工厂化高效养羊的思想和技术体系，愿它对中国养羊业的科技进步具有促进作用。在此，谨向作者表示祝贺！

日本大学生物资源科学部
农学博士　藩　英仁

2001 年 7 月 20 日

第二版前言

当前，我国的养羊业迅猛发展，养羊产业正处于由传统向现代化转型的重要时期。就我国养羊业的生产状况看，存在生产方式落后、生产力低下、养殖污染与环境保护矛盾突显、抗市场风险能力差、羊产品供应季节性不均衡、羊产品存在安全隐患等问题，已严重影响我国养羊业的发展进程。

在此形势下，我国的养羊产业应该选择什么样的模式？如何把握机遇，使我国的养羊产业向优质、高效、低耗、安全和快速的方向健康发展？张居农教授及团队集多年从事养羊生产、科研的经验和近些年取得的成果，组织修订的《高效养羊综合配套新技术》（第二版）全面回答了上述问题。本书本着系统性、科学性、先进性和突出实用性的原则，借鉴了国内外的养羊新技术，全面介绍了高效养羊的新技术。

工厂化高效养羊是由张居农等（1999年）提出的针对我国目前养羊生产水平的一种新的生产体系，也是本书的核心，其特点是羊场规模大、饲养密度高、生产全过程技术密集、生产周期短、生产力和劳动生产率高、产品适应市场需求、饲养方式以全舍饲为主。

工厂化高效养羊技术体系的主要内容包括优质饲草的高产栽培；优良品种的引种、改良、杂交与利用；高效饲养与管理；高频、高效繁殖与管理；兽医保健综合配套技术；粪便的无害化处理及高效利用；养羊生产产业化；过腹还田与农业可持续发展等。

希望本书的再版能为我国养羊业的发展起到有益作用。

河北农业大学动物科技学院

教授、博士生导师

于河北保定

2014 年 6 月

第一版前言

养羊业是我国畜牧业的重要组成部分,在国民经济及人民生活中具有重要地位。但是,我国养羊业的整体效益和生产形势却不容乐观。一方面,"一斤羊毛卖不到一斤棉花钱"的现实,严重影响到了养羊业的生存;另一方面,养羊生产经济效益低下,迫使许多具有养羊实力的国营大、中型农牧场把养羊当作"包袱",养羊生产出现"鸡肋现象",生产徘徊不前。

综观新疆乃至我国的养羊业,生产不景气并不是主流,在同样的羊肉、羊毛市场价格不高的形势下,也有的省、区养羊生产却呈现出勃勃生机,保持了可持续发展,其关键是养羊业的高效生产与生产的高效益有机的统一。在社会主义市场经济体系逐步确立的大形势下,我国的养羊业面临的最大问题是两个不适应:即首先不适应于市场法则,只抓生产,不看市场,不研究市场需求变化,或养羊生产科技含量低,靠天养羊,任其发展,对效益来自市场,市场是畜牧业可持续发展基础的认识模糊;第二,不适应在市场畜产品供不应求或销路很好时,数量型、粗放型养羊的增长,同市场经济机制不相适应。因此,我国的养羊生产的可持续发展必须走工厂化高效养羊的道路,建立新的生产体系。

目前,我国广大的农村和农场正面临着调整农业产业结构的关键时刻,能否将养羊业作为突破口,实行农牧结合,建设一个高效的农牧结合生态体系,是实现我国农业可持续发展的关键性战略举措。因此,在持续、稳定发展种植业的同时,必须建立一个高效节粮型的养羊生产体系,种植业为养羊业提供物质基础(饲草、料),养羊业为种植业提供有机肥,彼此互为供求关系。农作物秸秆及农副产品的"过腹还田",是节粮型或生态型畜牧业的重要基础。"秸秆养畜、过腹还田"可为农业提供大量的优质有机肥，减少化肥用量，改良了土壤，促进了农业生产的持续增产，从而实现农牧业的良性循环。

高效养羊是相对于我国目前养羊生产水平而设计建立的一种新生产体系，其特点是：羊场规模大，饲养密度高，生产全过程的技术密集，生产周期短，生产力和劳动生产率高，产品适应市场需求，饲养方式以全舍饲为主。这种理想的新体系也就是规模化、集约化的养羊生产体系，它要求生产者和管理者能够准确地掌握羊群对不同环境的反应特点，采用人为控制环境的配套技术，包括营养、繁殖、兽医保健等重要环节的调控，对养羊生产实行有效的控制；并能建立或组织完善的服务体系，达到规模化、集约化高效生产与产业化服务的平衡协调。高效养羊的基本指导思想是：以畜牧科学和现代科学技术为先导，以生产经济效益为中心，在适宜配套的生产、管理和经营体系中，最大限度地发挥和调动新技术的效力和生产者的积极性，使养羊业成为农业经济的新增长点，形成支柱产业。

在我国农牧区实施高效养羊生产体系，是实现养羊生产现代化的必由之路。特别是在我国经济发展的新形势下，养羊生产欲实现"两个根本转变"，必须借助于高效生产体系。针对当前我国养羊业的现状，在主持承担新疆生产建设兵团"规模化高效养羊综合配套技术研究"重大课题时，张居农、刻根强教授集多年从事养羊生产、科研的经验和近期取得的成果，组织编写了这本《高效养羊综合配套新技术》。从高效养羊的主体技术和技术关键入手，重点论述了优质饲草的高产栽培、饲草的保存及提高秸秆利用价值、高效饲养与管理、高效繁殖与管理、羔羊培育、肉羊育肥、兽医保健、粪便无害化处理及羊产品的加工等方面的技术要点。全书共分14章，本着系统性、资料性、科学性、先进性和突出实用性的原则，大量引用了国内、外的养羊新技术资料，首次介绍了作者的最新科研成果，目的是为新疆和我国的工厂化高效养羊的实施和推广提供系统、完善、全面的技术指导，并对高效养羊的学术交流起到抛砖引玉的作用。

由于编者学术水平的局限，对工厂化高效养羊这一新技术体系的前沿可能有把握不准、理解不完善之处，我们真诚欢迎广大畜牧科技工作者和读者能对本书提出宝贵意见。

新疆生产建设兵团副司令员

2001 年 8 月 14 日
于新疆乌鲁木齐市

目　录

第一章
高效养羊是实现我国养羊业腾飞的根本出路

第一节 高效养羊的概念与指导思想

工厂化高效养羊是由张居农等在 1999 年提出的符合我国现阶段养羊生产水平的一种新的生产体系,其核心是羊场规模大,饲养密度高,生产周期短,生产全过程技术密集,生产力和劳动生产率高,产品适应市场需求,饲养方式以全舍饲为主。这种新体系是现代规模化、工厂化的养羊生产体系,它要求生产者和管理者必须准确地掌握羊群对不同环境的反应特点,采用人为控制环境的配套技术,包括营养、繁殖、兽医保健等重要环节的调控,对养羊生产实行有效的控制,并能建立或组织完善的服务体系,以达到规模化、工厂化高效生产与产业化服务的平衡协调。

在我国农、牧区实施高效养羊生产体系,是实现养羊生产现代化的必由之路。特别是在我国经济发展的新形势下,养羊生产欲实现"两个根本转变",必须借助于高效生产体系。因此,高效养羊的基本指导思想应当是:以畜牧科学和现代科学技术为先导,以生产经济效益为中心,在配套的生产、管理和经营体系中,最大限度地发挥新技术的效力和调动生产者的积极性,使羊业成为农业经济的新增长点,形成支柱产业。

要达到高效养羊的理想目标，首要问题是转变观念、解放思想。冷静地分析养羊业现状和影响发展的制约因素，确立生产体系和发展方向，依市场需求组织生产。在养羊生产中推广应用高效生产配套技术，将会产生显著的经济效益，对于加快我国养羊业现代化步伐具有重要作用。

第二节　发展高效养羊业对国民经济的意义

羊是食草家畜，在牧区以放牧为主，适当补饲即可养好；在农区和半农半牧区利用大量的农副产品饲喂，可生产出高价值的羊绒、羊肉、羊皮和羊奶等产品。

在广大农村、牧区，以及老、少、边、穷地区，可以充分利用贫瘠的草场、荒山和荒坡养羊。养羊业是这些地区农、牧民脱贫致富奔小康的一项重要产业。

我国目前年产 4 亿多吨粮食，同时也产出 5.7 亿吨作物秸秆（相当于北方草原每年打草量的 50 倍）。合理而有效地利用农作物秸秆，将会大大促进食草家畜的发展。此外，全国农区有草山、草坡和滩涂 1.16 万公顷，这些草地每公顷产青草 3 000 千克以上，1 公顷草地相当于北方 3 公顷天然草场。我国草地面积有 2.7 亿公顷，占整个国土面积的 40%，是全国耕地面积的 3 倍。据统计，我国年产各种饼粕约 2 000 万吨、糠麸 5 000 万吨、糟渣 2 000 万吨和薯类 3 000 万吨，作饲料用的仅占 30%。全国农区绿肥作物总产量达 9 300 万吨，用作饲料的仅占 20%。上述丰富的草场、农副产品和作物秸秆资源均是羊可以利用的饲料。大力发展高效节粮型的食草家畜，具有巨大潜力，符合国家农业产业政策，也是我国农业可持续发展和农业现代化的基础。

养羊业在我国国民经济及人民生活中具有重要的意义。

1. 生产工业原料，支持工业建设　绵羊和山羊的羊毛、羊绒、羊奶、毛皮、板皮等产品，是重要的轻工业原料，它们可以纺织成各种衣料、针织衣物、绒线、毛线、呢绒、毛毯、地毯，以及工业用呢、毯。目前，全国生产的羊毛，特别是优质的细毛和半细毛产量不足，规格不全，不能满足毛纺工业的需要，每年都要从国外进口，花费大量外汇。因此，生产更多更好的羊毛和羊绒，是发展养羊业的重要任务。

羊肉、羊奶是食品工业加工腌腊食品、罐头食品及奶酪、奶粉、炼乳的原料。羊肠衣可以灌制香肠、腊肠，加工成琴弦、网球拍、医用缝合线。板皮是制革工业重要的原料，可以制成服装、鞋、帽、皮箱。羊毛毡是造纸工业必不可少的材料。发展养羊业，直接关系着食品、造纸、医药、皮革、化工等工业的发展，与国防工业也有密切关系。

2. 我国生产的山羊绒、毛皮、板皮和肠衣是传统的出口物资
我国的山羊绒被国际上誉为"白如雪、轻如云、软如丝"的毛纺原料珍品，深受各国欢迎。每年出口的山羊绒约占世界贸易量的50%。据中国畜牧业统计资料，2005年，我国羊年底数量29 792.7万只，羊肉产量为350.1万吨，但从2006年开始直至2010年，我国羊年底数量有所减少，分别为28 369.8万只、28 564.7万只、28 084.9万只、28 452.2万只和28 087.9万只；而羊肉产量却年年增加，分别为363.8万吨、382.6万吨、380.3万吨、389.4万吨和398.9万吨。相对于2005年，2006—2010年年底数量分别减少4.78%、4.12%、5.73%、4.50%和5.72%。

与此同时，我国成功地培育出了细毛新品种——中国美利奴羊，大批养羊技术成果向生产推广、转化，在养羊生产的重要环节，如饲养、管理、营养、繁殖、兽医保健等方面，均发生了根本性的进步，技术水平和养羊的科技含量大幅度提高。

我国生产的羊板皮数量多、质量好，著名的滩羊二毛皮、中卫山羊沙毛皮、湖羊羔皮、青山羊猾子皮，品质独特，在国际市场上颇受欢迎。绵羊和山羊的肠衣坚韧，价格高于猪肠衣和牛肠衣。畜产品的换汇率很高，上述产品均具有中国特色。近年来，我国羊肉出口一些伊斯兰教民族地区和国家，并有逐年增长的趋势。

随着我国轻工业加工水平的提高，羊产品经过深加工成为高档产品后出口，其兑换汇率将进一步提高，为我国换回大量外汇。

3. 调整食物结构，改善人民生活　毛、肉、奶、皮既是重要的工业原料，也是人民生活的必需品。随着我国人民生活水平的日益提高和消费观念的不断改变，对养羊业产品的需求也日益增长。

根据《中国中长期食物发展战略研究》和 2000 年中国主要食物产量的预测，我国 2000 年的食物结构模式中动物食品的人均消费量为肉类 24 千克、蛋类 12 千克、奶类 8 千克、水产品 9 千克，占总食物量的 14.7％；接近联合国粮农组织（FAO）制定的营养标准（日）：热能 11 296.8 千焦，蛋白质 70～75 克。肉食结构也将由目前的猪肉占 80％～90％调整到猪肉：牛、羊、兔肉：禽肉为 1∶1∶1 的合理比例。

羊毛衣物保暖性强，穿着舒适，美观大方，综合品质优于棉、麻和化学纤维，市场需求正不断增长。羊肉是我国人民的重要肉食品，更是牧区和伊斯兰教民族的主要肉食。羊肉脂肪少、脂肪球小、富含蛋白质，胆固醇含量低、风味独特、益于消化，是婴幼儿及老年人的理想肉食品。近年来，城镇居民喜吃羊肉的也越来越多，市场供不应求。

市场的需求为发展养羊创造了机会，激发了养羊业的持续增长。发展不同用途和品种的羊，不仅可以满足城乡居民和各族人民需要，也是现代工业对养羊业的又一重要要求。近年来，以种粮为主的农业区充分利用农副产品和作物秸秆资源，实行种、养、加一条龙的养羊生产模式，加快了发展步伐，取得了较好的经济效益。养羊业已成为农、牧区人民致富的新型产业。

4. 秸秆过腹还田，生产大量优质有机粪肥，促进农业可持续发展 羊粪尿是家畜粪便中肥分氮、磷、钾含量最高的优质有机粪便，其有机质、氮、磷酸和氧化钾含量分别为 31.4%、0.65%、0.47% 和 0.23%。羊粪肥在积肥、施用过程中，经过微生物的作用，最后形成腐殖质贮存在土壤中，有利于改良土壤、培育地力。它能调节土壤的水分、温度、空气及肥效，适时满足作物生长发育的需要；能调节土壤的酸碱度，形成土壤的团粒结构；能延长和增进肥效，促进水分迅速进入植物体；并有催芽、促进根系发育和保温等作用。

在由传统农业向现代农业转变过程中，将畜牧业作为突破口，实行农牧结合，建设一个高效的农牧结合生态体系，是实现我国农业可持续发展的关键性战略举措。一个完整的农牧结合生态体系，是由植物、动物和微生物三个子系统所组成。因此，在持续、稳定发展种植业的同时，必须建立一个高效节粮型畜牧生产体系。种植业为养羊业提供物质基础（饲草、料），养羊业为种植业提供有机肥，彼此互为供求关系。农作物秸秆及农副产品的"过腹还田"，是节粮型或生态型畜牧业的重要基础。1996 年由国务院转发农业部关于 1996—2000 年全国秸秆养畜过腹还田项目发展纲要，提出了发展目标和战略布局，制定了推进秸秆养畜的若干政策。该项目实施的经验业已证明："秸秆养畜、过腹还田"为农田提供大量的有机肥，减少了化肥用量，改良了土壤结构，促进了农业生产的持续增产，实现了农、牧业的良性循环。

第三节 我国养羊业的现状及发展前景

一、我国养羊业的现状

我国养羊业历史悠久，绵、山羊品种资源丰富，养羊数量和羊肉、羊皮、羊绒等产品的产量均居世界第一位。

改革开放以来，随着我国节粮型畜牧业的兴起，养羊业有了较快的发展。据国家统计局统计公报，我国 2010 年羊肉产量

398 万吨，人均占有仅为 2.97 千克，占全国肉类总产量的比重仅为 5.02％。从生产规模看，自 1986 年以来，我国羊肉总产量居于世界领先地位，并且迅速发展。1980 年，我国羊总存栏量为 18 731.1 万只，占世界羊总存栏量（157 802.9 万只）的 11.9％；但羊肉产量只有 44.5 万吨，仅占世界羊肉产量（727.9 万吨）的 6.1％。1980—2008 年 28 年间，我国羊肉产量增加了 335.9 万吨，年均增长率为 26.96％。与此同时，世界羊肉产量也在增加。2000—2004 年 5 年间，世界羊肉总量增加 79.25 万吨，增长了 7.01％，年均增长率 1.40％。而我国 2000—2004 年 5 年间，羊肉总量增加 125.3 万吨，增长了 45.73％，年均增长率 9.15％。比较而言，我国羊肉的生产量增长速度高于世界增长速度。另外，我国成功地培育出细毛羊新品种——中国美利奴羊，大批养羊技术成果向生产推广、转化。养羊生产的重要环节，如饲养、管理、营养、繁殖、兽医保健等方面，均发生了根本性的进步，技术水平和养羊的科技含量大幅度提高。

综观我国养羊业的发展现状，主要特点是：

1. 存栏数有起有伏，总趋势是不断增长，产品总量直线上升　牧区受自然条件和科技水平的限制，商品率仍不高。农区多以副业形式存在，存栏数不稳定，产品呈直线上升趋势，养羊的生产力提高幅度较大。

2. 由单纯的毛用向肉用方向发展　最近十余年来，许多地区养羊业的发展方向，已经明显地由过去的单纯毛用型向毛肉兼用型，有的完全向肉用方向发展，其主要原因有：①随着化学纤维产量、品种的迅速增加，以及纺织设备和纺织工艺技术水平的提高，羊毛需求量及其所占比重下降。②除信奉伊斯兰教的民族消费肉食品以牛、羊肉为主外，不少生活水平较高的城镇居民也趋向于食用牛、羊肉。因为在日常人们所食用的肉类中，牛、羊肉的胆固醇含量比较低，可以减少心血管系统疾病的威胁。③食品工艺和运输、冷藏技术的不断发展，使羊肉产品可以长期储藏和远距离快速运输。

3. 山羊增长快于绵羊增长　1978 年全国山羊存栏 7 354 万只；1994 年增长到 12 313.7 万只，增长了 67.4%，同一时期绵羊仅增长 21.8%；1997 年山羊存栏数达到 1.716 亿只，增幅超过绵羊。造成这一结果的主要原因是羊绒价格成倍提高，而羊毛价格增幅较缓。另外，山羊不仅可以在很多家畜不能生存的地方存活，适应性强，生产成本低，而且还能为人民提供珍贵的产品，发展潜力很大。

4. 羊肉价格牵动肉羊的发展　目前，我国国内羊肉需求增加，价格上扬，而羊毛价格持续在较低价位，如 1 千克细毛羊毛 15～25 元，而 1 千克羊肉可达 50～70 元。养羊有向肉用方向发展的趋势。不少牧区将已改良的细毛羊及其杂种羊用本地肉羊回交，以增加产肉生产力。这种现状及发展趋势极大地影响到细毛羊和半细毛羊的发展。

5. 由粗放经营转向集约化生产　长期以来，靠天养畜、粗放经营的养羊业已形成了完整的体系，这种生产体系已不适用当今的经济发展。随着时代的发展和科技进步的历程，许多省、区的养羊业发生了巨大的变革，采取科学、实用、有效的措施，使养羊业生产和经营发生了转变，取得了显著成效。

二、我国养羊业的发展前景

近年来，我国农区养羊迅速发展，经济效益显著提高，前景很好。例如，山东、河南是农业大省，粮食生产的发展，带动了养羊业的进步。

我国农区养羊业大发展具有得天独厚的优势，应转变观念，充分开发和利用非常规饲料资源，尤其是农区的农作物秸秆资源，大力发展以肉羊业为主导的节粮型畜牧业。

羊个体小，食草，易管理，对圈舍设备要求不高，可以放牧，也可舍饲。农户可 3～5 只分群饲养，也可规模化大群经营。养羊劳动强度小，可充分利用农村的闲散劳力和妇女从事该项产业。

羊繁殖快，在气候温和、草料丰富的农区可实行一年两产或两年三产，每胎产羔数也可增到1～2只或更多。

羊采食各种杂草，既可利用草山、草坡和田边地角放牧饲养，也可以利用各种农副产品及秸秆。采用人工种植或人工草场，以少量的土地种植优质高产饲草，是农区养羊业解决饲草不足的有效途径。人工草场和人工种植饲草的兴起，将会促进农区养羊业再上一个新台阶。牧区采用先进技术，积极改善生产条件，充分利用草场，或与农区结合，优势互补，生产力不断提高，抵御自然灾害的能力也会不断增强，生产形势将逐年转好。

第四节　实现高效养羊的途径

1. 建立新技术体系，依靠和推广先进、配套、实用的畜牧科学新技术　我国的养羊生产主要分布于偏远的牧区或农区，长期以来经营方式落后，生产水平偏低，远远不能适应市场经济的发展和市场需求。改革开放以来，农村政策的变革极大地调动了农、牧民的积极性，使得农业生产和养羊生产水平均有了长足的进步。但应当看到，我国的现代化养羊业才刚刚起步，各地的发展状况不平衡，有许多制约生产发展的实际问题还未得到解决。因此，在大力倡导发展高效养羊的同时，还要积极探索提高养羊生产管理的水平。借鉴国内外的成功经验，从我国的养羊生产实际出发，建立新技术体系，推广和应用现代畜牧科技综合配套技术，如塑料暖棚养羊，作物秸秆的青贮、氨化、微贮，饼粕饲料脱毒，增肉剂应用，羊群结构优化，绵羊高频繁殖，兽医保健技术，优质高产饲草栽培加工、高效利用，羊肉及其产品深加工增值和产-供-销一条龙服务体系的建立等。在推动千家万户养羊的同时，应依不同地区的生态条件，组织建立养羊生产基地，不断推动专业化、规模化和工厂化养羊的进程，提高我国养羊业的水平。

2. 建立和健全良种繁育及杂交利用新体系　依各地生态条

件和养羊的发展方向，引进适宜的优良绵、山羊或肉用羊品种，为农、牧民提供高产优质种公羊。在养羊比较集中的区域，设立人工授精站、网或供精点（鲜精或冻精）。建立养羊生产技术指导站或养羊协会，推广先进、实用的综合配套技术，培训养羊技术人员，开展试验研究，以点带面，取得经验后大力推广。

3. 建立饲草、饲料高产栽培、加工与高效利用的生产—供应新体系 养羊的成本 60%～70% 是饲草、饲料，要使养羊生产有利润，首要问题是解决饲草、饲料的充足、平衡供应和大幅度降低饲草、饲料生产成本。我国青、粗饲料，农副产品资源，特别是农作物秸秆资源十分丰富，利用潜力巨大。如何发掘资源优势，并将资源优势转化为产业优势，如何建立农区生态型畜牧业新格局，农、牧区的养羊业如何有机结合等问题，都是需要进一步研究的新课题。

饲草、饲料是发展现代养羊业的基础。要实现现代养羊，必须改变靠天养羊的传统生产方式，积极改造与合理利用天然草场，提高产量，计划放牧。在现阶段，有计划地利用撂荒地、轮作田和基本农田，建立稳定高产田，以极少量的土地生产大量的优质饲草，是达到工厂化养羊的有效途径。不论在农区还是牧区，树立依靠人工草场彻底解决羊群饲草不足问题的思想十分重要。与此同时，还应该考虑充分利用各种农作物秸秆，适时收集，采用物理、化学、生物的方法，进行粉碎、氨化、发酵等加工处理，提高饲草的利用率。采用人工草场和充分利用作物秸秆的综合措施，保证羊群营养的全年均衡供应，在此基础上才能发掘羊生产的最大潜力，达到最佳效益。

4. 改善饲养管理条件，提高劳动生产率 饲养管理是保证绵、山羊正常生产、繁殖和产品生产的基础。因此，必须逐步改善饲养管理条件，实现科学养羊。

改变靠天养羊、粗放饲养的传统养羊习惯，建立稳定的饲草、饲料生产基地，积极发展全价配合饲料工业，按营养需要进行标准化饲养。同时，要加强棚圈建设，根据不同气候条件，因地制宜地修建羊舍。北方和高寒牧区要大力推广塑料暖棚养羊技术，南方潮湿地区提倡修建简易楼式羊舍。为了提高劳动生产率，应大力推广机械剪毛、种草贮草机械化，降低劳动强度，提高生产效率。

从工厂化养羊生产需要出发，应积极研究和探索适宜的羊舍建筑模式，从源头抓起，使基础设施建设跟上养羊发展的步伐，成为高效生产的保障。

5. 发展龙头企业，建立产加销、贸工牧生产新体系 在高效养羊生产过程中，必须坚持以市场需求为导向，以经济效益为中心。我国山东省的成功经验证明，只有抓好龙头企业，才能连接广大养羊生产单位，不断拓宽、发展市场。为确保养羊业的活力，要建设好各类羊生产基地，突出特点，形成整体规模，抗御市场风险。建设好龙头企业，实行名牌战略，创畜产品名牌。开发拳头产品，实行产-加-销一条龙的生产体系，贸-工-牧一体化经营，走产业化发展道路。只要采取这种生产经营方式，养羊业才能不断持续发展。

6. 加强养羊科学研究，建立完善的科技推广服务体系 养羊科学研究必须面向养羊生产，面向未来。紧密围绕养羊生产中的技术重点和难点，开展科学研究和技术攻关。采取实用技术的合理组装配套等方法，发挥技术的整体效应，是加快实现养羊现代化的关键。与此同时，建立完善的技术推广服务体系，广泛采用现代化养羊技术和科研成果，不断提高养羊生产的科技含量，也是养羊业现代化进程的保障措施。

第五节 高效养羊的生产工艺流程与 生产体系设计原则

一、生产工艺流程

将高效养羊视为工厂化生产的一种完整技术体系，其要点如下：

1. 优质饲草的高产栽培 饲草生产的方针首先是高产，第二是优质。用极少量的优良土地种植，提高种草的经济效益；其次才是开发利用农作物秸秆，开发非常规饲料资源，大幅度降低饲草成本，提高养羊生产效益。

2. 优良品种的引种、改良、杂交与利用 依各地的自然环境、经济、文化、消费习惯及市场发展等特点，科学地选定适合本地的养羊品种。在确立生产方向后，采用现代繁殖新技术，积极选择和引进推广适宜的新品种，建立高效、高产品种选育的技术体系。

3. 高效饲养与管理 采用非蛋白氮的利用、饲料组合效应、饲料卫生、饲草青贮与秸秆微贮、羔羊超早期断奶与代乳品、环境调控与营养调控和系统管理等综合技术，重点控制养羊的生产效益与羊肉的质量。

4. 高频、高效繁殖与管理 这是工厂化养羊高效生产的核心技术。主要应用公羊生殖保健与人工授精体系优化、母羊发情调控、高频繁殖（母羊一年两产、两年三产，当年母羔当年配种）、母羊多胎、高频繁殖的营养调控等配套技术，以保障养羊生产实现高效益。

5. 羊群的兽医保健 对羔羊、种羊、围产期母羊实施兽医保健，羊群主要疾病的防、检、驱程序，饲草、料及饮水的卫生质量控制，羊舍环境净化和营养性疾病的防治等实行综合管理，以确保羊群的安全生产。

6. 粪便的无害化处理及高效利用 实行羊粪便无害化处理，羊舍恶臭控制，高效复合有机肥料制造以及粪便污染监测等配套技术，增加肉羊生产的附加值。

7. 养羊生产产业化 依市场需求进行名、优、特产品的开发与生产，在产品的精、深加工，市场培育与市场网络建立以及产—供—销一体化体系等方面建立新的机制。

8. 过腹还田与农业可持续发展　通过工厂化高效养羊的积肥模式，建立增施有机肥为主的稳产、高产田，实现并建立农牧结合生态体系的良性循环。

在这个循环的生产体系中，每一个环节都相互制约，相互影响，缺一不可。

二、生产体系的设计原则

在高效养羊中引入食物链理论，正确应用其法则，用整体论作指导，把养羊生产作为一个完整的生产体系，在现代科学技术的调控下，用尽可能少的饲草、饲料，在尽可能短的周期内生产尽可能多的产品，以期获得尽可能高的经济效益，并达到或维持尽可能好的生态平衡。

在设计高效养羊生产体系的模式时，要正确应用以下基本原则：

1. 注重营养层次的多少与能量消耗的相互关系　在高效养羊生态工程设计上，切忌盲目性，要注意使食物链的低营养级的物质和能量得到最充分的利用，尽早从生态系统中取出产品。这就是说，满足各类羊的营养需要，发挥品种的最佳生产性能，缩短生产周期，降低能量的损失，这也是高效养羊生产体系设计时首先要考虑的重点问题。

2. 尽量扩大食物链的源头——第一性生产（植物的）**生物量**　充分利用一切土地，不仅要尽量扩大饲料（草）种植面积，而且要求饲草料种植的品种齐全，"花色俱全"，建立多层次、多种类的立体植物群落结构，开发能量转化高的饲料作物。只有丰富了"源"，才能有充足的"流"。

3. 饲养的羊群头数必须与能够提供饲料的总量保持一定的比例关系，使之保持相互间的动态平衡　依各地不同草场、饲草料和草地的生态条件设计载畜量，才能取得最佳的经济效益。只有保证羊群有全年均衡的营养供给，才能获得最高的生产力。

4. 依据饲料资源条件，选择适宜的品种和杂交方向为主要组合，以期获得最佳效益 根据饲草、饲料的质量、类型和利用状况，选择适宜的品种、杂交方式和养羊生产方向。

5. 遵循生态地理的原理和原则 因地制宜选择适宜的生产模式、管理方法和技术体系，不生搬硬套。

6. 用整体论和系统工程观点设计各特定区域和特定目标的模式 将整体、开放系统、数学模型和计算机全面结合，对生态养羊业这一整体采用多目标、多因子、多层次、多变量、多方案和多途径的综合分析，提出多种方案（模式），供养羊新生产体系比较和选择。

7. 引入计量营养学原理 所谓计量营养学是应用系统科学的思维原则和研究方法，以计算机为主要手段来研究动物营养过程，在精确的数量化的基础上实现营养调控目标，以便进行正确的饲养和营养决策，降低生产和管理成本，减少营养消耗量，提高生产力。

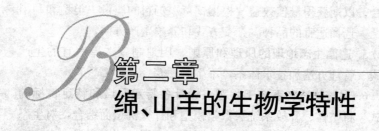

第二章
绵、山羊的生物学特性

养羊生产，不论是在大群放牧的天然草场上，还是在小群或分散饲养的家庭牧场中，绵、山羊群体或个体活动都有其一定的规律性。因此，在养羊管理中，首先要熟悉和了解自己的羊群在干什么，这些举动是否正常，为什么会出现这些举动，其生理特点如何。只有了解和掌握了绵、山羊的生物学特性、活动模式和行为特点，才能为其提供适合群体或个体习性的各种条件和必备设施，以达到提高生产效益的目标。

第一节 绵、山羊的生活习性与行为特点

一、合 群 性

羊的合群性较强，这是在长期的进化过程中，为适应生存和繁衍而形成的一种生物学特性。绵羊是一种性情温驯、缺乏自卫能力、习惯群居栖息、警觉灵敏、觅食力强、适应性广的小反刍动物。羔羊一出生，就具有仿效本能，亲子、老幼之间存在亲和力、仿效性和尾随性强的合群关系。山羊的合群性比绵羊要差。

在自然群体中，头羊多由年龄较大、子女较多的母羊担任。若羊群中出现经常掉队的羊，往往不是有病，就是老、弱，跟不

上群。绵、山羊可以混合组群，和平共处，但在采食牧草时，彼此往往分成不同的小群，极少均匀地混群采食。

绵、山羊的各种行为模式如表1所示。其中相同的多，相异的少。

表1 绵、山羊行为模式

行为类型	行 为 模 式
摄食	游走，觅食，进食，反刍，舔盐，饮水
避阳	自由走往树下或进入遮阳处所，低头聚堆（热天），相互挨紧（冷天），刨地躺卧
警觉	抬头察看，对着声响或动作方向竖耳、定睛；嗅闻物体或外来羊只
合群	协同游走、采食、躺卧；行进中前后相随；遇有障碍，相继腾越而过
争斗，逃跑	前肢刨地，头抵肩推；后退前冲，用头顶撞（绵羊）；前肢起立，用头顶撞（山羊）；成群跑动，呆立（山羊羔）；喷鼻，顿脚
排泄	排尿姿势：下蹲（母羊），拱腰弯腿（公羊） 排粪姿势：摇尾
母性	舔食胎盘和羔羊；哺乳时拱腰，舌舔羔羊尾根部；环绕新生羔羊；母子分开后咩叫
求助	羔羊走散时，饥饿、受伤、被捉或离群时咩叫
性活动（公羊）	求偶：跟随母羊，抬肢抓扒母羊，粗声咩叫；嗅闻母羊外阴部；嗅闻母羊尿液，伸颈，上唇翻卷；舌伸出缩回；侧靠母羊，嘴咬母羊被毛；将母羊引离其他公羊 交配：摆尾（较少见），爬跨，后躯冲插动作
性活动（母羊）	求偶：擦靠公羊，爬跨公羊（较少见） 交配：站立不动，接受公羊爬跨
嬉闹	像交配时爬跨其他羊（公、母羊）；像争斗时顶撞对方；像合群时同跑同跳同蹦；嬉闹时共同在大石或圆木旁跳上跳下

羊的合群性为放牧和管理提供了方便，可以节约大量的人力和物力，但同时也会给管理带来一定的困难，甚至发生意外事

故，如领头羊不慎跌入水中，其他的羊也会随着往下跳，因而可能造成损失。放牧时，应特别加强领头羊的引导、管理和控制。

二、放牧习性

放牧时，绵羊喜欢大群一起采食，在大群中再分成数量不等的若干小群，但彼此之间保持较近的距离和密切的联系。山羊习惯于分散采食，比较机警、灵敏、活泼好动，并且喜欢登攀。山羊可在大于 60°的坡地直上直下或在陡峭的悬崖边采食，而绵羊只宜在较缓的坡地上放牧。

放牧羊群每日游走的距离有较大差异。山羊比绵羊的游走距离大，且时间长，绵羊也会因品种、地形和草场面积大小的不同而有一定的差异。粗毛羊和细毛羊比半细毛羊和短毛肉羊品种的游走距离大，在山地放牧时这种差异更为明显。此外，羊在繁殖季节中的游走距离大于非繁殖季节。

羊群在放牧场的采食有一定的间歇性。羊吃饱后即开始休息、反刍或游走，过一段时间再采食。日出前和日落前是羊群的采食高峰期，以早晨采食时间为长。所以，放牧羊群必须有一定的时间。

三、采食习性

绵羊上唇有裂隙，下颌有切齿，采食时舌不露出口外，靠切齿和上齿的齿垫咬住草株的叶和茎，做头部前伸和向上的动作，将草切断，吃入口内。吃草时，嘴贴地面，张口不大（约 3 厘米），便于选择植株和撕断咬住采食部位。羔羊出生后几天就有仿效采食的动作，直到 2 周龄时才开始吃些叶片。

羊的进食有一定的选择性。羊可采食多种植物，但一般选择的植物含氮量较高，粗纤维少，甚至能区分同种植物不同植株的差异。当日粮不平衡，其中缺乏某种必要营养成分时，绵羊有可能减少日常习惯饲草、饲料的采食，而去主动觅食所需要的饲料，优先选择所缺的那些植物。例如，缺少钠盐时，绵羊偏食盐分高的植物；在高温环境下，为使体温不高，采食量减少；在低温环境下，由于体温散失较大，采食量增加，同时也会改变采食的选择性，偏好于含糖量高的食物。绵羊生长速度加快的阶段，采食量相应增加；同样，绵羊生长速度减缓的阶段，采食量随之下降。个体在生长早期阶段得不到足够的营养，生长减慢，一旦营养供给增多，采食量增加，后期可以补偿生长，赶上个体应达到的生长水平。如果发育早期营养严重受阻，即使随后补足营养，个体发育也难以恢复到正常水平。

羊最喜食柔嫩、多汁、略带咸味或苦味的植物，但被践踏、躺卧或粪尿污染的牧草，一般均不采食。

与采食习性相伴的饮水行为，也是生后出现的一种本能。当羔羊开始采食固体食物，一两天后即能触发第一次饮水行为。饮水是补充和维持体液平衡的一种手段。放牧羊群习惯在固定的水源处饮水。一天的饮水量因品种、日粮组成、气候和生理状况等不同而有差异。正常情况下，羊一天的饮水量为 2～6 千克。外界气温变化对饮水量的影响，正好与采食行为相反。天热时，饮水量增加。缺水的羊会改变采食行为。

四、喜高燥、厌潮湿

绵、山羊均适宜在干燥、凉爽的环境中生活。羊群的放牧地和圈舍都以高燥为宜。长期在低洼、潮湿的草场上放牧，容易使羊感染寄生虫病和传染病，羊毛品质下降，影响羊的生长发育。我国南方高温高湿气候环境是影响养羊业生存发展的重要原因。

五、抗病力强

绵、山羊均有较强的抗病力。只要搞好定期的防疫注射和驱虫，给足草、料和饮水，满足其营养需要，羊是很少生病的。体况良好的羊只对疾病的耐受力较强，病情较轻时一般不表现症状，有的甚至在临死前还能勉强跟群吃草。因此，在放牧和舍饲管理中必须细心观察，才能及时发现病羊。若等到羊只已停止采食或停止反刍时再进行治疗，往往疗效不佳，给生产带来很大损失。

山羊的抗病力比绵羊强，患内寄生虫病和腐蹄病的也较少。当草场和圈舍潮湿时，山羊的外寄生虫病较多。

六、适应性广

羊的适应性，通常指耐粗饲、耐热、耐寒和抗灾度荒等方面的特性。羊群的适应性，受选种目标、生产方式和饲养条件的影响。

1. 耐粗饲性 羊在极端恶劣的自然环境中，有很强的生存能力，可仅依靠粗劣的干草、秸秆、树木、树枝和树皮等维持生命，最长达 30 天以上。粗放饲养时，绵羊对粗饲草的利用率比山羊要好。

2. 耐热性 羊有一定的耐热能力。山羊在气温高达 37℃ 以上时，仍能继续采食。绵羊的汗腺不发达，耐热性远不如山羊。当气温较高时，往往停止采食，站立喘息，甚至彼此紧靠在一起，将头部埋入其他羊的腹下。

3. 耐寒性 绵羊的耐寒性优于山羊，特别是粗毛羊，如蒙古羊、哈萨克羊、西藏羊等，都具有惊人的耐寒性能。当草、料充足时，在 −30℃ 的环境中仍能放牧和生存。

4. 抗灾度荒能力 羊对恶劣环境条件和饲料条件的耐受力与羊的放牧采食能力和羊的体况有关。一般说，培育品种的抗灾度荒能力较差。因此，在选用优良品种的同时，必须重视改善羊的饲料和管理条件，以获得预期的改良效果。

七、母性强

羊的母性较强。分娩后，母羊会舔干羔羊体表的羊水，并熟悉羔羊的气味。母仔关系一经建立就比较牢固。绵羊羔羊出生后随时跟随在母羊身边，即便短暂分离也会鸣叫不止；山羊羔羊通常是需哺乳时才主动寻找母羊，平时则自由玩耍。母羊主要依靠嗅觉来辨认自己的羔羊，并通过叫声来保持母仔之间的联系。母羊对偷奶吃的羔羊表现出攻击或躲避行为。

第二节 羊的消化生理学特性

一、羊的消化系统结构

羊属于反刍动物，消化系统的特征是具有区分为四室的复胃（图1）。复胃由瘤胃、网胃、瓣胃和皱胃组成。前三个胃的总称前胃，其黏膜无胃腺，不能分泌胃液。皱胃壁黏膜有腺体，其分泌物（胃液）中含有酶，功能是将复杂物质进行分解，与单胃动物相同。羊胃的容积较大，绵羊约为 30 升，山羊约为 16 升，其中瘤胃容积最大，占整个胃容积的 78%～85%。

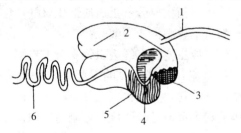

图 1 羊的消化系统

1. 食道 2. 瘤胃（第一胃） 3. 网胃（第二胃）

4. 瓣胃（第三胃） 5. 皱胃（第四胃） 6. 小肠

二、羊的瘤胃微生物与消化机能特点

1. 瘤胃微生物的种类及功能 瘤胃是反刍动物所特有的消化器官，容积大，共生有大量的厌氧性微生物（细菌和原虫），是一个高效且连续接种的活体发酵罐。羊瘤胃内容物中通常含有原虫 1.0×10^6 个/毫升，细菌 1.0×10^{10} 个/毫升。

瘤胃中最重要的微生物包括厌氧性细菌、原虫和厌氧性真菌，其主要生理功能是：

（1）瘤胃细菌　种类繁多，按其功能可分为纤维素分解菌、蛋白质分解菌、淀粉分解菌、脂肪分解菌、维生素合成菌、产甲烷菌、产氨菌、利用酸菌和利用糖菌等。

①纤维素分解菌：这一类细菌能分泌纤维素分解酶，使纤维性物质分解产生挥发性脂肪酸，供羊体利用。在纤维素分解菌的作用下，秸秆和稻草等劣质纤维素饲料被羊利用，纤维分解菌对 pH 变化很敏感，若瘤胃液中 pH 低于 6.2，将严重抑制纤维素分解菌的生长。最重要的三种纤维素分解菌是白色瘤胃球菌、黄色瘤胃球菌和产琥珀酸拟杆菌。

②淀粉分解菌：一些纤维分解菌也具有消化淀粉的能力，淀粉分解菌主要有嗜淀粉拟杆菌、解淀粉琥珀酸单胞菌。

③产氨菌：这类细菌主要分解蛋白质产生氨气，包括尿瘤胃拟杆菌、反刍兽新月形单胞菌、丁酸弧菌等。

（2）原虫　瘤胃原虫主要有纤毛虫纲和鞭毛虫纲，以前者为主。原虫可利用纤维素，但其主要的发酵底物是淀粉和可溶性糖。内毛虫主要消化淀粉，全毛虫则大量吸收可溶性糖。原虫通过降低瘤胃液内淀粉和可溶性糖浓度，控制瘤胃内挥发性脂肪酸的生成，使瘤胃内 pH 保持恒定。原虫在营养方面也存在负效应，因为原虫主要依靠吞食细菌和真菌来合成自身的蛋白质，使纤维物质的利用率降低；另外，由于原虫体积较大，在瘤胃滞留时间长，大部分原虫在瘤胃中自溶死亡，很少进入真胃和十二指肠被羊体利用。

（3）厌氧性真菌　羊体内主要的一种厌氧性真菌是藻红真菌属，它是一种首先侵袭植物纤维结构的瘤胃微生物，能从内部使木质素纤维强度降低，使纤维物质在羊反刍时易于被破碎，这就为纤维素分解菌在这些碎粒上栖息、繁殖和消化创造了条件。瘤胃真菌也可以发酵半纤维素、木聚糖、淀粉和糖类。

2. 消化机能特点

(1) 反刍 反刍是羊的正常消化生理机能。羊在短时间内能采食大量的草料，经瘤胃浸软、混合和发酵，随即出现反刍。反刍时，羊先将食团逆呕到口腔内，反复咀嚼 70～80 次后再咽入瘤胃中，如此反复进行。羊每天反刍次数为 8 次左右，逆呕食团约 500 个，每次反刍持续 40～60 分钟，有时可达 1.5～2 小时。反刍次数及持续时间与草料种类、品质、调制方法及羊的体况有关。过度疲劳、患病或受外界的强烈刺激，会造成反刍紊乱或停止，对羊的健康造成不利影响。

(2) 瘤胃消化机能特点 瘤胃的消化是通过微生物来完成的。消化代谢通过反刍来调节。瘤胃微生物对羊的特殊营养作用，可以概括为以下三个方面。

①分解粗纤维：羊对粗纤维的消化率为 50％～80％（平均 65％），主要依靠瘤胃微生物将粗纤维分解为低分子脂肪酸（如乙酸、丙酸和丁酸等），并经瘤胃壁吸收后进入肝脏，用于合成糖原，提供能量。部分脂肪酸被微生物用来合成氨基酸和蛋白质。羊昼夜分解粗纤维可生成的脂肪酸可达 500 克，能满足其对能量需要的 40％，其中主要是乙酸。

②合成菌体蛋白，改善日粮品质：日粮中的含氮化合物在瘤胃微生物作用下，降解为肽，氨基酸和氨是合成菌体蛋白的原料。一部分氨为瘤胃壁吸收后在肝脏合成尿素，大部分尿素可随唾液再进入瘤胃，为微生物再次降解和利用。在瘤胃中未被分解的蛋白质（包括菌体蛋白）进入真胃和小肠后，在胃、肠蛋白酶的作用下，被消化吸收。瘤胃发酵不仅改善了日粮的蛋白质结构，也使羊能有效地利用非蛋白氮（NPN）。

③合成维生素：瘤胃微生物在发酵过程中可以合成维生素 B_1、维生素 B_2 和维生素 K。成年羊一般不会缺乏这几种维生素。

瘤胃微生物在正常情况下保持较稳定的区系活性，同时也受饲料种类和品质的影响。突然变换饲料或采食过多精料都会破坏微生物区系活性，引起羊的消化代谢紊乱。所以，在以粗饲料为主的日粮中添加尿素等喂羊时，必须保证有一定的能量水平，才能有效地利用日粮中的非蛋白氮。

第三节　羊的营养需要及对饲料利用的特点

羊从草、料中获得的营养物质，包括碳水化合物、蛋白质、脂肪、矿物质、维生素和水等，这些成为维持、繁殖、生长、肥育、泌乳和产毛等不同生理状况所需的营养。碳水化合物和脂肪主要为羊提供生存和生产所必需的能量；蛋白质是羊体生长和组织修复的主要原料，也能提供部分能量；矿物质、维生素和水在调节羊的生理机能、保障营养物质和代谢产物的传递方面，具有重要作用。

一、营养需要

1. 维持的营养需要　维持需要是指在仅满足羊的基本生命活动，如呼吸、消化、体循环、体温调节等的情况下，羊对各种营养物质的需要。若维持需得不到满足，就会动用体内贮存的养分来弥补亏损，结果产生羊体重下降和体质衰弱等不良后果。只有当日粮中的能量和蛋白质等营养物质超出羊的维持需要时，羊才能维持一定的生产能力。

干乳、空怀母羊和非繁殖季节的成年公羊，大都处于维持饲养状况，对营养的要求不高。山羊的维持需要，与同体重的绵羊相似或略低。

2. 产毛的营养需要　羊毛纤维是由18种氨基酸组成的角化蛋白质，富含硫氨基酸，胱氨酸的含量占角蛋白总量的9%～14%。瘤胃微生物可利用饲料中的无机硫合成含硫氨基酸，以满

足羊毛生长的需要。在羊日粮干物质中，氮∶硫比以 5～10∶1
为宜。

生长羊毛的营养需要，与维持、生长、肥育和繁殖等的营养
需要相比，所占比例不大，并低于产奶的营养需要。但是，当日
粮的粗蛋白水平低于 5.8% 时，就不能满足羊毛生长的营养需
要。羔羊出生前后的营养水平将会对次级毛囊与初级毛囊的比例
（S/P）产生较大影响，并对其终身产毛量产生不良作用。成年
母羊饲粮中蛋白质和含硫氨基酸不仅影响其产毛量，而且会影响
羊毛的细度、强度和弯曲等理化性状。

产毛的能量需要约为维持需要的 10%。

铜与羊毛的产量有密切关系。缺铜的羊群除表现贫血、瘦弱
和生长受阻外，还会出现羊毛弯曲变浅、被毛粗乱等症状，直接
影响到羊毛的产量和品质。

维生素 A 对羊毛和羊的皮肤健康十分重要。夏秋季一般不
存在问题，冬春季则应适当予以补充。对以高粗料日粮或舍饲圈
养的羊群应提供一定量的青绿多汁饲料或青贮饲料，以弥补维生
素 A 的不足。

3. 产奶的营养需要　泌乳是母羊的重要生理机能。母羊的
泌乳量直接影响羔羊的生长发育，同时也影响到奶羊生产的经
济效益。绵、山羊和各种家畜乳汁成分的比较如表 2 所示。羊
的乳汁中含有丰富的乳酪素、乳蛋白、乳糖、乳脂和各种维生
素。山羊奶的营养成分含量、品质等与绵羊奶相比有一定的差
异。山羊奶水分高，乳脂低，膻味较大。乳蛋白含量稍高，奶
酪制品稍粗糙，但山羊的产奶量较高，是发展羊奶生产的
主体。

羊奶中的酪蛋白、白蛋白、乳脂和乳糖等营养成分，均
是饲料中原本不存在的，必须经过乳房合成。所以，当饲料
中碳水化合物和蛋白质供应不足时，会影响产奶量，缩短泌
乳期。

表 2　各种家畜奶的成分比较

成　　　分	牛奶	山羊奶	绵羊奶	水牛奶	牦牛奶	骆驼奶	马奶
水　分（％）	87.5	86.4	81.6	81.3	82.0	85.0	89.0
干物质（％）	12.5	13.6	18.4	18.7	18.0	15.0	11.0
脂　肪（％）	3.8	4.3	7.2	8.7	6.5	5.4	1.5
总蛋白质（％）	3.3	4.0	5.7	4.3	5.0	3.8	2.0
酪蛋白（％）	2.7	3.0	4.5	3.5	3.8	2.9	1.3
乳清蛋白（％）	0.6	1.0	1.2	0.8	1.2	0.9	0.7
乳　糖（％）	4.7	4.5	4.6	4.9	5.6	5.1	7.2
总灰分（％）	0.7	0.8	0.9	0.8	0.9	0.7	0.3
钙（毫克/100 克）	125	180	210	157	/	184	105
磷（毫克/100 克）	105	120	165	135	/	225	50
能量（千焦/升）	3 054	3 264	4 686	5 356	4 393	3 849	2 301

　　乳中的矿物质以钙、磷、钾、铁、镁和氯为主。1 千克绵羊乳中含有钙 1.74 克、磷 1.29 克、氯 1.39 克、钾 0.8 克，其他元素如钠、铁、镁含量较少。据测定，每千克山羊奶中含0.46 千克饲料单位的净能，49 克可消化蛋白，2.8 克钙和2.29 克磷；此外，还含有一定数量的矿物质和微量元素、维生素。所以，对于高产的奶山羊或绵羊，仅依靠放牧或补喂干草不能满足产奶量的营养需要，必须根据产奶量的高低，补喂一定数量的混合精料。补饲精料中的钙、磷含量和比例对产奶量有明显的影响，较合理的钙磷比例为 1.5～1.7：1。

　　维生素 A、维生素 D 对奶山羊的产奶量有明显的影响，必须从日粮中补足，尤其在全舍饲饲养时，给羊补充足够的青绿多汁饲料，有促进产奶的作用。

　　4. 生长和育肥的营养需要

　　（1）生长的营养需要　羊从出生到 1.5 岁，肌肉、骨骼和各器官组织的发育较快，需要沉积大量的蛋白质和矿物质，尤其是从出生至 8 月龄，是羔羊出生后生长发育最快的阶段，对营养需要较多。

羔羊哺乳前期（0～8 周龄），主要依靠母乳来满足其营养需要，而后期（9～16 周龄），必须给羔羊单独补饲。哺乳期羔羊的生长发育非常快，每千克增重需母乳约 5 千克。

断奶后，羔羊的日增重略低于哺乳期。在一定饲养和补饲条件下，羔羊 8 月龄的日增重保持在 200 克左右。绵羊的日增重高于山羊。

羊增重的可食部分成分主要是蛋白质（肌肉）和脂肪。在不同生理阶段，羊的蛋白质和脂肪的沉积量是不一样的。例如，体重为 10 千克时，蛋白质的沉淀量可占增重的 35%，而体重在 50～60 千克时，该比例下降为 10%。在羔羊的育成前期，增重速度快，每千克增重的饲料报酬高，成本低。育成后期（8 月龄以后），羊的生长发育仍未停止，对日粮营养需要仍较高，此时的粗蛋白水平应保持在 14%～16%（日采食可消化蛋白质135～160 克）。

（2）育肥的营养需要　育肥的目的就是要增加羊肉和脂肪等可食部分，改善羊肉品质。羔羊的育肥以增加肌肉为主，而对成年羊，主要是增加脂肪。因此，成年羊的育肥对日粮蛋白质要求不高，只要提供充足的能量饲料，就能取得较好的育肥效果。

5. 繁殖的营养需要

（1）种公羊的营养需要　在配种期内，要根据种公羊的配种强度和采精次数，合理调整日粮的能量和蛋白质水平，并保证日粮中可消化蛋白质占有较大比例。公羊的射精量平均为 1.0 毫升（0.7～2.0 毫升），每毫升精液所消耗的营养物质约相当于 50 克可消化蛋白质。

配种结束后，种公羊随即进入非配种期。在此阶段，种公羊的营养水平可相对降低，日粮的粗饲料比例也可以提高。但必须注意两点：①配种结束后的最初 1～2 个月内是种公羊体况恢复时期,此阶段应继续饲喂配种期日粮,同时提供充足的青绿、多汁饲料,待公羊的体况基本恢复后再逐渐改喂非配种期日粮;②种公羊日粮不能全部采用干草或秸秆,必须保持一定比例的混合精料,以免造成公羊腹围过大而影响配种,此时供应的混合精料以每日 0.5~1.0 千克为宜,同时应尽可能保证一定数量的青绿、多汁饲料。

(2) 繁殖母羊的营养需要 母羊的营养需要包括空怀期、妊娠期和哺乳期等生理阶段。

①空怀期:空怀母羊虽不生产,但必须维持正常的消化、吸收、循环、维持体温等活动,需要一定的维持需要量。在高效养羊生产体系中,对空怀母羊的营养水平要求较高,因为此阶段是一个生理恢复阶段,只有让空怀母羊加速子宫和体况的恢复,这些母羊才能尽快更好地参加高频繁殖。所以,对空怀母羊的饲养标准,应加以修改。

②妊娠前期(妊娠 3 个月内):此阶段胎儿生长发育最强烈,胎儿各器官组织的分化和形成大多数在此阶段内完成,但胎儿的增重较少。这一阶段母羊对日粮营养水平的要求不高,但必须提供一定数量的优良蛋白质、矿物质和维生素,以满足胎儿生长发育的营养需要。在放牧条件较差的地区,羊要补喂一定量的混合精料或干草。

③妊娠后期(妊娠后 2 个月):此阶段是胎儿和母羊本身增重加快的关键时期,母羊增重的 60% 和胎儿贮存蛋白质的 80% 均在这个时期内完成。随着胎儿的生长发育进程,母羊腹腔容积减少,采食量受限,草、料容积过大或水分含量过高,均不能满足母羊对干物质的要求。应给母羊补饲足量的混合精料或优质青干草。

妊娠后期母羊的能量代谢比空怀期高 15%~20%,50 千克的成年母羊日需可消化蛋白质 90~120 克、钙 8.89 克、磷 4.0 克,钙磷比为 2~2.5:1。

④哺乳期：母羊泌乳量的高低，泌乳期的长短，对羔羊的生长发育和健康有重要影响。母羊产后 4～6 周，泌乳量达到高峰。山羊的泌乳期较长，尤其是乳用山羊。母羊泌乳前期的营养需要高于后期。

6. 矿物质及微量元素需要　羊在生长和生产过程中，需要许多种类不同且功能各异的矿物质，当日粮供给不足时，羊的生长和生产就会受到不同程度的限制。组成羊体组织的元素有 26 种以上，如表 3 所示，其中常量元素有钙、磷、钠、钾、镁、硫和氯等 7 种；微量元素有铁、铜、锰、锌、钴、碘、硒、钼、氟、钒、锡、镍、铬、硅、硼、镉、铅、锂和砷等 19 种。使用矿物质元素与其盐类的换算关系如表 4 所示。在日常饲养中，12 种矿物质或微量元素比较重要，分述如下。

表 3　反刍动物的矿物质及微量元素含量

主要矿物质元素（%）		微量元素（毫克/千克）	
钙（Ca）	1.5	铁（Fe）	20～80
磷（P）	1.0	锌（Zn）	10～50
钾（K）	0.2	硒（Se）	1.7
钠（Na）	0.16	铜（Cu）	1～5
硫（S）	0.15	钼（Mo）	1～4
镁（Mg）	0.04	锰（Mn）	0.2～0.5
氯（Cl）	0.0015	钴（Co）	0.02～0.1
		碘（I）	0.3～0.6
		氟（F）	0.01 以下

＊　资料引自 P. N. 威尔逊等著《牛羊饲养新技术》，方国玺等译。

表 4　矿物质元素与其盐类相互换算关系

元素	化合物与分子式		元素换算成化合物系数	化合物换算成元素系数
钙	石灰石	$CaCO_3$	2.497	0.400
	磷酸氢钙	$CaHPO_4 \cdot 2H_2O$	4.296	0.233

元素	化合物与分子式	元素换算成化合物系数	化合物换算成元素系数
	氧化钙　CaO	1.400	0.715
磷	磷酸氢钙　$CaHPO_4 \cdot 2H_2O$	5.556	0.180
	磷酸一氢钠　$Na_2HPO_4 \cdot 12H_2O$	11.541	0.086
	磷酸二氢钠　$NaH_2PO_4 \cdot 2H_2O$	4.457	0.224
钠	食盐　NaCl	2.541	0.393
氯	食盐　NaCl	1.648	0.607
硫	石膏　$CaSO_4 \cdot 2H_2O$	5.369	0.186
铁	硫酸亚铁　$FeSO_4 \cdot 7H_2O$	4.979	0.201
	氯化铁　$FeCl_3 \cdot 6H_2O$	4.841	0.207
铜	硫酸铜　$CuSO_4 \cdot 5H_2O$	3.928	0.255
	氯化铜　$CuCl_2 \cdot 2H_2O$	2.683	0.373
锌	硫酸锌　$ZnSO_4 \cdot 7H_2O$	4.396	0.227
	氯化锌　$ZnCl_2$	2.085	0.480
锰	硫酸锰　$MnSO_4 \cdot 7H_2O$	5.045	0.198
	高锰酸钾　$KMnO_4$	2.859	0.347
钴	硫酸钴　$CoSO_4 \cdot 7H_2O$	4.767	0.209
	氯化钴　$CoCl_2 \cdot 6H_2O$	4.038	0.248
碘	碘化钾　KI	1.308	0.746

（1）钙和磷　钙、磷对于羊骨骼的生长发育具有重要作用。钙、磷是羊体内含量最多的矿物质元素，占总量的70％～75％。生长期缺钙或磷不足，羔羊会患佝偻病，成年羊则会造成骨质疏松，甚至瘫痪，在高产奶山羊的饲养中容易发生。给妊娠后期和哺乳期母羊补喂钙、磷，对胎儿和羔羊的生长发育有利。

特别应当注意的是，幼龄羊对磷的利用率比成年羊要高。如羔羊对磷酸钙的利用率为90％，而成年羊仅为55％。配制妊娠后期和哺乳期母羊的日粮时，应当考虑这一因素。

（2）镁　镁是体内许多酶系统的重要成分，参与蛋白质的分解和合成，是一种重要的活化剂，并与钙、磷代谢有密切联系。

搐搦症是绵羊缺镁的典型症状。由低镁引起搐搦的羔羊可以用它的腿在原地伸展使身体倒向一侧，相互交替休息；嘴吐泡沫，过多的流涎并导致羔羊死亡。通常将缺镁症称为青草搐搦症，是因为成年羊缺镁通常发生在春天，当哺乳母羊可以开始在青草地上放牧时常发生。成年羊的缺镁症状与幼龄羊相同。

（3）硫　硫对羊毛的产量和品质有直接影响。在生产中，硫的缺乏较少发生，但当以氨化秸秆等含有大量非蛋白氮的日粮为主饲喂时，必须补充一定的硫，才能满足瘤胃微生物合成菌体蛋白的需要。

绵羊硫缺乏的症状与蛋白质缺乏相似，也会引起食欲丧失、增重以及羊毛生长速度降低、羊毛质量下降。此外，硫缺乏时还会出现唾液分泌增加、多泪和脱毛。严重时会消瘦直至死亡。

（4）铁　铁在体内主要存在于血细胞内，与造血功能有关，铁缺乏时会造成贫血和生长受阻。

饲草中铁含量丰富，一般不会缺乏。铁对哺乳期羔羊的营养非常重要，因为母乳中铁的含量很低，一般不能满足羔羊生长发育的需要。在母羊的日粮中加铁，不会使母乳中的含铁量增加，对羔羊早期补饲或补铁，能有效地预防贫血症的发生。

绵羊铁缺乏的主要症状是贫血，还会出现生长缓慢、嗜眠症、呼吸速率增加、对传染病的抵抗力降低等症状。

（5）锌　锌是多种酶系统的重要成分，对皮肤及上皮细胞的正常发育有重要作用，在维持公羊睾丸的正常发育和精子发生、正常生成中也具有重要作用。

锌缺乏时，主要症状是食欲降低和生长率下降，其他症状还有皮肤变厚、出现角化症、被毛粗糙、散乱。严重缺锌时，造成种公羊繁殖机能下降，甚至不孕，仅用维生素 E 治疗不能完全消除缺锌的影响。

锌与许多矿物质元素有颉颃作用。高钙日粮会造成锌缺乏；锌过量时，会降低羊对铜和铁的吸收与利用。

（6）铜　铜是血浆蛋白和一些酶的重要成分。羊对铜的吸收主要在大肠内完成（其他动物多在小肠内吸收）。羊对铜的需要量主要受两个方面因素的影响：首先是肝脏中铜的贮存量对铜的需要量有很强的调节作用；其次是铜的可用性，受铜的化学形态、饲料、母羊的年龄等因素的影响。羔羊对铜的利用率低于10%，铜有时与钴和铁同时缺乏。

羊对铜的耐受力很差。每千克饲料干物质含 10 毫克铜就能满足羊的各种需要，当超过 20 毫克时，就会发生中毒。

铜的利用与草料中钼的含量有关，当其含量过高时，会降低对钼的利用，造成铜的缺乏。

初生羔羊出现共济失调或羔羊蹒跚症是羔羊缺铜的典型症状。成年羊缺铜时，羊毛变粗糙，羊毛弯曲、强度、对染料的亲和力以及血管的弹性变差。此外，贫血、腹泻、骨骼关节异常和不孕也与铜缺乏有关。

（7）锰　锰对羊的骨骼、肌肉的发育具有重要作用。缺锰造成羊的关节变形，并影响羊的繁殖机能。母羊缺锰时，发情推迟，受胎困难或出现流产；公羊缺锰时，发生睾丸退化，甚至不孕。

日粮中钙、磷比例失调或含量过高时，会降低对锰的利用率。长期、大量饲喂青贮饲料或某些含锰很低的单一植物时，易发生锰缺乏症。

（8）钼　钼与铜、硫等元素有密切相关。草料含钼过高时，会造成缺铜症。通过在日粮中加钼，可使症状得到缓解。每千克干物质中钼含量达 5～20 毫克时，对羊的健康有害。

（9）钴　钴是瘤胃微生物合成维生素 B_{12} 的原料，钴缺乏症实际就是维生素 B_{12} 缺乏症。当钴缺乏时，绵羊表现为食欲减退、异食癖，精神不振，严重消瘦，贫血，羊毛干燥，且易折断和脱落，繁殖力、泌乳力和剪毛量均降低。

每千克日粮干物质含钴 0.11 毫克就可满足羊的需要，低于

0.08 毫克会表现缺钴，而超过 3 毫克会造成钴中毒。生长期的羊对钴的需要量略高于成年羊。

（10）硒　硒有很强的抗氧化作用，严重缺硒会引起肌肉萎缩，表现白肌病。我国许多省区的天然草场严重缺硒，羔羊白肌病的发病率和死亡率都比较高。在生产中采用治疗补硒或为牛、羊提供含硒的盐砖，具有一定的防治效果。

（11）碘　碘是形成甲状腺素必不可少的元素，必须由饲草、饲料中供给。

碘缺乏会影响羊的生长发育，使繁殖力和产毛量下降。初生羔羊最普遍的缺碘症状是甲状腺增大，成年绵羊缺碘时外观变化很小。

碘的吸收与日粮中钴的含量有关，缺钴会影响碘的吸收。某些饲草，如白三叶、甘蓝、油菜籽等，含有促甲状腺素，对碘的吸收有颉颃作用，用这些饲草、饲料喂羊时，应注意补碘。

（12）氟　当草料或饮水中氟含量较高时，可造成羊的氟中毒，主要表现为骨质疏松，增厚，牙齿缺损，脱落，皮毛粗糙等。羔羊对氟的耐受力高于母羊。在我国，氟的主要问题是含量过高。

7. 维生素的需要　绵羊营养中所需要的维生素主要是维生素 A、维生素 D、维生素 E 和维生素 K_1、维生素 K_2，其他维生素一般可以通过羊自身合成，而不需补加到日粮中。

（1）维生素 A　维生素 A 的生理功能主要有保护上皮组织，尤其是保护黏膜和维持视力正常，以及提高个体的繁殖和免疫功能，调节碳水化合物代谢和脂肪代谢，促进生长等作用。缺乏时，羊会出现生长迟缓、骨骼畸形、生殖器官退化、夜盲症、脑脊髓压力增高和吸收、消化、生殖、泌尿和视觉等器官上皮角化，有时会出现羔羊软弱、畸形和死胎。

绵羊对胡萝卜素或维生素 A 的最低需要量是每日每千克体重 68 毫克胡萝卜素或 46 国际单位的维生素 A。妊娠后期和哺乳母羊应酌情增加，达到每千克体重125毫克胡萝卜素或84国际单位维生素A。哺乳6～8周的带双羔母羊，每千克体重应达到147毫克胡萝卜素或98国际单位的维生素A。

(2) 维生素D　维生素D的主要功能是调节钙、磷代谢，直接影响骨的形成，可以防止羔羊佝偻病和成年羊骨软化症。哺乳羔羊需要的维生素D，可从母乳中获得，摄入量可以满足其生理需要。因此，饲喂母羊的日粮中应有足够的维生素D。植物性饲料中，曝晒的饲草中含有丰富的维生素D，青绿饲草、种子及其加工副产品中含量较少。除早期断奶羔羊外，各类绵羊对维生素D的需要量是每日每千克体重5.6国际单位，早期断奶羔羊每千克体重6.6国际单位。

(3) 维生素E　维生素E的主要功能与生殖有密切关系，同时具有抗氧化和保护细胞膜的作用。羔羊白肌病是缺乏维生素E的典型症状，其他症状还有肢体僵硬，尤其在后肢。患羊病重体弱，有时并发肺炎，不吃奶，心力衰竭。在羊体内，硒与维生素E有着密切关系，治疗时一般采用肌内注射硒与维生素E合剂。

植物性饲料中，小麦胚、脱水苜蓿、优质豆科干草和一些青绿饲草中含有丰富的维生素E。

日粮中维生素E的建议剂量：每千克干物质中应含维生素E，活重4.5千克以下的羔羊20国际单位，4.5千克以上的羔羊和妊娠母羊15国际单位。

羔羊育肥时必须补充维生素E，因为常用日粮中的玉米、豆饼和苜蓿干草中维生素E含量可能偏低。另外，由于维生素E经口腔到达小肠前损失破坏达42%，造成已配好育肥日粮中E的不足，不补充则可造成维生素E的缺乏。

(4) 维生素K　维生素K为脂溶性维生素，是血液凝固过程中必不可少的物质。除了饲料单一外，羊一般不会缺乏维生素K。

二、饲料利用的特点

由于羊消化系统的特殊性，决定了其对饲料利用的特点。

1. 能充分利用青粗饲料和农副产品　瘤胃中琥珀酸类杆菌、溶纤丁酸孤菌、瘤胃球菌属等细菌能分泌酶类，将饲草中纤维素和半纤维素分解为挥发性脂肪酸，被羊吸收利用。羊对粗纤维的消化率可达 $50\%\sim90\%$，远远高于其他家畜。

2. 能有效利用非蛋白氮　青贮饲料中含有大量的非蛋白氮（$10\%\sim30\%$），特别是在幼嫩青绿饲料中，非蛋白氮占总氮量的1/3，能被瘤胃微生物用来合成微生物蛋白质。瘤胃微生物还能将尿素等非蛋白氮化合物转化为微生物蛋白，这些微生物蛋白进入真胃和小肠后被消化吸收。由于尿素可以由工业大量生产，成本低廉，每千克尿素的含氮量相当于 $5\sim8$ 千克饼粕类饲料的含氮量。补充尿素是羊和其他反刍家畜的蛋白质饲料开发的有效途径之一。

3. 瘤胃发酵机制改变了羊对饲料中蛋白质利用的方式　饲草、饲料采食后必须首先经过瘤胃发酵作用，所以羊对其中的蛋白质利用不同于单胃家畜。反刍动物对饲草、饲料中蛋白质的吸收利用主要经过两种途径：第一种途径是由微生物蛋白获得，即饲草、饲料在瘤胃微生物参与发酵过程中，部分饲料蛋白被降解为含氮化合物，微生物利用它先形成菌体蛋白，随后随食糜进入真胃和小肠内消化吸收，其中细菌的粗蛋白含量为 $58\%\sim77\%$，原虫的蛋白质为 $24\%\sim49\%$。瘤胃微生物蛋白质生物学价值很高，消化率在 74% 以上，含有羊的全部必需氨基酸，各种氨基酸的组成比大多数植物蛋白质要好。第二种途径是由饲草、饲料中直接获得，这部分饲料蛋白未被瘤胃微生物发酵降解，进入真胃和小肠直接被羊吸收利用。

根据以上特点，生产力水平较低的羊可喂给一般饲料，使其经过瘤胃发酵转化成微生物蛋白，就可满足其需要。生产力水平较高的羊，日粮中大量优质饲料蛋白质首先被瘤胃微生物降解和转化，会造成蛋白质损失和浪费。目前，国内外采用的过瘤胃的饲料加工技术，可减少日粮中优质蛋白质在瘤胃中微生物降解，直接进入真胃和小肠被吸收利用。

4. 瘤胃微生物具有合成 B 族维生素和维生素 K 的能力 羊的瘤胃微生物可以合成 B 族维生素，包括核黄素、硫胺素、泛酸、尼克酸、吡哆醇、生物素、叶酸、胆碱和钴胺素，以及维生素 K。合成量可以满足其营养需要。

5. 瘤胃发酵作用造成一部分能量的损失 饲料在瘤胃发酵过程中可造成部分的能量损失浪费，是由于瘤胃微生物的增殖、生长消耗了饲料的能量，瘤胃发酵过程中产生的二氧化碳、甲烷、氢、氮、硫化氢等气体，造成能量损失的主要是甲烷，通过嗳气排出体外，羊每日约 30 升，损失的消化能占 8%～18%。

第四节 羔羊生长发育及消化特点

羔羊在哺乳期的生长发育、消化机能等方面有很多特点，根据这些特点进行科学管理，可达到最佳目标。

一、生长发育特点

1. 生长发育快 从出生到 4 月龄断奶的哺乳期内，羔羊生长发育迅速，所需要的营养物质相应要多，特别是质好量多的蛋白质。羔羊出生后 2 天内体重变化不大，此后的 1 个月内，生长速度较快。母乳充足，营养好时，生后 2 周活重可增加 1 倍，肉用品种羔羊日增重在 300 克以上。生长曲线如图 2 所示。

2. 适应能力差 哺乳期是羔羊由胎生到独立生活的过渡阶段，从母体环境转到自然环境中生活，生存环境发生了根本性的改变。此阶段羔羊的各组织器官的功能尚不健全，如出生 1～2 周内羔羊调节体温的机能发育不完善，神经反射迟钝，皮肤保

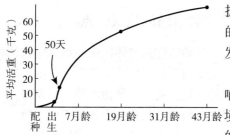

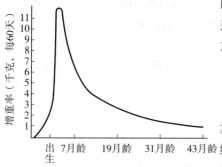

图 2 羔羊的生长曲线

上图是以增重表示的生长曲线，下图是
以 60 天的增重率表示的生长曲线

护机能差，特别是消化道的黏膜容易受细菌侵袭而发生消化道的疾病。

3. 可塑性强 羔羊在哺乳期可塑性强。外部环境的变化能引起机体相应的变化，容易受外界条件的影响而发生变化，这对羔羊的定向培育具有重要意义。

二、消化特点

羔羊出生后就必须依靠自己摄取的营养物质来维持生命和生长。由于羔羊胃的容积小，瘤胃微生物区系尚未形成，不能发挥瘤胃的应有功能，不能反刍，也不能对食物进行细菌分解和发酵青粗饲料，此时期的胃功能基本上与单胃动物一样，只起到真胃的作用。依据这一特点，对羔羊的饲养要喂给营养价值高、纤维素少、体积小、能量和蛋白质水平高、品质好、容易消化的饲料，不能像喂成年羊那样以粗、干饲料为主。羔羊的瘤胃和网胃发育很快，其速度受采食量的影响很大。单一吃奶的羔羊瘤胃和网胃发育处于不完善的状态。当羔羊开始采食饲料和草料时，比光吃奶的瘤胃、网胃发育要快。所以，依据这个特点，对羔羊应尽早补喂一些嫩青草、多汁饲料或优质苜蓿干草，促使胃肠道的发育，补饲的时间越早越好，为提高羔羊以后的消化能力打下良好的基础。

三、骨骼、肌肉和脂肪的生长特点

在生长期内，肌肉、骨骼和脂肪这三种体内主要组织的比例有相当大的变化。肌肉生长强度与不同部位的功能有关。羔羊出生后要行走活动，腿部肌肉的生长强度大于其他部位。胃肌在羔羊采食后才有较快的生长速度。头部、颈部肌肉比背腰部肌肉生长要早。总的来看，羔羊体重达到出生重4倍时，主要肌肉的生长过程已超过50%，断奶时羔羊各部位的肌肉质量分布也近似于成年羊，所不同的只是绝对量小，肌肉占躯体重的比例约为30%。

脂肪分布于机体的不同部位，包括皮下、肌肉内、肌肉间和脏器脂肪等。皮下脂肪紧贴皮肤，覆盖胴体，含水少而不利于细菌生长，起到保护和防止水分逸失的作用。肌肉内脂肪一般分布在血管和神经周围，起到保护和缓冲的作用。肌肉间脂肪分布在肌纤维束层之间，视胴体的肥瘦可占肉重的10%～15%。脏器脂肪分布在肾、乳房等脏器周围，食用价值小。脂肪沉积的顺序大致为：出生后先形成肾、肠脂肪，而后生成肌肉脂肪，最后生成皮下脂肪。脏器脂肪作为脂肪贮备，具有能量和水分"贮库"的作用。一般为，肉用品种的脂肪生成于肌肉之间，皮下脂肪生成于腰部。肥臀羊的脂肪主要集聚在臀部。瘦尾粗毛羊的脂肪以胃肠脂肪为主。

骨骼是个体发育最早的部分。羔羊出生时的骨骼系统，性状与比例大小基本与成年羊相似，出生后的生长只是长度和宽度上的增大。头骨发育较早，肋骨发育相对较晚。骨重占活重的比例，出生时为17%～18%，10月龄时为5%～6%。羔羊骨骼、肌肉和脂肪生长的曲线如图3，其变化的特点概括如下。

(1) 肌肉生长速度最快，大胴体的肉骨比小胴体的要高。

(2) 脂肪质量的增长在羔羊阶段呈平稳上升趋势，但胴体重超过10千克时，脂肪沉积速度明显加快。

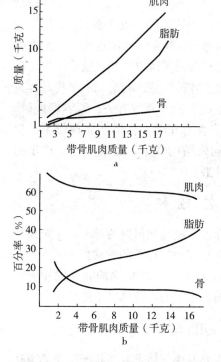

图 3　羔羊肌肉、骨骼和脂肪的生长曲线

a. 绝对质量　b. 相对质量

（3）骨骼质量的增长速度最慢，其质量基础在出生前已经形成，出生后的增长率小于肌肉。

（4）从生长的相对强度看，骨重下降幅度在生长初期大于后期。肉重初期下降，相对平稳一定阶段后继续下降。脂肪质量全期呈上升趋势，而且到后期越加明显。

第五节　羊的生殖生物学特性

繁殖是养羊生产的重要环节。通过羊的繁殖，增加羊群数量，最大限度地发挥优良种羊的作用，不断扩大再生产，提高商品率。因此，了解和掌握羊的生殖生物学特性，是应用繁殖生物技术的基础。

一、初　情　期

母羊生长发育到一定年龄时，第一次表现发情和排卵，这个时期即为初情期，它是母羊性成熟的初级阶段。初情期以前，母羊的生殖道和卵巢增长较慢，不表现性活动和性周期。初情期后，随着第一次发情和排卵，生殖器官的体积和质量迅速增长，性机能也随之发育成熟。

绵、山羊的初情期一般为 4～8 月龄，其表现的迟早与品种、气候、营养密切相关。个体小的品种，初情期早于个体大的品种，山羊早于绵羊。气候对母羊初情期的影响很大，一般南方母羊的初情期早于北方，早春产的母羔可以在当年秋季配种，而夏、秋季产的则要到第二年秋季才能发情。初情期的出现与体重关系密切，并直接与生殖激素的合成和释放有关。营养良好时，母羊体重增长很快，生殖器官发育正常，初情期表现较早。反之，初情期则推迟。母羊最初发情的体重，为成熟母羊体重的 49%～60%，年龄为 4～10 月龄。

二、性 成 熟

性成熟是羊生殖机能的标志。经过初情期的母羊，生殖系统迅速生长发育，并开始具备繁殖能力。母羊的性成熟一般为 5～10 月龄。体重为成年羊的 40%～60%。性成熟的时间同样受品种、气候和营养等因素的影响。山羊的性成熟早于绵羊。

三、初配适龄

青年母羊的初配年龄，主要取决于体重发育状况。当体重达到成年母羊体重的 60% 以上时，已具备了繁殖生产的能力，可以进行第一次配种。冬季产的羔羊，在发育和营养状况良好的条件下，可以于当年秋季配种。作者的试验结果表明，8 月龄时体重达到 40 千克的母羔配种，与母代和子一代到 2 岁时的体重、剪毛量、毛长、繁殖能力等主要生产指标均与到 1.5 岁正常配种的母羊无明显差异。

山羊的初配适龄早于绵羊。

公羊供作初次交配的年龄为 18～20 月龄，但也有 10%～15% 的 6～7 月龄公羔在良好饲养和气候条件下，可以有较高的繁殖力。

四、发情征状与发情周期

1. 发情征状　母羊达到性成熟后就开始表现一种周期性的性行为，其特殊行为表现主要有三种特征：①行为变化。母羊发情时，常常表现兴奋不安，行为异常，食欲下降，有交配欲，愿意接受公羊爬跨和交配。发情早期，性欲表现不明显；发情旺盛期，母羊主动寻找或尾随公羊，公羊爬跨时站立不动；发情晚期，排卵后母羊性欲逐渐减弱，直至发情终止时，拒绝公羊接近和爬跨。②生殖道变化。外阴部充血肿大，柔软而松弛。阴道黏膜充血发红，上皮细胞增生。子宫颈开张，子宫黏膜肿胀充血。黏膜的腺体增生，阴道和子宫的分泌物增多，呈透明状，可拉成丝。输卵管的上皮细胞增生，上皮纤毛摆动增强，管腔变大。这一系列的变化，均有利于交配的进行，也有利于精子和卵子的运行和受精。③卵巢的变化。卵巢上有卵泡发育，发育成熟的卵泡破裂，卵子排出。

山羊的发情征状及行为表现比绵羊要明显，特别是鸣叫、摇尾、相互爬跨等行为很突出。绵羊出现安静发情的较多，即有卵泡发育成熟至排卵，但无发情征状和性行为表现，尤其在初配母羊中比较常见。因此，在羊的繁殖生产中应特别注意这一特殊现象。

母羊从开始表现上述征状，到这些征状完全消失为止的时间，称为发情持续期，一般为24~26小时。

2. 发情周期　在发情周期中，母羊体内发生一系列的形态和生理变化，根据其特殊的变化，将发情周期分为四个阶段，即发情前期、发情期、发情后期和间情期。

（1）发情前期　为发情准备期。上一周期的黄体消失，卵泡开始发育，血液中的雌激素水平上升，上皮增生，黏膜充血，腺体活动增加。生殖道分泌稀薄的黏液，但母羊没有性欲表现。

（2）发情期　是母羊接受公羊交配的时期。母羊有性欲表现，外阴部充血肿胀，子宫角和子宫体充血，卵泡发育很快。发情前期连同发情期统称为卵泡期。

（3）发情后期　是母羊排卵后发情征状消退的时期。卵泡破裂排卵后形成黄体，黄体分泌孕酮，血液中孕酮水平上升。生殖器官开始复原，黏膜充血消退。子宫颈口闭缩，分泌物减少，母羊拒绝交配。

（4）间情期　是发情后期的延续，连同发情后期统称为黄体期。母羊妊娠后，黄体继续存在，发育为妊娠黄体，而未妊母羊的黄体则逐渐退化，转入下一个发情周期的发情前期。

绵羊的正常发情周期范围为 14～19 天，平均为 17 天。山羊正常发情周期的范围为 12～24 天，平均为 21 天。

五、排　　卵

排卵是卵泡破裂排出卵子的过程。绵、山羊卵巢的成熟卵泡排卵是自发性的，不受交配影响。排卵时间与发情相关联。绵羊一般在发情开始后 25～30 小时排卵，山羊在 30～36 小时排卵，但有些发情短的母羊可能在发情结束前排卵。正确掌握母羊的排卵时间，直接关系到人工授精的成败。因为排出的卵子只有较短的存活时间，输精时间应当选择在精子到达输卵管部位正是接近排卵的时刻。错过这一机会，则会影响到受胎。

一次发情时，两侧卵巢排卵的比率称为排卵率，其高与低取决于发育为成熟卵泡的数目，决定了母羊所怀胎儿的数量。一般而言，山羊的排卵率高于绵羊。影响排卵率的主要因素有遗传、体况、营养水平、年龄和季节。例如，同群内体重大的母羊排卵多，膘情差的母羊排卵少，甚至不排卵。3～5 岁的母羊是一生中排卵的最高峰时期。大多数母羊的排卵率从配种季节开始逐渐增加，发情中期达到最高峰，而后逐渐下降。养羊生产上，利用配种前一个月给母羊补饲高水平的日粮，有助于同期发情并增加排卵数，提高产羔率。

六、繁殖季节

由于羊的发情周期受光照长度变化的影响，所以母羊的繁殖性能也具有明显的季节性。大多数绵羊是季节性繁殖的，只有在繁殖季节时卵巢才处于活动状态，卵泡发育才能成熟，母羊表现正常发情的各种征候，并接受公羊的交配。非繁殖季节一般在春、夏季，母羊的卵巢机能活动处于静止状态，母羊不表现发情和排卵，此期称为乏情期。繁殖季节的长短与品种、年龄、营养、泌乳阶段等有关。细毛羊的繁殖季节较长，一年当中有6个月可表现正常发情周期，而肉羊一年只有3～4个发情周期。

在非繁殖季节的乏情期内，母羊的垂体处于静止状态，分泌到血液中促性腺激素量极少，不足以刺激卵泡的生长和发育，所以母羊不发情，不排卵。随着繁殖季节的到来，垂体活动逐渐增强，血液中促性腺激素含量升高，刺激了卵泡生长和成熟。在开始的第一二个周期中，由于黄体尚未成熟，发情期较正常的要短。绵羊在繁殖季节的第一次排卵，不一定有发情征状，这就是因为雌激素分泌不足而引起的所谓的"安静发情"。还有一点需要注意，随着繁殖季节的到来，卵巢活动逐渐加强，血液中促性腺激素缓慢升高，但在一定时间内还不能引起正常发情和排卵，在非繁殖季节与繁殖季节之间出现一个间歇期。此期内母羊对注射促性腺激素人工诱导排卵十分敏感。同样，对公、母混群的"公羊效应"所产生的促排卵刺激也十分敏感。

山羊的发情表现受光照影响的程度没有绵羊明显，所以山羊的繁殖季节比较长，一般无特定的配种期。各地的自然环境条件不同，山羊的发情周期也有差异。

不管是山羊或绵羊，公羊的精子生成和精液品质也有明显的季节性。公羊虽然可常年采精或自然交配，但精液品质的季节性变化必须予以重视。据测定，公羊的精液品质2～6月份较差，秋季为最好。

七、精子在母羊生殖道内的运行

自然交配时，公羊精液可射到阴道前部近子宫颈端。一次射出的精子数目可高达 30 亿，但能够进入子宫颈、子宫和输卵管处的精子仅有极少数，其余的将滞留在阴道内。人工授精时，操作规程要求将精液直接输入子宫颈内，或注入子宫颈深部、子宫内，保证受胎的精子数每头份剂量不低于 3 000 万有效活精子。

精子在子宫颈内的存活率高于阴道内。输精后，仅有一部分精子能很快到达输卵管壶腹部。在母羊生殖道中，子宫颈内壁上的纵褶和沟槽，以及子宫颈与宫颈管的接合部是精子的主要贮存库，"精子贮库"的主要作用是为继续进入子宫的精子提供一个保护场所，同时也可避免多精子受精。

输精后 12～24 小时在输卵管内可找到大量的精子。精子主要依靠子宫和输卵管肌层收缩而完成由输精部位到达受精部位的运行。而这种收缩活动的强弱依赖于母羊激素水平。发情旺盛时，血液中雌激素水平高，致使子宫、输卵管肌收缩、蠕动加强，黏液分泌增多，稀薄，便于精子通过，精子保持活力的时间也可延长。间情期内，母羊体内孕酮占主导地位，它可以降低生殖道肌层收缩，黏液分泌量少而浓稠，妨碍精子的运行。卵巢分泌的雌激素可以刺激子宫收缩。因此，输精时间对母羊施以粗暴动作或惊吓，都有可能影响激素的分泌量，使子宫收缩减弱，干扰精子和卵子的正常运行。

八、受　精

受精是精子和卵子相融合，形成一个新的二倍体细胞——合子，也即胚胎。受精部位在输卵管壶腹部。卵子排出后落入输卵管，借纤毛颤动，沿着输卵管伞部通过漏斗部进入壶腹。卵子在第一极体排出后开始受精。当精子进入卵子时，卵子进行第二次成熟分裂。受精时，精子依次穿透放射冠、透明带和卵黄膜，而后构成雄原核、雌原核。两个原核同时发育，几小时内体积可达原体积的20倍，二者相向移动，彼此接触，体积缩小合并，染色体合为一组，完成受精过程。

公羊精子在子宫和输卵管内的保有受精能力的时间为24～48小时，卵子在输卵管内保有受精能力的时间为12～16小时。在这个时间内完成受精，胚胎发育可能正常，若二者任何一个逾期到达或生存，都很难完成受精，即使受精，胚胎发育也会异常。

受精时，胚胎的性别已经决定。若与卵子结合的精子性染色体是Y染色体，则合子将来发育成雄性；若是X染色体，则发育成雌性。在随机条件下，出生时公母的比例应当是50：50。

九、胚胎发育

卵子受精后，合子开始发育，进入胚胎期。胚胎靠输卵管肌层的收缩及纤毛细胞的运动，迅速沿输卵管下降至子宫，边运行边开始卵裂。第一次卵裂，合子分为2个卵裂球；之后，卵裂继续进行，分裂为4个、8个、16个、32个细胞的胚胎，由于受透明带的限制，形成桑葚状，故称桑葚胚；受精后60～70小时，在细胞团中形成一个充满液体的小腔，即囊胚（或称胚泡）；囊胚进一步发育，出现内胚层，此时期称为原肠期；直至8细胞时，所有的细胞均有相等的发育潜能，这也是合子分割技术得以成功的基础所在。

囊胚进入子宫角后，透明带消失，囊胚变为透明的泡状，称为囊胚泡，胚泡在子宫初期处于游离状态。胚胎于受精后20～25天附植于子宫内膜表面的突出瘤状结构上，即子宫阜上。以后逐渐与子宫内膜密切接触，发生组织及生理上的联系，此过程称为附植。

发育中的胚胎从输卵管和子宫上皮获取营养，在囊胚阶段主要为子宫乳。当黄体生成的孕酮不足以致敏子宫时，胚胎的附植和营养物的摄取受到影响，此时可能出现胚胎早期死亡。胚胎过早进入子宫，由于孕酮的致敏作用尚未开始，同样会出现胚胎死亡。正常健康的成年母羊，胚胎早期死亡率大致为受精卵的20%～30%，这一点在生产上常被认为是母羊未受胎。幼龄母羊、老龄母羊中，胚胎死亡率更高。其次，体况不良的母羊或输精期间因受热、惊吓、鞭打等造成的应激，也会有较高的胚胎早期死亡率。所以，母羊配种前后需要提高营养水平和安静环境。

十、妊　　娠

母羊接受自然交配或人工授精，经受精过程和胚胎发育，在母羊体内发育成为羔羊的整个时期称为妊娠期。妊娠期间，母羊的全身状态，特别是生殖器官相应地发生一些生理变化。母羊的妊娠期长短因品质、营养及单、双羔等有所变化。山羊的妊娠期略长于绵羊，山羊妊娠期的正常范围为142～161天，平均为152天；绵羊为146～157天，平均为150天。

妊娠母羊因胚胎的存在，引发了一系列形态和生理变化，可以将体况、生殖器官和体内激素的变化作为妊娠诊断的判断依据，各种变化的要点如下。

1. 妊娠母羊体况变化

（1）妊娠母羊新陈代谢旺盛，食欲增强，消化能力提高。

（2）因胎儿的生长和母体自身增重的增加，妊娠母羊体重明显增加。

（3）妊娠前期因新陈代谢旺盛，母羊营养状况改善，表现毛色光润，膘肥体壮。妊娠后期则因胎儿剧烈生长的消耗，以及饲养管理较差时，母羊则表现瘦弱。

2. 妊娠母羊生殖器官变化

（1）卵巢　母羊妊娠后，妊娠黄体在卵巢中持续存在，发情周期中断。

（2）子宫　子宫增生，继而生长和扩展，以适应胎儿的生长发育需要。

（3）外生殖器官　妊娠初期，阴门紧闭，阴唇收缩，阴道黏膜颜色苍白。随着妊娠时间的进展，阴唇表现水肿，其水肿程度逐渐增加。

3. 妊娠后期母羊体内生殖激素变化　妊娠后，母羊体内的几种主要生殖激素发生变化，内分泌系统协调孕酮的平衡，以维持正常妊娠，主要变化有两点。①排卵后颗粒细胞转变为分泌孕酮的黄体细胞，在垂体促黄体素（LH）和释放激素（GnRH）的调控下生成黄体；②在促性腺激素的作用下，卵巢释放雌激素，通过血液中孕酮与雌激素的浓度控制垂体前叶分泌促卵泡素和促黄体素，从而控制发情。雌激素在维持妊娠中是必需的。

十一、分　娩

母羊将发育成熟的胎儿和胎盘从子宫中排出体外的生理过程称为分娩。

1. 分娩预兆　母羊分娩前，机体的一些器官在组织和形态方面发生了显著变化，母羊的行为也与平时不同，这些变化是适应胎儿的产出和新生羔羊哺乳需要的机体特有反应。根据这些征状可以预测母羊确切的分娩时间，以提前做好接羔方面的准备工作。

（1）乳房变化　妊娠中期乳房开始增大，分娩前1～3天，乳房明显膨大，乳头直立，乳房静脉怒张，手摸有硬肿之感，用手挤时有少量黄色初乳，但个别母羊在分娩之后才能挤下初乳。

（2）外阴部变化　临近分娩时，母羊阴唇逐渐柔软、肿胀，皮肤上皱纹消失，阴门容易开张，有时流出浓稠黏液。

（3）骨盆韧带变化　骨盆部韧带松弛，肷窝部下陷，以临产前2～3小时最为明显。

（4）行为变化　临近分娩前数小时，母羊表现精神不安，频频转动或起卧，有时用蹄刨地；排尿次数增多，不时回顾腹部；经常独处墙角卧地，四肢伸直努责；放牧母羊常常掉队或卧地休息。

2. 分娩过程　母羊分娩过程以正产的为多，分娩时间一般不超过30～50分钟，分娩的过程分为三个阶段，即子宫开口期、胎儿产出期和胎盘排出期。分娩时，在努责开始时卧下，由羊膜绒毛膜形成白色、半透明的囊状物从阴门突出，由此到完全分娩出胎儿需30～40分钟，初产母羊需要50分钟，而胎儿实际娩出的时间仅4～8分钟。如果超时，有可能是非正产。胎儿娩出时，羊膜自行破裂，若不及时破裂，应实行人工撕破。

正常分娩的胎位是先露出两前蹄，蹄常向下，接着露出夹在两肢之间的头嘴部，头颅经过外阴后，全躯随之顺利产出。异常胎位的母羊需要人工助产。

胎儿产出后到胎盘完全排出的时间为1.5～2小时，胎盘不下时间超过5～6小时，则需要兽医处理。

十二、泌　乳

母羊分娩后立即开始泌乳，以哺育新生羔羊。在胎儿出生之前，母羊的乳房已在发育，为泌乳做准备。

泌乳包括乳的分泌和排放。在乳腺泡上皮细胞内合成的乳汁从细胞内排至腺泡，腺泡周围的肌上皮细胞受催产素的刺激而收缩，使乳汁排入导管系统。

泌乳一旦发动，就必须经常进行吸吮或挤奶刺激，以刺激发生排乳反射。同时，羔羊哺乳或挤奶的刺激也可以促进促乳素、肾上腺皮质激素的释放，促进泌乳。

母羊泌乳异常时，可采用中药或 TRH（促甲状腺素释放激素）、GH（生长激素）等生殖激素处理，提高其产奶量。

泌乳量自然下降，断奶或停止挤奶时，母羊的乳房会很快复原。

第三章
适于高效生产的重要绵、山羊品种及利用

第一节　绵羊品种分类

我国现有绵羊品种 79 个，其中地方品种 35 个、培育品种 19 个、引进品种 25 个。根据绵羊所能适应的环境不同，可分为高地种、山地种和低地种；根据品种改良的程度不同，可分为改良种和地方种；也可按动物学分类的方法进行分类。

一、动物学分类

按绵羊尾型特征分类，可分为短瘦尾羊、无脂尾羊、长瘦尾羊、长脂尾羊、肥臀羊和无尾羊。

二、生产性能分类

按绵羊的生产性能，可分为如下几种类型：

1. 细毛羊　具有同一纤维类型的细毛（60 支以上）羊。由于世界上细毛羊的共同祖先是西班牙美利奴羊，因此，根据其外貌特征、对生态环境的要求等许多相似之处，按细毛羊用途的不同，又分为以下三个类型。

（1）**毛用细毛羊**　每千克体重平均产净毛 50 克以上，体格稍小，颈部有明显皱褶，全身布满细软的绒毛，羊毛密度大，油汗多，品质好。如澳洲美利奴羊、中国美利奴羊等。

（2）**毛肉兼用细毛羊**　每千克体重平均产净毛 40～50 克，除具有良好的产毛性能外，还具有一定的产肉能力，体格较大。如新疆毛肉兼用细毛羊等。

（3）**肉毛兼用细毛羊**　每千克体重平均产净毛 40 克以下，具有良好的产肉性能，早熟易肥，体重大，肉用体型特征明显。如德国美利奴羊、阿勒泰肉用细毛羊等。

2. 半细毛羊　由同一类型的细毛或两性毛组成，纤维细度在 32～38 支，长度不一，有长毛种和短毛种之分。该类绵羊具有良好的产肉性能，体躯宽大，屠宰率和羊毛净毛率均较高。根据所产羊毛细毛细度不同可分为粗档半细毛羊和细档半细毛羊，根据其产毛能力和产肉性能的不同可分为毛肉兼用半细毛羊和肉毛兼用半细毛羊。如青海半细毛羊、东北半细毛羊等。

3. 粗毛羊　由多种纤维类型的毛纤维组成，外形差异很大，产毛量低。该类型的羊均属于地方品种，对各地的自然生态环境条件具有良好的适应性。如西藏羊、蒙古羊等。

4. 裘皮羊　以生产优质裘皮为主。羔羊 1 月龄取皮制裘，所产裘皮毛股紧密，毛穗美观，色泽光亮，弯曲整齐一致，被毛不擀毡，皮板轻。如滩羊、贵德黑裘皮羊等。

5. 羔皮羊　以生产优质羔皮为主。羔羊在生后 3 日内屠宰取皮，所产羔皮具有色泽艳丽、花纹美观、皮板轻薄等特点。如湖羊、卡拉库尔羊等。

6. 肉脂羊　这类羊都是粗毛品种，夏秋季放牧采食，冬季能沉积大量的脂肪，具有良好的产肉能力和沉脂能力。如小尾寒羊、阿勒泰羊等。

7. 乳用羊　以生产绵羊奶为主。如德国乳用羊、马尔可羊等。

8. 半粗毛羊　粗毛含量低，干死毛少，毛被由绒毛、两型毛和少量粗毛组成。如和田羊、粗毛羊与细毛羊或半细毛羊的杂交羊等。

第二节　山羊品种分类

山羊的品种分类方法较多，按其外形可分为短耳羊、垂耳羊、有角羊和无角羊；按其体高可分为大型种、小型种和矮型种。我国的山羊品种根据生产用途可分为 6 类，即乳用山羊、毛用山羊、绒用山羊、毛皮用山羊、肉用山羊和普通山羊或兼用山羊。

1. 乳用山羊　以生产山羊奶为主要方向，具有典型的乳用家畜体型外貌和较高的产奶能力。如萨能山羊等。

2. 毛用山羊　以生产品质优良的羊毛（马海毛）为主要方向，具有产毛量高、羊毛质量好等特点。如安哥拉山羊等。

3. 绒用山羊　又称绒肉兼用山羊，以生产优质的山羊绒为主要方向，具有产绒量高、绒毛品质好等特点，同时还具有一定的产肉能力。如辽宁绒山羊等。

4. 肉用山羊　以生产优质山羊肉为主要方向，具有明显的肉用体型和较高的产肉能力。如波尔山羊等。

5. 皮用山羊　以生产优质的羔皮或裘皮为主要方向。如济宁青山羊等。

6. 普通山羊　这类山羊分布广泛，大多是未经系统改良选育的地方品种，生产方向不专一，生产性能不高，但有耐粗饲、适应性强等特点。如西藏山羊等。

第三节　适于高效生产的
重要绵羊品种

1. 中国美利奴羊　由内蒙古嘎达苏、新疆巩乃斯和紫泥泉及吉林查干花四个种羊场共同育成。

（1）体型外貌　该品种羊体型呈长方形，公羊有螺旋形角，母羊无角。公羊颈部有 1～2 个横皱褶，母羊有欠发达纵皱褶。胸深、宽，鬐甲平宽，背长而直，后躯丰满，欤部皮肤宽松。羊毛密度大，着生至眼线，四肢至腕、飞节，腹毛好。

（2）生产性能　公羊体高 72.5 厘米，母羊 66 厘米，体重相应为 91.8 千克和 43.1 千克。剪毛量，公羊为 16～18 千克，母羊 4.5～6 千克。毛长，公羊 10～12 厘米，母羊 8～10 厘米，育成公羊 12～13 厘米，育成母羊 10～11 厘米，细度 64 支。白油汗。净毛率 50％以上。2.5 岁羊屠宰率 44.2％，净肉率 34.0％，产羔率 117％～128％。

中国美利奴羊的一个重要品系是新疆军垦型，原产区在新疆生产建设兵团紫泥泉种羊场。

重要的以产毛为主的细毛羊品种，我国还有新疆细毛羊、东北细毛羊、内蒙古细毛羊、甘肃高山细毛羊、傲汉细毛羊、青海细毛羊、陕西细毛羊、山西细毛羊等培育品种，其体型外貌及主要生产性能均符合细毛类型羊的共同特征，同时具有较好的地区适应性。以中国美利奴羊为代表的毛用细毛羊是理想的进行工厂化高效养羊的品种，在良好的管理下，生产潜力很大。

2. 阿勒泰肉用细毛羊　由新疆生产建设兵团农十师 181 团培育的我国第一个肉用细毛羊品种。

（1）体型外貌　该品种羊体质结实，母羊无角，体躯呈圆桶形，肉用体型明显。背毛白色，羊毛同质。

（2）生产性能　成年公羊剪毛量 9.2 千克，净毛率 55％，毛长 9.84 厘米；母羊的上述指标分别为 4.26 千克，51.92％和 7.26 厘米。该羊生长发育快，成熟早，体格大，成年公羊体重 107.3 千克，母羊 55.54 千克。在良好的饲养条件下，6 月龄公羔体重平均达 49.7 千克，周岁平均为 77.3 千克，屠宰率 50.25％以上，净肉重 17.24～17.55 千克，瘦肉重 13.41～14.70 千克，骨肉比 1：3.4～4.41。

阿勒泰肉用细毛羊对高纬度寒冷地区有良好的适应性，既能适应高山放牧，也能在平原舍饲。产肉性能和羊肉品质均较突出，母羊的繁育率为120%。该品种符合工厂化高效养羊生产对品种特性的要求，适宜集约化饲养。

3. 多浪羊 多浪羊是新疆的一个优良肉脂兼用型绵羊品种，主要分布于新疆塔克拉玛干大沙漠西南边缘，叶尔羌河流域的麦盖提、巴楚、莎车等县。多浪羊的特点是生长发育快，体格硕大，母羊常年发情，繁殖性能强，饲养方式以舍饲为主，辅以放牧。

（1）体型外貌 多浪羊头较长，鼻梁隆起，耳大下垂，眼大有神，公羊无角或有小角，母羊皆无角，颈窄而细长，胸宽深，肩宽，肋骨拱圆，背腰平直，躯干长，后躯肌肉发达，尾大，尾沟深，四肢高而有力，蹄质结实。被毛分为粗毛型和半细毛型两种。

（2）生产性能 多浪羊肉用性能良好。周岁公羊胴体重32千克，净肉重22.69千克，尾脂重4.15千克，屠宰率56.1%，胴体瘦肉率69.38%，尾脂占胴体的12.69%。周岁母羊的上述性能指标分别为23.64千克、16.09千克、2.32千克、51.82%、71.47%和9.81%。成年公羊剪毛量3.0～3.5千克，母羊2.0～2.5千克。

多浪羊性成熟早，初配年龄一般为8月龄。在全舍饲条件下常年发情，大部分母羊可以两年三产，饲养条件好时，一年可产2次。母羊双羔率为50%～60%，三羔率5%～12%，80%的母羊能保持多胎性能，产羔率在200%以上。

作为肉用羊的理想要求，多浪羊尚有不足。如四肢过长，颈长而细，肋骨开张不理想，前胸和后腿欠丰满，有时个体还会出现凹背、弓腰、尾脂过多、毛色不一致、毛被中含有干死毛等现象。另外，胴体品质和肉品质也需要选育和提高。多浪羊适宜于小群高效饲养，但不宜于进行工厂化饲养。

4. 小尾寒羊 小尾寒羊产于河北南部，河南东部和东北部，山东南部及皖北、苏北一带，具有生长快、繁殖力高等特点，适宜于分散饲养，是以舍饲为主的农区优良绵羊品种之一。

（1）**体型外貌**　小尾寒羊体质结实，鼻梁隆起，耳大下垂，体躯高，四肢较长。尾脂短，呈椭圆形，下端有纵沟，一般尾长都在飞节以上。被毛白色居多，少数为黑色、褐色斑或大黑斑。

（2）**生产性能**　体高，周岁公羊92.85厘米，母羊80.32厘米；成年公羊99.85厘米，母羊82.43厘米。体重，成年公羊113.32千克，最高可达160～170千克；母羊为65.85千克；周岁公、母羊分别为91.92千克和60.49千克。

小尾寒羊产肉性能好，屠宰率55.6%，胴体净肉率为82.53%，3月龄羔羊胴体重8.49千克，净肉重6.58千克。在中等营养水平下育肥，5月龄羔羊平均日增重194.6克，料肉比为2.9∶1。剪毛量较少，周岁公羊为1.29千克，母羊为1.4千克，净毛率61.0%。被毛异质。

小尾寒羊是我国的一个地方优良品种，尚存在品种间、体型外貌和生产力的地区间差异，体躯不圆浑，肋骨开张不够，胸宽胸深欠佳，肉用体型差，肉品质低等问题。以小尾寒羊作母系品种进行肉羊杂交利用是较好的素材。该品种不适宜于工厂化高效生产体系的要求。

5. 乌珠穆沁羊　原产地内蒙古自治区锡林郭勒盟东北部东乌珠穆沁旗和西乌珠穆沁旗，以及毗邻的锡林浩特市、阿巴嘎旗部分地区。

（1）**体型外貌**　体格高大，体躯长，背腰宽，肌肉丰满，全身骨骼坚实，结构匀称。鼻梁隆起，额稍宽，耳大下垂或半下垂。公羊多数有半螺旋状角，母羊多数无角。脂尾厚而肥大，呈椭圆形。尾的正中线出现纵沟，把尾分成左右两半。毛色混杂，全白者占10.43%；体躯为白色，头颈为黑色者占62.1%；体躯杂色者占11.74%。

（2）**生产性能**　乌珠穆沁羊生长发育快。平均体重，6月龄时公、母羊分别为39.6千克、35.9千克，周岁时公、母羊为

53.8千克、46.67千克，成年时公、母羊分别为74.43千克、58.4千克。屠宰率平均为51.4%，净肉率为44.8%。母羊一年一产，平均产羔率为100.2%。

6. 湖羊 原产地为浙江省北部、江苏省南部的太湖流域地区。

(1) **体型外貌** 头型狭长，耳大下垂，眼微突，鼻梁隆起，公、母羊无角；体躯长，胸部较窄，四肢结实，母羊乳房发达；小脂尾呈扁圆形，尾尖上翘；被毛白色，初生羔羊被毛呈美观的水波状花纹；成年羊腹部无覆盖毛。

(2) **生产性能** 繁殖力强，性成熟早，四季发情，早期生长发育快。平均体重，周岁时公羊为35千克、母羊为26千克，成年公羊为52千克、母羊为39千克。剪毛量，公羊平均为1.5千克，母羊平均为1.0千克。毛长12厘米，净毛率55%。产肉性能，公羊宰前活重为38.84千克，胴体重16.9千克，屠宰率43.51%；母羊相应指标为40.68千克，20.68千克，50.83%；在正常情况下，母羊5月龄性成熟，母羊四季发情，大多数集中在春末初秋时节，部分母羊一年二产或二年三产，产羔率随胎次而增加，一般每胎产羔2只，产羔率在245%以上。湖羊是发展羔羊肉生产和培育肉羊新品种的母本品种。

7. 同羊 原产地为陕西渭南、咸阳两地区北部各县，延安地区南部和秦岭山区有少量分布。

(1) **体型外貌** 全身被毛纯白，公、母羊均无角，部分公羊有栗状角痕，颈长，部分个体颈下有一对肉垂。体躯略显前低后高，鬐甲较窄，胸部较宽而深，肋骨开张良好。公羊背部微凹，母羊短直且较宽。腹部圆大。尻斜而短，母羊较公羊稍长而宽。尾的形状不一，但多有尾沟和尾尖，90%以上的个体为短脂尾。

(2) **生产性能** 平均体重，成年公羊39.57千克，成年母羊37.15千克。年平均剪毛量，成年公羊为1.42千克，成年母羊为1.17千克，净毛率55.35%；屠宰率，公羊为47.1%，母羊为 41.7％。母羊一般一年一胎一羔。

8. 蒙古羊 原产地为内蒙古自治区。目前内蒙古、东北、华北、华东及西北各省（自治区）均有分布。

（1）体型外貌 头狭长，鼻梁隆起。公羊多数有角，母羊多数无角，耳大下垂。短脂尾，但尾形不一。被毛多为白色，头和四肢多为杂色。

（2）生产性能 平均体重，成年公羊 30～45 千克，成年母羊 26～40 千克。一年剪毛两次，平均剪毛量 1～1.5 千克。毛长 5～15 厘米。尾大肥厚，长过飞节，有的接近或拖及地面，毛色为白色。

9. 哈萨克羊 原产地为天山北麓和阿尔泰山南麓，现主要分布在新疆、甘肃、青海等地。

（1）体型外貌 四肢高大，鼻梁隆起。公羊有粗大角，母羊多数有角。肥臀，底分两瓣，似 W 形，高于臀部，故称肥臀羊。毛色混杂，多为褐、灰、黑、白等杂色毛，纯白或纯黑者极少。

（2）生产性能 平均体重，成年公羊 60 千克，最高可达 85 千克；成年母羊为 50 千克。剪毛量，成年公羊平均 2.61 千克，成年母羊 1.88 千克。净毛率 68.9％。哈萨克羊母羊一年一产，一胎一羔，产羔率 101.62％，屠宰率 49％左右。

10. 西藏羊 原产于青藏高原，主要分布在西藏、青海、甘肃南部、四川西北部及云南、贵州等的部分地区。

（1）体型外貌 分两种类型，即牧区的草地型和农区的山谷型。草地型藏羊都有角，角长而扁平，角向外上方呈螺旋状弯曲。头呈三角形，鼻梁隆起，体躯较长，呈长方形。毛色全白者占 6.85％，头肢杂色者占 82.6％，体躯杂色者占 10.5％。山谷型藏羊体格较小，体躯稍短，四肢较矮。公羊有角，母羊多数无角，毛色混杂。

（2）生产性能 草地型藏羊平均体重，成年公羊 50.8 千克，成年母羊为 38.5 千克；剪毛量，成年公羊平均 1.42 千克，成年母羊 0.97 千克；成年羯羊屠宰率平均 50.11％。山谷型藏羊平均体重，成年公羊 36.79 千克，成年母羊 29.69 千克；剪毛量，成年公羊 1.5 千克，成年母羊 0.75 千克；屠宰率 48.7％。藏羊均为一年一产，一般一胎一羔，双羔极少。

11. 欧拉型藏羊　主产于甘肃省的玛曲县及毗邻地区，青海省的河南蒙古族自治县和久治县。

(1) 体型外貌　欧拉型羊具有草地型藏羊的外形特征，体格高大粗壮，头稍狭长，多数具肉髯。公羊前胸着生黄褐色毛，而母羊不仅被毛短，死毛含量很高，头、颈、四肢多为黄褐色花斑，全白色羊极少。

(2) 生产性能　欧拉型藏羊体格大，生长发育快，肉用性能好。平均体重，成年公羊 75.85 千克，成年母羊 58.51 千克，1.5 岁公羊 47.56 千克，1.5 岁母羊 44.306 千克。成年羯羊屠宰率 49.14％～50.18％。

12. 东佛里生乳用羊　原产于荷兰和德国西北部，是目前世界绵羊品种中产奶性能最好的品种。

(1) 体型外貌　该品种体格大，体型结构良好。公、母羊均无角，被毛白色，偶有纯黑色个体出现。体躯宽长，腰部结实，肋骨拱圆，臀部略有倾斜，尾瘦长、无毛。乳房结构优良、宽广，乳头良好。

(2) 生产性能　体重，成年公羊 90～120 千克，成年母羊 70～90 千克。剪毛量，成年公羊 5～6 千克，成年母羊 4.5 千克以上，羊毛同质。毛长，成年公羊 20 厘米，成年母羊 16～20 厘米，羊毛细度 46～56 支，净毛率 60％～70％。成年母羊 260～300 天产奶量 500～810 千克，乳脂率 6％～6.5％。产羔率 200％～230％。对温带气候条件有良好的适应性。

公、母羊性成熟早，母羊 5～6 月龄即可出现发情，公羊 7～8 月龄可用于配种。母羊四季发情，常年配种，发情周期为 16.54 天，发情持续期 30.23 小时，产后至第一次发情需

48.9 天，妊娠期平均 148.23 天，产羔率平均为 251.3%，其中初产母羊产羔率 229.4%，经产母羊 267.25%。

13. 无角陶赛特羊　无角陶赛特羊原产于大洋洲的澳大利亚和新西兰。

（1）体型外貌　体质结实，头短而宽，公、母羊均无角。颈短、粗，胸宽深，背腰平直，后躯丰满，四肢粗、短，整个躯体呈圆桶状。面部、四肢被毛均为白色。

（2）生产性能　无角陶赛特羊生长发育快，早熟，可常年发情配种、产羔。经过肥育的 4 月龄羔羊胴体重，公羔为 22 千克、母羔为 19.7 千克。成年公羊体重 90～110 千克、母羊为 65～75 千克，剪毛量 2～3 千克，净毛率为 60%，毛长 7.5～10 厘米，羊毛细度 56～58 支，产羔率平均为 150% 以上。

新疆、内蒙古、青海和北京等地，自 20 世纪 80 年代引进了无角陶赛特公羊，饲养结果表明，冬、春季舍饲 5 个月，其余季节放牧，基本上能够适应我国大多数省区的草场和农区饲养条件。采用无角陶赛特羊与低代细毛杂种羊、哈萨克羊、阿勒泰羊、蒙古羊、卡拉库尔羊、小尾寒羊和粗毛羊杂交，一代杂种具有明显的父本特征，肉用体型明显，前胸凸出，胸深且宽，肋骨开张大，后躯丰满。在新疆，无角陶赛特杂种一代 5 月龄屠宰胴体重 16.67～17.47 千克，净肉重 12.77～14.1 千克，屠宰率 48.92 千克，胴体净肉率 76.6%～80.8%。无角陶赛特与小尾寒羊杂交，效果亦十分明显，一代杂交公羊 6 月龄体重为 40.44 千克，周岁 96.7 千克，2 岁 148.0 千克，母羊于上述年龄分别可达到 35 千克、47 千克和 70 千克。6 月龄羔羊屠宰胴体重 24.20 千克，屠宰率 54.49%，胴体净肉率 79.11%。

无角陶赛特羊是适于我国工厂化养羊生产的理想品种之一。以此品种羊作终端父本对我国的地方品种进行杂交改良，可以显著提高产肉力和胴体品质，特别是利用羔羊生长发育快的特性进行肥羔生产，具有巨大潜力。另外，该品种公、母羊及其杂交后代，也适于大规模工厂化饲养和管理。

14. 萨福克羊 原产于英国英格兰东南部的萨福克、诺福克、剑桥和艾塞克斯等地。

（1）体型外貌 萨福克羊体格较大，头短耳宽，公、母羊均无角。颈短粗，胸宽，背、腰和臀部长宽而平。肌肉丰满，后躯发育良好。头和四肢为黑色，并且无毛覆盖。

（2）生产性能 体重，成年公羊90~100千克，母羊65~70千克。剪毛量，成年公羊5~6千克，母羊3~4千克。毛长7~8厘米，细度56~58支。净毛率60%。背毛白色，偶可发现少量有色纤维。

萨福克羊的特点是早熟，羔羊早期生长发育快，产肉性能和胴体品质好。经肥育约4月龄羔羊胴体重24.2千克，母羔为19.7千克，瘦肉率高，是生产大胴体和优质羔羊肉的理想品种。母羊产羔率141.7%~157.7%。目前，美国、英国、澳大利亚和新西兰将该品种作为生产肉羊的终端父系品种，其肉产品在国际市场上占有率很高。

我国从20世纪70年代起由新疆、内蒙古等地先后从澳大利亚引进，并进行大规模的推广。在内蒙古，采用该品种与蒙古羊、细毛羊低代杂种羊等品种进行杂交，在全年以放牧为主、冬季补饲的条件下，190日龄的杂交种一代羯羊屠宰活重37.25千克，胴体重18.33千克，屠宰率为49.21%，净肉重13.49千克，胴体净肉率为73.6%。杂交的后代产毛量也有明显增长，而且还减少了被毛中干死毛的数量和改进有髓毛的细度，在新疆的应用效果也很好。

萨福克羊的生产性能特点十分有利于工厂化高效养羊，也是我国肉羊生产的主要终端父本品种。

15. 夏洛来羊 夏洛来羊原产于法国中部的夏洛来丘陵和谷地。

（1）体型外貌　公、母羊均无角，额宽，头部无毛，脸部呈粉红色或灰色，耳大，颈短粗，肩宽平，胸宽而深，肋部拱圆，背部肌肉发达，体躯呈圆桶状，身腰长，四肢较短、矮，肢势端正，肉用体型良好。

（2）生产性能　背毛同质，均匀度有时较差，毛白色，毛长4～7厘米，毛纤维细度52～58支，剪毛量成年公羊3～4千克、母羊1.5～2.2千克。夏洛来羊生长发育快，一般6月龄前公羔体重可达48～53千克，母羔38～43千克；成年公羊100～150千克，母羊75～95千克。夏洛来羊胴体品质好，瘦肉多，脂肪少，屠宰率在55%以上。该品种繁殖率高，经产母羊产羔率为182.37%，初产母羊为135.32%。母羊为季节性发情，在法国，母羊发情一般在8月中旬至翌年1月份，旺季在9、10月份。

20世纪80年代以来，我国内蒙古、河北、河南、辽宁等地先后引进夏洛来羊，与当地品种母羊杂交，获得了较好的效果。内蒙古的夏杂一代羊6月龄羔羊体重可达40.2千克，胴体重19.5千克，屠宰率48.5%。山西的夏杂一代羊10月龄体重可达49.2千克，胴体重27.16千克，屠宰率55.2%。黑龙江的夏杂一代羊屠宰前活重可达41.09～45.81千克，胴体重17.86～21.12千克，分别比同龄细毛羊高32.02%～45.35%和30.61%～65.52%。甘肃、青海、新疆等地均进行过夏洛来羊的杂交试验，结果表明，采用夏洛来羊杂交可以显著提高羊肉产量，改善胴体品质和羊肉质量。

夏洛来羊是一个优良的肉用品种，但必须给其及其杂交后代提供优良的饲养条件；否则，由于夏洛来羊杂交后代出生阶段被毛短，不能有效地抵御高寒牧区的严寒和风雪的袭击，羔羊死亡率高，效益差。在良好的舍饲条件下，夏洛来羊的生产潜力很大。该品种可以作为工厂化高效养羊生产的理想品种之一。

16. 罗姆尼-马尔士羊　原产于英国东南部的肯特郡，故又称肯特羊。

（1）体型外貌　罗姆尼羊头略显狭长，体躯长而宽，四肢较高，后躯比较发达，头及四肢羊毛覆盖较差。新西兰的罗姆尼羊特点是四肢短、矮，背腰宽平，体躯长，肉用体型良好。

（2）生产性能　体重，成年公羊 90～110 千克，母羊为 80～90 千克；剪毛量，成年公羊 4～6 千克，母羊为 3～5 千克；净毛率 60%～65%，毛长，11～15 厘米，细度 46～50 支；母羊产羔率为 100%。在英国及许多国家，利用罗姆尼羊与其他品种进行经济杂交，以期生产肉用肥羔和杂种羊。经肥育的 4 月龄公羔羊胴体重为 22.4 千克，母羔为 20.0 千克。

我国自 1966 年起先后从英国、新西兰和澳大利亚引进罗姆尼羊，用于发展半细毛羊生产。1990 年起，许多省区将其与地方品种杂交，进行羔羊肉生产。从试验结果分析，许多省区选用罗姆尼羊作为父本之一，杂交改良效果显著，作为肉用羊生产的经济效应较好。该品种可以作为工厂化高效养羊生产的理想品种。

17. 波德代羊　波德代羊是 1930 年以来，在新西兰南岛用边区莱斯特公羊与考力代母羊杂交，横交固定至四五代培育成的肉毛兼用绵羊品种。1998 年，新西兰登记注册的波德代绵羊品种有 51.6 万只。育种场成年公羊平均体重 90 千克，母羊 60～70 千克，羊毛细度 30～34 微米（48～52 支），毛长 10 厘米以上，净毛率 72%，繁殖率 140%～150%（最高可达 180%）。

2000 年，引入甘肃省永昌肉用种羊场的波德代羊 1 岁左右。引进时，公羊平均体重为 60 千克以上，母羊平均体重为 50 千克。

18. 德国肉用美利奴羊　德国肉用美利奴羊产于德国，主要分布在萨克森州农区。是用泊力考斯和英国来斯特公羊同德国原产地的美利奴母羊杂交培育而成。我国在 20 世纪 50 年代末和 60 年代初由前德意志民主共和国引入 1 000 余只，分别饲养在辽宁朝阳、内蒙古、山西、河北、山东、安徽、江苏、河南、陕西、甘肃、青海、云南等地。

（1）体型外貌　公、母羊均无角，颈部及体躯皆无皱褶；体格大，胸深宽，背腰平直，肌肉丰满，后躯发育良好；被毛白色，密而长，弯曲明显。

（2）生产性能　生长发育快，产肉力强，繁殖力强，被毛品质好。体重，成年公羊 100～140 千克，母羊 70～80 千克；羔羊生长发育快，日增重 300～350 克，130 天可屠宰，活重可达 38～45 千克，胴体重 18～22 千克，屠宰率 47%～49%。毛密而长，弯曲明显；毛长公羊 8～10 厘米，母羊 6～8 厘米；毛长，母羊为 22～24 厘米（64 支），公羊为 22～26 厘米（64～60 支）；剪毛量，公羊 7～10 千克，母羊 4～5 千克；净毛率 50% 以上。德国肉用美利奴羊具有较高的繁殖力，性早熟，12 月龄前就可第一次配种，产羔率 150%～250%；泌乳能力好，羔羊生长发育快，母羊母性好，羔羊死亡率低。

19. 杜泊羊　杜泊羊原产于南非共和国，是该国在 1942—1950 年，用从英国引入的有角陶赛特公羊与当地的波斯黑头母羊杂交，经选择和培育而成的肉用羊品种。南非于 1950 年成立杜泊肉用绵羊品种协会。大多数南非人喜欢饲养短毛型杜泊羊。目前，杜泊羊品种已分布到南非各地。现在该品种的选育方向主要是短毛型。

（1）体型外貌　杜泊肉羊分为黑头白体躯和白头白体躯两个品系。公母羊均无角。头长、额宽、嘴尖，呈三角形。颈粗短，前胸丰满，背腰平阔，臀部肥胖，肌肉外突，体躯呈圆桶形。体长、腿短、骨细、体高中等。杜泊羊分长毛型和短毛型。长毛型羊可用于生产地毯毛，较适应寒冷的气候条件；短毛型羊毛短、没有纺织价值，但能较好地抗炎热和雨淋。

杜泊羊头颈为黑色，体躯和四肢为白色，也有全身为白色的群体，但有的羊腿部有时也出现色斑。一般无角，头顶平直，长度适中，额宽，鼻梁隆起，耳大、稍垂，既不短也不过宽。颈短粗，肩宽厚，背平直，肋骨拱圆，前丰满，后躯肌肉发达。四肢强健，肢势端正。长瘦尾。

（2）生产性能 杜泊羊早熟，生长发育快，100日龄公羔体重34.72千克，母羔31.29千克；体重，成年公羊100～110千克，成年母羊75～90千克；体高，1岁公羊72.7厘米，3岁公羊75.3厘米。

杜泊羊的繁殖表现主要取决于营养和管理水平。因此，在年度间、种群间和地区之间差异较大。正常情况下，产羔率为140%，其中产单羔母羊占61%、产双羔母羊占30%、产三羔母羊占4%。但在良好的饲养管理条件下，可进行二年产三胎，产羔率180%。母羊泌乳力强，护羔性好。

杜泊羊体质结实，对炎热、干旱、潮湿、寒冷多种气候条件有良好的适应性。同时抗病力较强，但在潮湿条件下，易感染肝片吸虫病，羔羊易感染球虫病。

第四节 适于高效生产的重要山羊品种

1. 萨能山羊 原产于瑞士，是世界上最优秀的奶山羊品种之一，也是奶山羊的代表型。现有的奶山羊品种几乎半数以上都程度不同地含有萨能山羊的血缘。

（1）体型外貌 萨能山羊具有典型的乳用家畜体型特征。该羊后躯发达，被毛白色，偶有毛尖呈淡黄色，有"四长"的外形特点，即头长、颈长、躯干长、四肢长。公、母羊均有须，大多数无角。

（2）生产性能 体重，成年公羊75～100千克，最高可达120千克；母羊50～75千克，最高可达90千克。母羊泌乳期8～10个月，可产奶600～1 200千克，最高个体产奶量可达3 430千克。母羊产羔率平均为170%～180%，最高可达200%～220%。乳脂率平均为3.0%～4.04%。

我国引进萨能山羊历史较长，可以放牧，也可以舍饲或半舍饲。该品种要求良好的饲养管理，其生产特性和性能符合工厂化高效养羊生产体系的要求，也可小群高效饲养。

2. 西农萨能山羊 20 世纪 30 年代初我国由美国引进，1937 年引入西北农业大学。

（1）体型外貌　西农萨能山羊的基本特征与瑞士萨能山羊相同，即短毛，白色，皮肤粉红，具有"四长"特点；眼大，鼻直，嘴齐，耳大伸向前方。多数羊有髯无角，颈下多有一对肉垂。公羊体高 89 厘米，体长 95 厘米，体重 94 千克；母羊相应为 75 厘米、84 厘米和 65 千克。

（2）生产性能　母羊性成熟早，8～10 月龄配种，一胎 2～3 羔，泌乳期 10 个月，平均产奶量 800 千克，最高个体日产奶量 10.5 千克，年产奶量 1 863.3 千克。

西农萨能山羊适应性强，但抗热和抗寒性较差，对饲料的要求条件高。该品种特性及生产性能符合工厂化高效养羊生产体系的要求，也可小群高效饲养。

3. 吐根堡山羊 吐根堡山羊原产于瑞士东北部圣仑州的吐根堡盆地。因具有适应性强、产奶量高等特点而被大量引入欧洲、美洲、亚洲、非洲及大洋洲许多国家，用于纯种繁育和改良地方品种，对世界各地奶山羊业的发展起了重要作用，与萨能羊同享盛名。

（1）体型外貌　吐根堡山羊体型略小于萨能羊羊，也具有乳用羊特有的楔形体型。被毛褐色或深褐色，随年龄增长而变浅。颜面两侧各有一条灰白色的条纹，鼻端、耳缘、腹部、臀部、尾下及四肢下端均为灰白色。公、母羊均有须，部分无角，有的有肉垂。骨骼结实，四肢较长，蹄壁蜡黄色。公羊体长，颈细瘦，头粗大；母羊皮薄，骨细，颈长，乳房大而柔软，发育良好。

（2）生产性能　成年公羊体高 80～85 厘米，体重 60～80 千克；成年母羊体高 70～75 厘米，体重 45～55 千克。

吐根堡山羊平均泌乳期 287 天，在英、美等国一个泌乳期的产奶量 600～1 200 千克。瑞士最高个体产奶纪录为 1 511 千克，乳脂率 3.5%～4.2%。饲养在我国四川省成都市的吐根堡奶山羊，300 天产奶量，一胎为 687.79kg、二胎为 842.68kg、三胎为 751.28kg。

吐根堡山羊全年发情，但多集中在秋季。母羊 1.5 岁配种，公羊 2 岁配种，平均妊娠期 151.2 天，产羔率平均为 173.4%。

吐根堡山羊体质健壮，性情温驯，耐粗饲，耐炎热，对放牧或舍饲都能很好地适应。遗传性能稳定，与地方品种杂交，能将其特有的毛色和较高的泌乳性能遗传给后代。公羊膻味小，母羊奶中的膻味也较轻。

4. 努比亚奶山羊　原产于非洲东北部的埃及、苏丹及邻近的埃塞俄比亚、利比亚、阿尔及利亚等国，在英国、美国、印度、东欧及南非等国都有分布，具有性情温驯、繁殖力强等特点。我国 1939 年曾引入，饲养在四川省成都等地。20 世纪80年代中后期，广西壮族自治区、四川省简阳市、湖北省房县又从英国和澳大利亚等国引入饲养。

(1) 体型外貌　努比亚奶山羊头短小，鼻梁隆起，耳大下垂，颈长，躯干较短，尻短而斜，四肢细长。公、母羊无须无角。毛色较杂，有暗红色、棕色、乳白色、灰白色、黑色及各种斑块杂色，以暗红色居多，被毛细短、有光泽。

(2) 生产性能　成年公羊平均体重 80 千克，体高 82.5 厘米，体长 85 厘米；成年母羊上述指标相应为 55 千克，75 厘米和 78.5 厘米。母羊乳房发育良好，多呈球形。泌乳期 5～6 个月，产奶量 300～800 千克，盛产期日产奶 2～3 千克，高者可达 4 千克以上，乳脂率 4%～7%，奶的风味好。我国四川省饲养的努比亚奶山羊，平均一胎 261 天产奶 375.7 千克，二胎 257 天产奶 445.3 千克。

努比亚奶山羊繁殖力强，一年可产两胎，每胎 2～3 羔。四川省简阳市饲养的努比亚奶山羊，怀孕期 149 天，各胎平均产羔率 190％，其中一胎为 173％、二胎为 204％、三胎为 217％。

努比亚奶山羊原产于干旱炎热地区，因而耐热性好，但对寒冷潮湿的气候适应性差。

5. 安哥拉山羊　原产于土耳其，是世界上最著名的毛用山羊品种，以生产优质"马海毛"而著称。

（1）**体型外貌**　安哥拉山羊公、母均有角，四肢短而端正，蹄质结实，体质较好，被毛纯白，由波浪形毛辫组成，可垂直地面。

（2）**生产性能**　成年公羊体重 50～55 千克，母羊 32～35 千克。美国饲养的公羊体重可达到 76.5 千克。产毛性能突出，被毛品质好，由两性毛组成，细度 40～46 支，毛长 18～25 厘米，最长可达 35 厘米，呈典型的丝光纤维。一年剪毛 2 次，每次毛长可达 15 厘米。成年公羊剪毛量 5～7 千克，母羊 3～4 千克，最高个体产量可达 8.2 千克，产毛量以美国为最高，土耳其最低。净毛率 65％～85％。生长发育慢，性成熟迟，到 3 岁才能发育完全。母羊产羔率 100％～110％，少数地区可达 200％。母羊泌乳力差，流产和早期胚胎死亡是造成安哥拉山羊繁殖率低的主要原因。该品种个体小，产肉量少。

我国陕西、山西、内蒙古等地近年已有引进。用安哥拉山羊与本地山羊品种杂交改良效果较好，杂交一代产毛量可提高 33％～80％，二代提高 67％～220％，三代可达 220％～326％。据与我国邻近的土库曼斯坦、乌兹别克斯坦、吉尔吉斯斯坦和哈萨克斯坦等国的前苏联毛用山羊资料，杂交后代的体况和适应性都较好，能够适应本地区的自然生态环境。杂交改良后的公羊体重 55～65 千克，母羊 39～43 千克，毛长 16～20 厘米，细度 46～56 支，净毛率 74％～80％，母羊繁殖率 109％～122％。

随着市场需求的变化，安哥拉山羊的产品——"马海毛"已被消费者接受，采用该品种将会有较好的经济效益。安哥拉山羊在工厂化高效生产体系中，其生产潜力还会更大，是一个较好的品种。

6. 辽宁绒山羊　辽宁绒山羊主产区为辽宁省东部山区和辽

东半岛。

（1）体型外貌　辽宁绒山羊头小，额顶有黄毛，下颌有髯，公、母羊均有角，体质结实，具有羊绒洁白品质好、产绒量高、适应性强和适于放牧管理等特性。

（2）生产性能　辽宁绒山羊初生重，公羔羊平均为 2.39 千克，母羔 2.31 千克。体重，周岁公羊 27.81 千克、母羊 23.73 千克，成年公羊 54.42 千克、母羊 37.17 千克。产区每年 3～4 月份抓绒，而后剪毛。成年公羊产绒量平均为 33.5 克，最高个体达 1 350 克；母羊为 435 克，最高个体 1 025 克。绒纤维细度，成年公羊 17.07 微米，母羊 16.32 微米。毛长 6.63 厘米。羊绒洗净率72.71%～73.99%。产肉性能，成年公羊胴体 33 千克，屠宰率 50.65%，净肉 11.54 千克，净肉率 35.19%；母羊相应为 20.74 千克、52.66%、14.07 千克和 33.9%。公、母羊 5 月龄性成熟，18 月龄配种。一年产一胎，繁殖年龄 7～8 岁。母羊产羔率平均 110%～120%。

辽宁绒山羊已推广应用到我国许多省区，改良本地山羊获得了显著的效益。该品种符合工厂化高效养羊生产的要求，是理想的绒用山羊品种之一。

7. 内蒙古绒山羊　原产于内蒙古西部地区。

（1）体型外貌　内蒙古绒山羊背腰平直，体躯深而长，四肢粗壮，蹄质坚实，尾短而上翘。被毛白色，由外层粗毛和内层绒毛组成。公、母羊均有角。

（2）生产性能　初生羔羊体重，公羔平均为 2.24 千克，母羔 2.10 千克。成年公羊体重 47.8 千克，母羊 27.4 千克。绒产量，成年公羊 385 克，母羊 305 克；纤维长度，公羊 7.6 厘米，母羊 6.6 厘米；绒毛细度，公羊 14.6 微米，母羊 15.6 微米；粗毛长度，公羊 17.5 厘米，母羊 13.5 厘米。肉质细嫩，肌肉与脂肪分布均匀，产肉性能良好。成年羯羊屠宰率 46.9%，母羊 44.9%。皮板厚而致密，富有弹性，是制革的上等原料。公、母羔羊 5～6 月龄达到性成熟，1.5 岁初配。母羊 3～6 岁繁殖力最强，繁殖利用年限 8～10 岁。母羊产羔率平均为 103％～105％。

内蒙古绒山羊是我国最优秀的绒山羊品种之一，分布广，类型多，已广泛用于我国许多省区的山羊品种改良，并且取得了显著的效果。该品种符合工厂化高效养羊的要求，在良好的生产条件下其生产潜力很大。

8. 波尔山羊　原产于南非共和国，是世界上最优秀的肉用性能突出的山羊。波尔山羊分为 5 型：即普通型，体质外貌良好，毛较短，头部头顶呈褐色；长毛型，毛厚，肉质粗；无角型，毛短，白色，公、母均无角；土种型和改良型，广泛分布于澳大利亚、德国、新西兰、美国及一些美洲国家。

（1）体型外貌　波尔山羊具有强壮的头，眼睛清秀，"罗马鼻"。头、颈部及前肢发达，体躯长、宽、深，肋骨开张和发育良好，胸部发达，背部结实宽厚，腿部和臀部丰满，四肢结实有力。毛色为白色，头、耳、颈部颜色可以是浅红色至深红色，但不超过肩部，双侧眼睑必须有色。

（2）生产性能　波尔山羊体格大，生长发育快。体重，成年公羊 90～135 千克，母羊 60～90 千克，羔羊初生重 3～4 千克，断奶前日增重一般在 200 克以上，6 月龄体重达到 30 千克以上。产肉性能突出，8～10 月龄公羊屠宰率为 48％，1 岁、2 岁、3 岁时分别可达到 50％、52％和 56％。胴体瘦而不干，肉厚而不肥，色泽纯正，膻味小，肉质多汁细嫩，适口性好，备受消费者的欢迎，在市场上是紧俏的肉产品。

波尔山羊板皮的皮革价值较高（改良型），以毛浅、细而短的板皮为上乘，是制革工业的理想原料。

波尔山羊性成熟早，多胎性能突出。157 日龄体重达到 27.4 千克时，即出现初情期。每头母羊平均每年产羔 1.9 只，断奶羔羊 1.64 只，3.5 岁母羊平均产羔 2.26 只，断奶成活 1.96 只。母羊的多胎比例高，单胎母羊比例为 7％，双胎母羊为

56.5％，3 胎母羊为 33.2％，4 胎母羊为 2.4％，5 胎母羊为 0.4％。波尔山羊繁殖率高，无明显的繁殖季节，秋季发情率高，春夏季较低。泌乳力高，日产奶量可达 2.5 升。

我国自 20 世纪 90 年代开始引进，与当地品种杂交对于提高产肉力效果明显。该品种是理想的工厂化高效养羊的选用品种，在高标准的饲养和管理体系下，波尔山羊的生产潜力很大。

9. 南江黄羊 原产于四川省南江县。1953 年开始杂交选育，1995 年育成品种。该品种具有生长发育快、体格大、肉用性能好和适应性强等特点。

(1) **体型外貌** 南江黄羊头大小适中，耳大且长，鼻梁微拱。公、母羊分有角与无角两种类型。背腰平直，前胸深广，尻部略斜，四肢粗长，蹄质结实，整个躯干呈圆桶状。被毛呈黄褐色，但颜面毛色为黄黑色。鼻梁两侧有一对称的黄白色条纹，从头顶沿背脊至尾根有一条宽窄不等的黑色毛带，公羊前胸、颈下有较长的黑黄色毛，四肢上端生黑色较长粗毛。

(2) **生产性能** 南江黄羊周岁公羊体重 34.43 千克，母羊 27.34 千克；成年公羊 60.56 千克，母羊 41.2 千克。6 月龄羯羊胴体重 9.71 千克，屠宰率可达 47.01％，胴体净肉率为 73.01％。南江黄羊性成熟早，3 月龄就可以出现初情期，但母羊以 6～8 月龄，公羊以 12～18 月龄配种为佳。母羊平均产羔率为 194.62％，其中经产母羊为 205.29％。

南江黄羊板皮质地优良，细致结实，抗张强度高，延伸率大，尤以 6～12 月龄的羔羊皮张为好，厚薄均匀，富有弹性。南江黄羊在全国各地均有推广，改良效果明显。该品种特性符合工厂化高效养羊的要求。

10. 雷州山羊 原产地在广东省雷州半岛和海南省。

(1) **体型外貌** 体质结实，头直，额稍凸，公、母羊均有角，颈细长，颈前与头部衔接处较狭，颈后与胸部衔接处逐渐增大，鬐甲稍隆起，背腰平直，臀部多短狭而倾斜，十字部高，胸稍窄，腹大而下垂；乳房发育较好，呈球形；被毛多为黑色，角、蹄为褐黑色，少数为麻色及褐色，麻色除毛被黄色外，背线、尾及四肢前端多为黑色和黑黄色。

（2）生产性能　周岁公羊平均体重 31.7 千克，母羊 28.6 千克；2 岁公羊平均体重 50.0 千克，母羊 43.0 千克；3 岁公羊平均体重 54.0 千克，母羊 47.7 千克；肉质优良，脂肪分布均匀，肥育羯羊无膻味，屠宰率为 50%～60%，肥育羯羊可达 70% 左右。性成熟早，一般 3～6 月龄达性成熟，母羊 5～8 月龄就已配种，1 岁时即可产羔；公羊配种年龄一般在 10～11 月龄；多数一年产二胎，少数二年三胎，每胎产 1～2 羔，多者产 5 羔，产羔率为 150%～200%。具有成熟早、生长发育快、肉质和板皮品质好、繁殖率高等特性，是我国热带地区以产肉为主的优良地方山羊品种。

11. 马头山羊　原产地为湖南省的常德、黔阳地区和湖北省的郧阳、恩施地区以及湘西自治州各县。

（1）体型外貌　体质结实，结构匀称；全身被毛白色，毛短贴身，富有光泽，冬季长有少量绒毛；头大小适中，公、母羊均无角，但有退化角痕；耳向前略下垂，下颌有髯，颈下多有两个肉垂；成年公羊颈较粗短，母羊颈较细长，头颈肩结合良好；前胸发达，背腰平直，后躯发育良好，尻略斜；四肢端正，蹄质坚实；母羊乳房发育良好。

（2）生产性能　平均体重，成年公羊 43.81 千克，成年母羊为 33.7 千克，羯羊为 47.44 千克；幼龄羊生长发育快，1 岁羯羊平均体重可达成年羯羊的 73.23%。肉用性能好，在全年放牧条件下，12 月龄羯羊平均体重 35 千克左右，18 月龄以上达 47.44 千克，如能适当补饲，可达 70～80 千克。据测定，12 月龄羯羊胴体平均重 14.2 千克，花板油平均重 1.71 千克，屠宰率 54.1%，胴体长 56.59 厘米，眼肌面积 7.81 厘米^2；24 月龄羯羊的上述指标相应为 14.94 千克，2.3 千克，54.85%，58.71 厘米和 9.77 厘米^2；30 月龄羯羊的上述指标应为 21.35 千克，4.41 千克，60.79%，64.20 厘米和 19.24 厘米^2。性成熟早，5 月龄性成熟，但适宜配种月龄一般在 10 月龄左右；母羊四季均可发情配种，一般一年产二胎或二年产三胎，产羔率 191.94%～200.33%。

12. 成都麻羊　原产地为四川盆地西部的成都平原及其邻近的丘陵和低山地区，是乳肉兼用的优良地方良种。

（1）**体型外貌**　该羊全身毛被呈棕黄色，色泽光亮，为短毛型；单根纤维颜色可分成三段，即毛尖为黑色、中段为棕黄色、下段为黑灰色，各段毛色所占比例和颜色深浅在个体之间及体躯不同部位略有差异。整个毛被有棕黄而带黑麻的感觉，故称"麻羊"。

（2）**生产性能**　周岁公羊平均体重 26.79 千克，母羊 23.14 千克；成年公羊平均体重 43.02 千克，母羊 32.6 千克；周岁羯羊胴体重 12.15 千克，净肉重 9.21 千克，内脏脂肪重 0.89 千克，屠宰率 49.66%，净肉率 75.8%；成年羯羊上述指标相应为 20.54 千克，16.25 千克，2.73 千克，54.34% 和 79.1%。常年发情，产羔率 205.91%；泌乳期 5～8 个月，可产奶 150～250 千克，乳脂率 6.47%；皮板组织致密，乳头层占全皮厚度 1/2 以上，网状层纤维粗壮，加工成的皮革弹性上等。

13. 海门山羊　原产地主要分布在江苏省海门地区。

（1）**体型外貌**　体格中等偏小，头呈三角形，面微凹。公、母羊均有角，公羊角粗长，向后上方伸展，呈倒八字形；母羊角细短，形似长辣椒，向外上方伸出，呈倒八字形。背腰平直，前胸较发达，后躯较宽深。四肢细长，蹄质坚实，全身被毛洁白、光亮。

（2）**生产性能**　成年公、母羊平均体重分别为 25～30 千克和 16～20 千克，羯羊和淘汰母羊的屠宰率为 46％～49％。性成熟早，为 3～4 月龄，一般 6～7 月龄开始配种。可年产二胎，产羔率 230％左右，海门山羊可产笔料毛 50～90 克，品质优良。

14. 长江三角洲白山羊 原产于我国东海之滨的长江三角洲。羊群主要分布在江苏的南通、苏州、扬州和镇江地区，上海市郊区，浙江省的嘉兴、杭州、宁波和绍兴地区。

（1）体型外貌 体格较小。头呈三角形，面微凹，公、母羊均有角、有髯，公羊额部有绺毛。前躯较窄，后躯丰满，背腰平直，全身被毛直而短，光泽度好。

（2）生产性能 成年公、母羊平均体重分别为 28.58 千克和 18.43 千克，周岁公、母羊平均体重为 16.36 千克和 14.91 千克。产区群众习惯吃带皮羊肉，连皮羊的屠宰率 48％左右，剥皮羊在 35％～45％。长江三角洲白山羊皮板致密，有油性，以晚秋和初冬屠宰所产皮最佳。长江三角洲白山羊羊毛洁白，弹性好，光泽度好，是制毛笔的上等原料。制成的"湖笔"在晋朝就有"毛颖之技甲天下"之美称。

15. 中卫山羊 中卫山羊的中心产区是宁夏回族自治区中卫市和甘肃省景泰、靖远县，及与其毗邻的中宁、同心、海原、皋兰、会宁等地。产区属于半荒漠地带。

该品种 2000 年被农业部列入《国家级畜禽品种资源保护名录》。

（1）体型外貌 中卫山羊成年羊头清秀，面部平直，额部有丛毛一束。公、母羊均有角，向后上方并向外延伸呈半螺旋状。体躯短深近方形，结构匀称，结合良好，四肢端正，蹄质结实。被毛纯白，光泽悦目。

（2）生产性能 由于终年放牧在荒漠草原或干旱草原上，中卫山羊具有体质结实、耐寒、抗暑、抗病力强、耐粗饲等优良特性。体格中等，成年公羊体重 30～40 千克，母羊体重 25～35 千克。

被毛分内外两层，外层为粗毛，光泽悦目，长 25 厘米左右，细度平均 50～56 微米，具波浪状弯曲；内层为绒毛，纤细柔软，丝样光泽，长 6～7 厘米，细度 12～14 微米。公羊产毛量 250～500 克，产绒量 100～150 克；母羊产毛量 200～400 克，产绒 120 克左右。

中卫山羊的代表性产品是羔羊出生后 1 月龄左右，毛长达到 7.5 厘米左右时宰杀剥取的毛皮，因用手捻摸毛股时有沙沙粗糙感觉，故又称为"沙毛裘皮"。其裘皮的被毛呈毛股结构，毛股上有 3～4 个波浪形弯曲，最多可有 6～7 个。毛股紧实，花色艳丽。裘皮皮板面积 1 360～3 392 厘米²。适时屠宰得到的裘皮，具有美观、轻便、结实、保暖和不擀毡等特点。

成熟较早，母羊 7 月龄左右即可配种繁殖，多为单羔，双羔率约 5%，产羔率 103%。屠宰率 40%～45%。

16. 济宁青山羊 济宁青山羊是一个优良的羔皮用山羊品种。原产于山东省西南部的菏泽和济宁两市的 20 多个县。该品种 2000 年被农业部列入《国家级畜禽品种资源保护名录》。

(1) 体型外貌 青山羊公、母羊均有角，角向上或向后上方生长。颈部较细长，背直，尻微斜，腹部较大，四肢短而结实。被毛由黑白二色毛混生而成青色，其角、蹄、唇也为青色，前膝为黑色，故有"四青一黑"的特征。因被毛中黑白二色毛的比例不同又可分为正青色（黑毛数量占 30%～60%）、粉青色（黑毛数量 30% 以下）、铁青色（黑毛数量 60% 以上）三种。

(2) 生产性能 青山羊体格较小，公羊体高 55～60 厘米，母羊 50 厘米；公羊体重约 30 千克，母羊约 26 千克。成年公羊产毛 300 克左右，产绒 50～150 克；母羊产毛约 200 克，产绒 25～50 克。主要产品是猾子皮，羔羊出生后 3 天内屠宰，其特点是毛细短、长约 2.2 厘米，密紧适中，在皮板上构成美丽的花纹，花型有波浪花、流水花及片花，为国际市场上的著名商品。皮板面积 1 100～1 200 厘米²，是制造翻毛外衣、皮帽、皮领的优质原料。

青山羊生长快，成熟早，4月龄即可配种，母羊常年发情，年产两胎或两年产三胎，一胎多羔，平均产羔率为293.65%，屠宰率为42.5%。

17. 新疆山羊　在新疆维吾尔自治区各地都有养山羊的悠久历史。各地山羊在外貌、体型和生产性能之间互有异同，从地域划分上有南疆型和北疆型之分。主要分布在南疆的喀什、和田及塔里木河流域，北疆的阿勒泰、昌吉和哈密地区的荒漠草原及干旱贫瘠的山地牧场。

（1）体型外貌　新疆山羊头中等大小，额平宽，耳小、半下垂，鼻梁平直或有下凹，公母羊多有角，角形较直、向后上方直立、角尖端微向后弯，角基间着生的长毛下垂于额，颌下有须。背平直，前躯、乳房发育较好，尾小而上卷。被毛以背线为界分向两侧。体躯长深，四肢端正，蹄质结实。被毛以白色为主，其次为黑色、棕色、青色。绒细、长、密，油汗适中，毛长而有光泽。

（2）生产性能　北疆型山羊体格大，体重大于南疆型山羊，以哈密地区的山羊为代表，成年公羊平均体重58.4千克，成年母羊36.9千克；南疆型山羊以阿克苏地区为代表，成年公羊平均体重为32.6千克，成年母羊为27.1千克。

新疆山羊绒品质优良，细度在12～16微米，富有光泽。北疆型成年公羊年产绒为232～310克，成年母羊178.7～196.8克。南疆阿克苏地区成年公、母山羊产绒平均为150克。

成年公山羊年产毛500克左右，母山羊300～400克。毛长可达20厘米，柔软，富有光泽，净毛率一般在75%以上。

初配年龄为1.5岁，放牧山羊的繁殖配种季节性强，山区在10～11月配种，农区在9～10月间配种，妊娠期为150天左右。繁殖率为111.7%～116%。

18. 西藏山羊　主要分布在青藏高原的西藏自治区、青海省、四川省阿坝、甘孜地区以及甘肃省南部。该品种2000年被农业部列入《国家级畜禽品种资源保护名录》。

（1）体型外貌　该品种体质结实，体躯结构匀称。额宽，耳较长，鼻梁平直。公、母羊均有角、有额毛和髯。颈细长，背腰平直，前胸发达，胸部宽深，肋骨开张良好，腹大而不下垂。被毛颜色较杂，纯白者很少，多为黑色、青色以及头和四肢花色者。

（2）生产性能　西藏山羊体格较小，成年公羊平均体高55厘米，体重24.2千克；成年母羊体高50厘米，体重21.4千克。西藏山羊毛被由长而粗的粗毛和细而柔软的绒毛组成。每年抓绒、剪毛一次。大部分地区是先抓绒、后剪毛，有些地区抓绒和剪毛同时进行。抓绒时间一般在5～8月份。成年公羊抓绒212克，剪粗毛418克；成年母羊相应为184克和339克。绒毛细度为15.7微米，公羊粗毛细度为69微米，母羊粗毛细度为76微米。

西藏山羊由于受生态环境条件的影响，发育较慢，周岁羊体重相当于成年羊的51%。年产一胎，多在秋季配种，产羔率110%～135%，初生公羔平均体重为1.6千克，母羔平均为1.4千克。2月龄断奶重，公羔平均为5.2千克，母羔平均为6.1千克。成年羯羊屠宰率43%～48%。

19. 柴达木绒山羊　柴达木绒山羊是1958年以来对柴达木山羊进行改良的基础上，从1983年开始引入辽宁绒山羊公羊，级进杂交到二代，选择理想型公、母羊横交固定，自群繁育，培育而成的绒肉型绒山羊新品种。分布于青海省海西蒙古族藏族自治州的柴达木盆地。

（1）体型外貌　体型呈长方形，后躯稍高，四肢端正有力，面部清秀，鼻梁微凹。公、母羊均有角，公羊角粗大，向两侧呈螺旋状伸展，母羊角细小，向上方呈扭曲伸展。被毛纯白色，呈松散的毛腹结构，外层有髓毛较长，光泽良好，具有少量浅波纹状弯曲或较短无弯曲。被毛类型有细长型和粗短型两种。

（2）生产性能　柴达木绒山羊成年公羊体重为 35.86 千克，母羊为 27.16 千克；育成公羊体重 16.23 千克，母羊 16.24 千克。成年公、母羊产绒量分别为 487 克和 397 克，育成羊分别为 378 克和 340 克。被毛自然长度 10 厘米以上。成年羊体侧部绒毛自然长度 5 厘米，细度 13.61～14.49 微米，净绒率在 60% 以上。

柴达木绒山羊有良好的产肉性能，且肉质颜色鲜红，纤维细嫩，脂肪含量低，膻味轻，肉质良好。放牧补饲条件好时，成年母羊产羔率 105% 左右。

20. 贵州白山羊　贵州白山羊产于贵州省东北部乌江中下游的沿河、思南等县，以及铜仁、遵义两地区各县。

（1）体型外貌　贵州白山羊公、母羊均有角、有髯，公羊额顶有卷毛。颈部宽，胸深，腿短，体躯呈圆筒状，被毛为白色、短毛型。

（2）生产性能　成年公羊平均体重 32.8 千克，成年母羊 30.75 千克。周岁羯羊宰前活重平均 24.11 千克，胴体重 11.45 千克，净肉重 8.83 千克，屠宰率为 47.49%，净肉率为 36.62%。成年羯羊宰前活重 47.53 千克，胴体重 23.26 千克，净肉重 19.02 千克，屠宰率 48.94%，净肉率 40.02%，肉质好。贵州白山羊板皮质量好，柔软，弹性强是上等皮革原料。每张板皮面积 3 000～6 000 厘米^2。性成熟早，母羊 4～6 月龄初次发情，常年发情，可一年产二胎，产羔率高达 273.6%。

21. 槐山羊　中心产区在河南周口地区的沈丘、淮阳、项城、郸城等县，京广铁路以东、陇海路以南、津浦铁路以西、淮河以北平原农区均有分布。

（1）体型外貌　体格中等，分为有角或无角两种类型。公、母羊均有髯，身体结构匀称，呈圆筒形。毛色以白色为主，占 90% 左右，黑、青、花色共占 10% 左右。有角型槐山羊具有颈短、腿短、身腰短的特征；无角型槐山羊则有颈长、腿长、身腰长的特点。

（2）生产性能　成年公羊平均体重 35 千克，母羊 26 千克。羔羊生长发育快，9 月龄平均体重占成年体重的 90％。7～10 月龄羯羊平均宰前活重 21.93 千克，胴体重 10.92 千克，净肉重 8.89 千克，屠宰率 49.8％，净肉率 40.5％。槐山羊繁殖性能强，性成熟早，母羊为 3 个多月，一般 6 月龄可配种，全年发情。母羊一年产二胎或二年产三胎，每胎多羔，产羔率平均 249％左右。

22. 板角山羊　板角山羊的原产地为四川东北的万源、城口、巫溪三县和四川东南的武陵县。

（1）体型外貌　公、母羊均有角、有髯，角长而宽薄，向后方弯曲扭转。鼻梁平直，额微凸。体躯呈圆筒状，背腰平直，肋骨开张好，尻部略斜，四肢，骨骼坚实。被毛多为白色，有少量黑色和杂色。

（2）生产性能　成年公羊平均体重 40～50 千克，成年母羊 30～35 千克，屠宰率 50％～55％。板角山羊性成熟早，一般 6 月龄，产羔率 184％左右。板角山羊板皮质量较好，质地致密，张幅大，弹性好，特级皮比例较高。

第五节　品种资源的开发与利用

国内外众多的绵、山羊品种，为养羊生产提供了丰富的品种资源和品种培育的遗传物质素材，如何依各地自然生态环境和市场需求正确选择适宜的"当家品种"，是工厂化高效养羊业所面临的重要课题。

在工厂化高效养羊的生产体系中，按选定的绵、山羊品种的生物学特性和生产性能，给羊群创造良好的生活条件，包括圈舍、营养等，优良品种可以发挥其最大的生产潜力。而以同等条件饲养生产力低下或不适宜高效养殖的绵、山羊品种，则会加重企业亏损，制约养羊业发展。所以，对羊群的投入，宜"因能力而定"，不可盲目加大投入。

工厂化高效养羊生产体系要求养羊产品的生产必须走"名牌战略"之路，如羊毛、羊绒、羊肉和羊皮等，以质优、量多的产品优势占领国内、外市场。应该看到，我国许多省区的养羊企业在这方面有良好的基础。树立养羊产品"创名牌"的意识，并将其贯穿于生产、管理之中，养羊业才能实现高产、高效。

在生产中，必须特别重视对养羊生产方向的正确选择和及时调整，按照各地区的生态环境及市场变化和市场需求，确立适合自己的目标和模式。这种决策带有战略性质，一经决定，绝不能无原则地任意更改，否则将会导致严重不良后果，造成一系列的恶性循环。工厂化高效养羊是一个复杂的系统工程，品种资源的开发利用是基础，是工程效益的关键环节，抓好这个环节，养羊业就可以达到事半功倍的效果。同时，开发与利用工作还必须进一步提高科技含量，避免人力、物力和品种资源的浪费。

第四章
优质饲草的高产
栽培技术

第一节　建立优质饲草高产
体系的指导思想

　　在高效养羊的新体系中，将优质饲草的高产作为该体系的重中之重，是第一位的环节。从生态学的食物链理论出发，这是食物链的"源头"。只有加大发掘、扩大和开源的力度，才能有充足的"流"，工厂化高效养羊的生产基础才能牢固，也才能真正实现可持续高速发展。所以，应当从战略高度充分认识优质饲草高产栽培的重要地位和重大意义。

　　在以依靠天然草场放牧的传统养羊生产中，气候、草场面积是决定养羊业发展的第一位条件，也是制约养羊生产发展的首要因素，在这种条件下养羊生产始终处于被动地位。那种"夏壮、秋肥、冬瘦、春死"的生产格局，主导了我国许多牧区的养羊生产，不扭转这种局面，养羊业就无法从根本意义上摆脱困境。而在广大农区，由于我国人多、地少的基本国情，大规模发展高效养羊业也是举步维艰。以养羊产品之一的羊肉为例，消费市场主要集中在大中城市，能否将养羊业作为城市畜牧业的组成部分，在城市附近大量生产，取决于如何解决养羊生产需要的大量质优价廉的饲草问题。从以上分析可见，优质饲草高产是养羊生产的

"龙头"，是其他所有问题的"症结"，必须下大力气狠抓。

长期以来，畜牧业从属于农业。由于畜牧业占农业总产值的比例较低，农业给畜牧业提供的种植饲草的土地基本上是以改良土壤、倒茬或新垦土地为主，没有拿出稳产高产田为养羊业种植饲草。从经济角度和经济利益上考虑，这种决策不失其正确性的一面，但同时也制约了养羊业的发展。土地条件差，饲草的生产成本高，效益必定大减，再加上养羊业本身的生产潜力未得到发挥，最终的结果只能是养羊业的恶性循环，农牧结合的设想始终是空想。实行工厂化高效养羊生产体系，首先从养羊生产本身挖掘潜力，提高生产效益，为农业提供大量的优质有机粪肥，养羊业立足于自身建立能满足其饲草需求的稳产高产田；其次，养羊业利用农作物秸秆和农副产品，实现过腹还田，在养羊—饲草—农业的良性循环中，农业和畜牧业都奠定了可靠的基础。稳产高产田的建立，提高了单位面积产量，畜牧业用地总量减少，生产效益整体提高，整个农业产业和农业经济才能有机、协调结合，持续发展。

综观世界畜牧业的发展趋势，可以清楚地看到，近年来，畜牧业逐渐摆脱从属于农业的地位，正在向商品畜牧业方向转化，在农业经济中的地位正逐渐上升。目前，我国畜牧业占农业总产值的比例为 20%，而澳大利亚为 75%，丹麦、新西兰为 90%，法国为 52%，美国为 60% 以上。据联合国 FAO 1997 年统计，世界人均消费羊肉 1.88 千克，澳大利亚为 37.5 千克，新西兰为154.64 千克。我国城镇居民人均消费肉类总量为 18.5 千克，其中羊肉仅为 1.91 千克，占总消费量的 10.32%。我国的轻工业原料，40% 以上来自畜牧业，其中养羊产品所占比例较大。因此，作为一种新的体系，或者说是一种新的经济增长点，必须从支撑这个体系的支点入手，确实加强和重视基础建设，即加强饲草、饲料基地的建设，从根本上改变我国养羊业靠天吃饭的局面，使养羊业走上健康、可持续发展的轨道。

基于我国"人增、地减、粮紧"的基本国情和对养羊业的基本分析，提出建立优质饲草高产生产体系的指导思想是：选择适宜于本地生态条件的优质饲草品种，建立稳产高产栽培模式，对饲草品种的要求首先必须是高产，第二必须是优质，两种要求必须同时具备。在工厂化高效养羊中，饲草供应的主渠道首先应当是充分利用极少量的优良土地，种植优质高产的饲草，满足养羊需要的75%～85%；其次才是利用农作物秸秆，开发非常规饲料资源，实现多层次的利用。养羊生产依靠建立的优质饲草高产体系，给养羊生产者提出了两个方面的要求：①从饲草利用角度出发，重点是饲草的品质优良，利用率高，数量充足，能发挥羊的最大生产潜力；②从饲草生产角度出发，重点是饲草的高产栽培，在充分满足生产高产饲草的土、肥、水、种等基础条件的前提下，发挥土地的最大生产潜力，生产比常规土地多出几倍甚至几十倍的植物产品，最大限度地降低生产饲草的生产成本。

建立了优质饲草高产生产体系，就可以从根本上解决长期困扰养羊生产的饲草不足，季节性供应不平衡，饲草营养价值低和生产成本高的老大难问题，摆脱多年来形成的养羊业亏损，经济效益低的被动局面，使养羊业走出低谷，逐步迈向高效养羊的发展方向。采用"优质饲草高效生产体系"，使占养羊生产成本60%的饲草从"源头"上降低了费用，饲草质量的提高进而又使养羊生产效益大幅度提高，"财源"不断滚滚来，养羊业才能真正成为新的经济增长点，成为农业的支撑产业。

第二节　青贮玉米的高产栽培技术

一、玉米的生物学特性

1. 玉米的生育期　玉米，又名苞谷、苞米、棒子，是我国重要的粮食和饲料作物。由于饲用价值高，故有"饲料之王"

之称。

玉米的生育期因品种、栽培地区和播种季节不同差异较大。一般早熟品种春播 70～100 天，夏播 70～85 天；中熟品种 100～120 天；晚熟品种春播为 120～150 天，夏播 96 天以上。玉米从种子发芽到成熟的整个生育期，可分为苗期、拔节孕穗、抽穗开花和成熟期四个主要时期。

(1) **苗期** 从发芽到幼穗开始分化。苗期末株高可达 56～87 厘米，出叶 7～8 片。一般中熟品种此期为 25～35 天。

(2) **拔节孕穗期** 特点是营养生长与生殖生长同时进行。此时期玉米开始拔节，长出叶片较长，生长加速。一般中熟品种此时期为 30～45 天。

(3) **抽穗开花期** 从雄穗开花到雌穗受精完成，这一时期较短，约 10 天。此时期对外界环境条件的影响最为敏感，故此要求也最为严格。

(4) **成熟期** 玉米受精后，30～40 天籽粒全部形成。受精后 20～25 天，籽粒达到正常体积，称为乳熟期；此后为蜡熟期。青贮玉米在乳熟期和蜡熟期的茎叶鲜重及干物质产量较其他时期要高，全株可供青贮的茎叶百分比达最高。所以，青贮玉米以乳熟期或蜡熟期早期收获最好。

2. 对生活条件的要求

(1) **温度** 玉米原产于南美洲的热带高山地区，因而在系统发育过程中形成了喜温短日照的特性，在整个生育期要求有较高的温度。

玉米种子发芽的最低温度为 6～7℃，但极为缓慢，易受土壤中有害微生物的侵害而腐烂。正常以 10～12℃ 为宜，25～32℃ 发芽最快。为避免早播的危害和不误农时，8～10℃ 时播后 18～20 天出苗；15～18℃ 时播后 8～10 天出苗；20℃ 时 5～6 天就可出苗。

玉米一生不耐寒，幼苗遇 −3～−2℃ 低温时受害，成株遇

3℃低温时停止生长，再遇−3℃时会全株死亡。但是，保留生长点的受冻幼苗，霜后仍能恢复生长。绿色植株霜冻后很快干枯，使青贮品质低劣。

（2）水分 玉米植株高大，需水较多，必须充足供给，以年降水量500～800毫米为宜，其需水规律如表5。

表5 高产玉米不同生育阶段需水量

项 目	春玉米（712千克/亩*）			夏玉米（560千克/亩）		
	需水量（毫米/亩）	模系数（%）	需水强度（毫米/日）	需水量（毫米/亩）	模系数（%）	需水强度（毫米/日）
播种至拔节	135	24.2	2.8	72	14.6	3.6
拔节至抽雄	170	30.5	5.0	140	28.5	3.3
抽雄至成熟	253	45.3	8.7	280	56.9	7.4
全生育期	556	100.0	3.8	492	100.0	5.7

①幼苗期：需水较少。春玉米此期需水量占全生育期总量的25%，夏玉米占15%。

②孕穗期：需水量较多，占总需水量的30%。

③抽穗灌浆期：此阶段需水最多，春玉米占总需水量的45%，夏玉米占50%。

④成熟期：需水量为总需水量的4%～10%。

（3）光照 玉米属于短日照作物，缩短光照就会加强生殖生长，植株不高就抽穗开花，而延长光照则加强营养生长，表现贪青晚熟。玉米为C4作物，光合效率高，要求有充足的光照。

（4）土壤 玉米是高产作物，植株高大，根系发达，需要从土壤中获取大量营养物质。玉米对氮、磷、钾的要求远比其他作物要高。高产玉米吸收氮、磷、钾的数量比例大致为1：0.43：0.89；一般春玉米为5：2：4，夏玉米为9：3：8。上述比例可供制订施肥方案时参考。吸收养分的数量比如表6。玉米喜微酸

＊ 亩为非法定计量单位，1亩＝667米²。

性、中性至微碱性土壤。适宜的 pH 为 5.0～8.0，其中以中性土壤为最好。pH 小于 5.0 或大于 8.8 的过酸或过碱土壤，非经改良不宜种植玉米。

表 6　每生产 100 千克玉米籽粒吸收养分数量

种 类	氮 （千克/亩）	磷 （千克/亩）	钾 （千克/亩）	氮磷钾 比例	产量水平 （千克/亩）	报道单位
春播玉米 中单 2 号	2.13	0.69	1.90	1∶0.32∶0.89	700	河北 1983
夏播玉米 掖单 12	1.76	0.67	1.13	1∶0.38∶0.64	694	中国农业科学 院 1992
套种玉米 烟单 14	1.86	1.14	2.66	1∶0.61∶1.16	629	莱阳农学 院 1984
平均	1.92	0.83	1.90	1∶0.43∶0.99	—	

二、青贮玉米的高产栽培模式

玉米是养羊生产中最主要的精饲料和青饲料的来源。采用高产栽培技术，种 1 亩地精料玉米，可获籽粒 800～1 200 千克，秸秆 800～1 200 千克，茎叶和穗轴（玉米壳）80～120 千克。种 1 亩高产青贮玉米，可收获鲜青贮 6 000 千克以上（一株 655 克×8 000 株）。每 100 千克青贮玉米含有 6 千克可消化粗蛋白，相当于 20 千克精饲料的价值。在良好的栽培管理条件下，种植 1 亩地青贮玉米饲料，可供 6～10 只羊全年全舍饲饲喂，或供 24 只羊冬季补饲 4 个月。采用高肥、高水、高密度和一年两茬的种植模式，青贮玉米的产量和能够供给饲养的数量将会增加 1～2 倍。采用合理的青贮加工、添加尿素和微生物发酵，配合农作物秸秆和农副产品等综合技术措施，进一步提高青贮饲料利用率，可供高效养羊的数量再增加 2～3 倍。

依据各地土地、生产、气候资源等条件，精料玉米和青贮玉米的栽培模式可分为以下几种：

1. 春播—夏收—夏播—秋收—二次青贮　春播、夏播二茬，专门种植青贮玉米。

2. 夏收重茬—秋收—青贮 夏收其他作物，重茬复播青贮玉米。

3. 春播—早收、先收籽粒—青贮 在玉米籽粒达到蜡熟期中期时，提前收棒子，提前收割茎叶制作青贮，此时期越早越好，既能收获一定数量的玉米籽粒，又能兼顾牛、羊饲草料。

4. 春播套种玉米—夏收青贮—秋收套种作物 由于各地的条件不同，可以选择适宜本地区的最佳种植模式。

三、青贮玉米高产栽培的主要品种简介

目前生产上应用的青贮玉米品种，按其植物类别不同，可分为分枝和单株（不分枝）两大类。分枝型玉米分蘖性强，茎叶丛生，单株绿色体产量高，可有效地提高青贮饲料的品质。单株型玉米基本无分蘖，植株高大，叶片繁茂，茎秆粗壮，单位面积上绿色体产量主要通过单株鲜重及适当增加种植密度来实现，并通过水肥协调、适期收割等措施来增加单株果穗质量，提高青贮品质。饲用的青贮玉米良种，主要介绍以下8种。

1. 辽原一号

（1）品种特性 属饲、粮兼用玉米杂交种。株高250厘米，茎粗2.35～2.75厘米，在密度6 000株/亩条件下单株鲜重超过850克，全生育期约105天。

（2）栽培要点 该品种发芽率及千粒重年际差异较大，应做好晒种和发芽试验，根据发芽率、千粒重确定播种量，防止盲目播种造成缺苗。

2. 墨白一号

（1）品种特性 属晚熟品种，出苗至抽雄需77天。植株个体发育旺盛，单株鲜重一般在800克以上，高产田可达1 000克。耐肥抗倒，抗病性强。该品种个体差异较大，尤其是一生的总叶片数变幅较大，其范围为22～29张。株高可超过

270厘米，高产田可超过300厘米以上。茎秆粗壮，平均直径约2厘米，高产田超过3厘米以上。穗位高度120厘米。

（2）栽培要点　适期范围应尽量早播种，以提高青贮品质。

种植密度：每亩6 000～8 000株，单株鲜重750克以上，果穗不低于鲜重的10%，根据生长进程，合理施肥，施足底肥，重施拔节穗肥，适当补穗肥。

适期收割：抽雄后19～20天收割，能提高产量和质量。

3. 京多一号

（1）品质特性　京多一号系青贮专用型多秆多穗玉米杂交种，具有品质优良、粗蛋白含量高、适口好、品种特性稳定等特点。北京地区全生育期为130天，作青贮100天。植株高300厘米，穗位高150厘米，苗期生长较慢，后期生长较快。多秆是京多一号的一大特性。

（2）栽培要点　京多一号既可春播，也可夏播。一般播种量为每亩2.5～3千克，保证基本苗2 700～3 000株，总茎数控制在6 000～8 000个。每亩重施有机肥4 000千克，苗期应早施苗肥促分蘖，4～5叶片时，每亩一次追施30千克硫酸铵或15千克尿素，以发挥该品种多秆多穗的优势。做好中、后期的肥、水协调和中耕锄草。在乳熟期及时收割，制作青贮最佳。

4. 科多四号

（1）品种特性　属于青贮专用多秆多穗玉米杂交种，植株健壮，茎秆旺盛、粗大，根系发达，耐肥、耐旱、耐涝，抗倒伏性强。作青贮用生育期120天。茎粗2.7厘米，株高300厘米。该品种幼苗期生长较慢，出苗后20天开始分蘖，平均每株分蘖1个。

（2）栽培要点　由于生长期长，在可能范围内要适当早播。

掌握适当用种量，确立适宜的基本苗数。北方种植每亩用种量2.5～3千克，基本苗6 000～6 500株。

该品种根系发达，要求适当深耕，施足优质有机肥料。一般每亩施有机肥料4 000～5 000千克。在此基础上，于4～5片叶时抓好施苗肥，才能促进壮苗早分蘖。

宜在乳熟期收割，过早则会降低青贮产量及品质。

5. 太穗枝一号

（1）**品种特性** 属分蘖多穗型，中熟品种。青贮产量和籽粒产量都较高，全生育期 120 天。幼苗生长势强。单株平均分蘖 2.4 个，最多 5 个。适宜在乳熟期至蜡熟期收割。

（2）**栽培要点** 亩产 5 000 千克青贮，底肥施有机肥 3 000～4 000 千克。

适当早播，浅播。播后要及时镇压。

合理密植，高产田每亩留苗 2 500～3 000 株，每株要求分蘖 2 个以上。肥、水条件差时，以 2 500 株为宜。

6. 晋牧一号

（1）**品种特性** 属晚熟分枝多穗型的青贮玉米杂交种，其特点是分蘖多，株型高，抗性强，青贮质量好。株高 250 厘米，最高达 300 厘米以上，一般每亩留苗 2 700 株，连同分蘖茎数达 3 个以上。由于果穗多着生在植株顶部，所以果穗以下茎秆较粗。

（2）**栽培要点** 精细耕地，施足底肥。要求水、肥条件较高，亩产 5 000 千克以上要求施有机肥 3 000～4 000 千克。结合耕翻时施入。

适期早播，延长生长期。晋牧一号种子小，以浅播为宜。播种深度不超过 4 厘米。播种后及时镇压保墒，每亩基本苗 2 700 株，每株主茎带 3 个分蘖叶，每亩可达 1 万株以上。

7. 晋单（饲）28 号

（1）**品种特性** 为中晚熟品种，专用青贮玉米，分蘖多穗。株高 300 厘米，穗位 150 厘米，茎粗 1.6～2.3 厘米，千粒重 200 克。全生育期 128～130 天，作青贮的生育期为 100～110 天。

（2）**栽培要点** 适宜于高产栽培，每亩留苗 4 000～6 000 株。耕地施有机肥料 4 000 千克。

该品种适应范围较广，在无霜期 100 天以上的地区都可播种，春播或麦茬夏播均可。

8. 墨西哥类玉米

（1）**品种特性** 原产于中美洲的墨西哥和加勒比海群岛以及阿根廷。我国许多省区引种后证明，该品种具有易种、产量高、品质好、适应性强、生产成本低等特点。墨西哥玉米植株高大，茎叶繁茂，每亩可收鲜重 10～15 吨，管理得当可达 20 吨以上，比一般青贮玉米高出 2～3 倍。

墨西哥玉米为喜温、喜湿和耐肥的饲料作物。种子发芽最低温度 15℃，最适温度 24～26℃，生长适宜温度 25～35℃，抗热力强，能耐受 40℃高温，但不耐霜冻，10℃时生长停滞。年降水量 800 毫米，无霜期 180～210 天以上的地区可以种植。

（2）**栽培要点** 选择排灌方便、土质肥沃的土壤或砂壤土地种植最为适宜。

施足底肥，有机肥料每亩 2 000～2 500 千克以上，耕深达 18～22 厘米。播期以气温 15℃以上时早播为宜。播量每亩0.3～0.5 千克，可以移栽苗。

播种后 30～50 天内，生长缓慢，不易封行，常杂草滋生，故要充足的水分和养料。

四、饲料玉米的优良品种简介

据统计，对 1995 年全国种植面积最大的 10 个饲料玉米优良杂种特性简介如下。

1. 掖单 13 号 主要分布于华北和南方 10 个省区，组合为 478×丹 34。属中、晚熟，大穗紧凑型杂交种。春播生育期 130～140天，夏播生育期 110 天，月需积温 2 900 ℃，株高 250～280厘米，穗位 80 厘米，千粒重 320～360 克。茎粗，根系发达，抗倒伏，抗大、小斑病。每亩密度 4 000～5 000 株，亩产 700～800 千克籽粒。

2. 丹西 13　主要分布于西南和华北地区，组合为 Mo $17^{Ht} \times E^{28}$，属中晚熟品种。春播生育期 125 天，夏播生育期 110 天，需有效积温 2 900℃。株高 120～280 厘米，穗位 120 厘米，千粒重 360 克。抗大、小叶斑病，丝黑穗病，抗玉米螟，抗倒伏，适应性广，适于春播或麦田套种。每亩种植 2 800～3 000 株，亩产 500～600 千克籽粒。

3. 中单 2 号　主要分布于东北和西南地区，组合为 Mo $17^{Ht} \times$ 自 330，属中热、中晚熟品种。株高 250 厘米，穗位 100 厘米，千粒重 330 克。抗倒伏，抗大、小叶斑病，易感花叶条纹病，耐涝性差，适于春播或麦田套种。每亩种植 3 000～3 500 株，亩产籽粒 400～500 千克。

4. 掖单 2 号　主要分布于黄淮平原，组合位掖 107 × 黄早 4。春播生育期 120 天，夏播生育期 105 天。要求有效积温 2 600～2 800℃，株高 270 厘米，穗位 110 厘米，株型紧凑，适宜套种。千粒重 320 克，适于春播和麦田套种。每亩 4 000～4 500 株，高产栽培可达 5 000 株，亩产籽粒 500～600 千克。

5. 掖单 12　主要分布于黄淮平原，组合位 478 × 515，属中热、中穗紧凑型杂交种。春播生育期 130～140 天，夏播生育期 104 天，需积温 2 750℃。株高 250 厘米，穗位 90 厘米，千粒重 300～320 克。根系发达，抗倒伏。每亩密度 4 500～5 000 株，亩产籽粒 600～800 千克。

6. 四单 19　主要分布于东北地区，组合为 444 × Mo17。春播生育期 120～125 天，要求有效积温 2 825℃。抗大斑病，丝黑穗病，抗倒伏，每亩适宜密度 3 300～4 000 株，亩产 450～500 千克籽粒。

7. 本育 9 号　主要分布于黑龙江、吉林等省，组合为 7 884～$7^{Ht} \times$ Mo 17^{Ht}。春播生育期 120～130 天，需有效积温 2 850℃。适应性强，抗大斑病，丝黑穗病，中抗茎腐病。每亩适宜密度 3 000～3 500 株，亩产 500 千克籽粒。

8. 掖单4号 主要分布于黄淮海平原，组合为8112×黄早4。夏播生育期94~98天，需积温2 500~2 600℃。株高250~270厘米，穗位100厘米。千粒重310~320克，每亩密度5 000~6 000株，产籽粒500~600千克。

9. 烟单14 主要分布于山东、河北、山西等地，组合为Mo 17^{Ht}×黄早4。春播生育期106天，夏播95天。株高240~270厘米，植株健壮，根系发达，抗倒伏，株型紧凑，适应性强。千粒重300克，适于中上等地麦田套种和抢茬夏直播，每亩4 000株，因有假熟性，适当晚收较好。高产时可产籽粒450~700千克。

10. 沈单7号 主要分布于山东、河北、辽宁等省，组合为500×E^{28}。春播生育期130~140天。夏播110~115天，千粒重300克。高抗大小叶斑病和丝黑穗病，抗倒伏。植株繁茂，喜肥水，不宜在低洼地种植。每亩密度3 000~3 500株，亩产籽粒500~600千克。

11. 专用型青贮玉米品种 我国培育出的部分专用型青贮玉米品种，如青贮专用玉米——奥玉5102、京多1号、中北410、中北412、中北406、农牧1号、东岳20号、鲁单50等；粮饲兼用型青贮玉米品种，如辽原1号、农大108、农大86、京早13号、中原单32等。

近年来，一些国家开始选育专用的分蘖型玉米杂交种，用它育成的青贮饲料品种的干物质生产潜力很大，可消化蛋白质的含量高，具有较高的青贮饲料利用价值。

五、青贮玉米的高产栽培配套技术及要点

1. 全苗技术 全苗是青贮玉米的高产基础。特别强调青贮玉米一播全苗，是因为其必须依靠单株大穗夺取高产，缺一株苗就要少收200~300克籽粒，500~800千克鲜重。一次播种若不能获得全苗，常常造成缺苗断垄，即使采用一些补救措施，也会

产生小株，断垄和小株均可影响到玉米群体的生长势。

影响青贮玉米全苗和造成小株的原因很多，主要是：土壤墒情不均；缺苗断垄；整地时间有早有晚；种子大小不齐，或种子质量差；种子发芽率低等。

（1）精细整地　青贮玉米对土壤的要求不严格。但土地平整，土层深厚，结构良好，舒松通气，保水、保温较好的土壤，无疑将有助于一播全苗、全壮目标的实现。

（2）种子的处理　选用良种时主要考虑三个原则：①根据当地种植方式，春播玉米要求生育期长，单株生产力高，抗病力强的品种；夏播要求早熟；套种则要求株型紧凑，叶片上冲，苗期耐阴的品种。选用前必须了解品种的各种特性，"对号"选种。②依当地生态、劳力资源等，除选择一种当家的主要品种外，还要注意早、中、晚熟品种的合理搭配，以增加抗灾能力，错开农时。③依土壤肥力状况，选用适应性强的稳产高产品种。切勿片面追求高产品种，若满足不了水肥条件，反而减产。

引进新种：新品种能显著增产，但必须注意以下几个问题。①要依当地生态条件引种，只有适应性强，新品种才能充分发挥它的增产潜力。②坚持"一切经过试验"的原则。③注意新品种的特殊栽培要求。④购买专业部门和育种单位的优良种子。

精选种子：青贮玉米高产必须用杂交种，要从种子包装、粒色、杂质、整齐度等方面进行判断，选购良种。

晒种浸种：晒种可提高出苗率 13%～28%，早出苗 1～2 天。晒种的方法是：选晴天阳光下连续翻晒 2～3 天。浸种可促进种子萌动，提高发芽率，使出苗整齐。方法是：冷水浸种12～24 小时；温水（55～58 ℃）浸种 6～12 小时，也可用腐熟人尿 25 千克加水浸种 6 小时，对墒情差的土壤不宜浸种。浸泡的种子需坐水播种。

种子处理：药物拌种可以预防虫害。播前用 70%五氯硝基苯制成 0.1％的药土拌种。拌种用的药量为种子的 0.5％。种子包衣是种子处理的新技术，每千克种衣剂可处理种子 250 千克，药剂和种子的比例为 1∶25。

（3）测定发芽率　种子发芽试验的方法很多，有普通发芽试验、土壤发芽试验、毛巾卷发芽试验、砂盖种子发芽试验、暖水瓶发芽试验以及快速测定种子生活力等。

（4）适期播种

春播青贮玉米：春播玉米的播种期主要限制因素是温度，其次是土壤水分。选择播种适期应考虑三个原则：①土壤表层 5～10 厘米地温稳定在 10～12 ℃ 以上，土壤田间持水量在 69％以上；②需水高峰期与自然降雨期吻合；③尽可能充分利用农时和季节。

套种玉米：依种植方式、宽窄行和早熟期（100～120 天）而确立，可以从 5 月中旬延续播种至 5 月下旬。

夏播玉米：夏播无早，越早越好。早播是夏玉米增产的关键措施，早播可以争取生长季节。

（5）提高播种质量　选择适宜的播种方法，玉米种植的方式多种多样，所以以播种方法也要因地制宜，灵活选用。常用的方法有条播、点播和穴播。

核定播种量：因种子大小、种植方式、种植密度和播种方法而有所不同。播种量是由播种面积、密度、每穴粒数和粒重四个因素确定的。计算方法为：

用种量（千克）＝密度×每穴粒数×粒重×种植面积

例如：一块地 10 亩，设计密度为每亩 8 000 株，每穴播种 2 粒，该品种千粒重为 300 克（单粒 0.3 克），播种量为：

8 000×2×0.3×10＝48 000（克）＝48（千克）

每亩用种量＝48/10＝4.8（千克）

若根据播种株距和行距计算播种量，其计算方法为：

用种量（千克）＝面积/（行距×株距）×每穴粒数

×粒重×面积

例如：10 亩地，行距 50 厘米，株距 20 厘米，每穴播 2 粒，种子千粒重为 300 克（单粒重 0.3 克），这块地用种量为：

666.7/（0.5×0.2）×2×0.3×10＝40 002（克）

＝40.002（千克）

每亩用种量＝40.002/10＝4.000 2（千克）

玉米杂交种子的千粒重一般在 250～300 克，可以通过实测求得。若不知道千粒重，可按 300 克计，个别品种的种子超过或小于 300 克的，计算时应予以增减用种量。

确定播种深度：适宜的播种深度是由土壤种类、墒情、种子大小决定的，一般以 5～6 厘米为宜。墒情好的黏土，应适当浅播，以 4～5 厘米为宜；疏松的砂质壤土，应适当深播，以 6～8 厘米为宜。

2. 密植技术 合理密植是青贮玉米充分利用阳光和地力获得高产的重要措施，密植在增产诸因素中的作用占 20%～25%。每亩青贮玉米播多少株合适，不可能有一个统一的标准。密植是在一系列外界条件的影响下提出的一种相对概念。

合理密植为青贮玉米创造一个适宜的群体结构，使其可以充分利用光、热、水、肥条件，协调群和个体之间的矛盾，使产量构成的诸因素的乘积最大。根据一个品种的最适叶面积指数，可以计算出合理的种植密度，公式如下：

$$\frac{种植}{密度}＝\frac{最适叶面}{积指数}×666.67（米^2）/单株叶面积（米^2）$$

$$\frac{叶面积}{指数}＝\frac{单株平均绿叶}{面积（米^2）}×\frac{每亩实}{有株数}/666.7（米^2）$$

20 世纪 90 年代大面积推广紧凑型玉米，最适叶面积指数为 5～6，高产田可达 6.0 以上。夏播玉米最大叶面积指数可达到 5.3～5.5。

3. 合理施肥 根据青贮玉米的需肥规律和实践经验，应掌握以下基本原则：基肥为主，追肥为辅；有机肥为主，化肥为辅；氮肥为主，磷、钾肥为辅；供穗肥为主，供粒肥为辅。

青贮玉米吸收氮、磷、钾数量的比例大致为 $1：0.43：0.99$。

有机肥的种类包括畜禽粪肥、杂草堆肥、秸秆沤肥及各类土杂肥等，施用方法和养分含量如表 7。化学肥料的种类和施用方法如表 8。

表 7　常用有机肥料的养分含量和施用方法

肥料名称	氮（%）	磷（%）	钾（%）	施 用 方 法
人粪	1.00	0.30	0.40	腐熟后作底肥、追肥
人尿	0.50	0.05	0.20	腐熟后作底肥、追肥
人粪尿	0.60	0.10	0.30	腐熟后作底肥、追肥
猪粪	0.60	0.60	0.50	堆沤腐熟后作底肥
马粪	0.64	0.16	0.80	腐熟后作底肥或追肥
马尿	1.20	0.05	1.65	腐熟后作底肥、追肥
牛粪	0.59	0.28	0.14	与磷矿粉混合堆沤腐熟后作底肥
牛尿	0.50	0.15	0.65	腐熟后作底肥、追肥
羊粪	0.62	0.30	0.20	腐熟后作底肥、种肥或追肥
羊尿	1.40	0.13	1.85	腐熟后作基肥
鸡粪	1.63	1.54	0.85	与有机肥混合作种肥、追肥
鸭粪	1.00	1.40	0.62	与有机肥混合作种肥、追肥
土粪	0.35	0.42	0.33	作底肥或种肥

表 8　常用化学肥料的性质和施用方法

肥料名称	含量（%）	性　质	施 用 方 法
尿素	氮 46	白色小粒结晶，中性，吸潮性强。应贮于通风干燥处，肥效发挥稍慢	可作基肥或追肥。追肥时应较其他氮肥提前数天使入。施肥时不宜接触茎叶，作种肥避免接触种子，防止烧籽

肥料名称	含量（%）	性　质	施　用　方　法
氨　　水	氮 17	液体，微黄色，有氨味，强碱性，挥发，有刺激性和腐蚀性	主要作追肥。加水稀释 20～30 分钟，开沟深施后覆土，以免肥分损失。施用时防止接触种子和茎叶，以免烧伤
碳酸氢铵	氮 17	白色或灰白色粉末，有氨味，易挥发、潮解，速效。适于酸性和中性土壤	多作追肥。开沟深施覆土，不可与茎、叶、种子接触。不能与碱性肥料混合施用
磷酸二铵	氮 16 磷 20	浅灰色，粒状，遇石灰成为不溶性的磷酸钙	可作基肥、种肥、追肥。作种肥效果最好。不能与碱性肥料混合施用
过磷酸钙	磷 41	灰白色，粒状或粉状，酸性，有吸湿性和腐蚀性，速效	主要作基肥，不宜与草木灰等碱性肥料混合施用。在石灰质土壤最好与有机肥或配合其他氮肥施于低产田
硫酸钾	钾 48	灰白色或类黑色结晶，不吸潮，易溶于水	作追肥。砂壤土易流失，可分次施或与有机肥料混合施用
氧化钾	钾 50～60	白色结晶粉末，略带黄色，易溶于水	作追肥。盐碱地不宜施用

4. 节水灌溉　玉米需水量的变化幅度较大，受品种、气候、土壤、地下水、种植密度和栽培水平诸多因素的影响。据各地的实践经验，春玉米生育期长，需水量多；夏玉米生育期短，需水量相对较少。按亩产 600 千克籽粒或 5 000 千克青贮折算，每亩需水 500～700 毫米。

（1）需水规律　玉米不同生长发育阶段的需水量有一定规律可循，其特点如表 9。

表 9　玉米不同生育阶段灌溉对产量的影响

灌水次数	灌溉制度	灌水定额（米³/亩）	耗水量（米³/亩）	产　量（千克/亩）	多浇水增产（%）
1	播种	60.0	235.1	309.4	—
2	播种、拔节	100.0	253.0	391.7	26.6
3	播种、拔节、抽雄	140.0	272.9	442.6	12.9
4	播种、拔节、抽雄、灌浆	180.0	292.0	478.1	8.0

（2）灌溉制度　根据玉米生长发育阶段和需水规律，高产玉米一般要进行 3～4 次灌溉。我国玉米产区分布广，气候条件悬殊，应根据降水情况合理安排。

①播种水：玉米种子发芽和出苗最适宜的土壤水分一般为 70%左右的田间持水量。持水量 48%时，出苗困难，出苗率仅达 97%；而持水量达 78%时，出苗率反而降至 90%。所以，播种前的适量灌溉，可以创造适宜的土壤墒情，是保全苗的重要措施。

②拔节水：此期应使土壤田间持水量在 70%以上。增浇拔节水可使玉米增产 20%～25%。

③孕穗水：此期是玉米一生中需水最多的时期，占总需水量的 30%～40%。多浇一次孕穗水可使玉米增产 10%～20%。

④灌浆水：这一阶段，春玉米需水量占总耗水量的 22%左右，夏玉米占 20%。在缺水情况下，多浇一次灌浆水可使玉米增产 8%～10%，在干旱气候时增产潜力更大。

5. 田间管理技术要点

（1）幼苗期管理　幼苗期管理的主攻目标是：建立一个整齐均匀的高效利用光能的群体结构。建立这种结构必须从播种时抓起，全苗是密植的基础，整度度是增产的关键。

①间苗定苗：为培育壮苗，一般在三叶期间苗，4～5 叶期定苗，尽可能留下高矮、粗壮均匀整齐的壮苗。早定苗有利于培育壮苗，整齐一致，此期措施得当，可增产 6%～10%。

②中耕除草：幼苗期应中耕 2～3 次，三叶期浅锄 3～6 厘

米，定苗后深锄 10 厘米。中耕深度应掌握两头浅，中间深，苗侧浅，行间深的原则。

③秸秆覆盖：复播玉米可采用麦秸覆盖，以减少蒸发，土壤含水量可提高 5%～10%，降低地温 2～3 ℃，株间二氧化碳含量提高 0.05%～0.06%。麦秸或麦糠覆盖每亩用量为 200～300 千克，为预防杂草滋生和虫害发生，覆盖后喷施除草剂和杀虫剂。

④施肥浇水：定苗后应及时浇水，促进幼苗生长。玉米拔节期间叶片含氮、磷、钾量分别为 2.7%～3.76%、0.52%～0.66% 和 2.25%～3.11%。经植株营养诊断，发现某一元素浓度偏低，应及时施肥。若发现幼苗叶片有白色边缘，植株内含锌量低于（15～20）×10⁻⁶ 时表示缺锌，可用 0.1%～0.2% 的硫酸锌喷洒叶面。

⑤防虫害：幼苗期的主要虫害有地老虎、蝼蛄等。套种玉米主要虫害有黏虫、蚜虫等。除了播前进行土壤处理外，出苗后发现虫害宜采用人工捕捉、毒饵诱杀和药剂防治等。

（2）孕穗期管理　孕穗期管理的主攻目标是：通过运筹肥水措施，控制玉米群体沿着最佳生育期轨道发展。

①中耕除草：此期一般中耕 2 次。拔节后结合施肥浇水进行中耕。耕深 7～10 厘米。培土过早会抑制气生根发生和生长，易患病和倒伏。

②施肥浇水：春播玉米应重施攻穗肥，施肥量占总施肥量的60% 以上。夏播玉米孕穗期正处于高温多雨季节，追肥应争取早施、重施，分两次追肥效果最好。套种玉米一般不施用基肥和中肥。结合施肥进行灌溉，保持田间持水量在 70%～80%。

③防治虫害：此期虫害主要有玉米螟、蚜虫和棉铃虫。要求本着治早、治小、治好的原则，加强虫情测报，抓好心叶末期防治措施。

（3）灌浆期管理　灌浆期管理的主攻目标是：尽可能延长叶片有效功能期，保持植株青枝绿叶，活穗成熟，增加粒重和茎叶量。

①补施粒肥：此期施肥量占总施肥量的 10％，一般每亩施尿素 5～8 千克，也可在根外喷施磷酸氢二钾。

②浇灌浆水：此期土壤田间持水量应保持在 75％～80％。应注意防涝排渍。

③隔行去雄：此项措施一般能增产 6.9％～10％。其技术要点如下：

去雄时期：当玉米雄穗刚露头，尚未开花散粉时去雄最好。第一次去雄，应选在晴天上午 9 时至下午 4 时之间。

去雄方法：平播玉米可以隔一行或两行，套种玉米可隔行或隔株去雄。

去雄数量：根据气候和苗情灵活确定。天好，可占 30％～40％，天旱不要超过 1/3。

④不能去叶：去雄不是除叶，千万不能去叶，若掌握不好，反而会使玉米减产。

（4）适时收割和收获　适时收获是高产的重要环节，收获时期可参考植株颜色、苞叶、籽粒、乳线等标志确定。同时，还要参考籽粒增长进程和含水量状况，一般宜在千粒重日增重低于 2～3 克、含水量接近 30％时，作为收获时期。

青贮玉米的最高生物学产量以抽雄后 15 天为最高（表 10）。

表 10　青贮玉米不同收割期对单株产量的影响

抽雄时间	株高（厘米）	茎粗（厘米）	绿叶数（张/株）	单株鲜重（克）	单株干重（克）	单株茎重（克）	单株穗重（克）
抽雄后 10 天	258.8	2.22	13.1	680	87	515	10
抽雄后 15 天	261.4	2.21	12.9	695	91.5	500	45
抽雄后 20 天	263.9	2.19	12.0	655	102.5	425	105
抽雄后 25 天	264	2.2	10.2	610	141.5	365	130

青贮玉米的生产不仅要增加产量，还要提高青贮质量，过迟收割对提高质量不利。

此外，青贮玉米的亩产量高，收割、拉运的工作繁重，收割又必须与粉碎、装填等青贮调制工作相配合。因此，必须使收割期与加工速度同步，防止积压。除了掌握适期分批收割外，还必须注意提高收割质量，减少污染，确保调制成的青贮玉米品种优良。

第三节　紫花苜蓿的高产栽培技术

紫花苜蓿原产于古波斯的米旬，即中亚细亚、伊朗一带。紫花苜蓿家族中有紫花、黄花、紫黄花混合的杂花苜蓿，这些都是畜禽的优良饲料，又被称为"牧草之王"。我国西北、华北、东北各省均有大面积种植。

一、紫花苜蓿的经济价值及饲用价值

1. 产量高、营养丰富　紫花苜蓿为长寿牧草，一次种植可利用7～8年。在西北和华北地区，一年可刈割3～4次，每亩产鲜草3 000～4 000千克，最高可达5 000千克。按所产干草450千克计，则每千克生产成本不超过0.05元。

（1）高蛋白　苜蓿是高蛋白饲料，其干物质中粗蛋白含量一般都在20%，最高可达22%。一亩地可产粗蛋白30千克，相当于250～300千克豆饼或1 000～1 200千克玉米的蛋白质含量。紫花苜蓿含有种类齐全、数量充足的氨基酸，其中赖氨酸为0.6%～0.9%，最高达到1%；色氨酸为0.2%～0.4%，最高达0.5%；蛋氨酸为0.2%～0.3%，最高达0.4%。赖氨酸的含量是一般玉米籽粒的3～4倍。在科学配合下，苜蓿草粉是饲喂羔羊的最佳饲草之一，对促进羔羊生长发育具有显著的效果。

（2）高维生素　紫花苜蓿的维生素含量丰富。每千克干草中，各种维生素的含量为：胡萝卜素123.0毫克、硫胺素3.5毫克、核黄素12.3毫克、烟酸45.7毫克、泛酸29.9毫克、胆碱15.5毫克、叶酸2毫克、维生素E 129毫克，远远高于一般牧草和玉米籽粒。

（3）高矿物质和微量元素　紫花苜蓿中还含有较高的矿物质和微量元素，其干物质中钙、磷含量分别为2.46%和0.21%，大大超过玉米。铜、钼、锰、锌、钙、铁、硒等都很充足，其中硒的含量在0.5毫克/千克以上，土壤中缺硒的地区，给畜禽多喂一些苜蓿粉，能有效地防止缺硒病的发生。

（4）高能量、高消化率　紫花苜蓿富含碳水化合物，为高能量牧草。每千克干物质中，总能为17.70兆焦，可消化蛋白191克，粗纤维的消化率在70%以上。

2. 养地肥田　紫花苜蓿为豆科植物，根系发达，根瘤极多，固氮能力强，种过苜蓿的地，每亩每年可固氮100千克以上，增加有机质1 000千克以上，种植3年苜蓿的肥效，相当于亩施有机肥4 000千克，肥效可维持2～3年。因此，在高效养羊生产体系中，种植苜蓿有双重意义。首先是改善了羊的日粮结构，其次也为农牧结合和建立稳产高产田奠定了可靠的基础。

3. 保持水土　紫花苜蓿的根系十分发达，固水能力很强。地上部枝多叶密，可有效防止雨水流失。广泛种植紫花苜蓿，是保持水土、提高土壤肥力行之有效的途径。

二、紫花苜蓿的生物学特性

1. 温度　紫花苜蓿喜温暖半干燥的气候条件，生长发育适宜温度为25℃左右。温带和寒冷带都能生长，气候温暖，昼夜温差大，对苜蓿的生长最有利。紫花苜蓿不耐高温，超过35℃时生长停滞，叶尖枯黄。抗寒性较强，幼苗和成株都能抗

－3～－4℃的霜冻。其根在越冬时能耐－20℃以下低温，霜后遇到高温仍能恢复生长。生育期140～150天，种子在8～10℃温度开始出苗，但很慢，15～20℃时发芽快，4～5天即可出苗。

2. 水分　紫花苜蓿需水较多。每形成1克干物质，约需800克水分；每形成50千克鲜草，需吸收5 000千克的水分。特别怕涝，阴雨连绵、天气温热，对其生长不利。

3. 光照　紫花苜蓿喜光耐阴。北方高纬度长日照地区，光热条件好，适合苜蓿生育要求。对光照不敏感，在我国南北方种植均能正常开花结果。

4. 土壤　对土壤选择不严格，除重碱重盐地、低洼内涝地、重黏土地外，其他土壤都能种植。抗碱性较强，土壤含盐量0.1%～0.2%，pH8.0的土壤可以种植，但pH低于5.0的酸性土壤不宜种植，以含盐量0.1%以下，pH7.0～8.0的土壤最为适宜。土壤含水量对紫花苜蓿品质有较大的影响，水分不足，叶量减少，适口性差；水分过多，苜蓿的酸性粗纤维和木质素降低，干物质消化率提高，对粗蛋白含量无影响。

5. 一般生育特性　在土壤水分充足和适期播种时，播后4～5天出苗，出苗后叶生长较慢，根生长快。播后30～40天，苗高不足10厘米时，根长可达40厘米。春旱地区种植苜蓿，只要适期早播，抓住苗，就可保证全苗。

紫花苜蓿是异花授粉植物，自花往往不孕，连绵阴雨，气候寒冷，有碍授粉和受精，降低种子产量。紫花苜蓿再生能力强，刈割或放牧啃食后，残株和残花均能重生新枝。

三、紫花苜蓿的高产栽培技术

1. 选地与倒茬　应选择平坦和缓坡地，以排水良好、水分充足、土质肥沃的油沙地或土层深厚的黑土地为最适宜。内涝的湿地、贫瘠的黄土地、多石的沙砾地、土层很薄的白浆土地等均不适宜种植。

合理倒茬对苜蓿种植十分重要。较好的前作是伏翻的麦类、亚麻、瓜类等早熟作物和管理水平较高的大豆、玉米、高粱等作物；各种叶菜和根菜类，也是苜蓿的好茬口。

2. 整地与施肥　苜蓿种子很小，若没有好的整地质量，播种质量就会受到影响。因此，要求秋翻、秋耙、秋施肥。翻地深度在 25 厘米以上。夏播时，在雨季到来之前翻地和耙地，早熟作物作复种，在前作物收获后，随即翻地和耙地。有灌溉条件的地区，翻地前最好能灌一次透水，趁湿播种，保证出苗整齐。施肥以有机肥为主，每亩 2 000～3 000 千克。为使苜蓿生长初期生育旺盛，每亩可增施过磷酸钙 150～200 千克，硫酸钙 5～15 千克，与有机肥混拌后，翻地前施入。

3. 播种

（1）品种选择　选择适应本地区生态条件的高产稳产品种。适应南方温热地区的紫花苜蓿品种有：和田苜蓿、沙湾苜蓿、特氏苜蓿等；适应北方的品种有：新疆大叶苜蓿、公农一号苜蓿、肇东苜蓿、东农一号苜蓿、猎人河苜蓿、苏联一号苜蓿等，近年来也有不少新品种问世，可选择使用。

（2）种子处理　苜蓿种子的发芽力可保持 3～4 年，种子的硬实率为 40%。种子越新鲜，硬实率越高。播前晒种 2～3 天，或放入 50～60℃温箱内 15 分钟至 1 小时，以提高发芽率。

用特制的根瘤菌剂，按要求拌入种子中，也可以从老苜蓿地取带有苜蓿根瘤菌的菌土拌种。若与磷细菌同时接种，效果更好。拌种后要避免日光直晒，防止阳光杀菌使菌种失效。

苗期易遭金针虫、金龟子、地老虎、蝼蛄等虫害，可用农药拌种预防。

（3）播种期　可春播，也可夏播。春播应早播，北方各地在春小麦播后就可播苜蓿，一般在 6 月下旬或 7 月下旬。夏播要适时，迟播会使幼苗小，扎根不足，越冬芽不健全，影响安全越冬。一般以播种后能有80～90天的生育期为好。

（4）播种量 经过清洗的纯净种子，播种量每亩1.3～1.5千克。北方春旱地区，苜蓿易发生缺苗，可增加到每亩2.0千克播种量。

（5）播种方法 可选用单播和混播。小面积高产饲料地多采用单播，大面积人工草地多采用混播。

4. 田间管理

（1）中耕除草 苗期生长缓慢，不耐杂草，常因草荒严重而致苜蓿地变成荒草地，导致大量减产，乃至灭绝。故及时消灭杂草十分重要。

中耕除草包括苗期、中期和后期的除草三大部分。苗期杂草可用地乐酯、2，4 - DJ酯等防治，成龄苜蓿的杂草可用CIPC、DCPA、地乐酯、西玛津、2，4 - DJ酯等防治。除草剂常在杂草萌发后的苜蓿地施入，效果较好。

（2）间苗和补苗 苗密度大，小苗相互拥挤，影响生长。苗稀，常被杂草覆盖，也会降低产量和品质。因此，应根据种植情况及时补苗或间苗。

（3）消除病虫害 紫花苜蓿易受螟虫、盲椿象及一些甲虫的危害，应早期发现，尽早防治。另外，苜蓿易感染菌核病、黑茎病等，要早期拔除病株。

5. 收获
收获过早，苜蓿产量低；收获过晚，苜蓿质量差，而且还会影响新芽的形成，造成缺株退化。当年春天播种的苜蓿，可于8月份刈割一次；经30～40天再生，在封冻前可再刈割一次。夏播的在封冻前刈割一次。2年后的苜蓿，依需要在60～70厘米株高时刈割一次，经40～50天再生后进行下一次刈割。北方刈割2～3次，南方可刈割4～5次，北方最后一次刈割应留茬8～10厘米，以备积雪防寒。

第四节　饲用甜菜的高产栽培技术

甜菜，又称糖萝卜，是饲用价值很高的饲料作物。可供饲用的甜菜有糖用和饲用两种。

饲用甜菜的产量很高。种 1 亩地糖用甜菜，可产茎叶 1 000~1 500千克，肉质根 3 500~4 000 千克；种 1 亩地饲用甜菜，可产茎叶 600~800 千克，肉质根 7 000~8 000 千克以上，最高可达 15 000 千克以上。

甜菜富含糖类和蛋白质，营养价值很高（表11）。糖用甜菜和饲用甜菜的肉质根与茎叶干物质总能在16兆焦/千克以上，粗蛋白含量超过14%。由于甜菜产量高，品质好，耐贮藏，特别适宜于饲喂育肥羊和妊娠、哺乳母羊，是工厂化高效养羊的必备必种饲料之一。

表 11　糖用甜菜和饲用甜菜营养成分比较

名　　称	干物质 (%)	干　物　质　中		
		总能 (兆焦/千克)	粗蛋白质 (%)	粗纤维 (%)
肉质根				
糖用甜菜	14.9	16.23	14.7	12.7
饲用甜菜	13.8	16.36	15.9	12.3
茎叶				
糖用甜菜	17.0	15.86	20.0	11.2
饲用甜菜	10.0	16.32	15.1	11.9

一、饲用甜菜的生物学特性

1. 温度　甜菜原产于地中海，为喜温耐寒作物。种子在 2~3℃时发芽，但很慢，经 30 天才能出苗，15℃时 8 天可出苗，

30℃时 3～5 天出苗 。子叶期能耐－1～－2℃的低温，－3～－4℃时可受冻害。进入幼苗期后抗冻能力增强，此时可耐－5～－6℃的霜冻。日平均温度 20～25℃时生长迅速，13℃以下时生长缓慢。

甜菜种子和种根完成春化阶段的适宜温度分别为 1～2℃和6～8℃，低于此温度时春化阶段延长。

2. 水分　甜菜需水较多，需水系数为 80 左右。每生产 1 千克糖用甜菜肉质根，约消耗水 800 千克。若满足不了水分的要求，产量和质量就会下降。

苗期需水较少，为全生育期耗水量的 12%～19%。繁茂生长期需水多，占耗水量的 51%～58%。

3. 光照　甜菜为喜光植物。若光照不足，根生长速度减慢，产量和含糖量都会降低。

4. 土壤　甜菜既抗酸，又耐碱，适宜的土壤 pH 为 7.0～7.5。在轻度盐渍化的土地上种植甜菜，只要充分施肥，抓到全苗，可以获得较高的产量。

5. 生育阶段及特点

（1）营养生长阶段　播种当年为营养生长阶段，可分为以下几个时期：

①子叶期：在良好的条件下，播种 7～10 天出苗，出现 2 片子叶时为子叶期，持续 2 周。

②幼苗期：长出 7～8 片真叶时为幼苗期，持续约 25 天。

子叶期和幼苗期统称为苗期。在长达一个月的苗期内，不耐草，不抗病虫害，必须加强管理。

③繁茂期：时间为 6 月上旬至 7 月中、下旬，持续 70 天。此期甜菜的叶和根生长均快，必须供给充足的养料和水分，氮素营养更不可缺少。

④根成熟期：从丛叶封垄到肉质根和根中糖分及其他干物质达到最高峰的时期为根成熟期，持续约 40 天。

（2）生殖生长阶段　生长发育的第二年，从种根种植到收种阶段，为生殖生长阶段，可分成以下四个时期：

①叶丛期：种根种植后，长出叶片并开花抽薹为叶丛期，持续约 30 天。此期新生根尚不健全，抗旱力差，必须适时灌溉。

②抽薹期：从开始抽薹到开始开花的时期为抽薹期，持续约 20 天。此期水、肥需要量均多，要适时追肥和灌水。

③开花期：持续约 30 天。此期注意授粉，以提高种子质量。

④结实期：持续约 30 天。此期所需水、肥都较少。

二、饲用甜菜的栽培技术

1. 轮作　甜菜最忌连作。一般重茬可减产 30%～40%。通常以 3～4 年或 4～5 年轮作一次为好。甜菜最好的前作是麦类作物和豆类作物，其次是油菜、马铃薯、玉米、亚麻等。在轮作中，各种牧草都是甜菜的好茬口。

甜菜消耗地力较强，但施肥多，根入土深，根残留物较多，种植后土壤肥力仍较高。所以，种植甜菜后，仍可种大豆、小麦等作物。

2. 整地　甜菜为深耕作物。实践证明，浅翻是甜菜减产的重要原因。据调查，深耕 30 厘米，亩产块根 3 300 千克，比浅耕 16 厘米的增产 32%。

3. 施肥　甜菜生长期长，产量高，故需肥多。每生产 1 000 千克肉质根，需吸收氮 4.5 千克、磷 1.5 千克、钾 5.5 千克。一般生育前期需氮肥多，后期需磷、钾肥多。重施基肥是甜菜高产的主要环节，基肥以优质有机肥为主。

4. 播种

（1）品质选择　糖用甜菜含干物质多，含糖率 20%～21%，属于高能量饲料，耐贮藏，适宜于肉用羊育肥和乳用羊，但产量低。饲料用甜菜含糖量为 5%～8%，含粗蛋白 10% 以上，为高能量、高蛋白饲料，产量高。目前，我国宁夏、新疆等省区引种的德国饲用甜菜，产量高，适应性强。

（2）种子处理　播种前必须清洗种子，达到种球2.5毫米以上，千粒重20克，纯净率不低于98%，发芽率75%以上，才能用于播种。

（3）晒种和碾磨种球　晒一天后，用碾米机或碌子碾压，除掉木质花萼，使表面光滑，碾碎大种球后播种。

（4）药物拌种　防治苗期甜菜立枯病、甜菜褐斑病等。

（5）播种期　种植饲用甜菜必须保证有120天的生育期才能获得较高产量。东北、华北和西北多采用春播，于3月下旬或4月中旬播种；华中、中南地区于6月上旬至7月上旬夏播；华东和华南于10月上旬秋播；东北地区，也可采用夏播，于7月20日前播完，生育期80～90天，可获得相当于春播60%～70%的产量。

（6）播种方法和播种量

①条播：行距40～60厘米，机播每亩1.6～2.5千克，为防止缺苗损失，可加大播种量。

②点播：行距50～60厘米，每隔20～25厘米点种一穴，每穴下种3～5粒，每亩播种量为0.5～1.0千克。播种后覆土2～3厘米，用脚轻踩一下即可。

带土栽培：近年来推行纸筒育苗，带土栽培，可增产30%以上。作法与一般温床育苗或塑料棚育苗法一样。当长出6～7片叶片时，即可定植，移入大田。栽培后充分浇水，至全部成活为止。

5. 田间管理　苗齐后即可进行第一次中耕除草，同时疏苗。长出2～3片真叶时第二次中耕除草，同时间苗。一般每隔7～8厘米留1株苗。长出7～8片真叶时进行第三次中耕除草，同时定苗。糖用甜菜株距20～25厘米，每亩保留苗6 000～7 000株，饲用甜菜株距35～40厘米，每亩保留5 000～6 000株苗。

在繁茂期和肉质根肥大生长期，要技术追肥与灌水。每次每亩追施硫酸铵 10～15 千克，或尿素 7～8.5 千克，过磷酸钙20～30 千克。根旁深施，施后灌水。

甜菜虫害较多。苗期，易遭东方金龟子等危害；成苗后，易遭甜菜潜叶蝇、甘蓝叶蛾等危害。

甜菜感染褐斑病，可使肉质根减产 30%～40%，也易发生蛇眼病、花叶病毒等。

第五节　胡萝卜的高产栽培技术

胡萝卜，又称红萝卜，红根，丁香萝卜，是重要的根菜和块根多汁饲料。原产于中亚细亚。在前苏联，饲用胡萝卜每亩可获得 5 000 千克的多汁饲料。在我国，平均亩产可达 2 000～3 000 千克，最高可达 8 000 千克。

胡萝卜营养丰富。据测定，其营养成分含量大致为：干物质 10%～12%，其中总能 17.36～18.45 兆焦/千克，消化能 10.75～12.55 兆焦/千克，代谢能 8.59～9.41 兆焦/千克，粗蛋白 12.0%～13.5%，粗纤维 10.6%～14.1%，钙 0.5%～0.97%，磷 0.24%～0.48%。胡萝卜叶中的营养更加丰富，含干物质 16%～17%，其中总能 18 兆焦/千克，粗蛋白 20% 以上。胡萝卜又是重要的维生素和微量元素供给源。据分析，干物质 11% 的胡萝卜中，每千克干物质中含胡萝卜素 522 毫克、核黄素 121 毫克、胆碱 5 220 毫克、铁 121 毫克、铜 7.1 毫克、锰 40 毫克、锌 33 毫克。胡萝卜素是维生素 A 的前体，1 个胡萝卜素分子在体内可转化为 2 个维生素 A 分子，同时，胡萝卜素对于提高母羊繁殖率具有重要作用。

一、胡萝卜的生物学特性

1. 温度　胡萝卜为喜温耐寒作物。种子在 4～6℃时就能发芽，8℃开始生长，18～22℃时10天就可以出苗。幼苗能短时间耐－3～－4℃的低温，在27℃以上的高温干燥条件下也能正常生长。种子发芽的最适温度为20～25℃，夜间为15～18℃。肉质根肥大期要求温度逐渐降低，以20～22℃为最适温度。温度降到6～8℃时，根继续生长，糖分逐渐增多，但生长缓慢。

2. 水分 胡萝卜根部发达，侧根多，吸水力强，叶面积小而多茸毛，有较高的抗旱力。

胡萝卜种子带有刺毛，含有挥发油，不易吸水，发芽出苗慢，要有潮湿的土壤。从叶旺盛生长期到根肥大期，需水逐渐增多。水分过多可造成叶部徒长，影响根的发育。肉质根肥大期土壤干旱，易引起木质部木栓化，减低产量和质量。

3. 光照 胡萝卜为长日照植物，要求强光照。若光照不足，则叶片狭小，叶柄伸长，下叶早枯。

4. 土壤 胡萝卜喜土层深厚、土质疏松、排水良好、多有机质的砂壤土和壤土。对土壤酸碱度的适应性强，pH为5.0～8.0的土壤都能生长，在低于4.5或高于8.5的土壤则生长不良。

5. 生育期 胡萝卜从完成出苗到种子成熟的生命周期需要2年。第一年为营养生长期，需90～120天；第二年为生殖生长期，需120天左右。营养生长，可分为以下各期：

(1) **发芽出苗期** 此期需15天左右。由于发芽出苗慢，出苗率低，所以栽培中要为发芽出苗创造良好的条件。

(2) **幼苗期** 从长出第一片真叶到5～6片真叶和肉质根破肚的时期为幼苗期，此期需25天。叶的光合作用和根的吸收能力均较弱，生长缓慢。

(3) **叶旺盛生长期** 从出现5～6片真叶到12片真叶的时期为叶旺盛生长期，此期约需30天。肥水供应不宜过多，防止叶部生长过旺。

(4) **肉质根肥大期** 从12片真叶到收获，为肉质根肥大期，需 40~50 天。当肉质根长到足够大时，应及时收获。延迟收获肉质根粗糙，纤维素增加，易产生分歧根。

二、胡萝卜的栽培技术

1. 轮作倒茬与选地　就胡萝卜对营养要求而言，前作以禾谷类作物为最好。一般以地势低平、土壤疏松、连年施肥的地为佳。豆茬的氮肥多，易引起叶部徒长，根小而口味劣。叶菜类和瓜类也是胡萝卜的良好前作。

2. 整地与施肥　无论是春翻还是秋翻，深度要达到 20 厘米以上。翻后及时耙地和压地。

胡萝卜需肥较多，必须施足底肥。每亩施有机肥 3 000 千克，不能施未经腐熟的有机肥。要注意氮、磷、钾肥的合理配合。

苗期不宜多施氮肥，肉质根肥大期，氮、磷、钾肥都需增加，尤其不能缺磷肥和钾肥。

3. 播种

（1）品种选择　饲料用胡萝卜根形大，产量高，但品质尚差，可从食用胡萝卜品种中选择产量高的种植。如江苏的佳红，北京的鞭杆红、鲜红五寸，山西的二金红萝卜，陕西的西安红萝卜，东北的一支蜡等，都可选用。

（2）种子处理　播前要轻磨 1~2 次，去掉刺毛后，用温水浸泡 7~8 小时，晒干播种。

（3）播种期　可分为春季、夏季和秋季栽培三种类型，冬季播种都要适期，保证供应。

①春季播种：以 3 月下旬至 4 月上、中旬，最迟不过 5 月上旬播种为好。若播种过早则出苗晚，不易抓苗，易受草害；而播种过晚，生育期短。

②夏季播种：供饲料用的，或复种的胡萝卜在 6 月下旬或 7 月上旬播种，9~10 月收获。适时播种应采取早熟品种。

③秋季播种：多在温暖地区采用，秋胡萝卜的贮藏饲用期，可延长到第二年5月，所以要用营养期120天的品种。

（4）播种方法与播种量

①平畦播种：做成宽1.4～1.6米，长5.0～6.0米的平畦，一端设灌水沟，另一端设排水沟。在畦内每隔12～15厘米开一条深3～4厘米的沟，向沟内均匀撒籽，然后覆土2～3厘米。播种在4～5厘米的浅沟内，撒籽后覆土。每亩用种量为0.75～1千克。脚踩后即可顺垄灌水。

②起垄直播：翻耙之后随即用犁起垄。垄宽45～60厘米，垄高12～15厘米。之后用平耙将垄顶轻轻拍平，开两条相距9～10厘米、深4～5厘米的浅沟，撒籽后覆土。每亩用种量为0.75～1.0千克。脚踩后即可顺垄灌水。

4. 田间管理

（1）中耕除草和间草　苗齐以后及时中耕一次，同时疏苗成单株，保持株距3厘米左右。幼苗长出4～5片真叶时，进行第二次中耕除草，同时间苗和定苗，选留大苗和壮苗，保持株距6～8厘米。

（2）追肥　肉质根迅速膨大期，第一次追肥，每亩施硫酸铵10～15千克，或有机肥800千克，每隔15～20天再追肥一次，株旁开沟，将肥料均匀撒入沟中。也可放水冲肥，使之渗入土中。切忌沾在叶上，以免烧伤和污染。

（3）灌溉　依土壤水分状况和长势，及时灌水。一般可分为苗期、叶部旺盛生长期和肉质根肥大生长期三个时期的灌溉。各期内干旱，生长缓慢或见有黄梢时，应及时浇水灌溉。

第六节　向日葵的高产栽培技术

一、向日葵的饲用价值与栽培模式

1. 饲用价值　向日葵，简称葵花，又叫转日莲，向日花，是一个古老的食用作物，也是新兴油料作物和极有前途的青贮作物。

向日葵属于高产饲料作物。用中等水平的耕地种植，每亩可产青贮原料 2 500～3 000 千克，水肥条件充足，管理良好时可产 5 000～6 000 千克，与青贮玉米相似或略高，但品质则优于玉米。据测定，我国西宁的向日葵全株，干物质含量为 22.6%，干物质中总能 17.2 兆焦/千克，消化能 11.0 兆焦/千克，可消化粗蛋白 16 克/千克，钙 1.46%，磷 0.08%。日本的饲养标准饲料成分中，开花期的向日葵全株，干物质中可消化蛋白质 6.9%，可消化养分 58.5%。将向日葵青绿植株与禾草混合青贮，可获得品质更好的青贮饲料。

向日葵的副产品——葵饼和葵盘，是羊的优质饲料。葵盘营养丰富，含粗蛋白 7.9%，粗脂肪 6.5%～10.5%，几乎与大麦、燕麦相当；无氮浸出物（主要是淀粉）48.9%，高于苜蓿，果胶 2.4%～3%，可增加适口性。葵盘占未脱盘葵盘总重的 60% 以上，每亩可收 26.7～50 千克，其中含有 1.71～2.56 千克可消化蛋白质。据测定，每 100 千克葵盘粉中含有 5.2～7.4 千克可消化蛋白质，相当于 70～80 千克大麦，60～66 千克玉米等谷类饲料。

向日葵适应性强，具有强抗碱性和耐酸性，在退化型的盐渍化草场上，大力推广向日葵的种植，不仅对于增产优质饲草，而且对于改善日粮结构，提高饲草利用率均有重要意义。

2. 栽培模式　向日葵主要分布在我国的半干旱、轻度盐碱地区，由于各地无霜期长短不同，决定向日葵的栽培模式也不同，可分为一季栽培和二季夏播复种两种方式。

（1）一季栽培　新疆、内蒙古、黑龙江、吉林和辽宁、河北、山西无霜期短的地区适合种植生育期较长的食用葵或早熟油葵。

（2）二季复种栽培　在无霜期长的地区可于小麦收获之后复

播生育期短的油葵，复种后可以收割作为青贮饲料。近年来，许多省区已逐步扩大复播面积，供制作青贮饲料和绿肥用。

二、向日葵的生物学特性

1. 温度 向日葵对温度的适应性较强，既能耐高温又能耐低温，种子 2~4℃ 开始膨胀萌动，4℃ 即能发芽，5℃ 时可以出苗，8~10℃ 能满足正常发芽出苗的需要。幼苗耐寒力较强，可经受几小时 −4℃ 的低温，低温过后仍能恢复正常生长。向日葵苗期抗冻的特性使它能适应早播，借以提高产量。

向日葵可以忍耐高温，但不能伴随高温，气温 40℃ 与相对湿度 90% 是向日葵生理成熟前所能忍耐的极限。若气温 50℃ 而相对湿度仅 30%~55% 时，仍能进行正常的生理活动。

2. 水分 向日葵是需水较多而又耐旱的作物。耗水量约为玉米的 1.74 倍，每生产 1 千克干物质，需要 469~569 千克水分。从现蕾到开花仅 26~28 天，但为一生中需水量最多的时期，占总水量的 40% 以上。开花后需水逐渐减少，茎木质化程度逐渐提高，饲料品质逐渐下降。但向日葵又能节约利用水分，种子吸收自身重 56% 的水分就能发芽，而后期能从土壤深处吸收水分，又很耐旱。

向日葵苗期对水涝甚至被水浸泡具有较强的忍耐力。品质间耐涝程度有较大差异。

3. 光照 向日葵为喜光植物，幼苗、叶片、花盘都有向日性。充足的光照使植株高大，茎叶茂密，青饲料产量高，品质也好。向日葵属于短日照植物，但对日照的反应又不敏感。

4. 土壤 向日葵为喜肥作物，土层深厚，土壤肥沃，水分充足，对向日葵的生长最为有利。但对土壤的选择不严格，各种土壤都能种植。耐盐力比玉米高一倍。

向日葵需要多种营养元素，其中以氮、磷、钾为最多。亩产 59 千克葵花籽，需要氮 1.65~3.05 千克、磷 0.75~1.25 千克、钾 3.15～6.95 千克。

三、向日葵的栽培技术

1. 选茬与选地　向日葵不宜连作，2～3 年轮作一次为好。向日葵最好的茬口为大豆和大麦，其次为玉米和谷子。由于向日葵适应性强，根部发达，耐瘠抗旱，可利用盐碱地、风沙地以及岗坡地种植。退化的碱性草地先种向日葵，后种多年生牧草，是改良碱性草地、提高产量的发展方向。

2. 深耕与整地　秋翻秋耙、蓄水保墒，是增产的关键性措施。若翻地深度超过 25 厘米，则产量可提高 15％以上。

3. 播种

（1）种子准备　选用高产优良品种，在引用前经一定的示范试验。目前尚无专用的饲用品种。春播可选植株高大的中晚熟种或晚熟种，而夏播则可选用中早熟种或早熟种，如美国的向日葵恢复系 RHA273 和 RHA274 以及沈阳 181 恢复系等适合青贮的品种。

向日葵种子的生物混杂较重，播前要严格清选。陈旧（2 年以上）、不饱满的种子不能作种用。千粒重 85 克比 67 克的产量，每亩增产 150 千克，低于 50 克时则明显减产。

（2）种子处理

①晒种：播种前 3～5 天内晒种 1～2 天，有利于种子发芽、出苗，并对种子有杀菌作用。

②浸种：播种前能浸种 6 小时，可促进种子提早发芽和出苗。在轻盐碱土上播种向日葵，播前可用浸种催芽法，即先将种子晒 2～3 天，然后用 0.5 千克盐碱土加 5 千克水浸泡，浸种 12 小时，在 3～5℃条件下放置 5～7 天后播种。

③药物拌种：防治向日葵霜霉病，可用高效内吸收杀菌剂拌种。

（3）播种深度　在墒情较好的情况下，播种深度以 3～5 厘米为宜。在干旱地区土壤墒情不好时，播种深度应为 5～8 厘米。

（4）播种方法　播种方法有如下三种：

①一犁挤：第一犁过后，向新土上播种，第二犁走过时给刚播过的种子盖上土。这是较粗放的原始播种方法。

②三犁作垄刨埯种（穴种）：这是人工播种质量较好的方法。

③机械穴播和精密播种：用玉米、大豆等播种机可以穴播向日葵。用机械收割的田块，向日葵的垄向以东西为宜。

（5）播种量与密度　饲用向日葵的营养面积，行距 60～70厘米，株距 30～40 厘米，单株每亩保苗 4 000～4 500 株。播种量，点穴播每亩 0.8～1.2 千克。条播每亩 1.5～2.0 千克，青贮用可适当增加 10%。

（6）播种期　确定适合的播种期十分重要。我国部分地区的向日葵最适播种期如表 12。

表 12　向日葵的最佳播种期

类　型	辽　宁	内　蒙　古		山　西		河北沧州
		呼和浩特	巴彦淖尔盟	汾阳	阳曲	
油用型						
春播月/日	4/20～5/10	4/15～5/10	4/20～5/5			
夏播月/日		6/20～7/15		7/1～7/10		
食用型						
春播月/日	4/1～4/30		4/15～4/25		4/10～4/20	3/10～4/20

4. 田间管理

（1）补苗、间苗　向日葵出苗后要及时查苗，发现缺苗时应立即挖苗浇水补栽。也可以催芽补种，力争达到全苗。

（2）中耕除草　苗齐全后，及时进行第一次中耕除草，隔10～15 天进行第二次和第三次中耕除草。每次中耕除草之后，都相应耪一遍地，培土于根，以防止倒伏。

（3）打杈打叶　打杈通常在现蕾后 10 天左右进行一次，以后隔 10 天一次，打 2 次即可。打叶主要是打底叶，保持上部有

20 片叶。

（4）辅助授粉　在向日葵柱头开花达 70％时，每隔 2～3 天人工授粉一次。人工授粉 2～3 次，可增产籽粒20％～30％。

（5）施肥　除施足底肥、种肥外，出苗后还要及时进行追肥。向日葵需肥高峰是在向日葵旺盛生长阶段，即现蕾到开花时期。追施氮肥主要采用穴施，在距茎部 6～9 厘米处开穴施入。深施（6～10 厘米）后覆土，防止氮挥发，可以提高化肥的利用率。也可采用叶面施肥的方法，开花时每亩喷施 1∶3∶3 的氮、磷、钾溶液，可使产量增加。

（6）灌溉　向日葵比较耐旱，但又是需水较多的作物。需水高峰集中在花盘形成到终花期的 30 天时间内，这段时间需水量占整个生育期需水量的 50％～75％。播种到发芽阶段，采取抢墒早播和播前浸种有良好的抗旱效果。出苗到现蕾阶段，需水较少，一般不必进行灌溉。

（7）收获　青贮向日葵在现蕾至开花初期刈割最为适宜。向日葵为多糖青贮饲料，容易引起乳酸的发酵。晚期刈割，茎部木质化，品质减低。

第七节　南瓜的高产栽培技术

南瓜，又称倭瓜，是种类多、产量高、饲用价值大的瓜类作物。在我国东北，种 1 亩地丰产型南瓜，可产瓜 3 000～4 000 千克，瓜藤 2 500～3 500 千克，白瓜子 70～100 千克。

南瓜的瓜和藤，不仅能量高，还含有较多的蛋白质和矿物质，并富含维生素 A、维生素 C、葡萄糖和大量的胡萝卜素。南瓜粉加工成颗粒饲料，适口性好，利用率高，特别适合作育肥羊和母羊的能量饲料。

一、南瓜的生物学特性

1. 温度 南瓜原产于热带和亚热带，喜温暖湿润的气候条件。种子发芽的温度，最低温度 8~10℃，最适温度 22~25℃，最高温度 35~36℃，生长最适宜温度为 8~32℃，40℃以上停止生长。不抗寒，生育期遇零度低温即受害，-2~3℃时死亡。

2. 水分 南瓜茎叶繁茂，结瓜多，需要多量的水分。适宜生长区域的年降水量在 500 毫米以上，土壤相对湿度以 50％~60％为宜。若温度过高，雨水过多时，常致落花落果，易发生病害。我国北方各地，7~8 月份高温多雨，昼夜温差较大，对南瓜的生长发育和干物质积累有利。在这些地区种植的南瓜，含糖量和淀粉含量都比较高，而且口味好、品质优。

3. 光照 南瓜为喜光的短日照作物，充足的阳光，南瓜节间短，叶大而茂，开花结果都多；相反，若种植密度过大，阳光不足，则茎蔓延长，分枝少，叶小而稀，开花和结果都少。在短日照条件下，南瓜可提早形成雌花，提早开花结瓜。

4. 土壤 南瓜喜肥性强，要求土质疏松，水分适宜，多有机质的肥沃土壤。除美洲南瓜外，其余两种南瓜根系发达，生长旺盛，对不良环境适宜性强，耐干旱，抗贫瘠，产量高而稳定。

5. 生育期 因品种类型而异，美洲南瓜为 90~100 天，普通南瓜为 120~130 天，印度南瓜为 130~140 天。

二、南瓜的栽培技术

1. 选地与倒茬 南瓜除与粮、菜、饲用作物轮作种植外，特别适合在圈舍或住宅近旁零星地块，以及庭院内搭架种植。

南瓜不宜连作。良好的前作是除葫芦科以外的各种叶菜和根菜等，在粮、棉和饲料作物轮作中，以麦类和豆类为最好。南瓜对地力的损耗较轻，杂草少，茬子软，是各种作物的良好前作。

2. 整地与施肥 南瓜为蔓性作物，根部发达。为给南瓜生长发育和整枝压蔓创造良好的条件，必须精细整地。秋翻深度不低于20厘米。南瓜需肥多，每亩需施有机肥2 500~3 000千克，翻地前施入。

3. 播种

（1）品种选择 依各种气候条件而定。食、饲兼用的南瓜，可选用印度南瓜。该品种个头大，产量高。黑龙江培养的"龙牧18号饲料南瓜"，生产性能较好。

在南瓜品种的选择中，要逐渐淘汰种子表面为黄色、种皮厚而坚硬的类型，保留种皮白色而薄软的类型，每亩可收获白瓜子100~120千克，这种瓜子的市场价值较高，既能满足饲料用，瓜子也可作为商品，两者结合提高了饲料种植的经济效益。

（2）播种 播种的方式有直接和育苗移栽两种。

①播种期：南瓜为春播，长江流域3月下旬至4月上旬，西北、华北和东北在4月中、下旬至5月上旬播种，播种时期应防止晚霜冻死小苗。

②种子处理：选择粒大而饱满的新种子，采用水选法将浮在上面的秕粒除出，而后浸种8小时，重复吸水后捞出滤干即可播种。也可将泡湿的种子盛于盆中，上面盖一层湿布，放置在20~25℃温暖处，待发芽芽根未露出时即可播种。

③播种方法：株行距普通南瓜为60厘米×80厘米，或80厘米×100厘米；印度南瓜株蔓长大，应为80厘米×150厘米，肥水充足的也可100厘米×200厘米。美洲南瓜一般为60厘米×60厘米，或50厘米×70厘米，每亩保苗1 800~2 000株。按要求的株、行距刨深埯，浇水后每埯下籽3~4粒。播种量每亩为0.3千克左右。覆土2~3厘米。

④育苗移栽：早熟作物收获之后复种南瓜，可采用育苗移栽。北方寒冷地区无霜期短，要早育苗，早定植。

4. 田间管理

（1）中耕除草　南瓜出苗和栽植成活后，要注意补苗，以保全苗。每隔 10～15 天进行一次中耕除草，至伸蔓为止，并及时追肥和灌水，促进旺盛生长。

（2）压蔓整枝　要及时压蔓和整枝。随着瓜蔓的伸长，每隔 2～3 节，在蔓旁铲土压在节间，促进新根生长。密植的可采取一蔓式整枝，即只留主蔓，摘除侧蔓，当主蔓结出 1～2 个瓜时去掉其余的小瓜，并掐去顶梢。稀植的可采取二蔓式或三蔓式整枝。

（3）授粉　南瓜为异花授粉植物，为虫媒授粉，所以阴雨和多风天气授粉不良，易早晨落花落果。采用人工授粉，可以提高结瓜率，增产 20%～30%。

（4）病虫害防治　南瓜易患炭疽病、霜霉病和白粉病等，高温多湿天气尤为严重。要早期发现，及时喷洒波尔多液或石灰硫黄合剂，或福美双粉剂等防治。还应防治小地老虎、红蜘蛛等虫害。

5. 收获　饲用南瓜，多在 7 月中下旬，待瓜已老化、瓜蔓开始枯黄时采收。这样可以获得充分成熟的瓜，产量好，品质好，耐贮藏，但瓜藤产量低，品质差。通常在大部分瓜已熟，而藤叶尚为绿色时收获为好。

第八节　俄罗斯饲料菜高产栽培技术

俄罗斯饲料菜，原产于俄罗斯高加索和西伯利亚等地。我国曾于 20 世纪 60 年代引进栽培。

一、俄罗斯饲料菜的经济价值

1. 饲用价值　俄罗斯饲料菜是优质高产的畜禽饲草，一次种植可连续利用多年。一个生长季节，北方可刈割 3～4 次，南方可刈割 4~6 次。一般每茬每亩可收获鲜草 4 000~5 000 千克，水肥充足时可达 6 000~7 000 千克，平均亩产鲜草 20~30 吨，种植 1 亩地可满足 40~50 头羊对青饲料的需要。在同等栽培条件下，饲料菜较其他牧草产量高 2~5 倍，是目前我国各类牧草中产量、质量最高的优质牧草品质。俄罗斯饲料菜枝叶青嫩多汁，气味芳香，质地细软，适口性好，消化率高。

2. 营养价值　俄罗斯饲料菜富含蛋白质和维生素，营养价值高，各种营养成分的含量及其消化率均高于一般牧草，亩产养分大大高于其他农作物（表 13）。经饲喂试验，饲料菜可广泛用于饲喂奶牛、绵羊、山羊、猪、鸵鸟、鱼等动物，饲喂效果良好，可显著提高动物的日增重。

表 13　俄罗斯饲料菜的营养成分及比较（占干物质的比例，%）

项　目	俄罗斯饲料菜	多年生黑麦草	紫花苜蓿	黄花苜蓿	草木樨
粗蛋白	24.5	17	19.3	18.6	22.2
粗脂肪	5.9	3.2	5.1	2.4	3.3
粗纤维	10.0	24.8	43	35.7	28
无氮浸出物	39.4	42.6	24.9	24.4	37
粗灰分	20.2	12.4	7.7	8.9	9.5
总　量	100	100	100	100	100

3. 综合利用

（1）改良土壤，提高土壤肥力　俄罗斯饲料菜属高效新型绿肥品种，适时适地套种饲料菜或利用荒山荒坡，以及四旁地、树间、果园套种，利用饲料菜的高产优势，刈割压青作绿肥，可明显提高土壤的有机质含量，改良土壤性状。饲料菜在开花期产量达到高峰，此时纤维素含量低，容易分解腐烂，是刈割压青时期。刈割压青还田，可显著提高农作物的品质和产量。

（2）以草治草　饲料菜早春返春早，生长快，覆盖性极强，能抑制各类杂草生长。特别是果园间种饲料菜，实施以草治草，每年刈割4次，总压青厚度达30~40厘米，不仅可以抑制各种杂草的生长，而且可显著地增加果园土壤的腐殖质含量，改善土壤结构，提高水果的产量和质量。

（3）保持水土，改善生态环境 俄罗斯饲料菜根系粗大、发达，枝叶繁茂，栽培60天即可覆盖地面，可以减少雨水冲刷及地面径流。在水土流失严重的地区，种植俄罗斯饲料菜是保持水土的有效措施。

二、俄罗斯饲料菜的生物学特性

1. 植物学特征 俄罗斯饲料菜为多年生丛生草本植物，株高0.8~1米，全株被白色短毛。根系发达，肉质，主根粗大，多侧根。幼根表皮白色，老根为棕褐色，切口处能长出大量的幼芽和蘖叶，集成莲座状。根的再生能力强，凡根粗在0.3厘米以上，长不低于2厘米的根段，都能重生新芽和新根，并成长为新株。主、侧根粗壮，在土壤适宜时能垂直伸入土壤深层达50厘米，有效地利用深层的土壤养分和水分。叶片大，呈长椭圆形或卵形。叶片分为根蘖叶和茎生叶，叶片数量可达200片以上。根生叶有长柄，茎生叶有短柄或无柄。分蘖快，分枝多，茎叶繁茂，春、夏、秋不断抽薹开花，从茎顶部或分枝顶部长出聚伞花序，花簇生，冠筒状，淡紫色或淡黄色，不结种子。

2. 适宜的生态及生产条件 俄罗斯饲料菜适生于温暖湿润气候条件，对气候、土壤条件的适应范围较大。耐寒性强，根在-40℃低温下可安全越冬，南方高温地区仍能良好生长。22~28℃生长最快，低于7℃生长缓慢，低于5℃时停止生长。

俄罗斯饲料菜是一种需水较多的植物，供给充足的水分，才能获得高产量。当温度20℃以上时，土壤田间持水量为70%~80%，生长最快，平均日增长3厘米以上。土壤田间持水量降到30%时，生长缓慢，叶芽分蘖减少，株体凋萎发黄。由于饲料菜根系发达，入土很深，能有效地利用土壤深层水分，故具有一定的抗寒能力，土壤排水不良则会抑制其生长，或烂根死亡。饲料菜喜阳也耐阴。

俄罗斯饲料菜对土壤要求不高，除低洼和重盐碱地外，一般土壤均能生长，但以土层深厚肥沃的壤土为最佳。土壤含盐量不超过 0.3%，pH 不超过 8.0 的壤土均可种植。

三、俄罗斯饲料菜的栽培技术

1. 选地与整地　俄罗斯饲料菜是抗逆性和生长能力强的植物，对土壤要求不严。饲料菜是多年生草本植物，一经栽植，就不能随意更换。因此，在建园前，应认真做好规划。

种植前应根据土壤、地形、坡度、气候、植被等条件，分别采用全耕、带耕或免耕等地面处理措施。深耕 25 厘米以上，消灭杂草和害虫。为高产稳产，栽植前应施入充足的基肥。每亩施入有机肥 2 000～3 000 千克，或加入适量的过磷酸钙，翻入耕作层，以满足饲料菜整个生长期的需要。

2. 栽植　俄罗斯饲料菜以无性繁殖为主。目前主要采用切根繁殖。依当地气候条件、土壤、水分状况，北方以 4～8 月，南方 3～9 月栽植为宜。栽植的密度由根质品质、土壤肥力和管理水平确定。土壤肥力差，管理水平低的实行密植栽培，株行距为 50 厘米×40 厘米，每亩保苗 3 000～3 500 株，土壤肥沃的地块，株行距为 70 厘米×50 厘米或 60 厘米×50 厘米，每亩保苗 1 800～2 000 株，其中以 60 厘米×50 厘米的产量为最高。

（1）切根繁殖方法　俄罗斯饲料菜根的再生能力强，切断根部能从顶端切口处形成层中产生新芽。因此，种根切断繁殖是俄罗斯饲料菜最简单的繁殖方法。1～2 年生主、侧根作根种发芽率高，效果好；3 年以上的老根效果略差。凡直径在 0.3 厘米以上的主根、侧根、支根均可作种根苗用。种根切段大小可根据其数量确定，一般切段长度应在 2 厘米以上，若种根充足，根段可长些，达到 2～5 厘米。根粗不小于 0.8 厘米，长 5 厘米以上的根，可垂直（纵向）切成两瓣，均能成活。一般根越粗，切段越长，发芽生长也就越快，当年产量也就越高。所以，在切根苗时，细根的切段应长一些，粗根可相应短一些，以便使种根能同时发芽生长。

根苗切成后，按株行距刨坑，栽植根苗。根苗的栽植方法有立放和横放。立放的顶端向上，发芽出苗快，幼苗健壮，但费工，切好根段的顶端不易辨认。横放虽出苗稍慢一些，但栽植容易，发芽生长也较好，生产中大面积种植宜采用根段横放方法。栽植后及时覆土保温，稍加踏压，以利种根发芽。栽植深度沙性土壤宜深，黏性土壤宜浅，土壤干燥宜深，潮湿宜浅，春季干旱宜深，夏秋季水分充足宜浅。一般栽植深度为3～5厘米。

（2）催芽栽植 种根催芽栽植是饲料菜新的栽植方法。经催芽的种根栽植后，出苗快，苗齐，生长快。

根苗催芽方法：于栽植前10天左右，将切好的根段平摊在室外平整的畦床上，铺5厘米厚根段，覆湿沙或湿土5厘米，可铺3～5层。也可采用1份种根3份湿沙或湿土拌匀摊平堆放催芽，顶面覆盖塑料薄膜以保湿和提高畦床温度。畦床高出地面5～10厘米即可。畦床大小以催芽根多少确定，长度以2米×1米为宜，床高不宜超过40厘米。经催芽种植的种根可提前10天左右出苗。

（3）种根贮藏方法 种根购入后应及时切根栽种。如秋季购入种根，气温较低，当年不宜栽种，应将种根埋入地下或窖内贮藏。室外贮藏可根据种根多少，在室外向阳不积水的地方挖深50厘米的坑，一层种根一层泥土，高40～50厘米，覆土20～30厘米，并覆盖秸秆防冻。第二年3～4月取出栽植。菜窖贮藏的饲料菜种根，窖内温度应控制在0～3℃。自有的饲料菜进行扩繁，一般采用随挖随种的方法，将1年生以上的饲料菜根距地面向下10～12厘米处将种根切断挖出（切断的余根可继续发芽生长），将挖出的种根置阴凉处晾晒1～2小时，以降低种根水分，待种根表皮略干后即可切根种植。

3. 田间管理

（1）除草　定植后苗高 5 厘米时，进行第一次中耕除草，将要封垄时进行第二次除草。饲料菜生长快，耐杂草，每年可酌情进行中耕除草。多年生的饲料菜要在每次刈割后追肥一次，将有机肥料均匀撒在株间，特别要避免茎叶沾染肥料。

（2）灌水和排水　饲料菜生长快，耗水多，干旱季节要结合采收和施肥相应灌水一次。刈割后灌溉可促进饲料菜再生，灌溉与追肥结合的增产效果最大，也是饲料菜丰产栽培的关键技术措施。干旱地区在冻结前也应灌水一次，以利于翌年快速返青。如果土壤中水分过多或间歇性水淹，要及时排水，防止积水时间过长而使根部腐烂而死亡。

（3）防治病虫害　饲料菜抗逆性强，病虫害极少发生。常见的病虫害有根瘤线虫和萎缩病。根瘤线虫为害植株叶片变黄。再生不良，茎叶腐烂，严重时可全株死亡。目前这两种病的发病率较低，尚无有效的防治方法。在田间管理时应注意观察，如有发生，要及时拔除病株，深埋或焚烧，防止蔓延。

（4）埋土防寒　饲料菜属于耐寒植物，冬季无须防寒即可正常越冬，但经盖蒙头土和覆盖物防寒后，可显著提前返青，并对返青生长及增加第一茬的产草量有显著作用。埋土在 10 月下旬进行，将土培到垄台上，以保护根系。覆盖防寒可以用有机肥料或积雪盖在根冠上。

4. 采收和利用

（1）采收　饲料菜的饲用部分是叶和茎枝，每年可割 4～5 次，栽植当年可割 1～2 次。用作青贮饲料，在现蕾至开花期时产量最高，营养丰富，为收获的适期。用作青贮或调制干草，应在干物质含量最高的盛花期刈割。收获过晚，茎叶变黄，茎秆变老。产量和品质均下降。收获晚也会影响到其生长和下一次刈割的产量，并可减少刈割次数。收割过早，产量低，养分含量少。总干物质产量低，而且根部积累营养物质少，影响其再生能力。收割留茬高度对生长和产量影响较大，贴地割虽然产量高，但返青慢，后几茬产量低。留茬过高，浪费严重。一般留茬高度为5～6厘米。最后一次收割应在停止生长甚至前30天完成，以便有足够的再生期，积累充足的养分，利于越冬芽形成良好，安全越冬。

（2）利用　饲料菜可以青贮、青饲，也可制成干草粉，以青饲草状态饲喂最好。青草饲喂量，羊每日以4～5千克为宜，占日粮比例为60%～70%。

5. 间作　饲料菜抗逆性强，既喜阳又喜阴，利用这一特性，可以间作高秆经济作物。饲料菜间作经济作物的模式，着眼于"合理、高产、高效"，使饲料菜和间作作物的生长相互促进。

（1）间作果树　饲料菜可间作苹果、梨、杏、葡萄等水果，饲料菜与果树的栽植密度应视土壤状况，果树定干高度而因地制宜。老果园可在果树行间间作4～8行，株行距50厘米×60厘米，新建果园应以果树为主，适当确定饲料菜的栽培密度。果园间作饲料菜作牧草用的，在饲用生长期应避开果园喷施农药。

（2）间作向日葵　一般采用大垄栽培，即一垄向日葵两垄饲料菜，向日葵实行密植种植。

第九节　饲用甜高粱

甜高粱茎秆富含糖分，营养价值高，植株高大，每亩可产青饲料6 000～10 000千克，被誉为高能作物。适口性好，饲料转化率高，青贮后酸甜适宜。

第十节　大叶速生槐

大叶速生槐是从韩国引入的饲料新品种，为豆料乔木。经每年多次平茬采收，便成丛生成墩成簇生长。大叶槐叶片阔大，总叶柄长 40～55 厘米，叶长 8～15 厘米、宽 5～8 厘米，叶片长宽分别为普通刺槐的 3～5 倍。叶片肥厚，单叶干重为普通刺槐的 4～6 倍。不结种子，用根繁殖。

大叶速生槐的特点：

（1）当年种植生长高度可达 3 米。亩产鲜茎叶可达 1 万～2 万千克。按每只羊日食 5 千克鲜茎叶计，栽植 1 亩大叶速生槐可供 6～12 只羊食用。

（2）营养价值高。干茎叶中含粗蛋白质 21%～25%，2 千克槐叶粉相当于 1 千克豆粕的粗蛋白含量。含粗脂肪 4.0%～5.5%，粗纤维 11%～15%。富含多种维生素、矿物质微量元素和多种氨基酸。

（3）埋根繁殖，成活率达 95%，在年降水量 200 毫米的地区，同样可以种植，生长良好，具有显著的抗旱高产特性。种植当年即可收获，生产费用仅是一般牧草的 10%。

（4）兼具饲料、绿化、景观、改善生态环境等多种功效。

第五章
饲草的青贮及加工技术

第一节　饲草青贮的意义与原理

1. 青贮技术在工厂化高效养羊生产体系中的作用　青贮是调制贮藏青饲料和秸秆饲草的有效技术手段，也是发展养羊业的基础。在工厂化高效养羊生产体系中，优质饲草的高产栽培与所产饲草的青贮、加工具有同等重要的地位，它是养羊系统工程中十分重要的技术环节。饲草青贮技术本身并不复杂，只要明确其基本原理，掌握加工制作要点，就可以依各自需要，采用适当的方法制作适合自己要求规模的青贮饲料。

　　用青贮饲料饲喂羊，如同一年四季都能使羊采食到青绿多汁饲草一样，可使羊群常年保持高水平的营养状况和最高的生产力。农区采用青贮，可以更合理地利用大量秸秆，牧区采用青贮，可以达到更合理地利用天然草场资源。采用青贮饲料，摆脱了完全"靠天养羊"的困境，实现农、牧区养羊生产的高效益。青贮饲料可以保证羊群全年都有均衡的营养物质供应，所以青贮技术是实现高效养羊生产的重要技术，国家对此项技术十分重视。近年来，在许多省区推广，获得了可观的效益。国务院经过对全国发展秸秆饲料的情况调查后曾指出，采用青贮技术，大力发展养羊生产：①可以节约大量粮食，②可以推动种植业的发展，③可以减少环境污染，④有利于改善人民的膳食结构，⑤有利于广大农牧民脱贫致富。所以，饲料青贮不仅仅提高了作物秸秆的利用率，也是各种牧草合理搭配、合理利用、综合提高饲草利用率和发挥羊最大生产潜力的有效措施。

饲草青贮还具有以下显著特点：

（1）饲草青贮能有效地保存青绿植物的营养成分　一般青绿植物在成熟或晒干后，营养价值降低30%～50%，但青贮处理只降低3%～10%。青贮的特点是能有效地保存青绿植物中的蛋白质和维生素（胡萝卜素等）。

（2）青贮能保持原料青贮时的鲜嫩汁液　干草含水量只有14%～17%，而青贮饲料的含水量为60%～70%，适口性好，消化率高。

（3）青贮饲料可以扩大饲料来源　一些优质的饲草羊并不喜欢采食，或不能利用，而经过青贮发酵，就可以变成羊喜欢采食的优质饲草，如向日葵、玉米秸、棉秆等，青贮后不仅可以提高适口性，也可软化秸秆，增加可食部分，提高饲草的利用率和消化率。苜蓿青贮后，大大提高了利用率，减少了粉碎的抛洒浪费，减少了粉碎的机械和人力，还可以将叶片保留下来，提高了可食比例，对羊的适口性亦有显著的提高。

（4）青贮是保存和贮藏饲草经济而安全的方法　青贮饲料占地面积小，每立方米可堆积青贮450～700千克（干物质150千克）。若改为干草堆放则只能达到70千克（干物质60千克）。只要制作青贮技术得当，青贮饲料可以长期保存，既不会因风吹日晒引起变质，也不会发生火灾等意外事故。例如，采用窖贮甘薯、胡萝卜、饲用甜菜等块根类青饲料，一般能保存几个月，而采用青贮方法则可以长期保存，既简单，又安全。

（5）灭菌、杀虫消灭杂草种子　除厌氧菌属外，其他菌属均不能在青贮饲料中存活，各种植物寄生虫及杂草种子在青贮过程中也可被杀死。

（6）发酵、脱毒　青贮处理可以将菜籽饼、棉饼、棉秆等有毒植物及加工副产品的毒性物质脱毒，使羊能安全食用。采用青贮玉米与这些饲草混合贮藏的方法，可以有效地脱毒，提高其利用效率。

（7）青贮饲草是合理配合日粮及高效利用饲草料资源的基础 在高效养羊生产体系中，要求饲草的合理配合与高效利用，日粮中60%～70%是经青贮加工的饲草。采用青贮处理，羊饲料中绝大部分的饲料品质得到了有效的控制，也有利于按配方、按需要和生产性能供给全价日粮。饲草青贮后，既能大大降低饲草成本，也能满足养羊生产的营养需要。

2. 青贮的生物学原理　　青贮是在缺氧环境下，让乳酸菌大量繁殖，从而将饲料中的淀粉和可溶性糖变成乳酸，当乳酸积累到一定浓度后，抑制腐败菌等杂菌的生长，从而将青贮饲料的营养物质长时间保存下来。

青贮主要依靠厌氧的乳酸菌发酵作用，其过程大致可分为三个阶段。

第一阶段：有氧呼吸阶段，约3天。在青贮制作过程中原料本身有呼吸作用，以氧气为生存条件的菌类和微生物尚能生活，但由于压实、密封，氧的含量有限，很快被消耗完。

第二阶段：无氧发酵阶段，约10天。乳酸菌在有氧情况下惰性很大，而在无氧条件下非常活跃，产生大量的乳酸菌，保存青贮饲料不霉烂变质。

第三阶段：为稳定期。乳酸菌发酵，其他菌类被杀死或完全抑制，进入青贮饲料的稳定期。此时青贮饲料的 pH 为 3.8～4.0。乳酸菌发酵，糖将按下列反应分解为乳酸：

$$C_6H_{12}O_6 \longrightarrow 2C_3H_6O_3$$

青贮成败的关键是在于能否为乳酸菌创造一定的条件，保证乳酸菌的迅速繁殖，形成有利于乳酸发酵的环境和排除有害的腐败过程的发生和发展。

乳酸菌大量繁衍应具备以下条件：

（1）青贮原料要有一定的含糖量　含糖量多的原料，如玉米秸秆和禾本科青草制作青贮较好。若对含糖量少的原料进行青贮，则必须考虑添加一定量的糖源。

（2）原料的含水量适当　以 65%～75%为宜，原料中含水量过多或过少，都将影响微生物的繁殖，必须加以调整。

（3）温度适宜　一般以 19～37℃为佳。制作青贮的时间尽可能在秋季进行，天气寒冷时的效果较差。

（4）高度缺氧　将原料压实、密封、排除空气，以造成高度缺氧环境。

3. 青贮的种类及技术原理

（1）按青贮的方法分　可分为四类：

①一般青贮：这种青贮的原理是在缺氧环境下进行，实质就是收割后尽快在缺氧条件下贮存。对原料的要求是含糖量不低于 2%～3%，水分 65%～75%。

②低水分青贮：又叫半干青贮，是将青贮原料收割后放 1～2 天后，使其水分降低到 40%～55%时，再缺氧保存。这种青贮方式的基本原理是原料的水分少，造成对微生物的生理干燥。这样的风干植物对腐生菌、酪酸菌及乳酸菌，均可造成生理干燥状态，使其生长繁殖受到限制。因此，在青贮过程中，微生物发酵弱，蛋白质不分解，有机酸生成量小。虽然有些微生物如霉菌等在风干物质内仍可大量繁殖，但在切短压实的厌氧条件下，其活动很快停止。所以，低水分青贮的本质是在高度厌氧条件下进行。由于低水分青贮是微生物处于干燥状态下及生长繁殖受到限制的情况下进行，所以原料中的糖分或乳酸的多少以及 pH 的高低对其无关紧要，从而扩大了青贮的适用范围，使一般不易青贮的原料如豆科植物，也可以顺利青贮。

③添加剂青贮：这种青贮的方式主要从三个方面影响青贮的发酵作用：①促进乳酸发酵，如添加各种可溶性碳水化合物、接种乳酸菌、加酶制剂等，可迅速产生大量乳酸；②抑制

不良发酵，如各种酸类、抑制剂等，防止腐生菌等不利于青贮的微生物生长；③提高青贮饲料的营养物质含量，如添加尿酸、氮化物，可增加蛋白质的含量等，还可以扩大青贮原料的范围。

④水泡青贮：又叫清水发酵。酸贮饲料，是短期保存青贮饲料的一种简易方法。用清水淹没原料，充分压实造成缺氧。

（2）根据原料组成和营养特性分 可将青贮分为以下三类。

①单一青贮：单独青贮一种禾本科或其他含糖量高的植物原料。

②混合青贮：在满足青贮基本要求的前提下，将多种植物原料或农副产品原料混合贮存，它的营养价值比单一青贮的全面，适口性好。

③配合青贮：依羊对各种营养物质的需要，在满足青贮基本要求的前提下，将各种青贮原料进行科学的合理搭配，尔后混合青贮。

（3）根据青贮原料的形态分 可分为两类：

①切短青贮：将青贮原料切成2～3厘米的短节，或将原料粉碎，以求能扩大微生物的作用面积，能充分压紧，高度缺氧。

②整株青贮：原料不切短，全株贮于青贮窖或青贮壕内，可在劳力紧张和收割季节短暂的情况下采用，要求充分压实，必要时配合使用添加剂，以保证青贮质量。

第二节　青贮原料

青饲料是青贮的主要原料，它包括天然牧草、人工栽培饲草、叶菜类、根菜类、水生类、农作物秸秆、树叶类等植物性饲料，具有来源广、成本低、易收集、易加工、营养比较全面等特点。

1. 青贮中青饲料的营养特点 与其他饲料相比，青贮饲料的含水率高（60％以上），富含多种维生素和无机盐。此外，还含有1％～3％的蛋白质和多量的无氮浸出物。该种饲料的特点是青绿多汁，柔嫩、适口性强，消化率高，羊可达85％左右。

2. 青贮中秸秆饲料的营养特点　秸秆是青贮的重要原料，主要由茎秆和经过脱粒后剩下的叶片所组成，包括玉米秸、稻草、麦秸、高粱秸和谷草等。以玉米秸为例，羊对其消化率为65％，对无氮浸出物的消化率为60％。玉米秸秆青贮时，胡萝卜素含量较多，每千克秸秆中含有3～7毫克，其营养成分如表14。

表14　秸秆的营养成分（％）

类别	干物质	灰分	粗纤维	粗脂肪	无氮浸出物	粗蛋白质	纤维素	木质素	消化能			钙	磷
									牛	马	绵羊		
小麦秸	87.8	6.3	38.3	1.4	38.6	3.2	44.0	11.2	7.91	6.57	6.40	0.14	0.07
大豆秸	87.5	5.0	38.3	1.4	37.3	4.5	—	—	6.82	—	6.99	1.39	0.05
谷草	89.5	5.5	37.3	1.6	3.8	3.8	—	—	7.45	—	8.33	0.08	—
谷壳	88.4	9.5	45.8	1.2	3.9	3.9	—	—	2.22	—	1.51	—	—

3. 青贮中树叶类饲草的营养特点　树叶外观虽硬，但营养成分全面，青嫩鲜叶很易被羊消化，树叶属于粗饲料，远优于秸秆和荚壳类饲草。一般树叶的营养成分如表15。

表 15　一般树叶的营养成分（％）

类　别	干物质	粗蛋白质	粗脂肪	粗纤维	无氮浸出物	灰分	钙	磷
槐树叶（鲜）	23.7	5.3	0.6	4.1	11.5	1.8	0.23	0.04
（干）	86.8	19.6	2.40	15.2	42.7	6.9	0.85	0.15
榆树叶（鲜）	30.6	7.1	1.9	3.0	13.7	4.9	0.76	0.07
（干）	89.4	17.9	2.7	13.1	41.7	14.0	2.01	0.17
榕树叶（鲜）	23.3	4.0	0.7	5.9	11.1	1.6	0.03	0.06
（干）	91.0	11.3	2.1	23.5	43.2	10.9	—	—
紫荆叶（鲜）	35.6	5.9	2.1	10.4	14.7	2.5	—	0.04
（干）	92.1	15.4	5.5	26.9	37.9	6.4	—	0.10
柳树叶（鲜）	33.2	5.2	2.0	4.3	18.5	3.2	—	0.07
（干）	89.5	15.4	2.8	15.4	47.8	8.1	1.94	0.21
杨树叶（鲜）	43.7	9.9	1.4	5.4	23.8	3.2	0.53	0.08
（干）	95.0	10.2	6.2	18.5	46.2	13.9	0.95	0.05
枸树叶（鲜）	30.7	7.0	1.9	4.1	12.8	4.9	0.75	0.14
（干）	91.2	26.2	6.2	15.4	24.3	19.1	0.05	1.37
合欢叶（鲜）	31.1	8.0	2.0	6.5	12.2	2.4	—	—
（干）	93.1	19.2	8.6	7.1	50.1	8.1	—	0.39
洋槐叶（鲜）	23.1	6.9	1.3	2.0	11.6	1.8	0.29	0.03
（干）	86.8	19.6	2.4	15.5	42.7	6.9	—	0.15
白杨叶（鲜）	32.5	5.7	1.7	6.2	17.0	1.9	0.43	0.08
白桦叶（鲜）	31.4	6.5	3.6	6.2	13.0	2.1	0.47	0.08
柏树叶（鲜）	55.6	5.9	2.8	13.9	28.3	4.7	0.55	0.11
柞树叶（鲜）	55.6	6.1	1.9	7.6	16.01	1.4	0.11	0.06
香椿叶（干）	93.1	15.9	8.1	15.5	46.3	7.3	—	—
家杨叶（干）	91.5	25.1	2.9	19.3	33.0	11.2	—	0.40
紫穗槐（鲜）	42.3	9.1	4.3	5.4	2.7	2.8	0.08	0.40
松　针（鲜）	36.1	2.9	4.0	9.8	18.3	1.1	0.40	0.07

第三节　青贮设施

青贮设施的类型和条件对青贮原料的保护、品质和青贮过程中营养物质的损失有重要影响。所以，青贮设施与原料同样重要，必须予以重视。

1. 青贮设施的种类

（1）青贮塔　用砖和水泥、镀锌钢板、木板或混凝土建成的地上圆筒状建筑（图4）。直径一般为6米，高10～15米，可以贮存含水量40%～80%的原料。水分大于70%时，贮存时损失较大。装填时，将较干的原料置于下层，较湿的原料放在上层。青贮成熟后，根据结构可由顶部或底部取料。

图4　青贮塔

（2）青贮窖　窖全部建于地下，其深度按地下水位的高低来确定（图5）。修建青贮窖设施时一般不用建筑材料，多由挖掘的土窖或壕沟构成，宜在制作青贮前1～2天挖好。也可用砖或石头砌缝处理，修建永久性的青贮设施。

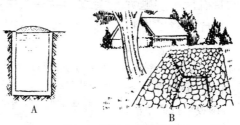

图5　地下式青贮设施

A. 圆筒形青贮窖（剖面）　　B. 长方形青贮壕

（3）半地下式青贮窖 该类型的青贮窖一部分位于地下，一部分位于地上。地上部分1～1.7米，窖或壕壁的厚度不低于70厘米，以适应密闭的要求（图6）。

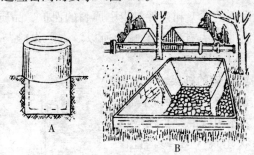

图6 半地下式青贮设施
A. 半地下式青贮窖 B. 半地下式青贮壕

（4）密闭式新型青贮窖 采用钢板或其他不透气的材料制成，窖内装填原料后，用气泵将窖内的空气抽空，使窖内保持缺氧状况，使养分最大限度得以保存。这种设施的干物质损失率约5%，是当今世界上最好的一种青贮设施（图7）。

（5）青贮袋 是近年来国外广泛采用的一种新型青贮设施，其优点是省工，投资少，操作简便，容易掌握，贮存地方灵活。青贮袋有两种装贮方式，一种是将切碎的青贮原料装入用塑料薄膜制成的青贮袋内，装满后用真空泵抽空密封，放在干燥的野外或室内；第二种是用打捆机将青绿牧草打成草捆，装入塑料袋内密封，置于野外发酵。青贮袋由双层塑料制成，外层为白色，内层为黑色，白色可反

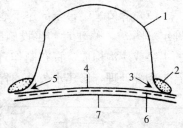

图7 塑料薄膜封闭的青贮堆剖面
1. 塑料薄膜罩 2. 盖土 3、5. 排液
4. 底部塑料膜 6. 旧塑料膜
7. 中央稍高以利排液

射阳光，黑色可抵抗紫外线对饲料的破坏作用。

2. 青贮设施的要求

（1）不透气　这是调制良好青贮饲料的首要条件。无论用哪种材料修建，必须做到严密不透气。为防止透气，可在壁内裱衬一层塑料薄膜。

（2）不透水　青贮设施不要在靠近水塘、粪池的地方修建，以免污水渗入。地下或半地下式青贮设施的地面，必须高于地下水位。

（3）墙壁要平直　青贮设施的墙壁要求平滑垂直、圆滑，这样才有利于青贮饲料的下沉和压实。

（4）要有一定的深度　一般宽度和直径应小于深度，宽、深比为 1：1.5 或 1：2，以利于青贮饲料借助于本身的压力压紧压实，并减少窖内的空气，保证青贮质量。

（5）防冻　各种青贮设施必须防止青贮冻结，以免影响使用。

3. 青贮设施的容量

（1）青贮设施的大小　青贮设施的大小应适中。一般而言，青贮设施越大，原料的损耗就越少，质量就越好（表 16）在实际应用中，要考虑到饲养羊群头数的多少，每日由青贮窖内取出的饲料厚度不少于 10 厘米，同时，必须考虑如何防止窖内饲料的二次发酵。

表 16　青贮窖大小与青贮品质关系

项　　目	小型窖 （500 千克）	中型窖 （2 000 千克）	大型窖 （2 万千克）
1 米³ 容量比	79	96	100
最高发酵温度（℃）	17.0	21.9	22.0
青贮料的氢离子浓度（微摩/升）	50	63	79.0
乳　　酸（%）	0.30	0.14	0.10
干物质消化率（%）	67.9	71.0	73.0

（2）青贮设施的容量　依羊群数量确定。原则上是原料少做成圆形窖，原料多做成长方形窖。

（3）青贮设施的容重　青贮饲料质量估计见表17。

表 17　青贮饲料质量（千克/米³）估计

青贮原料种类	青贮饲料质量
全株玉米、向日葵	500～550
玉米秸	450～500
甘薯藤	700～750
萝卜叶、芜菁叶	600
叶菜类	800
牧草、野草	600

圆形窖贮藏量（千克）＝（半径²）×圆周率×高度×青贮单位体积质量

例如，某一养羊专业户，饲养奶山羊25～30头，全年均衡饲喂青贮饲料，辅以部分精料和干草。每天需喂青贮多少？全年共需青贮多少？需修建何种形式的青贮设施？

解：按每只羊每天平均饲喂青贮2.5千克计，一只羊一年需青贮912.5千克。

$$\text{全群全年共需青贮饲料总量} = (25～30) \times 2.5 \times 365$$
$$= 22\,812.5～27\,375 \text{ 千克}$$
$$= 22.8～27.3 \text{ 吨}$$

修建成2个圆形青贮窖，直径3米，深3米

$$\text{青贮窖体积} = 1.5^2 \times 3.1416 \times 3$$
$$= 21.206 \text{ 米}^3$$
$$\text{每个窖贮存饲料量} = 21.206 \times (500～700)$$
$$= 10.60～14.84 \text{ 吨}$$

长方形窖的贮藏量的计算公式如下：

长方形窖贮藏量（千克）＝长度×宽度×高度×青贮饲料单

位体积质量

例如，某羊场饲养 300 头生产母羊，全年均衡饲喂青贮饲料，辅以部分精料和干草，每天全群需喂多少青贮？共需多少青贮？修建何种形式的设施？面积多大？

解：每只羊每天按 2.5～3.0 千克青贮饲料的饲喂量计，每只每年需 912.5～1 095 千克，全群全年需 270～328 吨，全群每天需青贮 750～900 千克。

$$全群全年需青贮＝300×（2.5～3.0）×365$$
$$＝273.75～328.5 吨$$

青贮窖修建成长方形，宽、深、长为 7 米×4 米×35 米

$$青贮窖体积＝7×4×35$$
$$＝980 米^3$$

每立方米青贮饲料按 500～700 千克计

$$青贮窖的饲料贮藏量＝980×（500～700）$$
$$＝490～686 吨$$

第四节　青贮方法

1. 青贮饲料制作工艺和流程

（1）全机械化作业的工艺流程

自走或牵引或青贮收割机刈割青贮原料

↓

在田间收割、粉碎

↓辅车和收割机同步进行

辅车接受已粉碎的青饲料

↓

运输到青贮窖

↓

自动或人工卸车入窖

↓ 测定水分

摊平，分层均匀加入尿素、食盐、发酵菌种等添加剂

↓

用拖拉机反复碾压，切实压实

↓

封窖

（2）半机械化作业的工艺流程

割草机或人工割倒青贮原料

↓

整株装车，拉运到青贮设施旁堆积

↓

青贮粉碎机粉碎后直接入窖

↓

摊平，测定水分，分层均匀加入尿素、食盐、发酵菌种

↓

拖拉机反复碾压，确保压实

↓

封窖

2. 一般青贮方法

（1）选好青贮原料　选择适当的成熟阶段收割植物原料，尽量减少太阳暴晒或雨淋，避免堆积发热，保证原料的新鲜和青绿。

（2）清理青贮设施　已用过的青贮设施，在重新使用前必须将窖中的脏土和剩余的饲料清理干净，有破损处应加以维修。

（3）适度切碎青贮原料　羊用的原料，一般切成2厘米以下为宜，以利于压实和以后羊的采食。

（4）控制原料水分　大多数青贮作物，青贮时的含水量以60%～70%为宜。新鲜青草和豆科牧草的含水量一般为75%～

80％，拉运前要适当晾晒，待水分降低 10％～15％后才能用于制作青贮。

调节原料含水量的方法：当原料水分过多时，适量加入干草粉、秸秆粉等含水量少的原料，调节其水分至合适程度。当原料水分较低时，将新割的鲜嫩青草交替装填入窖，混合贮存，或加入适量的清水。

（5）青贮原料水分含量测定法　主要有搓绞法、手抓测定和烘干法三种。

①搓绞法：在切碎之前，将原料的茎搓绞，绞后不折断，叶片不出现干碎迹象，原料的含水量适合于青贮。

②手抓测定：又叫挤压测定。取一把切碎的原料，用手挤压后慢慢松开，注意手中原料团粒的状态，以团粒展开缓慢、挤压后手缝中不滴水为宜。

③烘干法：取原料样品送至实验室，烘干测定原料中的水分含量。

（6）青贮原料的快装与压实　一旦开始装填青贮原料，速度要快，尽可能在 2～4 天内结束装填，并及时封顶。装填时，应20 厘米厚一层一层地铺平，加入尿素等添加剂，并用履带拖拉机碾压或人力踩踏压实。特别注意避免将拖拉机上的泥土、油污、金属等杂物带入窖内。用拖拉机压过的边角，仍需人工再踩一遍，防止漏气。

（7）密封和覆盖　青贮原料装满压实后，必须尽快密封和覆盖窖顶，以隔断空气，抑制好氧性微生物的发酵。覆盖时，先在一层细软的青草或青贮上覆盖塑料薄膜，而后堆土 30～40 厘米，用拖拉机压实。覆盖后，连续 5～10 天检查青贮窖的下沉情况，及时把裂缝用湿土封好，窖顶的泥土必须高出青贮窖边缘，以防止雨水、雪水流入窖内。

3. 特殊的青贮方法　特殊青贮系指采用添加剂制作的青贮。这种青贮方法可以促进乳酸菌更好地发酵，抑制对青贮发酵过程有害的乙酸发酵，提高青贮饲料的饲用价值。常用的添加剂种类和使用方法如下：

（1）尿素　含氮量 40%，用量为青贮原料的 0.4%～0.5%。对水分大的原料，采用尿素干粉均匀分层撒入的方法。对水分小的原料，先将尿素溶解于水中，尔后再用尿素水溶液喷洒入原料中。

（2）食盐　用量为青贮原料的 0.5%～1.0%，常与尿素混合使用。使用方法与尿素相同。

（3）秸秆发酵菌剂　按要求加入。可采用干粉撒入或拌水喷洒两种方法，具体操作与尿素和食盐相同。

（4）糖蜜　用量为青贮原料的 1%～3%，溶于水中喷洒入原料中。

（5）甜菜渣　分层均匀拌入青贮原料中，用量为青贮原料质量的 3%～5%。

（6）鸡粪　新鲜鸡粪可占原料的 30%，干燥鸡粪加 5%～10%。

（7）酶制剂　使用方法与秸秆发酵剂相同。

（8）甲醛　浓度为 49%，用量为每千克青贮原料加 1.7 毫升。

（9）甲酸　浓度为 100%，用量为青贮原料的 0.3%～0.5%。

（10）硫酸和盐酸　硫酸和盐酸各半混合，每吨含干物质 20% 的青贮原料加混合液 60 毫升，可使青贮 pH 降低，减少干物质损失。

（11）AA$_3$、K-2　AA$_3$ 为盐酸混合制剂，由 4.5 升水、1 升盐酸和 140 克硫酸钠混合，每吨青贮原料添加 30～80 升。K-2 为 21 升水、1 升盐酸和 1 升硫酸制备而成，每吨青贮原料需加 30～80 升。

（12）蚁酸　用量为 0.23%～0.5%，pH 降至 4.0 左右，可保护饲料中的蛋白质和能量，提高消化率和采食量。

（13）丙酸　青贮时添加 0.3% 的丙酸溶液，可抑制微生物的生长，控制青贮饲料的发酵过程。

（14）蚁酸和丙酸　蚁酸和丙酸按1∶1比例混合，按0.5%的量加入青贮原料中，能提高饲料中粗蛋白和含糖量。

（15）蚁酸和丙酸加尿素　蚁酸、丙酸、尿素以1∶1∶1.6的比例混合，添加量为每吨原料7.7～15.4升。用于禾本科牧草较好。

（16）苯酸　每吨鲜青贮原料添加苯酸2.5千克，可以提高粗蛋白的消化率。

（17）苯酸钠水溶液　添加量为每吨鲜青贮原料8～15升，效果与苯酸相同。

（18）苯甲酸　添加量为0.3%，青贮原料水分超过75%时使用，有较好的保护作用。

（19）苯甲酸加醋酸　苯甲酸用量为0.1%，醋酸用量为0.3%，即每吨青贮原料加苯甲酸1千克，醋酸3千克。对提高奶山羊的产奶性能有较好的作用。

（20）无水氨液　在含干物质30%的青贮玉米中，按0.3%～0.5%的剂量加入，提高粗蛋白含量，防止青贮饲料的二次发酵。

（21）碳酸氢铵　每吨青贮原料添加碳酸氢铵0.7%，对保护原料中维生素具有较好的作用。

（22）重硫酸钠　对禾本科和豆科牧草较好，用量为每吨原料加0.8%。

4. 防止青贮饲料二次发酵的方法　青贮饲料的二次发酵，又叫好氧性腐败。在温暖季节开启青贮窖后，空气随之进入，好氧性微生物开始大量繁殖，青贮饲料中养分遭受大量损失，出现好氧性腐败，产生大量的热。为避免二次发酵所造成的损失，可采取以下技术措施：

（1）适时收割青贮原料　如以玉米秸秆为主要原料，含水量不超过70%，霜前收割制作。霜后制作青贮，乳酸发酵就会受到抑制，青贮中总酸量减少，开启窖后易发生二次发酵。

（2）原料切短　所用的原料应尽量切短，这样才能压实。

（3）装填快、密封严　装填原料应尽量缩短时间，封窖前切实压实，用塑料薄膜封顶，确保严密。

（4）计算青贮日需要量，合理安排日取出量　修建青贮设施时，应减少青贮窖的体积，或用塑料薄膜将大窖分隔成若干小区，分区取料。

（5）添加甲酸、丙酸、乙酸　用甲酸、丙酸和乙酸等喷洒在青贮饲料上，防止二次发酵，也可用甲醛、氨水等处理。

5. 青贮原料的单贮和混贮　青贮原料可以单贮，也可以几种原料混贮，常用的方法有如下几种：

（1）青贮玉米单贮　利用专门种植的青贮玉米单贮。

（2）玉米秸秆单贮　利用收获籽实后的玉米秸作原料，需选用果穗已经成熟、茎叶仍保持青绿色的秸秆。

（3）玉米果穗单贮　在收割前摘取果穗，不要在刈割成堆的运输后的植株上摘取果穗。

（4）玉米整株单贮　将玉米整株压于窖内青贮。

（5）玉米秸秆与苜蓿混贮　混合比例不超过 3：1。

（6）玉米秸秆与野草、杂草混贮　切碎后均匀混合，比例以1：3以上为宜。

（7）玉米秸秆与甘薯、瓜藤混贮　混合比例为1：0.3～0.5。

（8）豆科牧草单贮或混贮　苜蓿、三叶草、草木樨、野豌豆、黄芪等牧草单贮或混贮，水分要求在 45%～55%。

（9）禾本科牧草单贮或混贮　抽穗期收割，采用高、中、低水分的青贮方法。向原料中添加糠麸、干草粉或甜菜渣等，提高原料中的含糖量。

（10）蔬菜类单贮或混贮　此类饲料含水量较高（80%～90%），制作前应适当晾晒，可与含水量较小的原料混贮较好。

（11）根茎、瓜类的单贮或混贮　此类饲料包括甜菜、南瓜、甘薯、马铃薯、胡萝卜、莞根、佛手瓜等。原料含水量和含糖量均较高，发酵剧烈，与其他原料混贮较好。

（12）水生植物的单贮或混贮　此类原料可采用水贮。

6. 牧草膜裹包青贮　牧草膜裹包青贮原理是将收割好的新鲜苜蓿草、玉米秸秆等各种青绿植物用捆包机高密度压实打捆，然后用牧草缠绕膜裹包起来，造成一个最佳的发酵环境。经过这样打捆和裹包起来的牧草，处于密封状态，在厌氧条件下，经3～6周，pH会降到4，此时所有的微生物活动均停止，最终完成乳酸自然发酸的生物化学过程，从而取得满意的青贮效果，并可长期稳定地保存，在野外可堆放保存1～2年。

经过良好牧草膜裹包青贮的苜蓿草或者秸秆，应达到下列标准：pH4，水分50%～65%，乳酸4%～7%，醋酸小于2.5%，丁酸小于0.2。$N-NH_3$占总氮5%～7%，灰分小于11%，采用这种技术青贮，可常年为牲畜提供优质饲料。这不仅有利于增加牲畜存栏数量，也有利于提高奶的质量，从而提高人民的生活质量。

牧草膜裹包青贮的方式主要是圆捆青贮。首先用圆捆捆草机将草料压实，制成圆柱形草捆，然后用裹包机，用青贮专用拉伸膜将草捆紧紧地裹包起来。牧草膜裹包青贮的最大优点是青贮质量好，由于制作速度快，青贮饲料被高密度挤压结实，密封性好，所有乳酸可以充分发酵。因其可观的社会效益和经济效益，目前在欧洲国家20%的牧草青贮采用缠绕膜裹包法，在瑞典的应用率甚至达到40%，在整个欧洲和北美，牧草缠绕膜的年产增长率为15%。裹包青贮法已成为我国牧草青贮的必然发展趋势，用于该青贮技术的牧草缠绕膜，也由于其潜在的巨大市场需求，成为我国包装薄膜制造企业非常看好的项目。

7. 紫花苜蓿青贮技术

（1）半干青贮法　半干青贮的特点是调制的半干青贮料有机酸含量低，pH较高（4.5～5.0），原料中糖分和蛋白质被分解的比例少，适口性好，且调制省工、成本低，还可保持紫花苜蓿的营养。

调治方法：

①挖窖：选择地势高、无积水、干燥的地方，挖深 2 米、长 5 米、宽 2 米的长方形窖 3 处，每年可贮紫花苜蓿半干青贮原料 10 000 千克。

②割晒：在紫花苜蓿孕蕾期至初花期收割后集成 1.5 米左右宽的草垄，然后晾晒 24～36 小时，当茎叶内含水量达到 45%～65% 时（叶片卷缩，叶柄易折断，挤压茎秆有水溢出时为标准），由田间运回并铡成 2～3 厘米长的碎段准备入窖。

③装窖：窖底采用聚乙烯无毒薄膜覆盖封严，原料装填须随切随装。遵循快速压实的原则，分层填装原料，分层镇压或踏实，靠近墙及墙角的地方必须留有空隙；最后高出窖口 0.5 米，用聚乙烯薄膜封闭，覆土 0.3 米，上面再盖上干草以避免漏雨。

（2）拉伸膜裹包青贮法　拉伸膜裹包青贮是目前世界较先进的青贮技术，也是低水分青贮的一种方式。它是通过采用萎蔫的办法使紫花苜蓿水分含量降至 45%～65% 之后，用集草车运到场院，将紫花苜蓿草先在捆草机上用塑料丝捆成圆柱形，再用拉伸膜青贮包裹机紧紧裹包起来，以外缠塑料膜 3 层为最佳，形成密封状态进行发酵，定期检查，发现破洞应及时修补。每个裹包后的草捆约重 40 千克，经过 1～2 周后就可完成发酵，如果发酵良好而且无空气侵入，草捆就可长期贮藏。一般裹包好的草捆在 4 周后即可饲用。裹包青贮后的紫花苜蓿呈茶绿色，气味微酸，pH 为 5.0～5.5，叶脉清晰，枝叶整齐，无养分损失。拉伸膜裹包青贮的优点是节省人力，即使单独一人也能操作。目前市场上已有多种圆捆机、圆捆裹包机和多种规格的专用拉伸膜，可以根据需要选择机型和规格。收获过程中营养物质损失少，具有半干青贮料的优点，操作方便易行，调制和贮存地点灵活，可在田间、草地等任何地方制作。无须固定青贮设备和担心二次发酵的危险；便于贮运和异地流通；可形成商品生产，并可调剂紫花苜蓿常年供应；可保证在雨季收割的苜蓿草不腐烂；应适时收割，防止过晚收割造成苜蓿纤维化和叶片损失。

（3）青贮添加剂　苜蓿青贮原料没有足够的乳酸菌，其有害细菌与有益细菌之比可达 10：1。因此，苜蓿青贮过程有时会出现较差的、缓慢的、不可控制的发酵过程，并伴有过多的呼吸、发热和渗液等，导致其在发酵过程中因微生物活动而造成养分损失过多，质量下降。

加入添加剂就是为了影响微生物作用，控制青贮发酵，进而获得优质苜蓿青贮料。加入接种剂，使青贮料中充满有益细菌、有益的酶，从而打破平衡并促使其向快速、低温和低损失的发酵过程转变。加入接种剂，可降低青贮料 pH，有利于饲料保存；可降低温度，从而减少蛋白质分解；可增加乳酸，提高饲料质量；可降低干物质损失，无论何种添加剂，不对家畜瘤胃发酵就不会有副作用。

（4）常用的添加剂　有甲酸和生物添加制剂。

①甲酸调剂法：其原理是通过添加甲酸快速降低 pH，抑制原料的呼吸作用和腐败菌、酪酸菌的活动，使营养物质的分解限制在最低水平，从而保证青贮饲料的品质。此法的优点是可降低乳酸的生成量，明显降低丁酸和氨态氮的生成量，从而改善饲料的发酵品质；此外，添加甲酸可使青贮饲料在贮藏过程中的蛋白质分解减少，提高蛋白质的利用率。通常甲酸的添加量为每处理 1 吨紫花苜蓿添加 5～6 升甲酸。

②酸添加剂调制法：此法是一种人工扩大青贮原料中乳酸菌群体的方法。它可以保证初期发酵所需要的乳酸菌数量而保证青贮的成功，同时可改善青贮发酵品质。主要使用的菌种有 *Lactobacillus plantarum*、*Enterococcus faecium*、Pedioc-occuspento-SSCeUS 等，菌剂有青贮营养锁定剂。

青贮营养锁定剂是一种纯天然产品，包含 7 种特选的同型乳酸发酵有益微生物，不含任何化学防腐剂。

③酶制剂调制法：此法是利用由多种细胞壁分解酶合成的酶菌剂进行青贮的一种方法。它可以通过分解细胞壁的纤维素和半纤维素，从而产生可被乳酸菌利用的可溶性糖类，以保证青贮质量。目前生物添加剂中由酶制剂和乳酸菌一起作为生物添加剂的青贮方法已引起广泛的关注。酶制剂的添加量越大，对青贮料发酵品质的改善效果越好，但不能过高，否则会造成青贮料产生黏性而影响利用。通常最适宜用量为每吨鲜草添加 100～2 000 克纤维分解酶。

（5）混合青贮　紫花苜蓿蛋白质含量高而糖分含量较低，故不能满足乳酸菌对糖分的需要。如果不进行萎蔫或降低水分处理，则很难单独青贮。因此，为了提高紫花苜蓿青贮时的糖分含量，可将紫花苜蓿与禾本科牧草或其他饲料作物混合青贮，以确保青贮成功。目前常用于混合青贮的饲料作物有玉米、苏丹草和高粱草等，可将它们切碎后与紫花苜蓿充分混合青贮。

8. 苜蓿青贮设施　在生产实际中采用的青贮设施，有青贮窖、青贮壕、青贮塔和青贮塑料袋，现在还有草捆青贮等。

目前，在紫花苜蓿青贮中采用的方法主要是机械灌装式青贮和草捆塑料密封青贮。

（1）机械灌装式青贮　机械灌装式青贮技术是目前世界上最先进的青贮技术之一，在美国、欧洲和日本等发达国家，已得到广泛应用。这一类型青贮的装袋作业，是由青贮灌装机完成的。其工作过程是由灌装机的输送机将铡好的原料送入进料斗，经进料斗喂入灌装机进料口，最后将原料装入套在灌装口上的青贮袋内。

大型袋灌装青贮技术（袋装式）：该技术是北京农机鉴定推广站率先在全国推广示范的，运用袋式灌装机将秸秆装入由塑料拉伸膜制成的专用袋中，可使其形成缺氧环境。目前，这种专用袋在国内还不能生产，需要从意大利进口。若采用这种灌装机技术，每装 1 千克物料成本需 2~3 分，且具有防火、防腐、不污染、便于饲料运输和商品化等优点。这种方法具有较高的生产效率，可实现规模化生产。

（2）草捆塑料密封青贮　即用打捆机将新鲜青绿牧草打成草捆，利用塑料密封发酵而成。牧草含水量控制在 65% 为好。

①草捆装袋青贮：将大圆草捆或小方草捆分别装入塑料袋，系紧袋口密封，然后堆垛。

②裹包式草捆青贮：用高拉力塑料薄膜缠裹在圆草捆上，使草捆与外界空气隔绝。这种方法免去了装袋、系口等手续，生产效率高，有利于运输。同时，由于塑料紧贴草捆，内部残留空气少，有利于厌氧发酵。

③堆式大圆草捆青贮：将大圆草捆压成紧凑垛后，再用大块结实塑料布将其裹紧盖严，顶部用土或沙袋压实，使其不透气。但要注意草垛不宜过大，务必使每个草垛打开饲喂时能在一周之内喂完，以免引起二次发酵变质。

就目前我国苜蓿产业发展的现状来看，干草调制受季节、气候变化的影响，营养成分损失大；草产品（如草粉、草饼、草块等）加工业又是刚刚起步，机械设备落后，技术更新滞缓；相比之下，青贮不失为饲草加工业的一个重要举措。根据各地的实际情况，可采取不同的青贮方式。乳酸菌接种剂添加技术和拉伸膜裹包青贮技术具有很大的推广应用前景。紫花苜蓿青贮技术的发展同样可以推动青贮设施的发展，而且随着近年来畜牧业的蓬勃发展，对于饲料的需求日益增多。

第五节　青贮饲料品质鉴定

用玉米、向日葵等含糖量高、易青贮的原料制作青贮，只要方法正确，2～3 周后就能制成优质的青贮饲料，而不易青贮的原料 2～3 个月才能完成。饲用之前，或在使用过程中，应对青贮饲料的品质进行鉴定。

一、青贮饲料样品的采取

1. 青贮窖或塔中的样品取样

（1）取样部位　以青贮窖或塔中心为圆心，由圆心到距离墙壁 33～55 厘米处为半径，划一圆周，然后从圆心及互相垂直两直接与圆周相交的各点上采样。

（2）取样方法　用锐刀切取约 20 厘米^2 的青贮样块，切忌掏取样品。

（3）取样均匀　沿青贮窖或塔整个表面均匀、分层取样。冬天取出一层的厚度不少于 5 厘米，温暖季节取出一层的厚度为 8～10 厘米。

2. 青贮壕中样品的采取

（1）先清除一端的覆盖物　与青贮窖或塔内取样方法不同，不清除壕面上的全部覆盖物，而是从壕的一端开始。

（2）由壕端自上而下采样　由一端自上而下分点采样。

二、青贮饲料品质鉴定方法

1. 感观鉴定法

在农牧场或其他现场情况下，一般可采用感观鉴定方法来鉴定青贮饲料的品质，多采用气味、颜色和结构 3 项指标。气味鉴定标准如表 18。

（1）颜色　品质良好的青贮饲料呈青绿色或黄绿色，品质低劣的青贮饲料多为暗色、褐色、墨绿色或黑色。与青贮原料原来的颜色有明显的差异，不宜饲喂羊只。

（2）结构　品质良好的青贮料压得很紧密，但拿到手上又很松散，质地柔软，略带湿润。若青贮饲料黏成一团、好像一块污泥，则是不良的青贮饲料。这种腐烂的饲料不能饲喂羊，标准如

表 18　青贮饲料气味及其评级

气　　味	评定结果	可喂饲的家畜
具有酸香味，略有酒味，给人以舒适的感觉	品质良好	各种家畜
香味极淡或没有，具有强烈的醋酸味	品质中等	除妊娠家畜及幼畜和马匹外，可喂其他家畜
具有一种特殊臭味，腐败发霉	品质低劣	不适宜喂任何家畜，洗涤后也不能饲用

表 19 和表 20。

表 19　青贮饲料感观鉴定标准

等级	色	味	气味	质　地
上	黄绿色、绿色	酸味较浓	芳香味	柔软、稍湿润
中	黄褐色、墨绿色	酸味中等或较淡	芳香、稍有酒精味或酪酸味	柔软稍干或水分稍多
下	黑色、褐色	酸味很淡	臭　味	干燥松散或黏结成块

表 20　青贮饲料总评

青贮饲料评定等级	总　　分　　数
最　　好	11～12
良　　好	9～10
中　　等	7～8
劣　　等	4～6
不能用	3 以下

2. 实验室鉴定法

（1）试剂及配制

①青贮饲料指示剂：A ＋ B 的混合液。A 液：溴代麝香草酚蓝 0.1 克＋氢氧化钠（0.05 摩尔/升）3 毫升＋水 250 毫升；B 液：甲基红 0.1 克＋乙醇（95％）60 毫升＋水 190 毫升。

②盐酸、乙醇、乙醚混合液：比重* 1.19 盐酸、95％乙醇和乙醚的混合比例为 1∶3∶1。

③硝酸。

④3％硝酸银。

⑤盐酸（1∶3 稀释）。

⑥10％氧化钡。

（2）鉴定方法

①青贮饲料酸度测定：取 400 毫升烧杯加半杯青贮料，注入蒸馏水浸没青贮饲料样品，不断用玻璃棒搅拌，经 15～20 分钟，用滤纸过滤。

将两滴滤液滴在点滴板上，加入青贮饲料指示剂，或将 2 毫升滤液注入试管中，加 2 滴指示剂。可在氢离子浓度 1～158 微摩/升（pH3.8～6.0）范围内表现不同的颜色，评级标准如表 21。

表 21　青贮饲料综合评定标准

按指示剂的颜色评定			按青贮料气味评定		按青贮料颜色评定	
颜色	氢离子浓度 [pH]	分数	气　味	分数	青贮料颜色	分数
红	63 微摩/升以上 [4.2 以下]	5	水果芳香味，弱酸味，面包味	5	绿色	3
橙红	25～6 微摩/升 [4.2～4.6]	4	微香味，醋酸味，酸黄瓜味	4	黄绿色、褐色	2
橙	5～2 微摩/升 [4.6～5.3]	3	浓醋酸味，丁酸味	2	黑绿色	1
黄绿	794.5～5 012 微摩/升 [5.3～6.1]	2	腐烂味，臭味，浓丁酸味	1		
黄绿	398～794 微摩/升 [6.1～6.4]	1				

---

* 比重为非许用单位，即相对密度。

按指示剂的颜色评定			按青贮料气味评定		按青贮料颜色评定	
颜色	氢离子浓度 [pH]	分数	气　味	分数	青贮料颜色	分数
绿	63～398 微摩/升 [6.4～7.2]	0				
蓝绿	25.12～63 微摩/升 [7.2～7.6]	0				

②青贮饲料腐烂鉴定：若饲料变质，可用测定含氮物分解成游离氨的方法鉴定。具体做法：在试管中加 2 毫刋盐酸、乙醇、乙醚混合液，用铁丝做成的钩状物钩一块青贮饲料样品，铁丝的长度离试剂 2 厘米，若有氨存在，必生成氯化铵，因而在青贮饲料四周出现白雾。

③青贮饲料污染鉴定：可根据氨、氯化物及硫酸盐的存在与否来判定青贮饲料的污染程度。氯化物、硫酸盐的检查方法如下：

青贮饲料水浸泡的制备：称取青贮饲料样品 29 克，剪碎装入 250 毫升的容量瓶中，加入一定容积的蒸馏水（浸透即可）仔细搅拌，再加蒸馏水至标线，在 20～25℃下放置 1 小时，并经常振荡而后过滤。

氯化物测定：取滤液 5 毫升，加 5 滴浓硝酸酸化，然后加 3％ 硝酸银溶液 10 滴，若出现白色凝乳状沉淀，就证明有氯化物存在，说明饲料已被氯化物污染。

硫酸盐的测定：取滤液 5 毫升，加 5 滴 1∶3 稀释的盐酸酸化，再加 10％的氯化钡溶液 10 滴，若出现白色浑浊，就证明青贮饲料已被硫酸盐污染。

第六章
饲草的保存及提高秸秆利用价值的技术

第一节　饲草的保存技术

我国草地牧草生产与羊对饲草的需求之间存在着严重的季节不平衡。寒冷季节，草场上牧草枯萎，残留在地面的枯草，其营养价值较夏季牧草下降60%～70%。若仅靠放牧，就不能满足羊的营养需要，夏季牧草的适时刈割、调制和加工是解决冬季饲草需求的主要途径。饲草保存的基本要求是尽可能多地保存新鲜原料中的营养成分，以满足妊娠母羊和羔羊的需要，所以，饲草的保存不仅对牧区，对农区非放牧的羊群饲养也具有重要作用。

1. 饲草的收割

（1）收割时间　饲草收割调制干草时，其产量与质量均与收割时间有关，适时收割可以获得较高的产量和质量。兼顾饲草各种营养物质的收获量及消化率的变化，一般豆科牧草应在初花期（10%开花的时期）刈割，禾本科牧草应在抽穗至初花期刈割。综合饲草产量、质量以及对当年再生和历年再生的影响，适宜的刈割期应为抽穗至开花期或初花期。

（2）刈割方式及机械　刈割分为人工割草和机械割草。人工割草可用大镰割草，一般每天可割草7.5～10.5亩。机械割草时，割草速度和效率因机械的性能不同而有所差异。

我国目前使用的割草机有 SG-2.1 型牵引或单刀割草机，割幅为 2.1 米，每小时可割草 12～15 亩；K-66 型牵引式三刀割草机，每小时可割 45 亩；SG-2.1 手扶侧悬挂割草机，每小时可割草 12～18 亩；9GZT-3.0 型旋转条放割草机，割下自动放成草条，每小时可割草 37.5 亩。

国外目前多采用滚筒式、圆盘式或水平旋转式割草机。干草生产上常用自走或 14 英尺*割草压扁机，这种机械能一次通过草地完成收割、压扁和成条三道工序。

刈割后，牧草一般用搂草机将草搂成草条，尔后再集草打捆。

2. 饲草的干燥

（1）饲草干燥的原理与过程　饲草刈割后在干燥的过程中，不仅植物水分蒸发散失，同时还具有生物化学变化的复杂过程，一般把饲草干燥过程分为两个阶段。

①植物饥饿代谢阶段：当植物割下后，植物体与根脱离联系，细胞尚未死亡，呼吸与蒸腾作用仍在进行，直至植物体内水分降至 38%～40%或以下才会停止。在此阶段，由于断绝了从根部输送水分和营养物质，植株的异化过程大于同化过程，植物体内的一部分可溶性碳水化合物被消耗；一部分蛋白质被降解。由于细胞尚存的蒸腾作用，此阶段失去大量水分，并随之失去 5%～10%的营养物质，而粗纤维的含量有所提高。由此可见，若能使植物体的水分迅速下降至 38%～40%以下，是阻止刈割后植物呼吸和蒸腾作用降低饲草营养成分的关键所在。

②植物体成分自体溶解阶段：植物细胞死亡后，体内发生的生理过程逐渐被酶参与的生化作用代替，进行死亡细胞内的物质转化和分解，直至含水量降到 14%～17%时停止缓慢的过程。

---

* 英尺为非法定计量单位，1 英尺＝0.304 8 米。

若干燥速度很慢，酶活性增强，造成部分蛋白质的分解。所以，应特别重视此阶段饲草营养成分的损失问题。

(2) 干燥过程中养分的损失　饲草除在饥饿代谢和自体溶解过程中造成营养物质损失外，其他作用也会引起营养物质的损失。

①机械作用引起的损失：饲草在收割时，搂草、翻草、搬运、集垛及打捆过程中，叶片、嫩叶及花序等易折断脱落而损失。一般在此过程中，禾本科饲草损失 2%～5%，豆科饲草损失15%～30%，有的高达 60%～70%。如紫花苜蓿损失叶片占全株的 12%，蛋白质损失量已达总蛋白量的 40%。

②雨淋造成的损失：刚刈割饲草的细胞尚未死亡，阴雨天延长干燥时间增加了细胞呼吸作用而消耗营养物质。当未干或已干燥的饲草被雨淋湿后，氧化作用加强，胡萝卜素损失增加，损失率最高可达 76%。

③微生物活动引起的损失：由于微生物的活动，使饲草霉烂变质，干草品质显著下降，水溶性糖和淀粉含量显著下降。大量发霉时，脂肪含量下降，蛋白质分解。饲喂羊后，易引起胃肠道疾病，母羊流产，严重时造成死亡。

④光化作用引起的损失：干燥过程中，饲草在强阳光直射下发生日光光化作用（紫外线的漂白作用），结果使饲草体内的营养物质被分解破坏（表 22）。

表 22　不同干燥方法牧草胡萝卜素的含量*

干燥方法	胡萝卜素保持量（毫克/千克）	损失率（%）
人工干燥	135	15.6
阴　　干	91	43.1
散光干燥	64	60.0
干草架干燥	54	66.3
草堆干燥	50	68.8
草条干燥	38	76.3
平摊干燥	22	86.3

* 鲜草胡萝卜素含量为 160 毫克/千克。

在正常干燥条件下，饲草总营养物质损失 20%～30%，可消化蛋白质损失 30%左右，维生素损失 50%以上。其中以机械作用造成的损失最大，其次是呼吸消耗、酶的分解及太阳光光化作用等。在非正常干燥条件下，如雨淋、发霉造成的损失更大。

（3）干燥方法　大致可分为自然干燥和人工干燥两大类。

①自然干燥法：不需特殊设备，是我国目前采用的主要干燥方法。常用的有地面、草架和发酵干燥三种。

地面干燥法：也叫田间干燥，刈割后在原地或另选地势较高处晾晒，4～6 小时可使水分降至 40%～50%。为保存营养物质较高的叶片，搂草和集草作业应在饲草水分不低于 35%时进行。

草架干燥法：在多雨地区，专门制造干草架，将刈割的饲草置于干草架上，厚度不超过 70 厘米，保持蓬松，有一定斜度。

发酵干燥法：阴湿多雨地区，光照时间短，不能采用普通方法干燥的，可采用发酵干燥法，将刈割的饲草平铺，经风干水分降到 50%时分层堆积成 3～5 米的草垛逐层压实，表层用土或塑料薄膜覆盖，使其迅速发热，2～3 天垛内湿度升到 60～70℃时，打开草垛，随即风干或晒干。

②人工干燥法：国外发展很快，主要有常温鼓风干燥和高温快速干燥两种。

常温鼓风干燥：饲草在室外露天堆积，也可在干草棚中进行干燥（图 8）。

图 8　牧草的常温鼓风干燥

高温快速干燥：常用烘干机将饲草水分快速蒸发掉。烘干机入口温度因机型不同而异，一般为 75～260℃，出口温度为 25～160℃，也有入口温度420～1 160℃，出口温度 60～260℃，用这种烘干机处理，含水量80%～85%的新鲜饲草数分钟即可下降到 5%～10%。

除人工干燥法可加速饲草的干燥速度外，压裂草茎和施入化学干燥剂都可以加速饲草的干燥，降低饲草在干燥过程中营养物质的损失。

3. 饲草干草的加工

（1）草捆的加工　饲草干燥到一定程度后用打捆机进行打捆。根据打捆机的种类不同可分为小方捆、大方捆和大圆柱形草捆。

①小方捆：草捆的切面从 0.36 米×0.43 米到 0.46 米×0.61 米，长度 0.5～1.2 米。质量 14～68 千克，草捆密度 160～300 千克/米^3。小方捆在贮运之前一般都散放在田间，不能抵御有害气候，应及时从田间运至羊场。

②大方捆：将饲草打成容积为 1.22 米×1.22 米（2～2.8 米），重 0.82～0.91 吨的长方形草捆，密度为 240 千克/米^3。需在草垛上加覆盖物，以防不良气候的影响。

③大圆柱草捆：将饲草打成 600～800 千克重的大圆柱形草捆，长 1～1.7 米，直径 1～1.8 米，密度 110～250 千克/米^3。不宜做远距离运输，可存放在排水良好的地方贮存。

（2）草粉加工　在加工过程中，为了减少饲草的营养物质损失，常将饲草制成草粉。加工草粉的原料主要有优质豆科和禾本科牧草。干草用锤式粉碎机粉碎，制成 1～3 毫米的干草粉。

（3）草粒加工　将草粉通过制粒机压制成草粒，直径为 0.64～1.27 厘米，长度为 0.64～2.54 厘米。草粒减少了氧化作用，也可在制粒时加入抗氧化剂，使胡萝卜素的损失率降低5%～10%。

（4）草块加工　分为田间压块、固定压块和烘干压块三种类型。

①田间压块：由专门的干草收获机械田间压块机完成，草块的大小为 300 毫米×30 毫米×（100～50）毫米。

②固定压块：由固定压块机使粉碎的干草通过挤压钢模，形

成 3.2 厘米×3.2 厘米×（3.7～5）厘米的干草块。

③烘干压块：由移动式烘干压饼机完成，制成 55～65 毫米直径、厚约 10 毫米的草饼，压制过程中可依羊的需要加入尿素、矿物质及其他添加剂。

4. 饲草的贮藏 饲草贮藏是世界上多数国家在草地畜牧业中解决草畜平衡的有效途径。经过储藏，可以满足羊全年对营养的需求，使饲草始终保持较高的营养价值。

（1）**散干草的贮藏** 干草的水分含量达到 15%～18%时即可进行堆贮，堆贮有长方形垛和圆形垛两种。长方形草垛的宽一般为 4.5～5 米，高 6.0～6.5 米，长不少于 8 米，圆形草垛一般直径为 4～5 米，高 6～6.5 米。选择高燥的地方堆垛，垛底周围挖排水沟，水分多、气候潮湿的地区，垛顶应较尖，干旱地区，垛顶坡度可稍缓。垛顶用劣草铺盖压紧，最后用绳索等固定，预防风害。

（2）**干草捆的贮藏** 一般露天垛成草垛，草垛的大小一般为宽 5～5.5 米、长 20 米、高 18～20 层干草捆。除露天堆垛贮藏外，还可以贮藏在专用仓库或干草棚内，干草棚只设支柱或顶棚，四周无墙，成本低（图 9、图 10）。

图 9　设通风道的干草捆草垛

图 10　简易防雨干草棚

（3）半干草的贮藏 在湿润地区，雨季或调制叶片易脱落的豆科牧草时，为了适时刈割，可在半干时进行贮藏。在半干牧草中加入防腐剂，可抑制微生物繁殖，预防饲草发霉变质，但对羊无毒。

①氨水处理：当含水量为35%～40%即可打捆，加入25%的氨水，然后堆垛用塑料膜覆盖密封。氨水用量为干草的1%～3%，处理时间依湿度而异，一般25℃，至少处理21天。

②尿素处理：操作比氨容易。用尿素处理含水25%～30%的干草，4个月后无霉菌发生。用量为每吨紫花苜蓿干草40千克为宜。

③有机酸处理：对含水量为20%～25%的小方捆，丙酸、醋酸用量为0.5%～1.0%，对含水量25%～30%的小方捆，使用量不低于1.5%。

④微生物防腐处理：由美国先锋公司生产的先锋队1155号微生物防腐剂，专门用于紫花苜蓿半干草的防腐。对含水量25%的小方草捆和含水量20%的大圆草捆使用，效果明显。

（4）草粉的贮藏 草粉颗粒小，表面积大，在贮藏和运输过程中吸湿性较强，容易吸潮结块。严重时发热霉变，变色变味，丧失饲用价值。因此，在贮藏优质草粉、草粒及草块时，必须采取适当的措施，减少损失。

①干燥低湿贮藏：含水量13%以上时，贮存湿度5%～10%或以下；含水量12%时，于15℃以下贮藏。

②密闭低温贮藏：干草粉营养价值的重要指标是胡萝卜素含量的多少，密闭低温条件下贮藏，可大大减少胡萝卜素、蛋白质等营养物质的损失。

③添加抗氧化剂和防腐剂贮藏：常用的抗氧化剂有乙氧喹、丁羟甲苯、丁羟甲基苯，防腐剂有丙酸钙、丙酸铜、丙酸等。

（5）草粒、草块的贮藏 草粒、草块安全贮藏的含水量一般应在12%～15%或以下。在高温、高湿地区，贮藏时应加入防腐剂。草块最好用塑料袋或其他容器密封包装，防止在贮藏和运输过程中吸潮发霉变质。

第二节　提高秸秆利用价值的技术原则与方法

我国各类农作物秸秆资源十分丰富。据报道，我国秸秆的年总产量达 7 亿多吨，其中稻草 2.3 亿吨，玉米秸秆 2.2 亿吨，小麦秸秆 1.2 亿吨，豆类的秋杂粮作物秸秆 1.0 亿吨，花生和薯类藤蔓、甜菜叶等 1.0 亿吨。如此巨大的资源，若能充分加以利用，将会对我国的养羊业产生重大的作用。

1. 秸秆饲料的营养限制因素　作物秸秆饲用价值很低，主要原因有 4 点。

（1）纤维素含量高　据报道，水稻、小麦和玉米三大作物的秸秆，其中中性洗涤纤维含量分别为 $61.09\% \sim 74.4\%$、$67.1\% \sim 73.0\%$ 和 $60.4\% \sim 71.9\%$；酸性洗涤纤维分别为 $40.2\% \sim 53.0\%$、$53.0\% \sim 56.2\%$ 和 $37.4\% \sim 51.1\%$。粗纤维一般平均为 $30\% \sim 40\%$。

（2）粗蛋白含量低　据测定，水稻秸秆、小麦秸秆和玉米秸秆的粗蛋白含量分别为 $3.8\% \sim 5.9\%$、$4.0\% \sim 5.1\%$ 和 $8.8\% \sim 9.6\%$，一般平均为 $3\% \sim 6\%$。秸秆饲料不仅发酵氮极低，而且过瘤胃蛋白也几乎为零。

（3）矿物质含量低　秸秆饲料不仅矿物质含量低，而且缺乏动物生长所必需的维生素 A、维生素 D、维生素 E 等，以及钴、铜、硫、硒和碘等元素。例如，秸秆饲料含有大量的硅酸盐，它严重影响瘤胃中多糖物质的降解；钙和磷的含量一般也低于羊的营养需要水平。

（4）能量值很低　秸秆中含糖量甚微，能量值很低。

2. 提高秸秆利用率的技术方法及途径　秸秆饲料的营养限

制因素，制约了羊对其的采食量和消化率，从而影响了羊的生产性能表现。所以，单靠秸秆喂羊，其营养价值之低，是不足以维持羊的生命基本营养需求的。因此，要科学利用秸秆饲喂羊只，必须寻找一条正确的提高秸秆饲料营养价值的有效途径。

秸秆饲料的处理方法很多，常用的方法有物理处理法、化学处理法和微生物处理法。综述如下：

物理处理法：切碎、压扁、浸泡、蒸煮、膨化和热喷、辐射等。

化学处理法：碱化、氨化、脱木质素、酸处理，以及糖化法等。

微生物处理法：发酵、酶解、生产 SCP 等。

提高秸秆饲料利用率的另一种有效途径是秸秆的综合处理和营养物质添补，对秸秆实施三级饲料化利用技术。

（1）秸秆的综合预处理与营养物质添加　所谓综合预处理，是指先将秸秆粉碎（物理处理），尔后再进行氨化（化学处理），最后再接种复合微生物菌体进行发酵（生物学处理），或先粉碎，尔后添加尿素、食盐，接种复合微生物菌种生物发酵。经过处理的秸秆，再加上添加一定量的配合精料和矿物质添加剂，用配合后的饲料饲喂羊才能取得良好的效果，并能取得显著的经济效益。在提高秸秆饲料的利用率时，必须注重三个方面：①给羊饲喂秸秆饲料时，要补充一定量的精料，可采用“低精料添补”的方式。在高效养羊生产体系中，饲料组成要求以青贮、多汁、块根饲料为主，秸秆饲料为辅，这样，改善了日粮结构，秸秆的利用率将会提高。②添加非蛋白氮。将秸秆用尿素进行氨化是一种普遍而有效的氮素添补方法。目前，尿素的添加量为干物质量的3%～5%，可提高消化率8%～10%。③添加某些必需的矿物质和维生素。近年来，国内研制的牛、羊用“舔砖”和“矿维添加剂”，是依据羊对矿物质和维生素的需要以及秸秆日粮中某些矿物质的限制性而专门设计研制的。此外，还要特别注意补充钴、铜、硫、钠、锌和碘等矿物质以及维生素 A、维生素 D、维生素 E 和 B 族维生素。

（2）秸秆的三级饲料化利用　秸秆的三级饲料化利用，是指在对秸秆进行青贮、微贮的基础上，根据各类型羊的营养标准，利用本地资源，通过计算机模式，计算出最佳精料、青绿多汁饲料配方比，继而采用当地特有矿产资源，按以上程序计算出维生素及矿物质添加量及配比，最后形成一整套完整、科学的饲料配方。在上述三级营养决策与调配过程中，应用系统科学和生态学原理，采用饲料组合与互作的方法，以计算机为主要手段，在精确数量化基础上调整营养，最终要求用尽可能少的饲料（草），在尽可能短的周期内生产出尽可能多的畜产品，这也正是高效养羊所追求的目标。

第三节　秸秆饲料的碱化处理技术

1. 碱化处理的技术原理　碱化处理能使秸秆纤维物质内部的氢键结合变弱，能皂化糖醛酸和乙酸的酯键，中和游离的糖醛酸；使纤维素发生膨胀，削弱了与木质素之间的联系；溶解半纤维素，并使细胞壁的木聚糖部分易位到对瘤胃消化更有效的位置。因此，碱化处理的主要作用是改变秸秆纤维及分子的结构，从而达到提高消化率的目的。

2. 碱化处理方法　碱化剂常采用氢氧化钠和生石灰。碱化的方法可分为湿法、半湿法和干法三类。

（1）生石灰碱化处理方法　先将秸秆粉碎，装入缸内或水泥池中，然后按 1 千克生石灰加 100 千克清水，32 千克秸秆的比例处理。取优质生石灰称重，按比例配成 1％的生石灰水溶液，充分搅拌均匀去渣。将石灰水倒入装好原料的容器内，使原料充分浸润，上面用石块等重物压实，继续加石灰水，保持水面淹没原料。浸泡一昼夜，沥去石灰水，即可饲喂。此种方法只适合于含蛋白质和维生素少的秸秆，稻秸、豆科秸秆、藤蔓类等不宜碱化处理。

（2）氢氧化钠碱化处理方法　各种处理方法总结于表23中。在处理中，要求处理后的秸秆要堆垛，每垛重3～6吨，高3米。这样可使秸秆与氢氧化钠充分发生化学反应，以获得较好的处理效果。堆积后，堆心湿度可达80～90℃。

表 23　氢氧化钠处理方法

种　类	处 理 过 程	最佳处理条件
冲洗法	将秸秆浸在 NaOH 溶液中，然后冲洗	1.5%～2.5% 的 NaOH 溶液，浸泡 12 小时，然后冲洗至中性
不冲洗法	秸秆在 NaOH 溶液中浸泡，不冲洗，但要放置几天待其熟化	1.5% 的 NaOH 溶液浸泡 0.5～1 小时，熟化期 3～6 天
CLM 法	在密闭室中，将 NaOH 溶液喷洒在秸秆上	每 100 千克原料，NaOH 溶液用 5.5 千克，$Ca(OH)_2$ 用量 0.6 千克，碱液循环流动 7～8 小时，熟化期 10～15 小时
碱贮法	在碱化窖中或堆垛用 NaOH 溶液处理	水分要求 40%～70%，按干物质计，用碱量 3%～5%，密封，至少碱化 1 周
喷淋法	秸秆在容器中喷淋 NaOH 溶液拌匀	每 100 千克原料喷洒 2% 的 NaOH 溶液 200 升，处理时间 24 小时
草捆法	在收集和打捆机中喷洒 NaOH 溶液	每 10 千克秸秆，喷洒 50% 的 NaOH 溶液 0.8～1 升，熟化期 1 周
切碎法	——在收割机中喷洒 NaOH 溶液	在切碎原料中加入 8% NaOH 溶液 250 升（NaOH 占干物质 4%），然后置于窖中碱化 60 天
混合法	在混合机中将原料与 NaOH 溶液混合均匀	每吨风干秸秆加 16% 的 NaOH 溶液 425 升，饲喂时与浓缩料组成配合饲料
秸秆处理机	切碎秸秆与 NaOH 溶液混合在处理机中，加温至 80～100℃	按每吨干物质加 27% 的 NaOH 溶液 150～180 升，至少处理 3 天

种　类	处　理　过　程	最佳处理条件
工厂化生产	切碎或粉碎原料与 NaOH 溶液混合压制成块状或颗粒饲料	NaOH 溶液浓度 27%～47%，加碱量为原料干物质的 4%～5%，在 100 个大气压和温度 70～90℃ 条件下制粒，然后冷却

氢氧化钠的湿法处理需耗费大量的水，每千克秸秆干物质约需要 5 升，还浪费了不少碱液。湿法处理的废液可对土壤造成污染。

干法处理大大减少了碱液污染和秸秆中有机物的损失，但耗用的氢氧化钠占秸秆风干重的 5%，采食经碱处理的秸秆，饮水量要随之增加。

第四节　秸秆饲料的氨化处理技术

氨化处理对提高秸秆消化率的效果略低于碱处理，但氨化处理可增加秸秆中非蛋白氮的含量。同时，氨还是一种抗霉菌的保存剂，可有效地防止秸秆在氧化期内发霉变质，过量的氨可以散发掉，不会对土壤造成污染。

1. 液氨处理

（1）**氨化设施**　有两种设施可供选用。

①地面堆垛氨化：氨化前首先在氨化场地地面上铺塑料布，长 15 米、宽 15 米。尔后将粉碎的秸秆（2.5 厘米长）堆在塑料布上，垛高 2～2.5 米。若秸秆太干，可边垛边洒水，草垛压实后，用幅宽 7 米塑料布覆盖，与后边上下叠齐，卷边，用土压实，使其密封，漏缝处用胶布粘封，即可注入液氨。

②窖贮氨化：可选用地下式或半地下式氨化窖，窖深不超过 2 米，宽 2～4 米，窖长依秸秆数量而定。窖底及四壁铺砌红砖，最好用水泥抹面。原料装填好后，用塑料布盖顶封严。

（2）处理方法

①加水和注氨量：加水与注氨量如表24。

表24　不同含水量秸秆加水注氨量（%）

类　别	干	半　干	半　湿
含水量	8～10	20～30	30以上
加水量	15～20	5～10	
注氨量	3	2～2.5	1.5～2

加水方法：边垛边洒水，堆垛洒水结束后，经3～4小时吸水软化，就可以注入液氨。

注氨方法：无计量表的地区可采用管道注氨；用磅秤称重液氨罐，根据减重计算和控制注氨量。输氨结束，用木塞堵住管口。

②处理时间：液氨挥发很快，垛底温度6～7天逐渐上升到13～14℃。1～2周后，垛底温度与气温相同。5～15℃，需氨化30～50天；15～30℃时，氨化10～30天；30℃以上时，只需氨化7～10天（表25）。

表25　气温与氨化时间

气温（℃）	低于5℃	5～15	15～30	30以上
氨化天数	不氨化	30～50	10～30	7～10

③取用：秸秆氨化成熟后，从窖的一端按需用量分段揭开覆盖的塑料布，取出秸秆。暂时不用的氨化秸秆可以在密闭状态下，保持相当时间不会霉变。

④放氨：饲喂前要充分放氨，经1～3天后，秸秆无氨气刺激气味即可饲喂牛羊。

2. 氨水处理技术　我国常用的氨水含氨量为18%～20%。处理秸秆时，按秸秆干物质质量加入3%～3.5%的纯氨量。由于氨水中含有水分，在处理半干秸秆时，可以不在向秸秆中洒水。

氨水处理秸秆的方法和操作与液氨处理法相同，只是氨水常从垛顶部分多处倒入垛中，随后完全封闭垛顶，让氨水逐渐蒸发扩散，充分与秸秆接触与反应。氨水的氨化效果与液氨氨化相近。

3. 尿素处理技术　尿素是一种安全的氨化剂，当尿素分解为氨时，就可以作为氨化剂处理秸秆和低质粗饲料。常用的方法是用 5％的尿素水溶液，以 1：1 比例与稻草等秸秆拌匀，然后将拌匀的秸秆装填入青贮窖或塑料袋中，密封。经 1～3 周，可以取得很好的氨化效果。尿素氨化秸秆的一般要求湿度为 50％～60％，尿素用量为原料干物质的 5％～6％。

尿素氨化秸秆的效果，关键在于尿素能否完全被分解为氨和其分解的速度。现已明确，尿素的分解速率与秸秆中尿素酶活性、湿度、水分和微生物活性等因素有关。

4. 尿液处理秸秆　尿液中含氮量差别很大，一般为每升含氮 2～20 克。低蛋白日粮（粗蛋白 8％）的家畜尿液中含氮量每升为 5.3 克，高蛋白日粮（粗蛋白 15.5％）时，每升尿液含氮量为 14.3 克，其中 76％～82％为氨态氮，尿素氮只占 1.8％～1.9％，尿液中还含有尿酶。用尿液处理稻草，尿液与稻草的比例为 1：1，氨化时间 20 天。处理后，绵羊对氨化秸秆干物质的采食量增加 70％，消化率也有较大幅度的提高。

5. 工厂化氨化处理技术

（1）氨化炉法　国外建有氨化炉，适用于圆形大草捆的氨化处理。草捆在炉中用循环氨气加温 70～90℃经 10～15 小时后，保持密闭状态 7～12 小时，开炉取出草捆，经放氨一天，即可饲喂羊只。

（2）冷爆氨化炉法　在压力室中将秸秆与氨液以 1：1 混合，然后加压至 1 177 兆帕，保压数分钟后突然减压，秸秆温度下降至 0℃以下。

（3）土建式氨化炉和集装箱式氨化炉　土建式氨化炉用砖砌墙，泡沫水泥板作顶盖，墙厚 24 厘米，顶厚 20 厘米，室内空间容积 3.0 米×2.3 米×2.3 米，一次氨化量为 600 千克。集装箱式氨化炉利用旧集装箱改造，装保温层，一次氨化量约 1 200 千克。两种氨化炉均有加热装置和风机。

（4）尿酸制粒氨化法　纯尿酸在 133℃ 以上完全分解，在用尿酸制粒时，75℃ 也会有氨气释放。经计算，每 100 千克干草加入 1 千克尿酸，制粒机出口温度在 90℃ 以上，由 1 千克尿素所释放的氨可以达到氨化要求。除尿素外，碳酸氢铵也可与草粉混合制粒，起到氨化作用。

第五节　秸秆饲料的化学处理
脱木质素技术

采用化学处理技术可以除去秸秆中部分木质素，从而使秸秆消化率提高。用于脱木质素的化学物质有次氯酸钠、过氧化氢、二氧化硫、臭氧、亚硫酸盐等氧化剂。

1. 二氧化硫处理法　二氧化硫处理秸秆的机理是破坏木质素分子间的共价键，溶解半纤维素，使纤维素基质中产生较大的空隙，增加消化酶与细胞壁成分的接触面积，使秸秆的消化率提高。

用二氧化硫处理秸秆的浓度每千克秸秆干物质用 62.6 克，温度 70℃，处理时间 4 天。处理风干秸秆，二氧化硫气体的用量可达 5.38%。预计，在进一步完善对二氧化硫处理条件定量确定后，有可能采用类似氨化炉工厂化生产的方法处理秸秆。

2. 碱性过氧化氢处理法　碱性过氧化氢是处理木质纤维素潜力很大的一种氧化剂，可使木质素溶解 30%～50%。用碱性过氧化氢处理可消除酚单体，减少酚酸，打开细胞壁多聚糖与木质素之间的化学键，增加微生物对细胞壁的消化作用。碱化过氧化氢还可以从细胞壁结构中分离出阿魏酸，以破坏镶嵌细胞壁碳水化合物木质素的三维结构。

碱性过氧化氢处理单子叶植物木质素效果较好，因为这些牧草中含有较多的 μ-羟基苯丙烷及碱不稳定酯键和木糖，碱使其皂化，从而提高不溶性细胞壁组分的消化率。处理麦秸，可提高绵羊的采食量。

碱性过氧化氢处理法：先将秸秆在 1‰ 的过氧化氢溶液（质量/体积）悬浮浸泡，再加入氢氧化钠，使悬浮液 pH = 11.5，保持温度 24℃，轻轻搅拌 16 小时后，滤出秸秆，反复冲洗至中性，或用 6 摩尔/升 $(NH_4)_3PO_4$ 中和，使滤出液 pH = 7.4，然后对秸秆进行水洗，干燥，粉碎。

第六节　秸秆饲料的热喷处理技术

热喷的原理是，利用蒸汽的热效应，在 170℃ 使木质素溶化，纤维素分子断裂，发生水解。同时，高压力突然解压，产生内摩擦力，破坏了纤维结构，使细胞壁疏松。添加尿素的秸秆热喷处理，可使麦秸的消化率达到 75.12%，玉米秸秆达到 68.02%，稻草为 64.42%，使每千克经热喷处理秸秆的营养价值相当于 0.6～0.7 千克的玉米籽实。

热喷处理的主要设备是压力罐，粉碎的秸秆在压力罐中与添加剂相混合，通入蒸汽加热加压，然后突然解压取料。

第七节　秸秆饲料的微生物处理技术

作物秸秆微生物处理，又称秸秆微贮，可以有效地降低秸秆中的木质纤维素类物质含量，提高其消化率，改善饲喂效果。处理后，pH 4.5～4.6，蛋白质含量提高 10.7%，纤维素含量降低 14.2%，半纤维素降低 43.8%，木质素降低 10.2%。微贮不受农时的限制，发酵生产成本低，技术操作简便，不需复杂的设施。

1. 微贮的原理 利用生物技术筛选培育出微生物活干菌剂，经溶解复活后，加入浓度 1% 的盐水中，再喷洒到作物秸秆上，在厌氧条件下由微生物生长繁殖完成对秸秆的作用。秸秆发酵活干菌为粉状，每克含活菌数 500 亿以上，由高效木质纤维分解酶和乳酸菌混合而成，辅以微生物发酵所必需的氮素、矿物质、糖和调节 pH 的成分。目前，我国生产的微贮菌剂，有厌氧条件下发酵剂型，也有双重发酵剂型，即同时具有好氧发酵处理和厌氧发酵保存的双重功用。这些菌剂的作用都是高效降解秸秆中的木质纤维素类物质，补充和贮存易发酵的糖类，使其转化为有机酸。

在微贮过程中，发酵剂促进了微生物的生物化学作用，控制发酵过程，调节各种有机酸比例，抑制有害微生物繁殖，有效提高贮料 B 族维生素和胡萝卜素的含量。新疆中联公司研制的"延恒"新型秸秆发酵剂处理棉秆及其棉花副产品，还具有较强的棉酚脱毒作用，其基本原理是发酵产热、挥发，碱性环境对棉酚破坏以及与母料中金属离子结合不被吸收和微生物发酵脱毒等作用。

2. 微贮要求的基本条件

（1）秸秆粉碎 秸秆发酵活干菌剂适用范围广，对含糖量高的秸秆，一年生或多年生豆科牧草，禾本科的秸秆、棉秆等均可作为发酵原料。要使发酵效果好，秸秆必须粉碎，秸秆草粉粉碎的细度，羊用的为 0.7～1.5 厘米或以下。

（2）微贮窖 应选择在土质坚硬、排水容易、地下水位低、距羊舍近、取料方便的地方，可以是地下式，也可是半地下式，最好砌成永久性水泥窖。窖的内壁应光滑坚固，并应有一定的斜度（以 8°～10° 为宜）。这样可以保证边角的贮料能被压实。窖的设计同青贮。

（3）微贮加水设备 微贮秸秆需用大量的水，每吨秸秆加水量达 1 000～1 200 千克，所以要配备一套由水箱、水泵、水管和喷头组成的喷洒设备。水箱容积以 1 000～2 000 升为宜，水泵最好选用潜水泵，水管可选用软管，家庭养羊户可用水壶直接喷洒。

带穗青贮玉米本身含水率一般在 70% 左右，微贮时不能补充过多的水分，要求将配好的菌剂水溶液均匀喷洒在原料上。可在压实用的拖拉机上配备一套由菌液箱、喷管和控制阀门组成的喷雾装置。菌液箱容积以 200～400 升为宜。

（4）添加含糖量高的补充原料 秸秆微贮时，应添加一定量的含糖量高的原料，如在微贮原料中添加 3%～5% 的甜菜渣，可使发酵过程充分。

3. 微贮的生产工艺流程

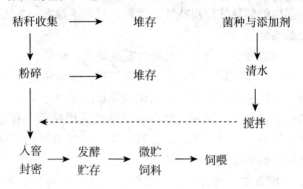

4. 操作步骤

（1）菌液配制 在制作微贮前 30 分钟配制菌液，视当天处理秸秆数量酌定。按菌种生产厂的说明书要求，严格配制菌液。

（2）加入添加剂 在配制菌液同时，在清水中加入添加剂。常用的方法与剂量：按秸秆总量计，尿素 0.5%～1.0%，食盐 0.5%～1.0%。充分搅拌，溶解后与菌液一同加入秸秆中。

（3）菌液及添加剂喷洒 将粉碎好的秸秆均匀平铺入窖底，厚度不超过 40 厘米，然后按秸秆的数量和含水量喷洒菌液及添加剂混合液，用手挤法检查微贮处理的水分，合适时手挤可见到水滴，但不滴水。喷洒菌液及添加剂混合液时，应特别注意窖的上、中、下层水分均匀程度，不要出现夹干层。

（4）压实　每铺40厘米，喷洒一层，尔后用拖拉机或人工压实一次，一直压到高出窖口40厘米为止。必须保证边角处压实。

（5）封窖　封窖程序可按以下工序进行：喷洒一层菌液→加剂混合液→拌匀后平铺40厘米→用拖拉机压实数小时→再铺40厘米秸秆处理层→再次压实→盖塑料薄膜→铺40厘米厚的干草→盖20～30厘米土→拖拉机压实→窖边挖排水沟→及时补裂缝→长期贮存。

5. 微贮饲料品质鉴定　封窖后起30天，即可完成发酵过程。根据微贮饲料的外观特征，用看、嗅和手触摸的方法，鉴定贮料的品质优劣。

（1）优质微贮　青玉米秸秆为橄榄绿色，稻草、麦秸呈金褐色。发酵好的微贮带一种醇香和果香气味，并呈弱酸性。优质微贮饲料，拿到手里很松散，而且质地柔软湿润。

（2）劣质微贮　发酵后秸秆变成褐色或黑绿色，有强酸味，表明水分过多和高湿发酵。若出现腐臭味，发霉味则不能饲喂。劣质微贮拿到手里发黏或者粘在一块。

6. 使用方法　开窖时，应从窖一端开始，去掉上面覆盖的部分土层，然后揭开塑料薄膜，从上至下垂直逐段取料。每次取完后，要用塑料膜将窖口封严，尽量避免与空气接触，防止二次发酵变质。开始饲喂时，羊对微贮饲料有一适应过程，应逐步增加微贮饲料的饲喂量。

第八节　秸秆饲料的 EM 处理技术

有效微生物菌群（effective-organisms，EM），由一组组分复杂的活菌制成。这种制剂属纯生物性饲料添加剂，无污染，无残留，无毒副作用，能促进畜禽增重，有奇特的防病效果，能消除粪臭，使母畜产仔率提高 40％以上。近年来，我国许多省区已推广应用。

EM 制作微贮秸秆饲料，处理方法与其他微贮菌种相似。目前，这方面的工作尚在初试阶段。据已有的试验报道，EM 处理秸秆后，饲料的适口性好，具有浓郁的醇香味和甜酸味，可提高羊的采食量，提高日增重。据报道，EM 在羊上还有防病、提高母羊受胎率等作用，可提高综合经济效益 20％左右。

第九节　缓释尿素（缓释蛋白氮）的应用

此产品蛋白质当量 80％～85％，粗脂肪 4.5％～5％，具有营养值高、价廉、易贮存的特点，牛、羊每日每千克体重饲喂 1.5～2.5 克。

主要作用是可替代植物蛋白，提供动物营养所需的氮源，防止氮中毒，有益于瘤胃中有益细菌的增殖。

我国于 20 世纪 90 年代引进此技术，并根据我国国情进行大规模试验，逐步完善工艺。

在奶牛、羊、肉牛、鹿、骆驼等反刍动物均取得成功，可全部替代植物蛋白，其产品符合食品安全要求。

第七章
高效饲养与管理技术

规范、科学、合理的饲养与系统的管理是保障高效养羊生产的重要条件。工厂化高效养羊，是依据羊的生物学特性和营养需要特点而提出的新型生产体系，饲养方式有三大类型，即放牧—补饲、全舍饲和半舍饲半放牧饲养。具体采用哪种方式，取决于生产方向、生产水平、品种特性、生产条件、农业生产与经济以及气候特点等因素。因此，饲养与管理的每一个环节都将成为影响生产效益的因子。抓得好，可以成为提高生产和经济效益的技术手段；控制不当，则可成为抑制生产力和生产潜能发挥的因素。所以，必须重视这一重要环节。

第一节　非蛋白氮的利用

反刍动物的瘤胃微生物可将非蛋白质含氮化合物（NPN）转化为微生物蛋白质。合理利用非蛋白氮，是开辟蛋白质饲料来源的重要途径。尿素等非蛋白氮可以由工厂生产，成本低，含氮量高，广泛应用就可以节约其他动植物蛋白质饲料。尿素的含氮量为 $40\%\sim42\%$，而棉饼和豆饼含粗蛋白为 $40\%\sim45\%$，1 千克尿素含氮量相当于 $5\sim6$ 千克饼粕类饲料；其蛋白质当量为 $260\%\sim280\%$，缩二脲的蛋白质当量为 250%，1 千克尿素或者 1 千克缩二脲加 7 千克玉米，相当于 8 千克豆饼所含的能量与粗蛋白。

目前，用于反刍动物的非蛋白氮饲料种类很多，除了尿素，还有碳酸氢铵、缩二脲、乙酸铵、乳酸铵、谷酰胺等（表 26）。

表 26　非蛋白氮饲料含氮量（%）

名　称	分　子　式	含氮量	蛋白当量
乙酸铵	$CN_2CO_2NH_4$	18	112
碳酸氢铵	NH_4HCO_3	18	112
乳酸铵	$CH_3CHOHCO_2NH_4$	13	81
缩二脲	$NH_3CONHCONH_2 \cdot H_2O$	35	219
谷酰胺	$NH_2CO(CH_2)_2CHNH_2CO_2H$	19	119
尿　素	$(NH_2)_2CO$	42～46	262～288

1. 羊对非蛋白氮利用的特点　羊之所以能利用非蛋白氮，主要依靠瘤胃微生物。日粮中的含氮物被瘤胃微生物发酵而生成氨，微生物再以其作氮源合成微生物蛋白。微生物蛋白到达消化道被消化吸收，给羊提供蛋白质和氨基酸。瘤胃中未被微生物利用的氨可由瘤胃壁部分直接吸收，在体内进行氮素循环。因此，日粮中非蛋白氮分解过快，吸收也加快，会造成羊的氨中毒。

瘤胃中微生物所分泌的尿素酶活性很强，故尿素进入瘤胃后被分解得很快。在 pH7～8.5 时，尿素酶活性最强。为了降低尿素在瘤胃中的分解速度，现已开发了尿素缓释颗粒饲料。除了糊化淀粉尿素外，还有一种桐油亚麻籽滑石粉包裹的颗粒饲料。据报道，当饲料中尿素含量大于 2% 时，就会降低羊的采食量，添加尿素影响采食量的主要原因是氨浓度的生理反应造成的。此外，还有一个问题，羊对尿素适应期为 3～5 周，在这个时期内羊的采食量小。

缩二脲在瘤胃中溶解度低于尿素，用来饲喂牛羊无中毒危险，但被微生物同化也慢于尿素。幼龄羊对缩二脲的适应期为59 天。

非蛋白氮用于羊的维持、生长、产奶等方面，一般情况下无不良影响，不会影响到母羊的繁殖性能和胎儿的生长发育。从许多经验总结，饲喂非蛋白氮后，羊在最初阶段的饲喂效果不显著，到后期才能与饲喂植物蛋白的效果相同。所以，为了更好地利用非蛋白氮，必须掌握正确的饲喂时期和方法。

2. 低蛋白粗饲料日粮补加非蛋白氮的方法 在生产中常遇到的问题是给羊饲喂低质干草或单纯饲喂秸秆时，羊冬季严重掉膘，生产性能下降。在这种情况下补加非蛋白氮，会收到好的效果。

（1）用于维持性饲养 尿素和缩二脲可用于牛羊的补饲，尤其在冬季以秸秆为主要饲草或放牧羊的牧草质量差时，需要补饲尿素或缩二脲。缩二脲的补饲效果与棉籽饼效果相同，对幼龄羊的效果则优于尿素。

（2）用于增重 对于生长育肥羊，日粮能量高但蛋白质低于9%时，缩二脲可作为蛋白质补充料使用，其效果与补饲植物蛋白料相同。

（3）用于产奶羊 奶山羊和绵羊饲喂含缩二脲的日粮，对产奶量、奶成分和血液及生理健康均无不良影响，可以将非蛋白氮作为产奶羊的唯一氮源。

（4）固体非蛋白氮混合饲料的补饲方法 对于山区放牧的羊，可使用下列配方制成的混合饲料，用饲槽自由采食：缩二脲30%～35%、磷酸二氢钙12%～14%、食盐5%、硫和其他矿物质微量元素1%，以及适量维生素A，其余为苜蓿粉、玉米粉和糖蜜。在冬春季补饲，若限制羊的补饲量，可将食盐比例增至10%，若增加补饲量可降低食盐的含量。

（5）液体非蛋白氮补饲方法 常用液体饲料的载体是糖蜜。将尿素、缩二脲等非蛋白氮、维生素和矿物质与糖蜜充分混合，制成液体饲料。糖蜜尿素液体补充饲料的效能优于补充植物性蛋白饲料，糖蜜缩二脲效果优于糖蜜尿素。由于缩二脲溶解度差，用前必须充分研磨细。

（6）非蛋白氮青贮　青贮中加入非蛋白氮比较方便。羔羊育肥，缩二脲青贮饲料比尿素青贮料效果好，缩二脲不影响青贮发酵过程。

3. 影响尿素等非蛋白氮利用的主要因素

（1）日粮硫水平　反刍动物日粮中氮硫比应达到 15：1，产毛羊以 9.5：1 为宜。在用非蛋白氮补充低蛋白日粮时，一定要补硫。如日粮含硫量低于 0.1%（干物质中），每补饲 100 克尿素应加喂 3 克无机硫，这样才能达到合理的比例。

（2）日粮蛋白质水平　瘤胃微生物合成蛋白质需要一定的氨浓度，当瘤胃内容物含氨量为 5% 时，血浆中氨基酸浓度最高。据推算，使瘤胃氨浓度达到 5% 的日粮蛋白质水平约为 13%；当日粮水平超过 13%，加喂非蛋白氮会使瘤胃液氨浓度增加很快，不但无益，反而会造成氨中毒。

由日粮粗蛋白（CP）水平估计瘤胃中氨的平均浓度公式如下：

氨浓度（毫克/100 毫升瘤胃液）$= 10.57 - 2.5\%\,CP + 0.15CP^2$（$r = 0.88$）

（3）日粮蛋白质的可溶性　日粮中蛋白质在瘤胃中的可溶性直接影响非蛋白氮的利用。饲料蛋白质的可溶性好，在瘤胃中释放氨的速度快，非蛋白氮的利用率降低；相反，蛋白质的可溶性差，可提高非蛋白氮的利用率。在饲料中加入甲醛可降低蛋白质的可溶性，每 100 克饲料蛋白加 2 克甲醛，放置 24 小时再喂羊，可提高羊对饲料中非蛋白氮的利用率。

（4）日粮中能量的水平　瘤胃微生物利用非蛋白氮合成蛋白质所需能量和碳架，主要依靠日粮中的碳水化合物。从日粮的总消化养分（TDN）和粗蛋白质水平可以估计瘤胃中氨的浓度，公式如下：

瘤胃中氨浓度（毫克/100 毫升瘤胃液）$= 38.73 - 3.04\%\,CP + 0.171\%\,CP^2 - 49\%\,TDN + 0.0024\%\,TDN^2$（$r = 0.92$）

当瘤胃中氨浓度每 100 毫升瘤胃液低于 2 毫克时，非蛋白氮利用率高于 90%；当氨浓度达到 3～5 毫克时，非蛋白氮的利用率为 0～90%；超过 5 毫克时，增加非蛋白氮无效。当日粮中天然蛋白质为 12% 或低于 12%，同时日粮总消化养分为 55%～60%，加喂尿素等非蛋白氮不会被利用。日粮中消化养分水平较高时，补加非蛋白氮才能有效地被利用。

4. 反刍动物的尿素等非蛋白氮有效利用率 常用饲料中的代谢蛋白与尿素有效利用量的关系列于表 27。从表中所列数值可见，当尿素有效利用量为正值时，表示可以加喂尿素，否则添加尿素则无意义。其他的饲料可通过计算得出。以玉米、豆饼为例说明如下：

玉米的尿素有效利用量（克/千克，干物质中）

$= (910 \times 0.104) - (100 \times 0.62) / 2.8$

$= +11.8$

豆饼的尿素有效利用量（克/千克，干物质中）

$= (810 \times 0.104) - (515 \times 0.75) / 2.8$

$= -107.7$

式中：   910——玉米所含总消化养分（TDN）值（克/千克）；

0.104——微生物合成蛋白质所需 TDN 参数；

0.62——玉米粗蛋白在瘤胃中的降解率；

2.8——尿素的粗蛋白当量数。

表 27 常用饲料的代谢蛋白质和尿素有效利用量（占干物质%）

饲料名称	粗蛋白的含量（%）	TDN（%）	天然代谢蛋白量（克/千克）	尿素有效利用量（克/千克）	由有效尿素合成代谢蛋白（克/千克）
苜蓿干草	19.3	61	47.6	−42.8	—
苜蓿干草	16.3	57	43.0	−34.0	—
大 麦	13.0	83	92.4	−1.6	

饲料名称	粗蛋白的含量（%）	TDN（%）	天然代谢蛋白量（克/千克）	尿素有效利用量（克/千克）	由有效尿素合成代谢蛋白（克/千克）
糖 蜜	8.7	89	58.0	+3.7	8.2
甜菜渣	10.0	72	66.2	+1.1	2.5
玉米青贮	8.1	70	55.4	+6.4	14.2
玉米芯	2.8	47	11.1	+10.0	22.2
玉米穗	9.3	89	65.8	+11.6	25.8
黄玉米	10.0	91	71.8	+11.8	26.3
棉籽壳	4.3	41	23.5	+6.2	13.8
棉籽饼	44.8	75	151.4	−92.0	—
胡枝子干草	13.4	55	40.0	−25.0	
燕 麦	13.2	76	87.1	−4.7	
意大利黑麦草	16.3	62	47.2	−32.2	
黑麦秸	3.0	31	12.8	+3.5	7.8
买罗高粱	12.4	80	93.2	+6.8	15.1
豆 饼	51.5	81	171.6	−107.7	—
尿 素	280.0	0	2 225.0	—	—
麦 麸	18.0	70	95.1	−18.9	
酵 母	47.9	78	160.0	−99.2	

　　计算结果说明，每千克玉米干物质有多余能量可供瘤胃微生物将11.8克尿素合成微生物蛋白质。豆饼计算结果为负值，表示豆饼有过量的氮，每千克豆饼折合为107.7克尿素当量。若选玉米与豆饼配合使用，则107.7×11.8＝9.1（千克），即每千克豆饼需要9.1千克玉米与之搭配，豆饼中的氮才能被充分利用。此时不需添加尿素。

　　牛、羊的代谢蛋白体系和饲料的尿素有效利用量不仅对于如何合理搭配饲料有指导意义，而且对于检查反刍动物的日粮合理性也有重要意义。例如，可将日粮中饲料各组分的尿素有效利用量进行计算，若计算结果为负值，说明日粮本身含氮量已超过瘤胃微生物利用的能力，不能再添加非蛋白氮。若计算的结果为正值，按每 1 单位正值表示每千克日粮中可加喂 1 克尿素，"+10"表示每千克日粮尚可加 10 克尿素。

5. 防止尿素中毒　尿素的用量，对羊一般不超过日粮干物质质量的 0.5%～1.0%，混合在饲料中饲喂较安全。

在不同饲养条件下，造成尿素中毒的剂量不一致。当精料喂量多，并与尿素混合均匀时，羊对尿素具有较高的耐受能力。尿素占精料的 3% 时，很少发生中毒。以干草为主的日粮，羊对尿素的耐受力较低。造成尿素中毒常常是一次集中喂给或在饲料中拌得不均匀，或尿素饮喂，或以尿素作舔剂等情况。血氨浓度一旦超过每 100 毫克 1 毫克，均有可能引起羊的尿素中毒。

（1）尿素中毒症状　瘤胃迟缓、反刍次数减少或停止、逐渐烦躁不安、呆滞，继而肌肉、皮肤战栗、抽搐、过度流涎，排尿、排粪频繁，呼吸急促、困难，运动失调，四肢僵直，心律不齐。中毒后期，遇有噪音或金属碰撞声，常引起肌肉的强直收缩，直至死亡。

（2）尿素中毒的治疗措施　治疗尿素中毒的传统方法是往瘤胃内灌注乙酸，但疗效并不理想。

发生中毒后，及时静脉注射 10% 葡萄糖酸钙，羊 30～50 毫升，或硫代硫酸钠 5～10 毫升，以及 5% 碳酸氢钠溶液，同时使用强心利尿药物，如咖啡因、安钠加等。也有灌服 2% 乙酸溶液或 20% 醋酸钠溶液和 20% 葡萄糖等份溶液 200～400 毫升的治疗方法。

（3）尿素中毒的预防措施　主要有以下几点：①饲喂尿素等非蛋白氮饲料，应有 2～5 周的适应期；②尿素应与精料充分混合，每日分数次饲喂；③不要将尿素溶于水中饮喂或灌服；④制作尿素青贮时，要均匀调制；⑤潮解的尿素不能用于饲喂；⑥做好中毒的治疗准备工作。

第二节　饲料的组合效应

1. 饲料组合效应的概念　饲料的组合效应是指混合饲料的表观消化率不低于其各组分加权消化率的总和。但如低质牧草和秸秆添加蛋白质饲料后提高了整个日粮的消化率则不属于组合效应，这是因为低质牧草和秸秆营养不全面的缘故。大多数饲料组合效应表现为负效应，具有非累加性特征，即混合饲料的可消化量低于各组分消化能总和。对于反刍动物来说，要达到饲料组合正效应，则必须改善瘤胃发酵内环境。例如，用普通大麦秸秆与部分氨化大麦秸秆混合喂羊，氨化的大麦秸秆在瘤胃中降解较快，而普通未处理的大麦秸秆添加尿素后，即使瘤胃氨浓度与上述日粮相同，这种麦秸的降解仍然较慢。

最明显的饲料组合负效应的例子是用干草粉和麸皮（1∶2）组成的日粮喂绵羊，日粮干物质消化率下降9％。以干草粉单独饲喂绵羊，每千克干草粉中可消化干物质为510克，当与大麦组成日粮后，每千克干草粉的可消化干物质只有312克，消化率下降38.8％，相当于40％左右的干草粉由粪中排出，造成了严重的饲料浪费（表28）。

表28　干草粉与大麦的组合效应

项　　目	日粮组成（干草粉∶大麦）		
	3∶0	2∶1	1∶2
日粮干物质消化率（克/千克）			
计算值	510	617	723
实测值	510	580	657
日粮消化率下降（％）		6.0	9.1
日粮中干草消化率（克/千克）			
计算值	510	510	510
实测值	510	454	312
干草消化率下降（％）		10.9	38.8

此处还发现，燕麦秸与玉米粉、玉米青贮与粉碎玉米等组成的日粮饲喂羊，也会发生饲料组合的负效应，都使日粮消化率和利用率下降。

目前，绝大多数动物饲养体系都是以营养物质的可累加性作为前提设计的，即日粮各种营养的水平应该等于日粮各组分中该项营养含量的总和，各种营养成分的含量和利用率不应由于组成日粮的不同而发生改变。但反刍动物的饲料组合效应，显然与以上的前提不一致，即计算日粮配合并不能准确达到实际的饲养标准要求，以此种日粮饲喂羊，就会影响到其生产性能和生产潜力的发挥，饲料组合效应应引起广泛的关注和重视。

2. 影响饲料组合的因素　羊饲料组合负效应主要表现为日粮粗纤维或淀粉的消化受到抑制，直接使日粮能量水平下降。瘤胃内环境条件发生变化，是间接的影响因素。

（1）日粮纤维素分解减少　以下六种因素可使瘤胃内环境条件骤变而致日粮纤维素分解减少。

①日粮中的碳水化合物：给羊日粮中以淀粉形式补加能量，会使日粮纤维素分解降低。以能量形式补加，或添加消化率高的优质干草，会使羊的采食量下降。

②瘤胃 pH：纤维素的降解受 pH 影响很大。成熟的鸭茅草消化率最高 pH 为 6.8，当 pH5.9 时，纤维素完全停止降解。加喂碳酸氢钠使瘤胃 pH 维持在 6.5 左右，即使日粮中玉米配比达到 40% 时，日粮纤维素的降解仍不受影响，磷酸盐、碳酸盐和碳酸氢盐也具有同样的效果。

③瘤胃微生物区系：瘤胃 pH 为 6.9 时，每毫升内容物含有的能透过滤纸的分解纤维素细菌数为 10^6 个；当 pH 为 6.0 时，每毫升仅含有 10^3 个。日粮中淀粉释放速度太快引起 pH 下降，可引起瘤胃微生物区系的变化，造成日粮纤维素分解降低。

④瘤胃微生物间的互作影响：增加日粮中淀粉量，可引起瘤胃中分解纤维素细菌种群与分解淀粉细菌种群间的竞争，其结果是纤

维素降解被抑制，加喂尿素可部分得到缓解。现已证实，分解纤维素的细菌能在底物有糖类和纤维素的情况下，主要利用糖类，而不是分解纤维素。由此可见，淀粉的饲料组合负效应在于瘤胃微生物竞争利用可溶性底物，取代了日粮中难溶和不溶的成分。

⑤饲料通过瘤胃的速度：各种饲料颗粒大小影响了其在瘤胃中停留时间，颗粒细小的饲料通过瘤胃速度快，致使干物质消化率下降。作物秸秆消化速度慢，在瘤胃停留时间长。消化率高的饲料，通过瘤胃速度快。

⑥脂肪：脂肪的能量值比淀粉约高 2 倍，常用于高产奶羊和强度育肥肉羊，也常引起饲料组合负效应，表现为日粮纤维素分解减少，并伴随采食量下降。

（2）淀粉消化受阻

①淀粉的来源：羊对淀粉的利用率与其来源有关，大麦淀粉在真胃的降解率为 94%，玉米淀粉为 78%～85%，高粱淀粉为 76%。

②通过瘤胃的速度：饲料在瘤胃中通过速度快，淀粉的降解率下降，尤其是玉米淀粉比大麦淀粉所表现的这种特性更为明显。现已证实，玉米青贮或者苜蓿干草与粉碎的玉米所组成的日粮产生的饲料组合负效应是由于淀粉消化率的降低，而不是由于纤维素分解减少而引起的。

3. 防止饲料组合效应不良影响的方法

（1）瘤胃发酵的控制　影响日粮纤维素降解的因素较多，但以控制瘤胃发酵较为重要。饲料合理加工是关键环节，饲料颗粒大小直接影响瘤胃发酵过程。浓缩饲料的饲喂应采用减少每次喂量，增加饲喂次数，这种"多次少量"的饲喂方法可以维持瘤胃pH 稳定在一个水平上，从而有利于日粮纤维素的消化。此外，还可选用易于消化的纤维素饲料，如甜菜渣、氨化秸秆和优质干草作为羊日粮的主要能量来源，也同样可以达到控制瘤胃发酵速度的作用，使日粮中淀粉和纤维素的消化都不受影响。

（2）瘤胃 pH 的调节　纤维素分解与瘤胃 pH 有密切关系。一般认为 pH 要维持在 6.0 以上，才能使日粮纤维素消化达到较高水平。

粗饲草的种类和切碎长短都会影响到瘤胃内 pH。饲喂优质牧草，瘤胃 pH 为 6.2 左右；而饲喂劣质牧草，瘤胃 pH 常为 5.9～6.0。粉碎过细的草粉，会使羊采食反刍次数和时间相对减少，引起瘤胃 pH 降低。

第三节　饲养标准

饲养标准规定了在一定生产水平前提下供给一只羊的各种营养物质的数量，它是配制羊日粮及指导生产的科学依据。单一饲料不能满足羊的营养需要，必须合理搭配。工厂化高效养羊生产体系要求供给羊的营养物质必须均衡、合理、充足，在满足了羊的营养需要前提下，才能达到理想的生产能力。但是，必须认识到，标准仅供参考，不能生搬硬套，应随各地区羊的生产性能、体重、生态条件、饲草资源、生产水平等灵活掌握。现将中国美利奴羊及前苏联的绵羊饲养标准，以及绒山羊的饲养标准介绍如下，以供参考（表 29 至表 55）。

表 29　中国美利奴种公羊每日营养需要量

体重（千克）	干物质（千克）	代谢能（兆焦）	粗蛋白（克）	钙（克）	磷（克）	食盐（克）	维生素 D（国际单位）	β-胡萝卜素（毫克）	维生素 E（毫克）
				非 配 种 期					
70	1.7	15.5	225	9.5	6.0	10	500	17	51
80	1.9	17.2	249	10.0	6.4	11	540	19	54
90	2.0	18.9	272	11.0	6.8	12	580	21	57
100	2.2	20.1	294	11.5	7.2	13	615	23	60
110	2.4	21.8	316	11.5	7.6	14	650	25	63
120	2.5	23.5	337	12.0	8.0	15	680	27	66

体重 （千克）	干物质 （千克）	代谢能 （兆焦）	粗蛋白 （克）	钙 （克）	磷 （克）	食盐 （克）	维生素 D （国际 单位）	β-胡 萝卜素 （毫克）	维生素 E （毫克）
			配 种 期						
70	1.8	18.4	339	12.1	9.0	15	780	27	63
80	2.0	20.1	375	12.6	9.5	16	820	32	66
90	2.2	22.2	409	13.2	9.9	17	860	37	72
100	2.4	23.9	443	13.8	10.5	18	900	42	75
110	2.6	26.0	476	14.4	10.8	19	940	47	78
120	2.7	27.7	508	15.0	11.3	20	980	52	81

表 30　中国美利奴妊娠母羊的每日营养需要量

体重 （千克）	干物质 （千克）	代谢能 （兆焦）	粗蛋白 （克）	钙 （克）	磷 （克）	维生素 D （国际 单位）	β-胡 萝卜素 （毫克）	维生素 E （毫克）
			妊娠前期（妊娠 15 周）					
40	1.2	8.8	122	5.3	2.8	222	276	18.0
45	1.3	9.6	134	5.7	3.0	250	311	19.5
50	1.4	10.5	145	6.2	3.2	278	345	21.0
55	1.5	11.3	156	6.6	3.5	305	380	22.5
60	1.6	11.7	166	7.0	3.7	333	414	24.0
65	1.7	12.6	176	7.5	3.9	361	449	25.5
			妊娠后期（妊娠后 6 周）					
40	1.4	12.1	151	8.8	4.9	222	5 000	21.0
45	1.5	13.4	165	9.5	5.3	250	5 625	22.5
50	1.7	14.2	179	10.7	6.0	278	6 250	25.5
55	1.8	15.5	201	11.3	6.3	305	6 875	27.3
60	1.9	16.3	205	12.0	6.7	333	7 500	28.5
65	2.0	17.6	217	12.6	7.0	361	8 125	30.0

注：双胎母羊在妊娠后期标准酌量提高 10%～15%。

表 31　中国美利奴羊泌乳前期母羊每日营养需要量

体重（千克）	泌乳量（千克）	干物质（千克）	代谢能（兆焦）		粗蛋白（克）		钙（克）	磷（克）	维生素D（国际单位）	β-胡萝卜素（微克）	维生素E（毫克）
			$-\Delta W=0$	$\Delta W=50$	$\Delta W=0$	$\Delta W=50$					
40	0.8	1.70	13.8	15.1	214	222	11.9	6.5	222	5 000	26
	1.0		15.1	16.3	232	241	11.9	6.5	222	5 000	26
	1.2		16.3	17.6	251	259	11.9	6.5	222	5 000	26
45	0.8	1.80	14.6	15.9	225	235	12.6	6.8	250	5 625	27
	1.0		15.9	17.2	244	253	12.6	6.8	250	5 625	27
	1.2		17.2	18.4	263	272	12.6	6.8	250	5 625	27
50	0.8	1.90	15.5	16.7	234	243	13.3	7.2	278	6 250	29
	1.0		16.7	18.0	251	259	13.2	7.2	278	6 250	29
	1.2		18.0	19.3	269	278	13.3	7.2	278	6 250	29
55	0.8	2.00	15.9	17.2	242	251	14.0	7.6	305	6 875	30
	1.0		17.2	18.4	261	270	14.0	7.6	305	6 875	30
	1.2		18.8	20.1	280	289	14.0	7.6	305	6 875	30
60	0.8	2.10	16.7	18.0	250	259	14.7	8.0	333	7 500	32
	1.0		18.0	19.3	269	278	14.7	8.0	333	7 500	32
	1.2		19.3	20.5	288	296	14.7	8.0	333	7 500	32
	1.4		20.9	22.2	306	315	14.7	8.0	333	7 500	32
	1.6		22.2	23.4	325	334	14.7	8.0	333	7 500	32
65	0.8	2.20	17.6	18.8	259	268	15.4	8.4	361	8 125	33
	1.0		18.8	20.1	278	287	15.4	8.4	361	8 125	33
	1.2		20.1	21.3	297	305	15.4	8.4	361	8 125	33
	1.4		21.3	22.6	315	324	15.4	8.4	361	8 125	33
	1.6		22.6	24.8	334	343	15.4	8.4	361	8 125	33

注：哺乳双羔母羊每日营养物质需要增加 15%。

表32 中国美利奴育成母羊每日营养需要量

体重 （千克）	日增量 （克）	干物质 （千克）	代谢能 （兆焦）	粗蛋白 （克）	钙 （克）	磷 （克）	维生素 D （国际 单位）	β-胡 萝卜素 （微克）	维生素 E （毫克）
20	50	0.8	6.4	65	2.4	1.1	111	1 380	12
	100	0.7	7.7	80	3.3	1.5	111	1 380	11
	150	0.9	9.7	94	4.3	2.0	111	1 380	14
25	50	0.9	7.2	72	2.8	1.3	139	1 725	14
	100	0.8	8.7	86	3.7	1.7	139	1 725	12
	150	1.0	10.8	101	4.6	2.1	139	1 725	15
30	50	1.0	8.1	77	3.2	1.4	167	2 070	15
	100	0.9	9.6	92	4.1	1.9	167	2 070	14
	150	1.1	11.8	106	5.0	2.3	167	2 070	17
35	50	1.1	8.9	83	3.5	1.6	194	2 415	17
	100	1.0	10.5	98	4.5	2.0	194	2 415	15
	150	1.2	12.7	112	5.4	2.5	194	2 415	18
40	50	1.2	9.7	88	3.9	1.8	222	2 760	18
	100	1.1	11.3	103	4.8	2.2	222	2 760	16
	150	1.3	13.7	117	5.7	2.6	222	2 760	20
45	50	1.3	10.5	94	4.3	1.9	250	3 105	20
	100	1.2	12.2	108	5.2	2.4	250	3 105	17
	150	1.4	14.7	129	6.1	2.9	250	3 105	21
50	50	1.4	11.3	99	4.7	2.1	278	3 450	21
	100	1.2	13.1	113	5.6	2.5	278	3 450	19
	150	1.5	15.7	128	6.5	3.0	278	3 450	22

   * 维生素 E 按食入每千克干物质 15 个国际单位计算，与 NRC（1985）的数据稍有出入。

表 33 中国美利奴育成种公羊每日营养需要量

体重 （千克）	日增量 （克）	干物质 （千克）	代谢能 （兆焦）	粗蛋白 （克）	钙 （克）	磷 （克）	维生 素 D （国际 单位）	β-胡 萝卜素 （微克）	维生 素 E （毫 克）
20	50	0.9	6.7	95	2.4	1.1	111	1 380	33
	100	0.8	8.0	114	3.3	1.5	111	1 380	12
	150	1.0	10.0	132	4.3	2.0	111	1 380	14
25	50	0.9	7.2	105	2.8	1.3	139	1 725	14
	100	0.9	9.0	123	3.7	1.7	139	1 725	13
	150	1.1	11.1	142	4.6	2.1	139	1 725	16
30	50	1.1	8.5	114	3.2	1.4	167	2 070	16
	100	1.0	10.0	132	4.1	1.9	167	2 070	14
	150	1.2	12.1	150	5.0	2.3	167	2 070	17
35	50	1.2	9.3	122	3.5	1.6	194	2 415	18
	100	1.0	10.9	140	4.5	2.0	194	2 415	16
	150	1.3	13.2	159	5.4	2.5	194	2 415	19
40	50	1.3	10.2	130	3.9	1.8	222	2 760	19
	100	1.1	11.8	149	4.8	2.2	222	2 760	17
	150	1.4	14.2	167	5.8	2.6	222	2 760	20
45	50	1.4	11.1	138	4.3	1.9	250	3 105	21
	100	1.2	12.7	156	5.2	2.9	250	3 105	18
	150	1.5	15.3	175	6.1	2.8	250	3 105	22
50	50	1.5	11.8	146	4.7	2.1	278	3 450	22
	100	1.3	13.6	165	5.6	2.5	278	3 450	20
	150	1.6	16.2	182	6.5	3.0	278	3 450	23
55	50	1.6	12.6	153	5.0	2.3	305	3 795	23
	100	1.4	14.5	172	6.0	2.7	305	3 795	21
	150	1.6	17.2	190	6.9	3.1	305	3 795	25
60	50	1.7	13.4	161	5.4	2.4	333	4 140	25
	100	1.5	15.4	179	6.3	2.9	333	4 140	22
	150	1.7	18.2	198	7.3	3.3	333	4 140	26
65	50	1.7	14.2	168	5.7	2.6	361	4 485	25
	100	1.6	16.3	187	6.7	3.0	361	4 485	23
	150	1.8	19.3	205	7.6	3.4	361	4 485	28
70	50	1.9	15.0	175	6.2	2.8	389	4 830	28
	100	1.6	17.1	194	7.1	3.2	389	4 830	25
	150	1.9	20.3	212	8.0	3.6	389	4 830	29

表34 毛用、毛肉兼用、肉毛兼用品种种公绵羊
非配种期的饲养标准（每只每日）

指　　标	体　　重（千克）						
	70	80	90	100	110	120	130
饲料单位	1.5	1.6	1.7	1.8	1.9	2	2.1
代谢能（兆焦）	17.0	1.80	19.0	20.0	21.0	22.0	23.0
干物质（千克）	1.7	1.85	1.95	2.05	2.2	2.3	2.4
粗蛋白质（克）	225	242	247	252	267	277	292
可消化蛋白质（克）	145	155	160	165	175	185	195
食盐（克）	10	11	12	13	14	15	16
钙（克）	9.5	10	11	11.5	11.5	12.25	12.75
磷（克）	6.0	6.4	6.8	7.2	7.6	8.0	8.4
镁（克）	0.85	0.9	0.95	1.0	1.0	1.1	1.1
硫（克）	5.25	5.55	5.85	6.15	6.45	6.75	7.15
铁（毫克）	65	70	74	78	84	87	91
铜（毫克）	12	13	14	14	15	16	17
锌（毫克）	49	54	57	60	64	67	70
钴（毫克）	0.6	0.7	0.7	0.7	0.8	0.8	0.8
锰（毫克）	65	70	74	78	84	87	91
碘（毫克）	0.5	0.5	0.6	0.6	0.7	0.7	0.7
胡萝卜素（毫克）	17	19	21	23	25	27	29
维生素 D（国际单位）	500	540	580	615	650	680	710
维生素 E（毫克）	51	54	57	60	63	66	69

表 35 毛用、毛肉兼用、肉毛兼用种公绵羊配种期（每周配种 3 次以下）的饲养标准（每只每日）

指　标	体　重（千克）						
	70	80	90	100	110	120	130
饲料单位	2	2.1	2.2	2.3	2.4	2.5	2.6
代谢能（兆焦）	22	23	24	25	26	27	28
干物质（千克）	2.2	2.3	2.4	2.5	2.6	2.7	2.8
粗蛋白质（克）	340	350	360	380	385	400	410
可消化粗蛋白质（克）	225	235	245	255	265	275	285
食盐（克）	15	16	17	18	19	20	21
钙（克）	12.1	12.6	13.2	13.8	14.4	15.0	15.6
磷（克）	9.0	9.5	9.9	10.5	10.8	11.3	11.7
镁（克）	1.0	1.1	1.2	1.2	1.3	1.3	1.4
硫（克）	7.05	7.35	7.75	8.15	8.45	8.75	9.05
铁（毫克）	84	87	91	95	99	105	108
铜（毫克）	15	16	17	18	19	20	21
锌（毫克）	64	67	70	73	75	80	83
钴（毫克）	0.8	0.8	0.8	0.9	0.9	1	1
锰（毫克）	84	84	91	95	99	105	108
碘（毫克）	0.7	0.7	0.7	0.8	0.8	0.8	0.9
胡萝卜素（毫克）	27	32	37	42	47	52	57
维生素 D(国际单位)	780	820	860	900	940	980	1 020
维生素 E（毫克）	63	66	72	75	78	81	84

注：配种 3 次以上时，标准提高 8%～10%。

表36 毛用和毛肉兼用品种母绵羊（净毛量 2～2.3 千克）的饲养标准（每只每日）

指　标	空怀及妊娠头 12～13 周				妊娠最后 7～8 周			
	体　重（千克）							
	40*	50	60	70	40*	50	60	70
饲料单位	0.9	1.05	1.15	1.25	1.15	1.35	1.45	1.55
代谢能（兆焦）	10	12.5	13.5	14.5	12.5	14.5	16.5	17.5
干物质（千克）	1.4	1.75	2.0	2.0	1.6	1.9	2.1	2.3
粗蛋白质（克）	150	160	170	185	170	200	215	220
可消化蛋白质（克）	85	95	105	115	115	135	145	155
食盐（克）	9	10	11	12	12	13	14	15
钙（克）	6	6.5	7	7.5	7.5	8	9.0	9.5
磷（克）	4	4.4	4.8	5	5	5.5	5.8	6.2
镁（克）	0.5	0.6	0.7	0.8	0.9	1	1.1	1.2
硫（克）	3.5	4	4.5	4.7	4.3	4.6	5	5.3
铁（毫克）	48	54	62	70	58	68	78	88
铜（毫克）	10	12	14	16	12	14	16	18
锌（毫克）	34	40	46	52	46	54	62	70
钴（毫克）	0.43	0.5	0.58	0.65	0.55	0.65	0.75	0.85
锰（毫克）	53	60	69	75	69	81	93	106
碘（毫克）	0.43	0.5	0.57	0.64	0.47	0.55	0.63	0.72
胡萝卜素（毫克）	10	12	13	15	12	14	17	20
维生素 D(国际单位)	500	600	700	800	750	850	1 000	1 150

* 空怀母羊体重。

表37 肉毛兼用品种母绵羊的饲养标准（每只每日）

指　标	空怀及妊娠头 12～12 周			妊娠最后 7～8 周		
	体　重（千克）					
	50*	60	70	50*	60	70
饲料单位	0.95	1.05	1.15	1.25	1.35	1.45
代谢能（兆焦）	10.5	12.1	13	15.3	16	17.2
干物质（千克）	1.45	1.6	1.7	1.60	1.7	1.8

指　标	空怀及妊娠头 12~12 周			妊娠最后 7~8 周		
	体　重（千克）					
	50*	60	70	50*	60	70
粗蛋白质（克）	140	150	165	200	210	230
可消化蛋白质（克）	85	90	100	120	130	140
食盐（克）	10	12	13	11	13	15
钙（克）	5.3	6.2	7	8.4	9.5	10.3
磷（克）	3.1	3.6	4	3.8	4.5	5.1
镁（克）	0.5	0.6	0.7	0.8	0.9	1
硫（克）	2.7	3.1	3.5	4.9	5.6	6.3
胡萝卜素（毫克）	10	12	15	20	22	25
维生素 D（国际单位）	500	600	700	750	900	1 000

注：微量元素标准同毛用和毛肉兼用品种。＊空怀母羊体重。

表38　毛用和毛肉兼用品种泌乳母

绵羊的饲养标准（每只每日）

指　标	泌乳头 6~8 周				泌乳后半期			
	体　重（千克）							
	40	50	60	70	40	50	60	70
饲料单位	1.65	1.9	2.05	2.15	1.25	1.45	1.55	1.65
代谢能（兆焦）	17.0	20.0	23.0	24.5	13.5	15.5	17.0	18.0
干物质（千克）	1.7	2.0	2.3	2.60	1.65	1.95	2.15	2.35
粗蛋白质（克）	260	290	310	330	220	240	250	260
可消化蛋白质（克）	175	200	215	225	125	145	155	165
食盐（克）	15	17	19	21	13	14	15	16
钙（克）	11	11.7	12.9	13.5	8	8.7	9.8	10.5
磷（克）	7.4	7.8	8.2	8.6	5.4	5.8	6.2	6.6
镁（克）	1.4	1.6	1.7	1.8	1.2	1.3	1.4	1.5
硫（克）	6.4	6.8	7.2	7.5	4.7	5	5.4	5.8
铁（毫克）	100	110	120	130	85	95	105	120

指　　标	泌乳头 6～8 周				泌乳后半期			
	体　重（千克）							
	40	50	60	70	40	50	60	70
铜（毫克）	16	18	20	22	13	15	17	20
锌（毫克）	95	110	125	142	68	76	84	95
钴（毫克）	0.94	1.08	1.24	1.4	0.76	0.85	0.91	1.05
锰（毫克）	100	110	120	130	85	95	105	120
碘（毫克）	0.72	0.85	0.98	1.1	0.58	0.66	0.74	0.8
胡萝卜素（毫克）	20	22	23	25	15	17	20	20
维生素 D（国际单位）	750	850	1 000	1 100	600	700	800	900

表 39　肉毛兼用品种泌乳母绵羊的
饲养标准（每只每日）

指　　标	泌乳头 6～8 周			泌乳后半期		
	体　重（千克）					
	50	60	70	50	60	70
饲料单位	2.00	2.10	2.20	1.45	1.55	1.65
代谢能（兆焦）	21.0	22.0	23.0	17.2	18.4	19.2
干物质（千克）	2.10	2.20	2.30	1.80	1.90	2.10
粗蛋白质（克）	310	330	340	200	225	240
可消化蛋白质（克）	200	210	220	135	145	155
食盐（克）	14	15	16	12	14	16
钙（克）	10	10.5	11	7.5	8.5	9.5
磷（克）	6.4	6.8	7.2	4.8	5.2	5.8
镁（克）	1.7	1.8	1.9	1.3	1.5	1.6
硫（克）	5.4	5.9	6.0	4.8	5.2	5.8
胡萝卜素（毫克）	15	18	20	12	16	18
维生素 D（国际单位）	750	900	1 000	600	700	800

注：微量元素标准同毛用和毛肉兼用品种。

表 40 肉毛兼用品种生长绵羊的饲养标准（每只每日）

指　标	处女羊（净毛量 2~2.5 千克）						小公羊（净毛量 3~3.5 千克）					
年龄（月龄）	4~6	6~8	8~10	10~12	12~14	14~18	4~6	6~8	8~10	10~12	12~14	14~18
体重（千克）	24~31	31~36	36~40	40~44	44~47	47~50	26~35	35~42	42~48	48~53	53~58	58~70
平均日增重（克）	120	85	70	70	50	25	150	120	100	80	80	100
饲料单位	0.75	0.85	0.95	1.05	1.10	1.15	1.0	1.1	1.2	1.3	1.4	1.6
代谢能（兆焦）	8.4	9.4	10.4	11.0	11.0	12.0	11.0	12.0	13.0	14.0	15.0	17.0
干物质（千克）	0.9	1.1	1.3	1.4	1.5	1.6	1.1	1.3	1.5	1.7	1.9	2.3
粗蛋白质（克）	130	145	170	180	180	190	170	190	215	235	255	290
可消化蛋白质（克）	90	100	110	110	110	115	120	132	144	156	168	192
食盐（克）	9	10	11	12	12	13	10	12	14	14	14	16
钙（克）	4.5	5.0	6.0	6.4	6.4	7.0	6.0	6.6	7.2	7.8	8.4	9.6
磷（克）	3.0	3.4	3.9	4.1	4.1	4.5	4.5	4.9	5.4	5.8	6.8	7.2
镁（克）	0.6	0.6	0.6	0.6	0.7	0.7	0.7	0.8	0.9	1.0	1.1	1.1
硫（克）	2.8	3.0	3.4	3.7	3.7	3.9	3.5	3.9	4.3	4.7	5.0	5.7
铁（毫克）	36	45	47	49	52	55	45	50	56	62	69	75
铜（毫克）	7.3	8	8	8.1	8.2	8.2	9	10.2	11	11.7	12.1	13.4
锌（毫克）	30	33	36	40	44	48	36	40	45	49	52	58
钴（毫克）	0.36	0.4	0.4	0.4	0.42	0.42	0.45	0.46	0.51	0.55	0.57	0.58
锰（毫克）	40	45	48	52	54	55	45	50	56	62	69	75
碘（毫克）	0.3	0.3	0.3	0.3	0.3	0.3	0.4	0.4	0.4	0.4	0.4	0.4
胡萝卜素（毫克）	7	7	7	8	8.5	8.5	8	10	12	12	14	16
维生素 D（国际单位）	420	440	450	500	500	500	400	400	500	600	650	700

表 41　成年肥育绵羊的饲养标准（每只每日）

指　　标	毛用和毛肉兼用品种					肉毛兼用品种			
	体　　重（千克）								
	40	50	60	70	80	50	60	70	80
	平均日增重（克）								
	150	160	170	180	180	170	180	190	190
饲料单位	1.3	1.4	1.5	1.6	1.7	1.5	1.6	1.7	1.75
代谢能（兆焦）	14.8	15.9	17.1	18.2	19.4	16.5	17.6	18.7	19.5
干物质（千克）	1.6	2.0	2.4	2.8	3.1	1.9	2.2	2.4	2.6
粗蛋白质（克）	182	195	210	230	240	200	210	225	230
可消化蛋白质（克）	117	125	135	145	150	130	135	145	150
食盐（克）	15	16	17	18	20	16	17	18	20
钙（克）	7.8	8.4	9.0	9.6	10.0	9.0	9.6	10.0	10.5
磷（克）	5.2	5.6	6.0	6.4	6.8	4.5	4.8	5.1	5.3
镁（克）	0.6	0.7	0.8	0.9	1.0	0.5	0.6	0.7	0.7
硫（克）	4.5	4.9	5.2	5.6	6.0	3.0	3.4	3.8	4.2
胡萝卜素（毫克）	10	11	12	13	14	12	12	13	14
维生素 D（国际单位）	585	630	675	720	760	500	530	550	580

表 42　毛用和毛肉兼用品种幼龄绵羊育肥的饲养标准（每只每日）

指　　标	年　　龄（月）						
	2	3	4	5	6	7	8
	体　　重（千克）						
	15	21	26	32	37	42	45
	平均日增重（克）						
	180	180	200	180	170	130	130
饲料单位	0.65	0.75	0.9	1.1	1.3	1.4	1.5
代谢能（兆焦）	7.1	8.3	10.0	12.1	14.3	15.4	16.5
干物质（千克）	0.65	0.80	1.0	1.25	1.5	1.65	1.8

（续）

指　标	年　　龄（月）						
	2	3	4	5	6	7	8
	体　　重（千克）						
	15	21	26	32	37	42	45
	平均日增重（克）						
	180	180	200	180	170	130	130
粗蛋白质（克）	110	135	170	205	240	245	250
可消化蛋白质（克）	85	95	110	130	150	155	165
食盐（克）	4.0	5.5	7.0	8.0	9.0	9.5	10
钙（克）	4.0	4.7	5.5	6.3	7.2	8.6	10
磷（克）	2.4	3.0	3.6	4.4	5.2	5.6	6
镁（克）	0.5	0.5	0.6	0.6	0.6	0.6	0.7
硫（克）	2.2	2.6	3.1	3.6	4.7	4.7	5.3
胡萝卜素（毫克）	6	7	8	9	10	10	10
维生素 D（国际单位）	300	330	360	400	450	455	460

表 43　肉毛兼用品种幼龄绵羊育肥的饲养标准（每只每日）

指　　标	体　　重（千克）							
	20（母）	30（公）	40（母）	50（公）	30（母）	40（公）	50（母）	60（公）
	平均日增重（克）							
	200	200	200	200	150	150	150	150
饲料单位	0.95	1.25	1.5	1.75	1.1	1.40	1.50	1.8
代谢能（兆焦）	10.40	13.7	16.5	19.20	12.0	13.5	16.50	19
干物质（千克）	0.85	1.10	1.4	1.65	0.95	1.25	1.45	1.6
粗蛋白质（克）	140	170	200	215	155	180	200	220

表 44　绒用和毛用种公山羊的饲养标准（每只每日）

指　标	非配种期					配种期				
	体重（千克）									
	50	60	70	80	90	50	60	70	80	90
饲料单位	1.0	1.2	1.4	1.5	1.6	1.5	1.6	1.7	1.8	1.9
代谢能（兆焦）	12	14	16	18	19	16	18	19	20	22
干物质（千克）	1.5	1.6	1.7	1.85	1.95	1.6	1.8	1.9	2.0	2.2
粗蛋白质（克）	150	180	200	220	225	240	270	285	295	325
可消化蛋白质（克）	95	115	130	140	145	160	180	190	200	220
食盐（克）	10	11	12	13	14	13	14	15	16	17
钙（克）	6.0	7.2	8.4	9.0	9.6	9.0	9.6	10.2	10.8	11.4
磷（克）	3.5	4.2	4.9	5.3	5.6	5.3	5.6	6.0	6.3	6.7
镁（克）	0.55	0.65	0.70	0.80	0.85	0.80	0.85	0.90	0.90	0.95
硫（克）	3.0	3.6	4.2	4.5	4.8	4.5	4.8	5.1	5.4	5.7
铁（毫克）	40	50	55	65	70	45	55	65	75	85
铜（毫克）	7	8.5	10	11	13	8.5	10	12	14	15
锌（毫克）	30	35	40	50	55	35	45	50	60	70
钴（毫克）	0.34	0.4	0.5	0.55	0.6	0.45	0.55	0.65	0.7	0.8
锰（毫克）	40	50	55	65	70	45	55	65	75	85
碘（毫克）	0.24	0.25	0.27	0.28	0.29	0.25	0.25	0.26	0.3	0.3
胡萝卜素（毫克）	12	14	17	18	19	18	19	20	22	23
维生素 D（国际单位）	330	400	460	490	520	495	525	560	590	620
维生素 E（毫克）	32	38	45	48	51	48	51	54	58	61

表 45　绒用和毛用种母山羊的饲养标准（每只每日）

指标	空怀和妊娠头 12～13 周			妊娠最后 7～8 周 体重（千克）				泌乳			
	35	40	45	35	40	45	50	35	40	45	50
饲料单位	0.8	0.85	0.95	1.0	1.1	1.2	1.25	1.45	1.55	1.65	1.7
代谢能（兆焦）	8.1	9.5	10.8	10.0	11	12.0	13.0	15.0	16.0	17.5	18.0
干物质（千克）	1.2	1.4	1.6	1.35	1.5	1.7	1.9	1.45	1.6	1.9	2.0
粗蛋白质（克）	115	125	150	150	155	165	170	240	255	275	280
可消化蛋白质（克）	65	70	90	100	105	110	115	145	155	165	170
食盐（克）	10	10	12	12	12	13	13	13	14	15	16
钙（克）	4.0	5.0	5.5	6.5	7.0	7.5	8.0	7	8	8	8.5
磷（克）	2.5	2.5	3.0	3.5	3.9	4.2	4.4	5	5.5	6	6.0
镁（克）	0.5	0.5	0.6	0.6	0.6	0.6	0.7	0.7	0.7	0.8	0.9
硫（克）	2.4	2.6	2.9	3.0	3.3	3.6	3.8	4.4	4.7	5.0	5.1
铁（毫克）	43	43	43	55	55	55	55	88	88	88	88
铜（毫克）	9.6	9.6	9.6	11	11	11	11	15	15	15	15
锌（毫克）	32	32	32	43	43	43	43	88	88	88	88
钴（毫克）	0.4	0.4	0.4	0.52	0.52	0.52	0.52	0.87	0.87	0.87	0.87
锰（毫克）	48	48	48	65	65	65	65	88	88	88	88
碘（毫克）	0.4	0.4	0.4	0.44	0.44	0.44	0.44	0.68	0.68	0.68	0.68
胡萝卜素（毫克）	7	9	13	13	14	16	18	17	19	20	21
维生素 D（国际单位）	420	490	600	600	700	800	900	650	700	850	900

表46 绒用和毛用育成山羊的饲养标准（每只每日）

指标	处女山羊					小公山羊				
年龄（月）	4~6	6~8	8~10	10~12	12~18	4~6	6~8	8~10	10~12	12~18
体重（千克）	15~20	21~22	23~25	26~27	28~37	20~25	26~27	28~30	31~35	36~40
饲料单位	0.6	0.7	0.7	0.8	0.9	0.7	0.8	0.9	1.0	1.2
代谢能（兆焦）	6.5	7.2	7.2	8.0	9.5	7.6	8.5	9.4	10.3	12.3
干物质（千克）	0.7	0.8	0.9	0.95	1.25	0.8	0.95	1.05	1.25	1.5
粗蛋白质（克）	100	115	120	120	140	120	130	140	150	180
可消化蛋白质（克）	70	80	80	80	90	85	90	95	100	100
食盐（克）	7	7	7	9	9	8	8	9	10	12
钙（克）	4	4	5	5	5	5	5	6	6	6
磷（克）	2	2	3	3	3	3	3	4	4	4
镁（克）	0.4	0.4	0.5	0.6	0.7	0.5	0.5	0.6	0.7	0.8
硫（克）	1.8	1.8	2.8	2.8	2.8	2.5	2.5	3.5	3.5	3.5
铁（毫克）	45	47	49	52	55	50	56	62	69	75
铜（毫克）	8	8	8.1	8.2	8.3	10.2	11	11.7	12.1	13.4
锌（毫克）	33	36	40	44	48	40	45	49	52	58
钴（毫克）	0.4	0.41	0.41	0.41	0.41	0.46	0.51	0.55	0.57	0.58
锰（毫克）	45	48	52	54	55	50	58	62	69	76
碘（毫克）	0.3	0.3	0.3	0.3	0.3	0.3	0.38	0.38	0.38	0.38
胡萝卜素（毫克）	6	6	6	7	7	7	7	8	9	10
维生素D（国际单位）	400	400	420	450	500	420	440	450	500	550

表 47 奶山羊维持饲养标准

体重 (千克)	净能 (兆焦/日)	可消化粗蛋白质 (克/日)	钙 (克/日)	磷 (克/日)
10	1.34	15	1	0.7
20	2.26	26	1	0.7
30	3.06	35	2	1.4
40	3.81	43	2	1.4

表 48 奶山羊维持十低活动量饲养标准

体重 (千克)	净能 (兆焦/日)	粗蛋白质 (克/日)	钙 (克/日)	磷 (克/日)
10	1.67	19	1	0.7
20	2.84	32	2	1.4
30	3.85	43	2	1.4
40	4.76	54	3	2.1
50	5.60	63	4	2.8
60	6.44	73	4	2.8
70	7.23	82	5	3.5
80	7.98	90	5	3.5
90	8.74	99	6	4.2
100	9.45	107	6	4.2

表 49 奶山羊维持十中等程度活动量饲养标准

体重 (千克)	净能 (兆焦/日)	粗蛋白质 (克/日)	钙 (克/日)	磷 (克/日)
10	2.01	23	1	0.7
20	3.39	38	2	1.4
30	4.60	52	3	2.1
40	5.69	64	4	2.8
50	6.77	76	4	2.8
60	7.69	87	5	3.5
70	8.65	98	6	4.2
80	9.61	108	6	4.2
90	10.45	118	7	4.9
100	11.37	128	7	4.9

表 50　奶山羊维持＋高活动量饲养标准

体重 （千克）	净　能 （兆焦/日）	粗蛋白质 （克/日）	钙 （克/日）	磷 （克/日）
10	2. 34	26	2	1. 4
20	3. 93	45	2	1. 4
30	5. 35	60	3	2. 1
40	6. 65	75	4	2. 8
50	7. 90	89	5	3. 5
60	8. 99	102	6	4. 2
70	10. 12	114	6	4. 2
80	11. 20	126	7	4. 9
90	12. 21	138	8	5. 6
100	13. 25	150	8	5. 6

表 51　产 1 千克不同乳脂率的泌乳山羊的饲养标准

含脂率 （％）	净　能 （兆焦/日）	可消化粗蛋白质 （克/日）	钙 （克/日）	磷 （克/日）
2. 5	2. 84	42	2	1. 4
3. 0	2. 84	45	2	1. 4
3. 5	2. 88	48	2	1. 4
4. 0	2. 93	51	3	2. 1
4. 5	2. 97	54	3	2. 1
5. 0	3. 01	57	3	2. 1
5. 5	3. 05	60	3	2. 1
6. 0	3. 09	63	3	2. 1

表 52 产 3.5% 乳脂率不同奶量泌乳奶山羊的
饲养标准（包括维持需要）

奶量 （千克）	净能 （兆焦/日）	可消化粗蛋白质 （克/日）	钙 （克/日）	磷 （克/日）
A：40 千克体重				
1	7.36	88	7.5	4.0
2	10.32	144	11.5	5.5
3	13.25	202	15.0	7.0
4	16.18	258	18.5	8.0
5	19.14	314	22.0	9.5
6	22.07	370	25.5	11.0
B：50 千克体重				
1	8.10	96	8.0	4.5
2	11.04	152	12.0	6.0
3	13.46	210	15.5	7.5
4	16.93	266	19.0	8.5
5	19.86	322	22.5	10.0
6	22.78	378	26.0	11.5
C：60 千克体重				
1	8.82	104	8.5	5.0
2	11.70	160	12.5	6.5
3	14.71	216	16.0	8.0

表 53 妊娠奶山羊的饲养标准（最后 2 个月）

泌乳早期活重 （千克）	净能 （兆焦/日）	可消化粗蛋白质 （克/日）	钙 （克/日）	磷 （克/日）
40	7.90	85	9.0	3.5
50	8.61	103	9.5	4.0
60	9.99	120	10.0	4.5
70	10.07	138	10.5	5.0
80	10.78	155	11.0	5.5

表 54　种公山羊非配种期的饲养标准

体重 （千克）	净　能 （兆焦/日）	可消化粗蛋白 质（克/日）	钙 （克/日）	磷 （克/日）	食　盐 （克/日）
55	4.74	80	8	4	12
65	5.89	100	8	4	12
75	7.11	120	9	5	12
85	8.28	140	9	5	12
95	9.45	160	10	5	12
105	10.66	180	10	6	12
115	11.83	200	11	6	12
125	13.00	220	11	6	12

表 55　种公山羊配种期的饲养标准（日采精 2～3 次）

体重 （千克）	净　能 （兆焦/日）	可消化粗蛋白 质（克/日）	钙 （克/日）	磷 （克/日）	食　盐 （克/日）
55	8.86	160	9	6	15
65	9.45	180	9	6	15
75	10.03	200	10	7	15
85	10.66	220	10	7	15
95	11.24	240	11	8	15
105	11.83	260	11	8	15
115	13.00	280	12	9	15
125	14.21	300	12	9	15

第四节　饲料卫生

　　饲料的质量直接影响羊的健康和生产力，饲料中所含天然和合成的有毒成分，直接或间接地引起羊的中毒和死亡，残留物会转移到食品中去，危害人类的健康。随着经济的发展，人们普遍关注无毒无公害绿色食品的生产，因而对于畜产品生产的基本因素——饲料的卫生要求也越来越高。

工厂化高效养羊生产体系采用先进的饲料组合和饲料工业新技术，要求饲料不能受化学和生物污染，在加工处理和合理调剂过程中以最大限度地降低由于饲料卫生不良而引起的多样性、群发性的养羊业经济损失。重视和加强饲料卫生监控是保障工厂化高效养羊业和人类健康的极其重要的措施。

1. 饲料中主要的有害物质

（1）硝酸盐和亚硝酸盐　硝酸盐主要对胃肠局部起刺激作用，导致急性肠胃炎。亚硝酸盐则进入血液，把原来的血红蛋白氧化为高铁血红蛋白，使其失去携氧的能力，引起全身组织细胞缺氧。

①中毒症状：急性中毒时，表现为流涎，腹泻，行走不稳，呼吸困难，黏膜发绀，肌肉颤抖，体温正常或下降，有阵发性惊厥。慢性中毒可引起流产，腹泻，发育不良，维生素 A 缺乏等。亚硝酸盐与某些铵作用，可形成致癌物质，长期接触可诱发肝癌。

②预防：甜菜、青菜、南瓜藤叶、水浮莲、萝卜叶等多汁饲料，调制或存贮不当，或经虫害、踩踏、霜冻、堆放、发热、腐烂，加之细菌的作用，可把饲料中硝酸盐还原为亚硝酸盐。饲料中硝酸盐含量越多，危险性越大。干草中硝酸盐含量不超过 1.5%（干物质），日粮中以不超过 0.6% 比较安全。羊的饮水中硝酸盐含量应低于 200～500 毫克/千克。所以，要特别注意饲草的刈割、加工、贮存，防止腐烂变质。饲喂青绿饲草时，应含有一定量的碳水化合物，以减少瘤胃产生亚硝酸盐。

（2）致光敏物质　油菜、灰菜、苜蓿、三叶草、荞麦、紫云英等饲草中含有光敏性物质。

①毒性和危害：羊采食光敏性植物后，致光敏物质被吸收入血液，在直接阳光下，引起组胺释放，使血管壁破裂，皮肤出现皮疹，同时也会发生神经症状和消化器官障碍。

②症状：羊的发病率较高，有时面部水肿，头部变大，甚至眼闭合，鼻塞，唇肿，呼吸困难，不能采食，严重的皮肤坏死，伴有休克发生。

③预防：将含光敏物质饲草与其他饲料混喂，以减少羊食入光敏物质的量。若必须大量饲喂这类饲草时，不要在阳光强烈时放牧或运动。

（3）双香豆素　草木樨含有一种香豆素，它本身是无毒物质，但在草木樨感染霉菌后，香豆素就被分解为双香豆素。

①毒性与危害：双香豆素阻碍肝脏中凝血酶原的生成，这种作用与具有维生素 K 的物质竞争，使凝血原生成不足，从而导致凝血机制障碍，造成全身各部位出血，出现严重的出血性贫血。慢性中毒则表现为肝脏、胆囊及肾脏肿大等病变。

②预防：草木樨干草要防霉变，已发生霉烂的草，不能饲喂羊只。质量好的干草，也不要连续饲喂 2 个月。

（4）酒糟　酒糟的有毒成分是新鲜酒糟中残留的酒精成分。

①毒性与危害：酒精的毒性主要是对中枢神经系统的抑制，包括对延脑、脊髓及心脏的麻痹作用，呼吸中枢的麻痹往往是致死的主要原因。

酒糟的有毒成分与原料有关，如原料中含有发芽的马铃薯，谷物中的麦角和麦角胺，酒糟中的麦毒素和麦角胺。当酒糟存放不当，发酵变质时，则可形成多种游离酸、杂醇油和醛等有毒物质。

②症状：急性中毒，羊最初兴奋不安，随后食欲减退或疲倦，呼吸困难，步态不稳，最后由于中枢神经麻痹而死亡。慢性中毒时，造成羊的前胃弛缓，有时发生支气管炎，下痢和后肢湿疹，当患部被感染后，形成化脓或坏死过程。

③预防：酒糟的喂量不宜过多，最好占日粮的 20%～30%为宜，同时要补喂磷酸三钙或石粉。酒糟不宜久贮，存放时要注

意防霉败变质，霉变的酒糟不能喂羊。

（5）氢氰酸　高粱、玉米的青茎叶、幼苗、再生苗和亚麻饼等饲料中含有氰苷。氰苷本身无毒，在有水分和适宜的湿度条件下，在植物体内脂解酶作用下，产生氢氰酸。玉米、高粱，收割后经霜冻后存放，危害更大。

①毒性与危害：氰离子会抑制细胞多种酶的活性，氰离子同氧化型细胞色素氧化酶的辅基三价铁结合，阻止了组织对氧的吸收，破坏细胞内氧化作用，导致机体缺氧症。中枢神经系统首先受损害，尤其是血管运动中枢和呼吸中枢。

②症状：中毒发生很快，表现为呼吸快而困难，黏膜呈鲜红色，呼出气体带有杏仁味，行走站立不稳，很快倒地不起，体温下降，肌肉痉挛，瞳孔散大，呼吸麻痹而死。

③预防：植物含氢氰酸超过200毫克/千克，就能引起羊中毒，致死量为每千克体重1～2毫克。饲喂含氰苷饲料应有一定限制，并与其他饲料适当搭配，高粱和苏丹草最好在抽穗前作饲料，或玉米、高粱以青贮形式利用，放牧含氰苷多的牧草地，也应预防中毒发生。

2. 有毒植物　这类植物含有生物碱、糖苷、皂角素、挥发油、毒蛋白等植物毒素，当被羊采食后，主要通过消化道吸收，引起各种特异的化学反应，导致中毒。

植物毒素也存在于许多饲料中，其中包括谷物、蛋白质饲料和饲草中，含量比有毒植物低，但其毒性是一致的（表56）。

表56　饲料中的植物毒素

饲料种类	植物毒素
谷物：所有谷物种类	肌醇六磷酸盐
黑麦、黑小麦	胰蛋白酶抑制剂
西非高粱	丹宁
千穗谷	草酸盐、皂角苷
块茎：土豆	茄属生物碱
木薯	生氰苷

饲料种类	植 物 毒 素
蛋白质饲料：大豆	胰蛋白酶抑制剂、外源凝集素、甲状腺肿毒素、皂角苷、肌醇六磷酸盐
棉籽	棉籽酚、丹宁、环丙烯脂肪酸
油菜籽	葡糖芥子苷、丹宁、(顺)芥子酸、芥子碱
亚麻籽饼粉	亚麻毒素、亚麻苦苷
蚕豆	胰蛋白酶抑制剂、蚕豆嘧啶葡糖苷、外源凝集素脲
田野菜豆	蛋白酶抑制剂、外源凝集素
豆科植物：苜蓿	
白三叶草	皂角苷、植物雌激素
红三叶草	氰、植物雌激素
地三叶	植物雌激素
杂三叶草	致光敏物质
草木樨	香豆素
冠状野豌豆	β-硝基丙醇苷
银合欢树	含羞草氨酸
禾本科：饲用高粱	氰
苇状狐茅	狐茅碱
热带草	草酸盐
其他：芥属饲料（羽衣甘蓝、油菜、芜菁等）	芥属贫血因子

许多植物和饲料含有多种毒素，这不仅给诊断增加了困难，而且造成各种毒素间的协同作用的复杂性，这种作用对羊可能是有利的，也可能是有害的。

目前，预防植物性毒素中毒，采用饲料加工降低毒性，或采用微生物处理，已获得了一些成功的效果。通过植物育种，培育毒素少的品种，也是一种有效的方法。

3. 饲料的农药污染

（1）有机氯农药　这类农药易溶于脂肪和有机溶剂，化学性质稳定，可在农作物中残留，在动物体内有蓄积作用。

有机氯化物为神经毒，因其在体内有蓄积作用，排泄很慢，故可致慢性中毒，对神经组织、肾、肝及心脏起毒害作用。还可以通过畜产品转移到人体内，危害人的健康。有机氯农药还有致癌、致突变作用。

（2）有机磷农药　这类农药药效高，残留期短，对人的毒性相对较低。在水中分解缓慢，可蓄积在淤泥和水生动植物体内。

有机磷农药的污染引起羊中毒的主要途径是通过消化道。羊采食、误食喷洒农药不久的农作物、牧草、蔬菜，都会引起中毒。有机磷农药进入羊体内，分布到全身各器官、组织，与胆碱酯酶结合成为磷酰化胆碱酯酶，抑制胆碱酶的活性。病羊可出现中枢神经症状，严重的发生死亡。

（3）除莠剂　这类化合物对各种动物均是高毒性的，羊采食被喷洒过除莠剂的牧草可引起中毒。中毒的主要表现为呼吸困难，酸中毒，心跳加速和痉挛，继而昏迷死亡。

（4）预防农药污染和中毒　羊接触农药的途径是多种多样的，大致有三种：①通过饲喂被污染的饲料饲草。此外，由饲料在运输、贮藏过程中接触到农药也常引起家畜中毒。②对羊直接使用杀虫剂和驱虫剂。③羊舍处理及污染。

农药是现代农业必不可少的组成部分，若不使用农药，农作物将要发生大的减产。今后，农药还要使用。所以，为了预防农药中毒，必须采取综合措施才能有效地防止农药中毒的发生。

随着科学技术的进步，某些对人畜有严重毒害作用的农药应停止使用，非化学防治虫害的技术也在加速研究和广泛应用。与农业生产配合，采用综合措施预防农药对养羊业危害才是根本的出路。

4. 饲料中的真菌毒素　近年来已从玉米、小麦、大米、大豆粉、花生、棉籽、糠麸等家畜饲料中分离出许多产生毒素的霉菌，已知真菌毒素有 150 种，这些毒素可侵害肝脏、肾脏、大脑和神经系统，产生肝硬化、肝炎、肝癌、肾炎、神经系统严重出血等症状，主要的真菌毒素分类见表 57。

表 57　主要的真菌毒素分类表

毒素种类	毒素名称	主要产毒真菌	毒性及中毒症
肝脏毒	黄曲霉毒素（B1、B2、G1、G2、M1、M2）	黄曲霉寄生曲霉	人：急性肝炎、Reye 症 动物：肝硬化、肝癌
	杂色曲霉素	杂色曲霉 构巢曲霉	动物：肝癌、肺癌
	赭曲霉毒素 A	赭曲霉	动物：肝癌
	黄天精 环氯素 岛青霉素	岛青霉	大鼠：肝硬化、肝癌 人："黄变米"中毒
	红青霉毒素	红青霉	动物：急性肝炎、脏器出血
	灰黄霉素	灰黄霉	动物：肝癌
肾脏毒	枯青霉素	枯青霉	"黄变米"中毒、肾中毒
	赭曲霉毒素 A	赭曲霉	肾病、肾癌、人巴尔干肾炎
神经毒	黄绿青霉素	黄绿青霉	上行性神经麻痹、心脏型脚气病
	展青霉素	展青霉	牛中毒
	麦芽米曲霉素	米曲霉小孢变种	麦芽中毒病
造血组织毒	拟枝孢镰刀菌毒素	梨孢镰刀菌	食物中毒性白细胞缺乏症
	雪腐镰刀菌烯醇	雪腐镰刀菌	造血障碍（牛、马）
	葡萄穗霉毒素	黑葡萄穗霉	葡萄穗霉毒素中毒症
光过敏性皮炎毒	孢子素	纸皮思霉	光过敏性皮炎（羊、牛）
	菌核病核盘霉毒素	菌核病核盘霉	光过敏性皮炎（人畜）
生殖毒	玉米赤霉烯酮（F-2）	三线镰刀菌 禾谷镰刀菌	流产、不孕

5. 仓库害虫的污染　饲料在仓库贮存时，常会遭受鸟、鼠、昆虫和螨类的危害，它们不仅直接造成饲料的巨大损失，同时也会引起饲料的霉变以及被粪尿等排泄物污染，使饲料变质，营养价值降低，有时还会使羊发生中毒，引起死亡。

危害饲料的螨类主要是粉螨，常见的有腐食络螨、粗脚粉螨等十余种。用感染螨类的饲料饲喂羊，可干扰其内脏血管的正常功能，使生殖机能衰退，繁殖率下降。也可引起维生素 A、维生素 D 缺乏症。

为减少仓库害虫的危害和污染饲料，要求仓库装窗纱，防止鸟类飞入库内。同时，定期灭鼠和杀灭虫害，保持通风、干燥、定期翻晒。对于仓储的饲料要定期取样抽检，已被污染的饲料不能用于饲喂羊。

6. 饲料中的混杂物　在饲料收获、运输、加工等过程中，可能混入泥沙、铁钉、铁屑等异物，均会引起羊的消化机能失调。含泥沙过多的饲料容易在贮存中发生霉变，在饲喂时会增加羊舍中的灰尘，造成不良影响。因此，一般认为籽实饲料中泥沙含量不应超过 0.1%～0.2%，糠麸中不应超过 0.8%。

饲料中的金属、碎玻璃等容易造成羊消化道创伤，有时甚至穿透胃壁和膈膜，引起创伤性内出血或心包炎。在加工过程中应特别注意除去金属碎片等混杂物。

第五节　成年羊的饲养管理要求

一、种公羊的饲养管理

种公羊的饲养应常年保持结实健壮的体质，达到中等以上种用体况，并具有旺盛的性欲，良好的配种能力和能够用于输精的精液品质。要达到这个目的，①必须保证饲料的多样性，尽可能提供青绿多汁饲料，全年均衡地供给，在枯草期较长的地区，应准备充足的青贮饲料。同时，注意补充矿物质和维生素。②即使在非配种期，也不能单一饲喂粗料，必须补饲一定的混合精料。③必须有适度的放牧和运动时间，防止过肥，影响配种。

1. 非配种期的饲养管理要点　非配种期的前期以恢复种用体况为重点，因为配种结束后种羊的体况都有不同程度的下降。体况恢复后，再逐渐转为非配种期日粮。在冬季，混合精料的用量不低于 0.5 千克，优质干草 2～3 千克。

采用高效繁殖生产新体系，公羊的利用率也将提高。因此，种公羊的全年均衡饲养十分重要。配种前的公羊体重比进入配种期时要高 10%～15%。

2. 配种期的管理要点 种公羊在配种期消耗营养和体力最大，日粮要求营养丰富全面，容积小且多样化、易消化、适口性好，特别要求蛋白质、维生素和矿物质的充分满足。根据公羊的体况和精液品质及时调整日粮或增加运动量。在配种期，体重 80～90 千克的种公羊每日需饲喂：混合精料 1.2～1.4 千克，苜蓿干草或其他优质干草 2 千克，胡萝卜 0.5～1.5 千克，食盐 15～20 克，骨粉 5～10 克，血粉或鱼粉 5 克。每日的饲草分 2～3 次供给，充足饮水，放牧及运动时间不低于 6 小时。

种公羊的管理还应注意：平时一定要将种公羊和母羊分群饲养。夏季天气炎热时应给公羊创造凉爽的环境条件，需要时可提前剪毛。日粮应注意补钙，钙：磷比不低于 2.25：1，防止尿结石。

公羊的每日每周采精次数应根据种羊的年龄、体况和种用价值确定。一般每天不超过 3 次，不要连续采精。

二、母羊的饲养管理

1. 空怀期的饲养管理要点 母羊的配种繁殖季节因品种、地区及气候条件不同有很大差异。北方牧区，自然发情多集中在 9～11 月份，南方则多集中在晚春和秋季（4～5 月份，9～11 月份），有些品种的母羊可常年发情。因此，空怀期母羊的饲养目标是抓膘复壮，为日后的发情和妊娠贮备营养。配种前的饲养，对提高母羊的繁殖性能至关重要，尤其在配种前 1～1.5 个月。据报道，配种前每提高 1 千克活重，母羊的双羔率可提高 2%。

2. 妊娠前期的饲养管理要点 妊娠前期（妊娠的前 3 个月）因胎儿发育较缓慢，营养需要与空怀期大致相同，但应补喂一定量的优质蛋白质饲料，以满足胎儿生长发育和组织器官对蛋白质的需要。初配母羊此阶段的营养水平应略高于成年母羊。日粮的精料比例为 5%～10%。

3. 妊娠后期的饲养管理要点　在妊娠后期的 2 个月中，胎儿生长发育很快，90%的初生重是在此期形成的。妊娠后期，因母羊腹腔容积有限，对饲料干物质的采食量相对减少，饲喂饲料体积过大或水分含量过高的日粮均不能满足其营养需要。因此，对妊娠后期母羊而言，除提高日粮的营养水平外，还应考虑日粮中的饲料种类，增加精料的比例。在妊娠前期的基础上，后期的能量和可消化蛋白质应分别提高 20%～30%和 40%～60%，钙∶磷比增加 1～2 倍（钙∶磷为 2.25∶1）。产前 8 周，日粮的精料比例提高到 20%，6 周为 25%～30%，产前 1 周，适当减少精料比例，以免胎儿体重过大造成难产。

妊娠后期的母羊管理，应围绕保胎考虑，做到细心、周到。进出圈舍，放牧时要控制羊群，避免拥挤或急速驱赶；饮水时防止拥挤或滑倒，饮水温度应在 10℃ 以上。增加舍外运动时间。工厂化管理时，应将妊娠后期的母羊从大群中分出，另组一群。产前 1 周，夜间应将母羊放入待产圈中饲养和护理。

4. 哺乳前期的饲养管理要点　产羔后，母羊泌乳量逐渐上升，在 4～6 周内达到高峰，10 周后逐渐下降。随着母羊泌乳量的增加和哺乳羔羊的需要，应特别加强对泌乳前期母羊的饲养管理。

为满足羔羊生长发育对养分的需要，应根据带羔的多少和泌乳量的高低，加强母羊的补饲，每天补喂混合饲料 0.3～0.5 千克，带双羔或多羔的母羊，每天补饲 1.0～1.5 千克。对膘情体况好的母羊，产羔的 1～3 日内不补喂精料，以免造成消化不良或发生乳房炎。为调节母羊的消化机能，促进恶露排出，可喂少量轻泻性饲料，如在温水中加入少量麸皮。产羔 3 天后，给母羊喂一些优质青干草和青贮多汁饲料，可促进母羊的泌乳机能。

5. 哺乳后期的饲养管理要点　哺乳后期的 2 个月，母羊泌乳量开始下降，即使再加强补饲，也很难维持妊娠前期的水平。

此期，羔羊单靠母乳已不能满足其生长需要，这个时期羔羊的胃肠道功能已趋完善，可以利用饲料草料，对母乳的依赖性减小。因此，采取羔羊培育的措施，使母羊早期断奶，有利于母羊下一个配种期的繁殖。在工厂化高效养羊生产体系中，羔羊早期断奶和母羊的产后早期配种是提高母羊繁殖率的重要基础，断奶越早，母羊进入正常繁殖的时间也就越早，受胎率也会较高。

三、育成羊的饲养管理

育成羊是指断奶至第一次配种这一年龄段的幼龄羊。羔羊断奶后3～4个月，生长发育快，增重强度大，对饲养条件要求高。8月龄后，羊生长发育强度逐渐下降。

1. 育成前期的饲养管理要点　在这个时期，尤其是刚断奶的羔羊，生长发育快，瘤胃容积有限且机能不完善，对粗饲料的利用能力较差。因此，此时期羊的日粮应以精料为主，并适当补给优质干草和青绿多汁饲料，日粮的粗纤维含量不超过15%～20%。

2. 育成后期的饲养管理要点　此时期羊的瘤胃机能基本完善，可以采食大量的牧草和青贮、微贮秸秆。日粮中粗饲料比例可增加到25%～30%，同时还必须添加精饲料或优质青贮、干草。

育成期羊的管理，直接影响到羊的提早繁殖，必须予以重视。母羔羊6月龄体重能达到40千克，8月龄就可以参加配种。要实现当年母羔80%参加配种繁殖，育成期的饲养至关重要。

第六节　羊的非常规饲养技术

在我国牧区，羊群经常遭受冬季的风雪寒流和草原干旱的侵袭，造成养羊业较大的损失，抗灾保畜是养羊生产的重要工作。因此，建立非常规饲养技术体系十分必要。

1. 抗灾保畜，减少灾害损失　抗灾保畜是发展草原畜牧业的重要工作。夏季干旱炎热，冬季严寒多风雪，对牧区养羊危害最大的主要季节正是在冬春季。羊只"夏饱、秋肥、冬瘦、春死"的变化，反映了草原畜牧业受自然条件约束的程度，以"靠天养羊"的格局年年出现，以工厂化高效养羊，人为控制饲草和条件，就可以抗御自然灾害。

加强管理，精心放牧，抓好羊膘是羊群安全度过冬春的前提，建设棚圈，抓紧草料贮备是基础，统筹计划，提早补饲，按母羊体况评分合理安排放牧与补饲，是抗灾保畜的关键。

2. 母羊的体况评分　体况评分是一项简易实用的技术，它可以指导牧区养羊的合理补饲与减少灾害损失。通过按摸腰椎部的肌肉丰满和脂肪覆盖程度，进行评分。

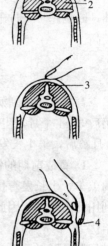

图11　体况评分
　　　操作过程
1. 脂肪层　2. 肌肉
　3. 棘突　4. 横突

（1）按摸步骤（图11）　①用拇指和食指横按后躯，评定肌肉和脂肪层的丰满程度；②用食指尖按后躯中央最后一根肋骨和腰角方棘突的突起情况；③五指并拢，触摸横突端的突起情况。

（2）体况评分（图12、图13）0分：极度瘦弱，无神，骨骼（脊椎骨、肩胛骨和肋骨）外露凸出。肌肉组织塌陷明显，拱背，离群。

1分：极度瘦弱，行动正常。骨骼凸出，无脂肪覆盖，肌肉组织下陷不明显，能跟上羊群，不离群。

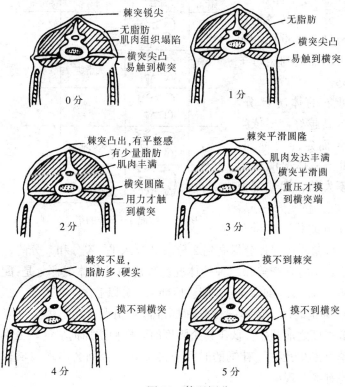

图 12　体况评分

2分：偏瘦，健康正常，行动有力。肌肉组织外部常无下陷。骨骼突出不显，已有平整感，背、臀、肋骨处有少量脂肪覆盖。

3分：健壮，肩、前肋、背、尾根处开始有脂肪沉积，腰角仍可见。

4分：全身外观圆隆，肩、背、臀、前肋处有中量脂肪沉积，腰角不显，前胸和尾根周围有脂肪沉积，硬实。

5分：过肥，肩、背、臀、前肋处脂肪多，容易感觉到。前胸、肋、尾根处有大量脂肪，硬实感差，行动少，不爱移动。

评分时，除上述文字描述处，仍须结合图12的棘突、横突等按摸状况综合评定，体况评分还可与各地各品种的母羊体重标准相配合，以准确判定母羊的体况。

评分	外观	脂肪分布	外 观
1		无脂肪	瘦
2		无脂肪	
3		有少量脂肪	正常
4		有较多脂肪	肥
5		脂肪层厚，尾部脂肪多	

图13 体况1~5分的绵羊外观

母羊的体况评分，不是越高越好，要依生产需要而定。配种期，0分和1分体况的母羊一般不发情，即使配上多半也会流产。评分后应按评分的状况将母羊分开，设法将体况评分提高到2分或3分水平。4分和5分的母羊偏肥，不符合产羔和配种的体况。理想的母羊体况评分是：配种时期3分，产羔时期3.5分，哺乳后期2.5分以上。

3. 补饲时间 依体况评分和标准体重情况，在羊体重下降到最低限度之前开始。低于这个限度时，即使增加饲喂量，也免不了羊群发生死亡。补饲的时间不能太迟，否则会出现"早补腿、晚补嘴"现象。

4. 补饲方法

（1）**冬季抗灾保畜饲养目标** 冬季抗灾保畜的目标是保全羊群，减少损失，而不是提高羊群的生产性能。也就是说，只是为了保命。补饲的标准一般以空怀母羊需要的补饲量为基准折算系数。

空胎母羊　　　　　　　　　　　　1.0

妊娠后期母羊流产前2个月　　　　1.3

临产母羊　　　　　　　　　　　　1.6

产后1个月哺乳母羊：

精料日粮　　　　　　　　　　　　3.2

干草日粮　　　　　　　　　　　　2.8

混合日粮（30％精料＋70％干草）　2.5

产后 1～3 个月哺乳母羊：

精料日粮　　　　　　　　　　2.3

干草日粮　　　　　　　　　　2.0

混合日粮（30％精料＋70％干草）　1.8

（2）饲料种类的选择　抗灾保畜的饲料种类是以减缓体重下降速度为主要目的，能量高的饲料是首选的补饲饲料。精料过多或单一精料会造成瘤胃梗塞，食欲减退。饲喂时，应有一个适应过程，开始时量宜少，与干草或其他饲料混喂，逐渐加大，以个体活重不低于最低限度为宜。日粮中蛋白质饲料的补充量不宜低于 5％，当年羔羊 10％，妊娠母羊 7％。

（3）补饲方法　尽可能适应抗灾保畜的现实条件，如羊群瘦乏、草场有限、草料储备不足、气候恶劣、人力、运输等限制因素，可采用如下方法：

①保障重点：先满足种羊、妊娠母羊、哺乳母羊和育种群的后备母羊需要。

②按需补饲：将羊群按大小、强弱、体重、品种重新分组，按需要合理补饲。

③优秀羊和瘦羊重点补饲：对特别瘦弱的羊和优秀高产个体，单独饲喂，提前补饲。不同类型羊的补饲方法见表 58。

表 58　抗灾保畜时的绵羊补饲方法

类　别	补饲次数	饲料组成	粗蛋白质需要量（％）	备　注
空怀母羊和羯羊	每周 1～2 次	精料与干草	6	
妊娠母羊	隔 2 天 1 次	精料与优质干草	8～10	妊娠后期酌情增加精料量
哺乳母羊	隔天 1 次	精料与优质干草	10～12	产后 2～3 周酌情增加精料量
当年羔羊	隔天 1 次	精料与干草各半，加蛋白质饲料	10	

（4）补喂口服补盐液　口服补盐液是 WHO（世界卫生组织）推荐的人用口服补盐液；用于治疗瘦乏羊，羔羊腹泻和运输应激等具有显著效果。可以绵羊速效增重剂按 1∶35 比例配成饮水，每日每千克活重 30～50 毫升，任羊自由饮水。不能自饮的可人工灌服，每天 1～2 次，连用 5～10 天，同时补饲草料。

第七节　生产管理技术

生产管理是工厂化高效养羊体系中一个重要的管理环节。对各类羊实行精细的管理，既有利于羊群的高效生产，也有利于生产管理，同时，它也是计算机管理的基础。因此，必须重视羊的日常生产管理。生产管理一般包括编号、抓捕、断尾、去势、剪毛、抓绒、挤奶、修蹄和药浴等环节。

1. 编号　编号是管理工作不可缺少的技术环节，编号的方法有耳标、墨刺字、剪耳和烙角等。

（1）耳标法　耳标由铝片或塑料做成，固定在羊耳上的标牌，有圆形、长方形两种。耳标用来记载羊的个体号、品种及出生年号。用特制的钢字钉号数打在耳标上，一般是第一号数表示出生年号，取该羊出生年龄的最末 1 位数，其次是羊品种代号，再次为群号、个体号（图 14）。

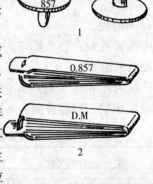

图 14　耳标图
1. 圆耳标　2. 长耳标

（2）剪耳法　用缺口耳号钳在羊的耳边缘打缺口。根据缺刻的不同部位来识别等级及耳号，作等级标记和个体编号的如图 15。

（3）墨刺法　用特制的墨刺钳，蘸墨汁把号码打在羊耳朵里面（图16）。

（4）烙角法　用烧红的钢字模，把号码烙在角上。

2. 抓捕　在养羊生产中经常要对羊只进行鉴定、剪毛、抓绒、发情处理、配种、药物防治等活动。因此，必须掌握正确的抓羊、导羊、保定羊的方法。

（1）抓羊　动作要轻、

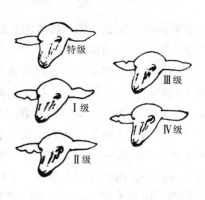

图15　等级标记

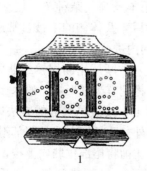

图16　刺字编号工具

1. 字钉托　2. 刺字钳

要快，趁羊不备时，快速伸手抓住羊的左右两肷窝的皮，或抓住后肢飞节以上部分。除此两部位外，其他部位不能随意乱抓，以免损伤羊体。

（2）导羊前进　羊的性情很犟，不能强拉硬拽，尽量顺其自然前进。导羊人可用一手扶在羊的颈下，以便左右其前进方向，另一手在其尾根处搔痒，羊即前进。不能扳住羊角或羊头硬拉。喂过料的羊，可用料逗引前进。

（3）保定　保定时，用两腿把羊颈夹住，抵住羊的肩部，使其不能前进和后退。另一种方法是用人工授精架进行保定，或用四柱栏等专用设施保定。

（4）抱羊　把羊捉住后，人站在羊的右侧，右手由羊前面两腿之间伸进托住胸部，左手抓住左侧后腿飞节，这样羊能紧贴人体，抱起来既省力，羊又不乱动。

（5）倒羊　倒羊时，人站在羊的左侧，用左手按在羊的右肩端上，右手从腹下向两后肢间插入紧握羊右后肢飞节上端，然后用手向自己方向同时用力压拉，羊腿可卧倒在地。也有的站在羊的左侧，用左手握住羊的左前肢腕关节以上处，用右手握住左后肢飞节以上处，用力将羊提起，放倒在地。倒羊时，要轻、稳，以免发生意外事故。

3. 断尾　细毛羊、半细毛羊及高代杂种羊，尾细而长。为了便于配种，预防因羊尾沾污后躯及体侧的毛被，常进行断尾。断尾一般在羔羊出生后 1～3 周内进行。

（1）热断法（烧烙断尾法）　断尾用断尾铲或断尾钳进行。断尾时，一人骑坐在条凳上，将挖有半圆形缺口的木板，铁皮向上放于木凳上，取要断尾的羔羊，按羔羊去势的方法进行保定。另一人取另一块木板，铁皮向外（防护睾丸或外阴部不被烫伤），半月形铁口压住羔羊尾根部，压前将尾部皮肤向上搂，然后将烧至暗红色的断尾铲轻轻用力，至 3～4 尾椎间将尾切断。断尾后将皮肤恢复原位包住创口，创面用 5％碘酊消毒即可。断尾后1～2 日出现肿胀，属正常现象。

（2）结扎法　用橡皮筋在 3～4 尾椎之间紧紧扎住，阻断血液流通。经 10～15 天尾巴自行脱落。此法简单易行，不出血，不感染，值得推广。

（3）快刀断尾　先将尾巴皮肤向尾根部推，再用细绳捆住尾根，阻断血液流通，然后用快刀在距尾根 4～5 厘米处切断。上午断尾的羔羊，当天下午能解开细绳，恢复血液流通，1 周后可痊愈。

4. 山羊去角 羔羊去角是奶山羊饲养管理的重要环节。山羊有角容易发生创伤，不便于管理，公羊还会伤人。因此，采用人工去角十分必要。羔羊去角一般在生后 7～10 天内进行。去角时，先将角蕾部分的毛剪掉，剪的面积要稍大一些（直径约 3 厘米）。去角的方法主要有两种。

（1）烧烙法 将烙铁于炭火中烧至暗红色后，对保定好羔羊的角基部进行烧烙，次数可多一些，但每次不超过 10 秒钟。当表层皮肤破坏，并伤及角原组织后可结束，对术部应进行消毒。

（2）化学去角法 用棒状氢氧化钠在角基部摩擦，破坏其皮肤和角原组织。术前应在角基部周围涂抹一圈医用凡士林，防止碱液损伤其他部分的皮肤。操作时先重后轻，将表皮擦至血液浸出即可。摩擦面积要稍大于角基部。由母羊哺乳的羔羊，半天内不要喂奶，以防碱液污染母羊乳房而造成损伤。去角后，可在伤口上撒少量的消炎粉。

5. 羔羊去势 不宜作种用的公羔羊要进行去势，去势时间一般为 1～2 月龄。去势的方法有阉割法、结扎法和不完全去势法。

（1）阉割法 将羊保定好后，用碘酊消毒阴囊外部，然后术者一手紧握阴囊上方，一手用刀在阴囊下方与阴囊中隔平行的部位切开，切口的大小以能挤出睾丸为好，挤出睾丸，拉断精索，在伤口处涂上碘酊，并撒上消炎粉即可。

（2）结扎法 结扎法去势的原理与结扎断尾相同。在公羊 7 周龄时，将睾丸挤在阴囊里，用橡皮筋紧紧地结扎在阴囊的上部，断绝血液流通，大约经过 15 天，阴囊及睾丸便自行脱落。此法简单易行，值得推广。

（3）不完全去势法 该法是除去睾丸产生精子的机制而保留其内分泌机能，适于 1～2 月龄羔羊。术者一手握住睾丸，一手用无菌的解剖刀纵向刺入已用 5％碘酊消毒过的阴囊外侧中间

1/3处，刺入的深度视睾丸大小，一般为 0.5～1.0 厘米。解剖刀刺入后随手扭转 90°～135°，然后通过刀口将睾丸的髓质部分用手慢慢挤出，而附睾、睾丸膜和部分间质仍留在阴囊内。捏挤时不要用力过猛，防止阴囊内膜破裂，同时固定睾丸和阴囊的手不可放松，以免刀口各层组织错位。睾丸头端的髓质要尽量全部挤出，否则会影响去势效果。一侧手术后，同法施行另一侧。

6. 剪毛时期与次数 我国幅员辽阔，各地气候差异很大，很难划定一个统一的时间。一般春秋剪毛多在 5～6 月，秋季剪毛多在 9～10 月。细毛羊、半细毛羊及其杂种羊，每年春天剪毛一次，粗毛羊可于 9～10 月再剪一次。

（1）**剪毛顺序** 先从价值低的羊群开始，借以熟练剪毛技术。从羊的品种讲，先剪粗毛羊，后剪半细毛羊、杂种羊，最后剪细毛羊。同一品种内，先剪羯羊、幼龄羊，最后剪种公羊、母羊、患病的羊，特别是患体外寄生虫的羊，留在最后剪，以防传染。

（2）**剪毛的方法与顺序** 先将羊左侧卧在剪毛台上或草席上，羊背靠剪毛员，剪毛从后肋部开始，由后向前，剪掉腹部、胸部和右侧后肢的羊毛，然后使羊右侧卧下，剪毛员面向羊的腹部，用右手提直羊左后腿，从左后腿内侧到外侧，再从左后腿外侧至左侧臀部、背部、肩部、颈部，纵向长距离剪去羊体左侧羊毛。之后使羊坐起，靠在剪毛员两腿之前，从头顶向下，横向剪去右侧颈部及右肩部羊毛，再用两腿夹住羊头，使羊右侧突出，再横向自上而下剪去右侧被毛。最后检查全身，剪去遗留的羊毛。剪毛时，毛茬高度为 0.3～0.5 厘米，尽可能减少皮肤损伤（图 17、图 18）。

（3）**剪毛注意事项**

①剪毛要选择无风晴天，防止羊剪毛后感冒。

②剪毛时均匀贴近皮肤处将羊毛一次剪下，留毛茬要低。若剪不齐，也不要重剪，以免造成二茬毛。

③不要让粪土、草屑等混入毛被。毛被应保持完整，以利于

图 17　剪毛顺序

羊毛分级、分等。

　　④剪毛动作要快，时间不宜过长。翻羊时动作要轻，以免发生意外事故。

　　⑤剪毛后，不要立即在茂盛的草场上放牧，以免引起消化道疾病。同时，避免强烈阳光的晒伤。

　　7. 抓绒　山羊抓绒的时间一般在 5～6 月份，当羊绒的毛根开始出现松动时进行。在实践中，常通过检查山羊耳根、眼圈四周毛绒的脱落情况来判断抓绒时间。脱绒的一般规律是：体况好的先脱，体弱的羊后脱；成年羊先脱，育成羊后脱；母羊先脱，公羊后脱。

　　抓绒的方法有两种，即先剪去外层长毛后再抓绒和先抓绒后剪毛。抓绒工具是特制的铁梳（图 19），有两种类型：①密梳通

图 18　机械侧卧法剪毛示意图

常由 12～14 根钢丝组成，钢丝相距 0.5～1.0 厘米；②稀梳常由 7～8 根钢丝组成，相距 2～2.5 厘米，钢丝直径 0.3 厘米。

抓绒时，需将羊头部及四肢固定好，先用稀梳顺毛沿颈、肩、背、腰、股等部位由上而下将毛梳顺，再用密梳作反方向梳抓。抓绒时，梳子要紧贴皮肤，用力均匀，不能用力过猛，防止抓破皮肤。第一次抓绒后，过 7 天左右再抓一次，尽可能将绒

图 19　抓绒梳子

抓净。

8. 修蹄 羊的蹄形不正，蹄壳过长，会影响放牧或发生蹄病。因此，修蹄是重要的羊保健工作内容，对舍饲奶山羊尤为重要。

修蹄应在雨后或修蹄前让羊在潮湿的地面上活动4小时，当蹄质变软时进行。修蹄的工具主要有蹄刀和蹄剪。修蹄时，先将过长的蹄壳剪去，然后用修蹄弯刀将蹄底的边缘修整到和蹄底一样整齐。修蹄时要细心，慢慢地一薄层一薄层地往下削，不要一刀削得过多，以免修剪时引起出血。若有出血，可用烧烙止血或压迫止血法止血（图20）。

9. 刷拭 对奶山羊进行刷拭，能促进血液循环，提高产奶量和保持奶品清洁。刷拭每天1～2次，最好用硬草或鬃刷，不可用铁篦去刷。

10. 挤奶 挤奶是山羊泌乳期的一项经常性技术工作。技术要求高，劳动强度大。挤奶的程序如下：

（1）**固定** 在挤奶台上，用颈枷或绳子将羊固定。

（2）**擦洗乳房** 先用热湿毛巾（40～50℃）擦洗乳房及乳头，再用干毛巾擦干。

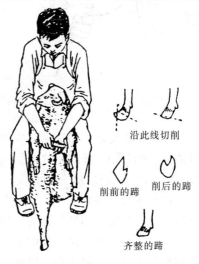

沿此线切削

削前的蹄　　削后的蹄

齐整的蹄

图20　修　蹄

（3）**按摩乳房** 以柔和的动作上下、左右按摩，每次挤奶需按摩3～4次。挤出部分奶汁后，可再按摩1次，有利于将奶挤干净。

（4）**挤奶** 挤奶的方法一般采用拳握法和滑挤法（图21）。以拳握法较好。每天挤奶2～3次。

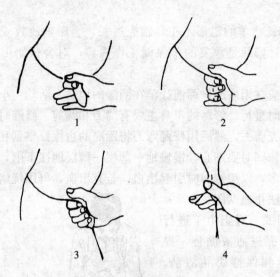

图 21 拳握法挤奶

1~3. 拳握法 4. 滑挤法

（5）乳品处理 挤完后，应将奶称重记录，尔后用 3 层纱布过滤到存奶桶中。及时运往收奶站或经巴氏消毒，即将羊奶加热至 60～65℃，保持 30 分钟。

（6）清扫 挤奶完毕，须将挤奶间的地面、挤奶台、饲槽、清洁用具、毛巾、奶桶等清洗，打扫干净，以备下次挤奶使用。

（7）乳房保护 泌乳期间要经常检查乳房有无损伤或其他异常迹象。若发现乳房皮肤干硬或有小裂纹时，应于挤奶后涂一层凡士林；若有破裂应涂以红汞或碘酊；若有红肿或发热症状，则应及时治疗。

11. 药浴 定期药浴是羊饲养管理的重要环节。一般在剪毛后 7～10 天进行，1 周后再重复一次。药浴应选择晴朗天气，药浴前停止放牧半天，并充分饮水。

药浴池的修建如图 22。目前，国内外正在推广喷雾法药浴。

为保证药浴安全有效，应先用少量羊只进行试验，确认不会

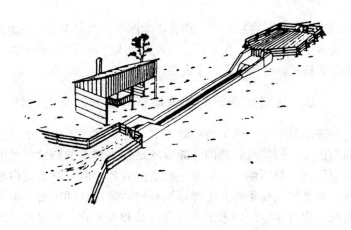

图 22 中、小型羊场的药浴池

中毒时，再进行大批药浴。在使用新药时，更要慎重。

羊只药浴时，要保证全身各部位均要洗浴到，药液要浸透被毛，适当控制羊只通过药浴池的速度，对羊头部，需人工浇一些药物液，也可用木棒压下羊头部入液内 1～2 次，使头部也能浸透药液。羊只较多时，中途应加一次药液和补充水，使其保持一定浓度。

药浴时，先浴健康羊，后浴病羊。妊娠 2 个月以上的母羊，应禁止药浴，以防流产。注意药浴后的残液处理，防止污染环境和人畜中毒。

第八节　环境调控技术

羊的环境是作为养羊管理体系中的一个组成部分而被提出的，它主要是羊舍建筑的合理设计，能对冷、热、湿度、光照、羊舍卫生等的有效控制。处于逆境的羊，其生长速度和生产效率都减低，消除环境的极端状态或不利影响将会使羊群免于环境造成的应激，也会使其生产率和繁殖性能大大提高。对羊群所处环境实行有效控制是畜牧科学工作者和生产者提高养羊生产潜力的重要技术手段和工具。在工厂化高效养羊生产体系中，环境调控是重要的技术，必须予以高度重视。

一、工厂化高效养羊的羊舍建筑与设施的规划设计

羊舍是养羊生产的主要基础建筑设施。在养羊生产水平较高的地区，一般均有较好的、能够满足各类型羊的高效生产的羊舍与设施。虽然绵、山羊是一种适宜放牧、能较好适应游牧生活、对恶劣气候条件及生态环境有较强适应性的家畜，但是作为现代化养羊生产要求生产的高效益和专业化，要提高经济效益，就必须改变旧的生产方式和管理习惯，更好、更合理地满足和保证各类羊只的生理及生产需要，有效地控制生产环境，从而使羊群达到最佳的生产性能。这里所提出的适宜高效养羊的羊舍建筑与设施，是指既要因时、因地制宜，又要把眼光看远一点，设计与建造经济、实用、适于大规模集约化工厂养羊的建筑与设施。随着科技进步与生产力发展，新的养羊生产方式将会取代传统的、落后的方式，由单一养羊专业户转变为高效的工厂化养羊。在设计羊舍与设施时，必须清醒地认识到这种发展趋势。

1. 羊场场址选择的基本原则

（1）干燥通风，冬暖夏凉的环境是羊最适宜的生活环境。根据绵山羊的生活习性，应选择地势高燥、向阳、背风、排水良好、通风干燥、宽阔的地方建场，切忌在低洼涝地、山洪水道、冬季风口之地修建羊舍。

（2）水源供应充足，清洁无严重污染，上游地区无严重排污厂矿，非寄生虫污染危害区。以舍饲为主时，水源以自来水为最好，其次是井水。舍饲羊日需水量高于放牧的羊，夏秋季高于冬春季，应掌握羊群需水量规律，保证供给。

（3）交通便利，通信方便，有一定能源供应条件。

（4）能保证防疫安全。主要设施及羊舍应距公路和铁路交通干线和河流300～500米以上。要远离有传染病的疫区及活畜市场、食品加工厂和屠宰场。场内兽医室、病羊隔离室、贮粪池、尸坑等应位于下风方向，距主设施500米以上。各类圈舍与设施有一定的间隔距离。另外，羊场应远离居民区，以防污染环境。

（5）具有一定的防灾和抗灾能力。

（6）羊舍既适用又要耐用，但必须降低造价，减少固定资产投资。

2. 羊场规划与布局的基本要求　羊场在设计时，必须按照一个既定的总体规划来安排布置房舍、围栏、圈舍、林带等，其基本要求是配置合理，符合生产工艺流程，符合兽医保健及卫生防火要求，同时还要有利于提高劳动生产率，有利于积粪垫圈。具体要求如下：

（1）羊舍及各种建筑物的配置不仅要合理，还要符合羊场的整体规划要求。

（2）羊舍的方向一般以向南为宜。在北方应首先考虑采光问题，同时兼顾避风；在南方则要考虑遮阳，同时注重避免风暴袭击。

（3）有利于提高劳动生产率，合理布局羊舍、饲料库、青贮窖等设施，便于工厂化生产的操作。

（4）有利于防火，大型建筑彼此相距至少30米。

（5）有利于羊舍的整体性与环境美化。羊场的整个场区应分为饲养区、饲料加工调制区和办公区三个部分。整个羊场应统一规划环境绿化和美化，院落、通道、羊栏应保持清洁。

3. 羊舍建筑的基本要求

（1）不同生产方向绵、山羊所需的羊舍面积　羊舍的总面积大小主要取决于饲养量大小。羊舍过小，舍内潮湿，空气污染严重，影响羊的正常健康和生产效率，也直接妨碍了生产管理。表59列出各类羊所需面积。表60列出同一生产方向各类羊所需面积。

表59 各种羊只需要的面积（米²/只）

项目	细毛羊、半细毛羊	奶山羊	绒山羊	肉用羊	毛皮羊
面积	1.5～2.5	2.0～2.5	1.5～2.5	1.0～2.0	1.2～2.0

表60 同一生产方向各类羊所需面积（米²/只）

项目	产羔母羊	公羊单饲	公羊群饲	育成公羊	周岁母羊	羔羊去势后	3～4月龄断奶羔羊
面积	1～2	4～6	2～2.5	0.7～1	0.7～0.8	0.6～0.8	母羊的20%

（2）羊舍高度 一般不低于2.5米，南方可适当高些，以利于防暑。

（3）建筑材料 要因地制宜，就地取材，经济实用。可采用石头、木头、土坯、砖瓦、树枝等作为建筑材料，有条件的地方可建成永久性的羊舍，但切忌造价过高。

（4）门、窗、地面 羊舍的门、窗应尽量宽敞些，有利于舍内通风干燥，保证舍内有足够的光照，使舍内硫化氢、氨气、二氧化碳等有害气体尽快排出。同时也要兼顾积粪出圈的方便。大群饲养的圈门，冬春怀孕母羊、产羔母羊的圈门宽度以3.5～4米为宜。窗户面积一般为地面面积的1/4左右，距地面1.3米，南窗大于北窗。为防止冬春季贼风的侵袭，也可在舍顶增设可调节装置的气窗。羊舍地面要高于土地20厘米以上，地面以土地面为宜，地面须致密、平整、坚实、无裂缝。北方寒冷地区可适当增加墙体厚度；多风沙地区门窗可增加盖板和门窗，通风天窗等应加固定装置；盐碱地区墙基应有防腐蚀保护措施；南方多雨区羊舍房顶要有严密的防漏装置，墙基有排水设施；夏季炎热地区羊舍及运动场应设遮阳设施。

二、羊舍的类型及式样

羊舍的功能主要是为了保暖、遮风、避雨和便于羊群的管理。工厂化高效养羊的羊舍，除了具备其基本功能外，还应该充分考虑不同生产类型绵、山羊的特殊生理需要，尽可能保证羊群能有较好的生活环境，同时适合于规模化饲养的工艺和管理，便于操作。

我国养羊业分布区域广，生态环境及生产方式差异大，羊舍的类型及式样各异，主要分为以下几种。

1. 长方形羊舍 这是我国养羊普遍采用的一种形式。羊舍为长方形，屋顶中央有脊，两侧有陡坡，又称双坡式。这种羊舍具有建筑方便、变化样式多、实用性强的特点。可根据不同的饲养地区、饲养方式、饲养品种及羊群种类，灵活设计内部结构、布局及配置辅助设施。在以放牧为主的牧区，除冬季和产羔季节才利用羊舍外，其余大多数时间均在野外过夜，羊舍的内部结构可相对简单些，只需要在运动场内安置必要的饮水、补饲及草料架等设施。在以全舍饲或半舍饲为主的养羊区或以饲养奶山羊为主的羊场，应在羊舍内安置草架、饲槽和饮水槽等设施。以舍饲为主的羊舍多建为双列式。双列式又分为对头双列式和对尾双列式两种。

（1）双列对头式羊舍 中间为走道，走道两侧各建一排带有颈枷的固定饲槽，羊只采食时头对头。这种羊舍有利于饲养管理及羊只采食的观察。

（2）双列对尾式羊舍 走道和饲槽、颈枷靠羊舍两侧窗户而建，羊只尾对尾。双列羊舍的运动场可建在羊舍外的一侧或两侧。羊舍内可根据需要隔成小间，也可不隔，运动场地也同样。图23为饲养500只母羊双列式羊舍的示意图。图24为可容纳600只母羊的寒冷地区冬季产羔羊舍平面图。图25为气候温和地区可容纳400只母羊的半敞棚舍平面图。为减少跨度，也可建单坡式：前墙高2.4米，后墙高1.8米即可。

2. 棚舍结合羊舍 这种羊舍大致分为两种形式：①利用原有羊舍的一侧墙体，修成三面有墙、前面敞开的羊舍。平时羊群

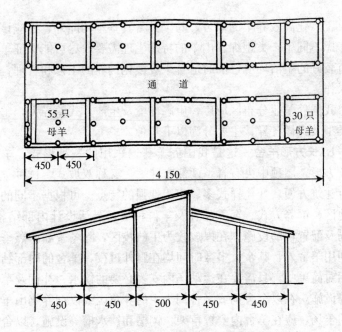

通 道

55只
母羊

30只
母羊

450 450

4 150

450 450 500 450 450

图 23 双列式羊舍平面和截面示意图（单位：厘米）

在棚内过夜，冬春季和产羔期进入羊舍。②三面有墙，向阳通风面为 1.0～1.2 米的矮墙，矮墙上部敞开，外面为运动场的羊棚（图 26）。

3. 楼式羊舍 这种羊舍适于气候潮湿地区。夏秋季，羊住楼上，粪尿通过漏缝地板落入楼下地圈。冬春，将楼下粪便清理干净后，楼下住羊，楼上堆放干草和饲料，防风防寒，一举两得。漏缝地板可用木条、竹子铺设，也可用水泥预制漏缝地板，缝隙为 1.5～2 厘米，间距 3～4 厘米，距地面距离通常为 2 米。楼上开设较大窗户，楼下则只开较小的窗户（图 27）。此种楼式羊舍既可修成双列式，也可依山而建。

4. 塑料薄膜大棚式羊舍 用塑料薄膜修建羊舍，可明显提高舍内温度，十分有利于北方寒冷地区发展适度规模专业化养羊生产，而且投资少，易于建造。

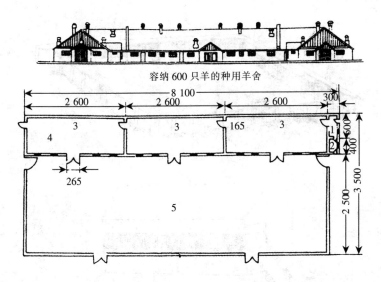

容纳 600 只羊的种用羊舍

图 24　寒冷地区冬季产羔羊舍平面图（单位：厘米）

1.工人室　2.饲料室　3.羊圈　4.通气管　5.运动场

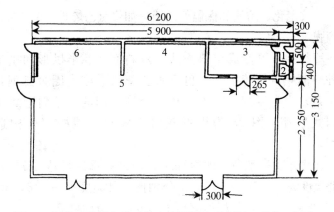

图 25　气候比较温和地区的半敞棚羊舍平面图（单位：厘米）

修建塑料棚羊舍，可利用已有的简易敞圈或羊舍的运动场，搭建好骨架后，扣上密闭的塑料薄膜即成。骨架材料可选用木材、钢材、竹竿、铁丝和铝材等。塑料薄膜也可选用透光好、强

图 26　棚舍结合羊舍

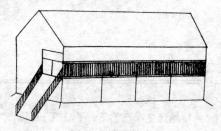

图 27　楼式羊舍

度大、抗老化、防滴和保温好的膜，如聚氯乙烯膜、聚乙烯膜和无滴膜等。

塑料棚舍可修成单斜面式、双斜面式、半拱形和拱形等多种。薄膜可覆盖单层，也可覆盖双层。棚内圈舍排列，既可单列，也可双列。结构简单、经济实用的为单斜面式单层单列式膜棚。图 28 为拱形双斜面式塑料暖棚羊舍构造示意图。

在北方寒冷季节，塑料棚羊舍内最高温度可达 3.7～5℃，最低温度为 −0.7～−2.5℃，分别比棚外温度提高 4.6～5.9℃和 21.6～25.1℃，较好地满足了羊生长发育的要求。

5. 简易羊舍　舍顶用草棚或其他避雨物覆盖，四周用砖或泥土筑墙，三面有墙，一面敞开，羊舍铺设草架、饮水、补饲槽（图 29）。这种可容纳 100 只母羊的羊舍结构简单，建筑简便，经济实用，投资较少。

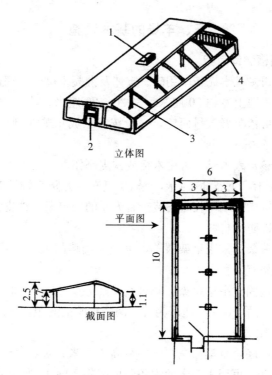

图 28 拱形双斜面塑料暖棚羊舍构造示意图（单位：米）

1. 百叶窗排气孔 2. 木质单扇门 3. 立柱 4. 补饲槽

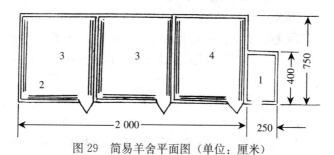

图 29 简易羊舍平面图（单位：厘米）

1. 工人室 2. 草架 3. 普通羊圈 4. 产羔带羔圈

三、羊场的基本设施

1. 饲槽和饲草架

（1）**固定式水泥槽** 用砖、土坯及混凝土砌成。饲槽要求上宽下窄。一般上宽约 50 厘米，深 20～25 厘米，槽高 40～50 厘米。槽长可依羊群数量而定，一般按每只成年羊 30 厘米、羔羊 20 厘米计算槽长长度。

（2）**移动式木槽** 可用木板或铁皮制作，一般长 1.5～2 米，上宽 35 厘米，下宽 30 厘米，深 20 厘米。为防止饲喂时羊只攀踏翻槽，饲槽两端可临时安装折装方便的固定架。铁皮饲槽，应在表面喷以防锈材料。

（3）**草架** 采用草架喂羊，可减少饲草的浪费，减少疾病。常见的草架有三种。

①靠墙固定平单草架：草架设置长度，成年羊每只按 30～50 厘米，羔羊 20～30 厘米为宜，两竖棍间的间距，一般为 10～15 厘米（图 30）。

②两面联合草架：先制作一个高 1.5 米，长为 2～3 米的长方形立体框，再用 1.5 米的木条制成间隔 10～15 厘米的 V 形装草架，然后将装草架固定在立体框之间即成。

③简易木棍草架：用木棍或木板做成 V 形的栅栏，间隙距离 10～15 厘米。

2. 多用途栅栏

主要用于临时分隔羊群，分离母羊与羔羊之用，可用木板、木条、钢筋、铁丝等制作成多用途、可移动或固定的栅栏。

（1）**活动母仔栏** 大、中型羊场产羔经常用的设备之一，样式与尺寸如图 31。

（2）**羔羊补饲栏** 可用多个栅栏、栅板或网栏。在羊舍或补饲场靠墙围成足够面积的围栏，并在栏间插入一个让成羊不能进入、羔羊可自由进出采食的栏门即可（图 32）。

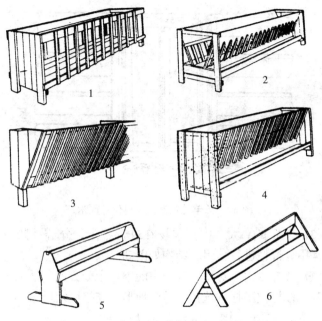

图 30　各种木制草架和小型料槽

1.长方形两面草架　2.U形两面联合草架　3.靠墙固定单面草架
4.靠墙固定单面兼用草料架　5.轻便料槽　6.三脚架料槽

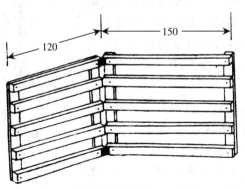

图 31　活动母仔栏（单位：厘米）

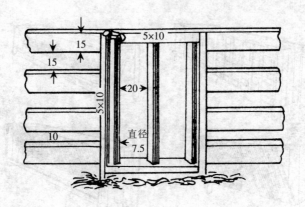

图 32　羔羊补饲栅门（单位：厘米）

（3）**分群栏**　大、中型羊场在进行鉴定、分群及防疫注射时，常用分群栏进行分组。结构如图 33。

（4）**活动羊圈**　对以放牧为主的羊场十分方便。活动羊圈可利用若干栅栏或围栏，选择合适的地形，连接固定成圆形、方形或长方形。活动羊圈的围栏样式如图 34 和图 35。

3. 贮草堆草圈　羊舍周围应设贮草堆草圈。圈用砖或土坯砌成，或用栅栏、围栏围成，上面盖以遮雨雪的材料。堆草圈应设在地势较高处，或在地面垫一定高度的砖或土，设排水沟，防潮。

4. 药浴设施　药浴设施一般用水泥筑成，形状为长方形或圆形。常用的有四种。

（1）**大型药浴池**　用砖、石、水泥等建成，池长 10～12 米，池顶宽 60～80 厘米，池底宽 40～60 厘米，

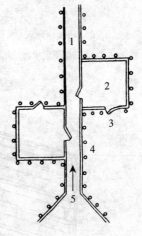

图 33　分群栏
1. 狭道　2. 羊圈　3. 门
4. 木桩　5. 入口

深 1.0～1.2 米。入口处设漏斗形围栏，使羊依顺序进入药浴池，入口处呈陡坡，出口处有一定倾斜度，斜坡上有小台阶或横木条，其作用一是不使羊滑倒，二是羊在斜坡上停留一定时间，可使身上的药液流回浴池（图 36）。

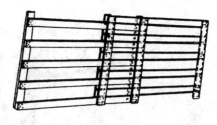

图 34　重叠围栏

（2）小型药浴槽、浴桶、浴缸　药液量约为 1 400 升，可同时洗浴 2 只成年羊，并可用门的开闭调节药浴时间（图 37）。

（3）帆布药浴池

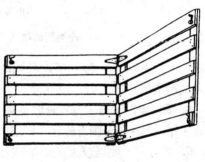

图 35　折叠围栏

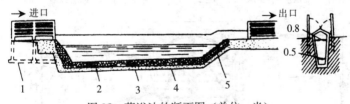

图 36　药浴池的断面图（单位：米）

1. 基石　2. 水泥面　3. 碎石基　4. 砂底　5. 0.05 米厚木板台阶

用防水性能良好的帆布加工制作。药浴池为直角梯形，上边长 3 米，下边长 2 米，深 1.2 米，宽 0.7 米，外侧用套环固定。安装前按浴池的大小形状挖一土坑，然后放入帆布药浴池，四周套环用铁钉固定，加入药液即可使用。

（4）淋浴式药淋装置　我国近年来研制的 9AL-8 型药淋装置，通过机械对羊群进行药淋。该药淋装置由机械和建筑两部分

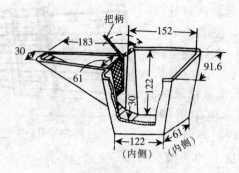

图 37　小型药浴槽（单位：厘米）

组成，圆形淋场直径为 8 米，可同时容纳 250～300 只羊药浴。淋浴式药浴装置如图 38。

5. 饲料青贮设施　饲料青贮设施主要有青贮窖、青贮壕和青贮塔三种，应在羊舍附近修建，详细内容详见本书第五章内容。

6. 饲料库　规模较大的羊场或以全舍饲为主的羊场，应建有饲料库及调料库，室内通风良好、干燥、清洁。夏季要防饲料潮湿霉变，建筑形式可以是封闭式、半敞开式或棚式。

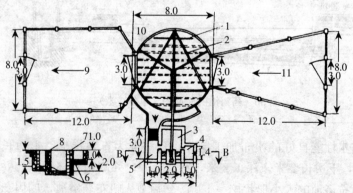

图 38　绵羊药淋装置地面建筑平面图（单位：米）

1. 下部喷头管路　2. 上部喷头悬架　3. 贮液池　4. 进水池　5. 过滤池
6. 滤液槽　7. 扶梯　8. 排污孔　9. 滤液栏　10. 淋场　11. 待淋场

7. 供水设施　以舍饲为主的羊场或羊场周围无泉水或河水，应在羊舍附近修建水井、水塔或贮水池，并通过管道引入羊舍或运动场。水源与羊舍应相隔一定距离，以防止污染。运动场或羊舍内应设可移动的木制、铁制水槽或用砖、水泥砌成的固定水槽。

8. 人工授精室与兽医室　大、中型羊场应建造人工授精室和兽医室。人工授精室应设有采精、精液检查和输精室。为节约投资，提高棚舍利用率，也可在不影响母羊产羔及羔羊正常活动的情况下，利用一部分产羔室，再增设一间输精室即可（图39）。

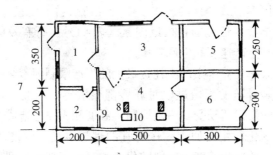

图39　人工授精站平面图（单位：厘米）

1. 采精室　2. 精液检查室　3. 输精等待室　4. 输精室　5. 贮藏室
6. 已输精母羊室　7. 公羊圈　8. 输精架　9. 送精窗口　10. 输精坑

四、塑膜暖棚羊舍的建筑与利用

塑料暖棚饲养畜禽技术的高速发展，有效地推动了现代畜牧业的发展。将塑膜暖棚养羊、配合饲料、科学饲养管理和兽医保健等综合技术有机结合起来，整体应用到养羊生产中，发挥各单项技术的优势和组合效应，正是工厂化高效养羊所期望的一种生产管理新体系。该技术体系的推广应用，从根本上改变了我国西北地区养羊生产落后的局面，提高了饲料转化率，促进了畜牧业的科技进步，也推动了规模化养羊的发展。因此，推广暖棚技术是西北地区养羊生产的一场革命，具有广阔的发展前景。

1. 羊的生存环境与生产性能的关系　　羊将饲草、料转化为人们消费的肉、奶、皮和毛,其转化的速度和效率受包括气候环境在内的许多因素所制约。环境温度对羊采食效率、维持能量和生产需能有较大影响,羊生产率或饲料转化率均为摄入代谢能和维持需要能的函数。寒冷情况下,维持能量需要直线增加;热应激时,则非线性增加。无论是冷应激还是热应激情况下,羊的生产性能(产出)和采食量(投入)之间的关系决定了生产的效率会降低。冷应激时这种下降十分突出,热应激时则相对较缓。这种能量利用率的减少直接造成了生产经济效益上的损失。因此,应针对养羊生存环境的各构成因素(表61)实行有效的环境控制,以提高生产速度和生产效率。

繁殖效率是养羊生产中耗费最大的生产限制因素之一。不论是公羊还是母羊的生殖过程对环境都很敏感。一般说,温度过低,母羊的发情活动受到一定抑制。温度和光照是造成绵山羊繁殖季节性变化的主要原因。在适宜的理想温度、湿度和等热区内,绵山羊的生长速度、饲料转化率和繁殖率都将得到最大限度的发挥。目前,已有许多技术管理措施可以用来改善或控制羊生存环境,在热环境—集约化生产体系中,塑料暖棚技术是十分重要的环境调控措施。

表 61　家畜的环境

区　分	构　成　因　素
热环境[*]	室温、空气湿度、气流、辐射
物理性环境	光、声音、畜舍、附属设施的结构、饲养密度、人工色彩
化学性环境	空气、水、氧、CO_2、CO、氨气、尘埃、饲料、饲料添加剂、农药等
地貌、土壤环境	纬度、高度、地势、地形、土壤(土性、土质、土壤水分)
生物性环境[**]	野生动植物、有害动植物、有害微生物、牧草、野草、树林
社会性环境	家畜的同种伙伴、异种间伙伴、管理者与家畜、亲仔、雌雄关系

注:＊也可以称为温热环境;

＊＊因素涉及多方面,但作为家畜管理学的对象并不那么多。

2. 塑料暖棚的设计

（1）塑料暖棚的设计原则　设计暖棚时，暖棚及运动场面积、温度和湿度的要求、通风换气参数、门的大小与个数，可参考羊舍设计主要参数。

暖棚养羊是在日照时间短、光线弱、气候严寒的冬春季节进行。所以，对暖棚的基本要求是结构合理、采光、保温，通风换气性能良好。显然，暖棚的设计不能完全照搬普通羊舍的设计参数，在暖棚设计时应首先考虑暖棚的温热特性。

（2）暖棚的方位　在冬季，为使阳光最大限度地射入棚内，我国应采用坐北朝南、东西延长的方位。早晨严寒和大气污染严重、阳光透光率低的地区，以偏西为好，这样可延长午后日照时间，有利于夜间保温。早晨不太冷、大气透明度高的地区，以偏东为宜，以便于早晨采光、偏东和偏西以 5°为宜，不宜超过 10°。

（3）塑料面角度和后屋顶仰角　单坡型暖棚膜面与地面夹角（图 40）以 25°～40°为宜。后屋顶仰角（图 41）以 30°～35°为宜。

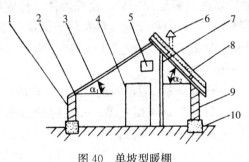

图 40　单坡型暖棚

1. 前墙　2. 棚架　3. 薄膜　4. 门　5. 进气孔
6. 排气孔　7. 支柱　8. 后屋顶　9. 后墙　10. 房基

（4）长度、跨度、高度　依各地条件灵活设计。一般单座暖棚面积不宜超过 150 米²；长度不宜超过 130 米；跨度 5～6 米；后屋顶宽 2.0～3.0 米，前墙高 1.1～1.3 米；后墙高 1.6～1.8 米。

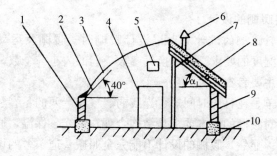

图 41　半拱形暖棚

1. 前墙　2. 棚架　3. 薄膜　4. 门　5. 进气孔
6. 排气孔　7. 支柱　8. 后屋顶　9. 后墙　10. 房基

（5）通风换气　暖棚采用自然通风换气。一般在端墙设进气孔，西端墙可少设进气孔。进气孔大小为 20 厘米×20 厘米，个数依进气孔占排气孔面积的 70% 确定。排气孔设在后屋顶，排气孔大小为 50 厘米×50 厘米，个数按每只羊 0.05～0.06 米^{2}确定，排气孔应加风帽，并均匀排列。

3. 暖棚的修造　棚址确定后，建好墙体，将棚架支好，并与墙体牢固结合。在架设棚架时，尽量使坡面或拱面高度一致。选择的木料或竹片要求光滑平直，上覆盖保护层。木料或竹片间隔一般为 80～100 厘米。

塑料薄膜的规格众多，目前尚无专门用于营造养羊塑料暖棚的薄膜。所以，目前仍是应用农膜，较普遍的薄膜有聚氯乙烯膜、聚乙烯膜和无滴膜等。实践证明，选择适宜膜的具体要求有三点：①对太阳光具有较高的透光率，以获得较好的增温效果；②对地面和羊体散发的红外线的透光率要低，以增强保温效果；③具有较强的耐老化性能，对水分子的亲和力要低，这样既可降低建筑成本，又可以长时间地保持较高的透光率。兼顾以上三点要求看，无滴聚氯乙烯薄膜更适合一些。

选定薄膜品种，按需要规格黏合，然后覆盖。塑料薄膜粘合的方法有两种：热粘，可用1 000～2 000瓦的电熨斗或普通电烙铁粘接。一般情况下，聚氯乙烯膜的热粘温度为130℃，聚乙烯膜的热粘温度为110℃。胶粘，用特殊的黏合剂，均匀地涂在将要连接的薄膜边缘（需先擦干净），然后将其粘连在一起。这种方法适合于修补薄膜的漏洞。修补时，不同薄膜要使用不同的黏合剂，聚氯乙烯膜应用软质聚氯乙烯黏合剂，聚乙烯薄膜可选用聚氨酯黏合剂进行粘接。

覆盖薄膜时，应选择晴朗天气进行。首先将膜展开，待晒热后再拉直，为使薄膜拉紧、绷展，在薄膜的两端缠上小竹竿以便操作。先将一头越过端墙在外部下面10～20厘米处固定，然后再将另一头拉紧固定，最后用草泥在端墙顶堆压薄膜。东西固定好后，用同样的方法固定上下端。

4. 暖棚的管理

（1）扣棚和揭棚 一般情况下，我国北方适宜扣棚时间为10月末至11月初。扣棚可随气温的下降由上向下逐渐增加面积。揭棚的适宜时间为每年的4月初，应随气温的升高逐渐增加揭棚面积，直接将薄膜全部揭掉。

（2）防风雨 要将薄膜固定牢固，以防大风天气将薄膜全部刮掉。下雪时，要注意观察，并及时清除薄膜表面的积雪。

（3）防严寒 修建暖棚时，应备有足够数量的厚纸和草帘，在特别寒冷的季节或寒流侵袭时，将厚纸和草帘盖在塑膜上，以增强保温效果。

（4）适时通风换气 不论是多么寒冷的季节，都应进行通风换气。通风换气应在午前或午后进行，每次以0.5～1.0小时为宜。依饲养羊头数的多少、不同羊对寒冷的耐受力，以及气温情况灵活增减通风换气次数和换气时间。

（5）定期擦拭薄膜 及时除掉薄膜表面的冰霜，以免影响薄膜的透光性。发现某一局部出现漏洞时，应及时修补。

第八章
高效高频繁殖及管理技术

工厂化高效养羊的核心是母羊的高效繁殖。母羊的繁殖率高低，直接影响到养羊的经济效益。因此，在工厂化高效养羊生产体系中，不仅要对母羊实行高效繁殖，还同时要实行高频率繁殖，两者紧密相关，互为补充。这里所谓的高效繁殖，是指每次每只母羊繁殖的羔羊数量、质量和生产效益的高效；而高频率繁殖，则是指在每年内每只母羊的繁殖效率的高效。要达到这两种高效，不从根本上改变现有的养羊生产模式，不采用高效繁殖的生物工程配套技术，是不可能实现的。本章将从羊生殖生理、生殖激素、高效繁殖生物工程激素的理论和进展、各种配套激素的操作规程、常规繁殖激素的改造等多方面予以论述。

第一节　羊的生殖器官与繁殖特性

一、公羊的生殖器官

公羊的生殖器官包括：睾丸、附睾、输精管和尿生殖道、精囊腺、前列腺、尿道球腺及输精管壶腹和阴茎。公羊的生殖器官有产生精子、分泌雄激素，以及将精液运入母羊生殖道内等作用（图42）。

1. 睾丸　睾丸是产生精子的场所，也是合成和分泌雄性激

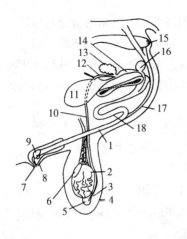
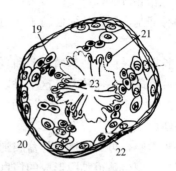

图 42　公羊的生殖器官

1. 阴茎　2. 睾丸　3. 附睾体　4. 阴囊　5. 附睾尾

6. 附睾头　7. 阴茎前端　8. 包皮　9. 龟头　10. 输精管

11. 膀胱　12. 输精管壶腹　13. 精囊腺　14. 前列腺

15. 直肠　16. 尿道球腺　17. 阴茎收缩肌　18. S状弯曲

19. 初级精母细胞　20. 次级精母细胞　21. 精细胞　22. 精原细胞　23. 精子

素的器官，它能刺激公羊生长发育，促进第二性征及副性腺发育等作用。

羊胎儿发育到一定时期（胚胎发育中期），它就和附睾一起通过腹股沟管进入阴囊，分居在阴囊的两个腔内。生后的公羊睾丸若未下降至阴囊，即会成为隐睾。两侧隐睾的公羊丧失繁殖能力，单侧隐睾的公羊具有繁殖能力，但隐睾往往有遗传性。所以，两侧或单侧隐睾的公羊均不能留作种用，应及时淘汰。

成年绵羊双侧睾丸重 400～500 克。山羊 120～150 克，每克睾丸平均每天可产生精子（3.4～3.7）×10^7 个。

2. 附睾　附睾贴附于睾丸的背后缘，分头、体、尾三部分。附睾头和尾部较大，体部较窄。附睾是精子贮存和最后成熟的场所，也是排出精子的管道。此外，附睾管口上皮稀薄分泌物可供给精子营养和运动所需要的物质。由于附睾温度比体温低 4～7℃，呈弱酸性（pH6.2～6.8）和高渗透压环境，因而对精子的活动有抑制作用，从而使精子在附睾中保持有受精能力的时间持续 60 天。

长期不采精、非繁殖季节和夏季高温天气时，最初几次所采的精液品质往往比较差，这个时期的精液不能用于配种。

3. 输精管 输精管是精子由附睾排出的通道。它是一根厚壁坚实的束状管，分左右 2 条。一端始于附睾尾部，并由腹股沟管进入腹腔，再向后进入骨盆腔到尿生殖道起始部的背侧；另一端开口于尿生殖道黏膜形成的精阜上。

4. 副性腺 副性腺包括精囊腺、前列腺和尿道球腺。射精时，副性腺分泌物与输精管壶腹的分泌物混合，形成精清。精清与精子共同组成精液。精清不但稀释精子，扩大精液量，而且有助于精液输出体外和在母羊生殖道内的运行，激发精子活力和营养精子等作用。

5. 阴茎 公羊的交配器官，主要由海绵体构成。成年公羊阴茎全长 30～35 厘米，阴茎较细，在阴囊之后有 S 状弯曲。公羊必须是先有阴茎的勃起，而后才能有正常射精。

6. 阴囊 位于体外，主要作用是保护睾丸及调节睾丸处于适合温度。当天气炎热时，阴囊的皮肤汗腺分泌增加，同时皮肤松弛，阴囊下垂，使温度易于散发；当天气寒冷时，阴囊收缩，使睾丸贴近腹下，便于保温。

二、公羊的繁殖特性

1. 公羊的性成熟与适宜的初配年龄 性成熟是一个连续的过程。初情期、性成熟和初配年龄的基本特征在本书第二章第五节生殖生物学特性中已有阐述。

公羊达到性成熟的年龄与体重增长速度呈一致的趋势。体重增长快的个体，其达到性成熟的年龄要比体重增长慢的个体早。群体中若有异性存在，可促进性成熟提前。

公羊在达到性成熟时，身体仍在继续生长发育，此时使用将会降低繁殖力。通常要求公羊的体重在接近成年时才开始配种。

2. 公羊的繁殖季节　公羊与母羊相比，繁殖季节虽然不明显，但其精子生成、精液品质和性欲以及受精能力等，都有明显的季节性差异。一般情况下，公羊的繁殖机能，以秋季最高。精子数、精子活力、精子代谢等重要指标，也以秋季为最好。在工厂化高效养羊生产中，母羊的配种时间已由单一的秋配，调整到一年四季配种。根据这种新生产体系的需要，对公羊必须实行合理的生殖能力保健。公羊在非繁殖季节出现的生殖能力下降或生殖障碍，其主要问题是睾丸的生精机能下降，性欲降低。

3. 公羊的繁殖力与环境对繁殖的影响　公羊精子形成的周期大约为 49 天。公羊精子生成的能力，3～4 岁以后随年龄增长而增加，其繁殖性能不因年龄增长而减弱。提高精液品质和精子生产力，必须有适度的营养供给，营养不良或营养过度都有害于公羊生殖能力。

公羊的性欲与受精能力之间不呈正相关。射精的频度、精子活力、精子存活时间及畸形精子率，特别是精子顶体完整率，与该公羊的受精能力具有显著的相关。

夏季气候炎热时，高温对公羊的生精机能和繁殖力影响很大，公羊经过 3～5 天高温后，突然出现射精量减少，精子活力下降，畸形精子和死精子明显增多。公羊精子的适宜发生温度为 15.6～29.5℃。

光照时间过长，对公羊的生精机能也会产生不良影响。随着日照时间的增加，睾丸内的生精上皮细胞遭受破坏。一般短日照公羊的射精量、精子浓度、睾丸重和附睾内的精子数均比长日照的要高。

给公羊饲喂富含蛋白质的饲料，可以促进精子的生成，而饲喂低蛋白质饲料可使公羊生精机能降低。研究结果表明：生理碱性饲料适于母羊，生理酸性饲料适于公羊。若相反使用，易使繁殖力降低。

三、母羊的生殖器官

母羊的生殖器官主要由卵巢、输卵管、子宫、阴道及外生殖道等部分组成（图43）。

1. 卵巢　卵巢是母羊生殖器官中最重要的生殖腺体，位于腹腔的下后方，由卵巢系膜悬在腹腔靠近体壁处，左右各1个，质地坚韧，形状像卵，呈扁圆形，长0.5～1.0厘米，宽0.3～0.5厘米。卵巢组织分内外2层，外层的皮质层产生卵泡，生成卵子和形成黄体；内层的髓质层分布有血管、淋巴管和神经。卵巢的功能是产生卵子和分泌雌激素。

2. 输卵管　位于卵巢和子宫之间，为一弯曲的小管，管壁较薄。

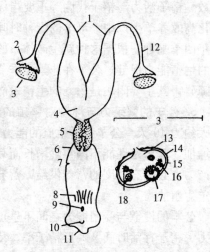

图43　母羊的生殖器官

1. 子宫角　2. 喇叭口　3. 卵巢　4. 子宫体
5. 子宫颈　6. 阴道穹隆　7. 阴道　8. 前庭
9. 尿道开口　10. 阴蒂　11. 阴门　12. 输卵管　13. 皮质　14. 生殖上皮　15. 白膜
16. 初级卵泡　17. 葛拉夫氏卵泡
18. 次级和三级卵泡

输卵管的前口呈漏斗状，开口位于腹腔，称输卵管伞。输卵管靠近子宫角的一端较细的部分称为峡部。输卵管是使精子和卵子受精结合和开始卵裂的地方，并将受精卵送到子宫。

3. 子宫 子宫为一膜囊，位于骨盆腔前部、直肠下方和膀胱上方。由2个子宫角、1个子宫体、1个子宫颈组成。子宫口及子宫体的伸缩性极强，妊娠子宫由于面积和厚度增加，质量以及容积比未妊娠子宫增加10倍以上。子宫角和子宫体的内壁有许多盘状组织，称为子宫小叶，是胎盘附着母体取得营养的地方。子宫颈的后部突出于阴道中，不发情和怀孕时子宫颈紧闭，发情时稍微张开，便于精子进入。子宫的主要生理功能是：一是发情时，子宫借助肌纤维有节律、强而有力地收缩运送精子；分娩时，子宫强而有力地阵缩排出胎儿。二是胎儿发育生长的场所。子宫内膜形成的母体胎盘与胎儿胎盘结合后，形成胎儿与母体交换营养和排泄物的器官。三是在发情期前，内膜分泌的前列腺素对卵巢黄体有溶解作用，使黄体机能减退，并在促卵泡素的作用下引起母羊发情。

4. 阴道 阴道为一富有弹性的肌肉腔体，是交配器官、产道和尿道。阴道的功能是排尿，发情时接受交配、接纳精液，分娩时为胎儿产出的产道。

母羊发情时，阴道上皮细胞角化状况有显著的变化，依此可对母羊的发情排卵作出准确的判断。

四、母羊的繁殖特性

1. 繁殖季节 绵羊和山羊的共同繁殖特征是繁殖有较明显的季节性，属季节性多次发情（表62）。在野生状态下，母羊的繁殖期都很短。由于人为地选择和淘汰，母羊的繁殖季节大大延长，形成特有繁殖季节，其出现的早晚与饲料条件、营养状况、妊娠、分娩、泌乳、哺乳、光照和品种等有密切关系，受环境因素的调节，母羊一般在夏、秋、冬三个季节有发情表现。从晚冬到第二年夏天的这段时间，母羊一般不表现发情，但在大多数情况下的卵巢中，都存在有正常发育的中型直至大型的卵泡，这些卵泡通常不持续发育，不能排卵。但在此时对母羊进行生殖调控处理，存在的卵泡可能继续发育，并出现发情和排卵。

2. 发情与发情周期　母羊能否正常繁殖，取决于能否正常发情。发情的生理和行为学的变化特征，已在第二章阐述过。

表62　绵羊和山羊发情周期及发情持续期的比较

种 类	发情周期 （天）	平均范围 （天）	发情持续期 （小时）	排卵时间
绵 羊	16.7	14～19	24～36	发情快结束时
山 羊	20.6	18～22	26～42	发情结束后不久

3. 妊娠期　妊娠期因品种、胎次和单双羔等因素而有差异。湖羊的妊娠期为151～155天，小尾寒羊平均为146～151天，细毛羊平均为133～154天。山羊平均为150天。

4. 多产性　母羊的多产性因品种、个体和营养状况的不同而有明显的差异，通过选育和采取营养调控、生殖调控等措施，可以提高母羊的多产性能。

据研究，母羊的多产性具有明显的遗传性。采用营养调控，加强配种前的母羊营养，实行配种前的短期优饲，每增加4～5千克活重，双羔率可提高5%～10%。采用生殖免疫调控，则可使细毛羊母羊的双羔率达到50%以上。

第二节　生殖的内分泌调节

一、生殖激素对公羊生殖的调节

1. 下丘脑—垂体—睾丸轴　公羊的生殖功能有赖于生殖器官与下丘脑和垂体之间的相互协调，而公羊的生殖功能却表现出更复杂的特点。睾丸的两种主要功能，即分泌类固醇激素和产生精子，在解剖学上是分开的，雄激素的生物合成发生在睾丸的间质细胞，生精作用则发生在曲精细管。腺垂体通过促性腺激素（GTH），包括FSH（促卵泡素）和LH（促黄体素）的分泌参与控制这两种功能。而腺垂体本身又受到中枢神经系统许多部位的调节，这些部位通过下丘脑的促性腺激素释放激素（GnRH）实现协调控制。下丘脑-垂体-睾丸之间的关系形成轴的关系，在一个协调的反馈体系中互为影响（图44）。

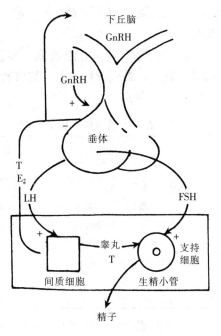

图44 睾丸雄激素生物合成的激素调节
GnRH：促性腺激素释放激素
E：雌激素 FSH：卵泡刺激素
LH：黄体生成素 T：睾酮

下丘脑分泌的 GnRH 促使垂体释放 LH 和 FSH。当 LH 与睾丸间质细胞上的特异膜受体结合后，即诱导出一系列的反应，最终导致睾酮及雌二醇分泌。这些性腺激素又作用与下丘脑和腺垂体，通过负反馈机制来调节垂体促性腺激素（GTH）的释放。间质细胞分泌的睾酮与曲精细管的支持细胞内的胞浆受体结合，这是精子分泌的关键。FSH 与支持细胞的膜受体的结合对诱导生精过程有重要作用，从支持细胞释放的抑制素能抑制 FSH 的分泌。

2. 初情期与性成熟的内分泌调节　公羊从胎儿期性腺分化开始，睾丸间质细胞就在促性腺激素的作用下暂时性分泌雄激素。

初情期的启动有赖于下丘脑-垂体-睾丸轴的成熟，表现为丘脑下部对睾丸类固醇总反馈降低，GnRH 分泌的频率和量明显增加，垂体对 GnRH 的耐受性及睾丸对 LH 和 FSH 的耐受性增加。

3. 繁殖季节的内分泌调节 多数品种的公羊睾酮浓度最高值是在秋季，最低值在春季。繁殖和非繁殖季节公羊 LH 和睾酮分泌模式如表 63。

表 63　繁殖和非繁殖季节公羊 LH 和睾酮分泌模式

项　　目	繁殖季节 9 月	非繁殖季节 5 月
平均 LH 水平（纳克/毫升）	2.46±0.36	1.81±0.18
24 小时 LH 峰次数	5.40±2.28	3.60±0.75
最高峰值（纳克/毫升）	6.33±2.28	6.50±0.70
平均睾酮水平（纳克/毫升）	5.22±0.66	1.24±0.24
24 小时睾酮峰次数	5.40±0.98	3.20±0.66
最高峰值	9.81±0.79	3.97±0.80
每次 LH 峰间隔（分）	52.16±3.55	54.50±2.29

这种激素分泌变化将会影响到公羊的生殖能力，使公羊的睾丸体积经历三个阶段的变化：退化（睾丸体积最小）、发育（体积增大）和活跃（体积最大），LH 释放的频率和幅度变化与上述三个阶段同步。

从下丘脑-垂体-睾丸轴对光周期反应可知，环境因素对性腺轴有直接作用。光照与周期性变化可以改变下丘脑对类固醇负反馈作用的熟悉性。对公羊来说，随着光照逐日缩短，这种熟悉性减弱，促性腺激素和性腺激素的分泌增加，精子生成机能增强，睾丸质量随之增加，光照周期的变化还可以通过调节松果腺激素的分泌及甲状腺激素和促乳素的分泌影响公羊的性活动。褪黑色素是松果腺分泌的一种激素，血浆中的浓度每日都有波动，黑暗时出现峰值。若采用抗褪黑色素处理可以达到抗松果腺活性的作用，达到刺激生殖系统活性的目的。长时间过高的环境温度，特别是热应激可以降低睾丸的内分泌和生精功能。

4. 精子发生的内分泌调节 精子发生的过程从启动到完成都受这内分泌的调节，涉及多种生殖激素，其中最主要的有睾丸分泌的雄性激素和抑制素，下丘脑分泌的 GnRH，垂体分泌的 FSH 和 LH。

睾丸的生精功能主要受垂体促性腺激素（FSH 和 LH）的调节。FSH 对精子发生的调节作用是通过支持细胞实现的。FSH 首先维持支持细胞的分裂，其次与支持细胞膜上的受体结合，刺激雄激素结合球蛋白（ABP）的合成，而 ABP 对生殖细胞发育和分化为成熟的精子起着全关重要的作用。FSH 也可和精原细胞上的受体结合，直接启动精原细胞的分裂和刺激早期精母细胞的发育。FSH 还可刺激支持细胞产生一种或多种分泌因子，作用于间质细胞，以增强其对 LH 的反应性，提高睾酮的产量。

LH 对公羊作用的靶细胞是间质细胞，与膜上的 LH 受体结合，刺激睾丸雄激素的分泌，维持生精所需的雄激素浓度。

二、生殖激素对母羊生殖的调节

1. 下丘脑—垂体—卵巢轴 与公羊相似，母羊的生殖功能一方面受到垂体和下丘脑的控制，另一方面也受到卵巢类固醇激素对下丘脑和垂体活动的反馈调节，这种相互影响、相互制约的关系即下丘脑—垂体—卵巢轴。这个轴的活动亦受到其他中枢，特别是大脑皮层高级中枢的控制（图 45）。

2. 脑垂体对卵巢活动的调节 母羊卵巢的生卵功能和内分泌功能都能直接受脑垂体的控制，它通过分泌 FSH 和 LH 来实现对卵巢功能的调节作用。

FSH 能刺激卵泡生长，是卵泡发育成熟所必需的。FSH 与卵泡颗粒细胞膜上的特异受体结合，通过颗粒细胞影响卵子。FSH 在卵泡发育中的作用主要有促进内膜细胞的分化、促进颗粒细胞增生和刺激卵泡液的分泌，使卵泡及其内腔增大，同时伴有整个卵巢的增大。卵泡发育的以上三个阶段必须有 FSH 参加。

只有当 FSH 与少量的 LH 共同作用时，成熟的卵泡才能排卵，分泌雌激素和孕激素。因此，LH 是促进卵泡类固醇生成所必需的。血液 LH 水平的突然升高（LH 峰）是触发排卵的主要原因，LH 同时也是黄体维持所必需的，LH 可以促进黄体细胞分泌雌二醇和孕酮。

3. 卵巢类固醇激素对生殖功能的调节

卵巢类固醇激素主要指雌二醇、孕酮和睾酮，它通过下丘脑-垂体-卵巢轴的正负反馈影响母羊的生殖活动。

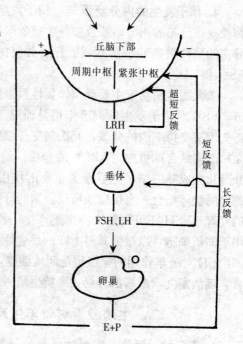

图 45　下丘脑—垂体—卵巢轴
E：雌激素　P：孕激素

雌激素主要由成熟卵泡和黄体分泌，其主要生物学作用是维持和促进母羊生殖器官和副性腺的发育。雌激素对子宫的作用主要是促进子宫内膜细胞分裂，产生典型的增殖变化，参与发情周期的形成，在雌激素的作用下，宫颈分泌的黏液量增大，黏液稀薄，有利于精子的穿透。雌激素可使阴道上皮细胞角化增加，增强输卵管的活动，对卵巢有直接和间接的作用，通过下丘脑和垂体，发挥正、负反馈两个方面的调节作用。在正常情况下，雌激素与促性腺激素协同促进卵的发育，也能刺激 LH 的分泌，促进黄体生成。大剂量的雌激素可以反馈性地使 FSH 分泌减少，雌激素和孕激素一起使用，能抑制 FSH 和 LH 的分泌，人类用复合避孕药正是基于此原理设计的。

孕激素是由卵巢黄体细胞和胎盘合成的，其主要的生物学作用是抑制子宫肌的收缩，维持妊娠，刺激乳腺的发育。孕激素的作用大多需要以雌激素的作用为基础。

雄激素在母羊体内的生物学作用，主要与母羊的性欲和性冲动有关。

第三节　与羊繁殖有关的生殖激素

生殖激素的作用是复杂的过程，如公羊、母羊的生殖器官的发育，精子、卵子的发生、发育和成熟，黄体的形成、退化，整个母羊发情周期中激素变化，精卵结合与受精，胎儿发育，母羊分娩、泌乳等，都是在激素的调节下相互协同、按照严格的顺序和反馈机制进行的。可以说，羊繁殖的任何生理过程无一不是在激素的直接或间接控制下才得以实现的，它的功能常常很强，极少量的激素就可以发挥巨大的生理反应。因此，了解和掌握主要生殖激素的作用机理，各个激素之间的相互关系和对羊的反馈作用是十分重要的。激素不足或滥用激素会造成羊的体内生殖激素紊乱，致使公、母羊出现短期或长期的不孕。

一、生殖激素的分类

根据生殖激素的来源和功能不同，可分为以下三大类：

1. 来自丘脑下部的释放激素　该激素可控制垂体合成与释放激素有关的激素。

2. 来自垂体前叶的促性腺激素

3. 来自睾丸和卵巢的性腺激素　对两性行为、第二性征和生殖器官发育和维持，以及生殖周期的调节起着重要的作用。

除此之外，来自胎盘的一些激素，有些与垂体促性腺激素相类似，有些与性腺激素类似。下面把一些直接或间接作用于生殖活动的激素名称、简称、来源、化学结构、主要用途列于表 64 中。

表 64　生殖激素的种类、来源、化学结构和生理作用

各类激素	激素名称（英文缩写）	主要来源	化学结构	作用器官	主要用途
松果腺激素	褪黑激素（MLT）	松果腺		垂体	抑制促性腺细胞对 GnRH 的应答反应
丘脑下部激素	促性腺激素释放激素（GnRH）	丘脑下部	多肽	垂体前叶	使垂体前叶释放 FSH 和 LH
	促乳素释放因子（PRF）	丘脑下垂	多肽	垂体前叶	使垂体前叶释放促乳素
	促乳素抑制因子（PIF）	丘脑下部	多肽	垂体前叶	抑制垂体前叶释放促乳素
促性腺激素	促卵泡素（FSH）	垂体前叶	糖蛋白	卵巢、睾丸精细管	促进卵泡发育，促进精子生成
	促黄体素或促间质细胞素（LH 或 ICSH）	垂体前叶	糖蛋白	卵巢、睾丸间质细胞	促进卵泡成熟、排卵及雌激素分泌，促进黄体生成并分泌孕酮，促进间质细胞分泌雄激素及精子成熟
	促黄体分泌素（LTH）或促乳素（PF）	垂体前叶或胎盘（啮齿类）	糖蛋白	卵巢、乳腺	刺激泌乳、维持黄体对孕酮的分泌（大鼠、绵羊），维持雄激素的分泌，刺激雄性副性腺发育
	绒毛膜促性腺激素（HCG）	胎盘绒毛膜（灵长类）	糖蛋白	卵巢、胎盘	主要类似于 LH，也有 FSH 的作用
	孕马血清促性腺激素（PMSG）	马胎盘（子宫内膜）	糖蛋白	卵巢、胎盘	主要类似于 FSH，也有 LH 的作用

各类激素	激素名称（英文缩写）	主要来源	化学结构	作用器官	主 要 用 途
性腺激素	雌激素（雌二醇，雌酮等）（E）	卵泡，胎盘	类固醇	雌性生殖道，乳腺，丘脑下部等	刺激并维持雌性生殖道的发育及发情时的变化，刺激性欲及性兴奋；维持第二性征，增强子宫的收缩能力；刺激乳腺腺管系统的发育；对丘脑下部或脑垂体具有正、负反馈作用
	孕酮（P$_4$）	黄体，胎盘	类固醇	雌性生殖道；丘脑下部等	与雌激素协同，促进生殖道发育；协同雌激素使母畜表现性欲及性兴奋；使子宫能够维持胚胎的发育。刺激乳腺腺泡系统的发育，对垂体促性腺激素具有负反馈作用
	睾酮（T）	睾丸的间质细胞	类固醇	公畜生殖器官及副性腺	促进精子生成，刺激性欲
	松弛素	卵巢，胎盘	多肽	雌性生殖道，骨盆韧带	在雌激素预先作用下，使耻骨联合、骨盆韧带及软产道松弛，能够扩张；抑制子宫收缩
	抑制素	卵巢，胎盘	多肽	丘脑下部，垂体	通过反馈作用，调节FSH的分泌，有时也能控制LH的分泌
垂体后叶素	催产素	垂体后叶	九肽	子宫，乳腺	刺激子宫及输卵管肌肉收缩，分娩时刺激子宫收缩。刺激乳腺肌上皮细胞收缩，引起放乳
局部激素	前列腺素（PGS）	各种组织	不饱和羟基脂肪酸	各种器官和组织	对于生殖器官的主要作用是：溶解黄体，出现再发情。使输卵管的平滑肌收缩或松弛，调节卵子的运行；与催产素协同作用，使子宫肌肉收缩，引起分娩的发生

以上激素都对生殖活动有直接影响，还有一些激素间接影响生殖活动，如垂体前叶分泌的促生长激素（STH）、促甲状腺素（TSH）、促肾上腺皮质素（ATCH）、垂体后叶分泌的加压素（或抗利尿素 ADH）、甲状腺分泌的甲状腺素、肾上腺皮质所分泌的皮质素和醛固醇、胰腺所分泌的胰岛素、甲状旁腺所分泌的甲状旁腺素等。

二、促性腺激素释放激素

促性腺激素释放激素（GnRH）由下丘脑分泌，它能控制垂体前叶分泌两种促性腺激素（FSH 和 LH），控制着垂体各种激素的分泌。由于这种激素具有高活性，较易大量合成，种间差异较小，分子量小，不在体内产生抗体而使其生物学作用递减。它能促使体内自身调整以及可以避免副作用。因此，在医学临床和动物繁殖中的应用十分广泛。

GnRH 类似物是促排卵 2 号（LRH - A$_2$）和促排卵 3 号（LRH - A$_3$），国内有赤峰博恩药业、宁波第二激素等厂生产。

主要生理功能：①刺激垂体释放 LH 和 FSH 。天然和合成的 GnRH 对公、母羊都有效应，注射后 15 分钟，血液中 LH 升至高峰，30 分钟后 FSH 也升至高峰。②刺激垂体加速合成 FSH 和 LH。③刺激排卵。④促进精子生成。

三、促性腺激素

促性腺激素（GTH）包括 FSH（促卵泡素）和 LH（促黄体素），是由垂体前叶分泌。另外，PRL（促乳素）与黄体分泌孕酮有关，也是由垂体分泌。三种促性腺激素的主要生物学作用如下。

1. FSH（促卵泡素）　其生物学作用主要有：①促进卵泡生长发育，包括卵泡液的积聚、颗粒层细胞的增生、内膜细胞的发育等。②促进卵泡成熟。③促进公羊精子的生成。

2. LH（促黄体素）　其生物学作用主要有：①在 FSH 的协

同下，能促进卵泡的最后成熟。②增进卵泡颗粒层细胞的代谢和内膜层分泌雌激素，引起母羊的正常发情。③诱发成熟卵泡排卵和形成黄体。④维持妊娠黄体，具有早期保胎作用。⑤促进睾丸间质细胞的生理功能，与公羊的睾丸分泌睾酮有关。

3. PRL（促乳素） 其主要作用有：①与雌激素协同作用乳腺管道系统。与孕酮共同作用于腺泡系统，与皮质类固醇激素一起激发和维持泌乳活动。②促使黄体分泌孕酮。

四、性腺激素

性腺激素是由卵巢和睾丸分泌的激素，又称类固醇激素。

1. 雌激素（又称卵泡素、动情素） 雌激素包括雌二醇和雌酮两种，卵泡液是雌激素的主要来源，其主要作用如下：①刺激并维持母畜生殖道的发育，在发情期促使母畜表现发情和生殖器官的生理变化。②促进乳腺管状系统增长与孕酮共同刺激，并维持乳腺的发育。③刺激性中枢，使母畜发生性欲及性兴奋，这种作用是在少量孕酮的协同下发生的。④雌激素减少到一定量时，对丘脑下部和垂体前叶的负反馈作用减弱，导致释放促卵泡素。⑤刺激垂体前叶分泌促乳素。⑥使母畜发生并维持第二性征，如骶软骨骨化早而骨骼较小，骨盆宽大，易于积蓄脂肪，皮肤软、薄等。⑦怀孕期间，胎盘产生的雌激素作用于垂体，使其产生 LTH（促黄体分泌素），对于刺激和维持黄体的机能很重要，到怀孕足月时，胎盘雌激素增多，可使骨盆韧带松软。当雌激素达到一定浓度，且与孕酮达到适当的比例时，可使催产素对子宫肌层发生作用，并对启动分娩营造必需的条件。⑧促使雄性睾丸萎缩，副性器官退化，最后造成不育。

由于合成雌激素的生理效能与天然雌激素几乎完全相同。因此，在临床上被广泛应用。它们具有促使子宫收缩的作用，所以常用于治疗胎衣不下，排出干尸化胎儿，促发情，也用于人工刺激泌乳。由于它能对丘脑下部有反馈作用，因而能引起释放促黄体素释放激素。在合成雌激素中有己烯雌酚、二丙酸己烯雌酚、戊酸雌二醇、二丙酸雌二醇、苯甲酸雌二醇、双烯雌酚。

2. 孕激素（孕酮、黄体酮、助孕素） 孕激素主要由黄体和胎盘产生，肾上腺皮质和睾丸及卵泡颗粒层细胞也曾分离出孕酮，在代谢过程中，孕酮最后被降解为雌二醇而排出。其主要作用如下：①促进生殖器官发育，只有在孕酮的作用下，生殖器官才能发育充分。②少量孕酮和雌激素共同作用，能使母畜出现发情的外部表现，并接受交配；只有在少量孕酮的协同作用下，中枢神经才能接受雌激素的刺激，母畜才能表现出性欲和兴奋性；否则，卵巢中虽有卵泡发育，但无发情的外部表现（暗发情）。大量孕酮能抑制发情，这是因为大量孕酮对下丘脑和垂体前叶有负反馈作用，能够抑制垂体促性腺激素的释放，特别使抑制FSH 释放。③小剂量孕酮能间接通过其对 LH 的释放作用刺激排卵，亦可与雌激素共同作用，促进 LH 的释放而刺激排卵。④孕酮能维持子宫黏膜在雌激素作用后黏膜上皮的增长，刺激并维持子宫腺的增长和分泌，孕酮还可使子宫颈收缩，使子宫颈及阴道上皮分泌黏稠黏液，并抑制子宫肌蠕动，为胚胎附着和发育创造了有利条件。所以，孕酮是维持妊娠的必需激素。⑤对乳腺的作用。在雌激素刺激乳腺管发育的基础上，孕酮能刺激乳腺腺泡系统，使乳房发育。

孕酮在临床上多用于防止习惯性流产和功能性流产（缺孕激素而引起的流产），往往用于治疗卵泡囊肿。孕酮一般口服无效，故制成油剂进行肌内注射，也可制成丸剂埋植皮下，或制成乳剂用于阴道栓。合成孕激素制剂种类有：甲孕酮、甲地孕酮、氯地孕酮、氟孕酮、炔诺酮、18-甲基炔诺酮等。这些药物不但可肌内注射和作栓剂，还可口服。

3. 雄激素 雄激素由睾丸间质细胞产生，肾上腺皮质素也能分泌少量雄激素，最主要的形式为睾酮。它的主要作用如下：

①刺激并维持公畜性行为所必需的条件。②在与 FSH（促卵泡素）及 LH（促黄体素）的共同作用下，刺激精细管上皮的机能，从而维持精子的形成。③促进雄性副性器官的发育和分泌机能，如前列腺、精囊腺、尿道球腺、输精管、阴茎和阴囊等。④促进公畜的性欲，促进雄性第二性征的表现，如骨骼肌的发育。⑤通过下丘脑的负反馈作用，抑制垂体分泌促性腺激素，以保持体内的平衡状态。

4. 松弛素　松弛素主要来源于妊娠期间的黄体，也可由胎盘和子宫产生。松弛素为一种水溶性多肽物质，只有在接近妊娠期的后 2/3 时才会大量出现。分娩时即在血液中消失。

松弛素的主要生理作用与分娩有关。松弛素的作用只有在雌激素和孕激素的预先作用后才能对生殖道和有关组织有较强的作用。松弛素单独使用作用较小，其主要的功能有：①促使骨盆韧带松弛，耻骨联合分离和子宫颈口扩张，以利于分娩时胎儿产出。②促使子宫水分含量增加和乳腺发育。

5. 抑制素　抑制素是由睾丸的支持细胞和卵巢的颗粒细胞分泌的一种糖蛋白激素。它能选择性地抑制 FSH 的分泌，而对 LH 没有作用。抑制素可抑制 FSH 的分泌，从而影响睾酮的分泌，也影响卵巢的排卵反应。

五、胎盘激素

胎盘激素是由灵长类和马胎盘产生的蛋白质激素，它具有促性腺激素的功能，生产上经常用 PMSG（孕马血清促性腺激素）替代 FSH，用 HCG（人类绒毛膜促性腺激素）替代 LH，解决羊群的繁殖问题。

1. PMSG（孕马血清促性腺激素）　PMSG 是一种比较特殊的促性腺激素，同一个分子中同时具有 FSH 和 LH 的两种作用。主要作用是促进卵泡发育和促进排卵，促进黄体生成。

PMSG 是妊娠母马血液中所含有的一种促性腺激素。母马妊娠 60 天时激素的水平达到高峰，维持到 120 天，170 天后几乎完全消失（图 46）。

　　PMSG 主要用于与孕激素配合对母羊实行同情发情、非繁殖季节诱导发情和幼龄母羊的诱导发情；对于母羊卵巢机能衰退、公羊性欲不强、生精能力衰退等有明显的作用，在胚胎移植中用于母羊的超数排卵处理。

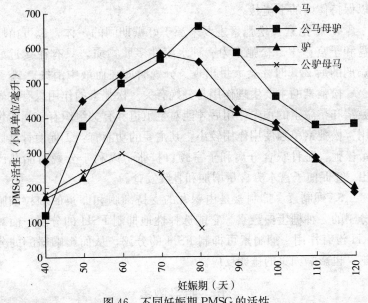

图 46　不同妊娠期 PMSG 的活性

　　PMSG 与 FSH 类似，有促进卵泡发育、排卵和黄体形成的功能；促进精细管发育和性细胞分化的作用。

　　赤峰博恩药业与石河子大学已研制成功由孕马胎盘提取孕马血清的生产工艺，并建立了 PMSG 在提高工厂化绵羊、山羊及其他动物生产中的应用技术程序与效果控制。宁波第二激素等厂亦生产有 PMSG 产品。

　　2. HCG（人类绒毛膜促性腺激素）　HCG 存在于早期妊娠妇女的尿液中，并来源于胎盘绒毛的滋养层。孕妇妊娠 8～9 周分泌达到高峰，21～22 周降至最低。HCG 是一种廉价的 LH 代用品。HCG 具有促进卵泡成熟排卵和黄体生成的多种作用。生产中常用于提高母羊冷冻精液受胎率，促进公羊性欲和公羊生精机能。HCG 还可配合其他激素应用于母羊不发情、卵巢静止、卵巢萎缩以及母羊安静发情等繁殖障碍问题。

国内有赤峰博恩药业、宁波第二激素等厂生产此类产品。

六、前列腺素

前列腺素（PG）及其人工合成类似物氯前列烯醇（PGF$_{2\alpha}$），对人类和动物具有广泛的生物学作用。主要有如下作用：

1. 溶解黄体 PGF$_{2\alpha}$ 对黄体具有明显的溶解作用。根据研究，PGF$_{2\alpha}$ 的溶解黄体作用仅限于 4～6 天以后的黄体，对新生黄体无效。在母羊上应用时，繁殖季节有效，非繁殖季节无效。因为 PG 的作用仅限于溶解黄体，故单独使用效果较差。

2. 影响排卵 PG 可调节输卵管各段的收缩和松弛，因而可影响精子、卵子的运行和在母羊生殖道内的停留时间，间接影响受胎。

3. 刺激子宫平滑肌收缩 PG 对子宫平滑肌有强烈的刺激，可使子宫颈松弛。生产中常用于人工引产和在精液中添加、刺激精子活动，有利于输精后的精子被动运行。PG 可提高妊娠子宫对催产素的敏感性，PG 与催产素同时使用，具有协同作用。

PG 最重要的作用是：加强（或减弱）生殖道的运动机能；引起卵巢中黄体的退化（溶解黄体的作用）。

国内有赤峰博恩药业、宁波第二激素等厂生产有此类产品。

第四节　高效高频繁殖常用激素及制剂

一、子宫收缩药物

1. 垂体后叶素

【作用与用途】本品是由猪、牛脑垂体后叶中提取的水溶液成分，含催产素和加压素（又称抗利尿素）。垂体后叶素对子宫平滑肌有选择作用，其作用强度取决于给药的剂量和当时的子宫生理状态。对于非妊娠子宫，小剂量能加强子宫的节律性收缩，大剂量可引起子宫的强直性收缩。对妊娠子宫，在妊娠早期不敏感，妊娠后期敏感性逐渐加强，临产时作用最强，产后对子宫的作用又逐渐降低。对子宫的作用特点是：对子宫的收缩作用强，而对子宫颈的收缩作用较小。此外，还能增强乳腺平滑肌收缩，促进排乳。本品所含的抗利尿素可使羊尿量减少，还有收缩毛细血管，引起血压升高的作用。本品适用于子宫颈已经开放，但宫缩乏力者，可肌内注射小剂量催产；产后出血时，注射大剂量，可迅速止血；治疗胎衣不下及排出死胎，加速子宫复原；新分娩而缺乳的母羊可作催乳剂。

【用法与用量】本品口服无效。注射液：羊 10～50 国际单位/次。治疗子宫出血时，用生理盐水或 5％ 葡萄糖注射液500 毫升稀释后，缓慢静脉滴注。

2. 催产素

【作用与用途】对子宫收缩作用与垂体后叶素注射液的作用相同。

【用法与用量】用量与用法同垂体后叶素注射液。

3. 马来酸麦角新碱

【作用与用途】本品与垂体后叶素相比，对子宫作用显著而持久，可直接兴奋整个子宫平滑肌（包括子宫颈）。稍大剂量可使子宫产生强直性收缩。

【用法与用量】同垂体后叶激素注射液。

4. 氯前列烯醇

【作用与用途】本品为前列腺素的类似物，能溶解黄体，刺激发情和排卵。对妊娠子宫可加强其收缩，以妊娠晚期的子宫最为敏感。可用于人工授精，促使羊同期发情，治疗持久黄体，催产或引产等。

【用法与用量】注射液，羊肌内或阴唇注射 0.5～1 毫克/次。子宫灌注每 12 小时一次。

二、类固醇激素

1. 己烯雌酚
【作用与用途】本品为人工合成的雌激素，可促进子宫、输卵管、阴道和乳腺的生长和发育。除维持成年母羊的性征外，还能使阴道上皮、子宫平滑肌、子宫内膜增生，刺激子宫收缩。小剂量可促进 LII 的分泌；大剂量则可抑制 FSH 的分泌，亦能抑制泌乳。该药对反刍动物有明显的促蛋白质合成的作用，还可增进体内水分、加速增重和加快骨盐的沉积等作用。

【用法与用量】片剂：羊 3～10 毫克/次。注射剂：羊 1～3 毫克/次。

2. 雌二醇
【作用与用途】本品口服无效，必须肌内注射。作用与己烯雌酚相同，但作用强烈。

【用法与用量】注射液：羊 1～3 毫克/次。

3. 炔雌醇
【作用与用途】本品为人类口服避孕药的主要成分，作用较雌二醇强，可以口服。

4. 炔雌醚（炔雌醇环戊醚）
【作用与用途】本品为口服长效避孕药，作用与雌二醇相似。

5. 雌三醇
【作用与用途】生理和药理作用与雌二醇相似，但又有特点，它的雌激素活性较弱。

6. 黄体酮
【作用与用途】本品为天然黄体酮制剂，在乙醇或植物油中溶解，应避光保存。本品主要作用于子宫内膜，能使雌激素所引起的增殖期转化为分泌期，为孕卵着床做好准备；并抑制子宫收缩，降低子宫对缩宫素的敏感性，有"安胎"作用。此外，与雌激素共同作用，可促使乳腺发育，为产后分泌作准备。临床上常用于治疗习惯性流产、先兆性流产或促使母畜周期发情，也用于治疗卵巢囊肿。

【制剂、用法与用量】注射液：每支 1 毫升，含量为 50 毫克、20 毫克、10 毫克。肌内注射用量：羊 15～25 毫克/次。

复方黄体酮注射液　每毫升含黄体酮 20 毫克、苯甲酸雌二醇 2 毫克。用途、用量同黄体酮，治疗效果较好。

7. 甲孕酮（醋酸甲孕酮，安宫黄体酮 MAP）

【作用与用途】本品为人工合成孕激素，与黄体酮相比，口服后不易在肝脏中代谢失活，故口服有效。本品无明显雄激素活性，无雌激素活性，具有弱抗雌激素活性。用 MAP 制成的阴道海绵栓，可用于繁殖季节的母羊同情发情。对幼龄母羊，可采用口服处理。繁殖季节，阴道埋植 50 毫克。

8. 己酸孕酮（孕酮己酸酯，避孕针 1 号）

【作用与用途】人工合成孕激素，肌内注射后缓慢吸收，发挥长效作用。本品主要与雌二醇配合应用，每支含己酸孕酮 250 克，戊酸雌二醇 5 克。

9. 炔诺酮

【作用与用途】人工合成孕激素，口服有效，孕激素活性及抑制排卵的作用较孕酮为增强。每片含炔诺酮 0.6 克，炔雌醇 0.035 克。皮下埋植法同期发情处理母羊，可用此类药物。

10. 炔诺酮庚酸酯（庚炔诺酮）

【作用与用途】生物活性同炔诺酮，肌内注射后作用时间明显延长，具有长效孕激素和长效抑制排卵的活性。此外，尚有弱雌激素、弱雄激素和较强的抗雌激素的活性。本品主要作为长效避孕针的主要成分。庚炔诺酮避孕针，每支含庚诺酮 200 克，每 2 月注射 1 次，避孕 2 个月。复方庚炔诺酮人用避孕针，每支含庚炔诺酮 60 克或 80 克及戊酸雌二醇 5 克。

11. 18-甲基炔诺酮（高炔酮）

【作用与用途】本品为19-去甲基睾丸酮类孕激素，口服有效。对母羊进行同情发情处理时，可皮下埋植处理。

12. 甲地孕酮（醋酸甲地孕酮，妇宁片）

【作用与用途】药理活性和化学结构与甲孕酮相似，口服有效。常用复方甲地孕酮避孕针（美尔伊注射液），内含甲地孕酮25毫克，雌二醇3.5毫克。本品为微结晶水混悬剂，肌内注射后，在注射局部形成"储库"，缓慢吸收而发挥长效作用。

13. 甲基睾酮（甲地睾丸酮）

【作用与用途】本品主要是促进雄性生殖器官的发育成熟，保持第二性征。大剂量注射，可抑制垂体前叶分泌促性腺激素，有对抗雌激素的作用。此外，具有明显的促进蛋白质合成的作用，并可使体内蛋白质分解减少，增加氮和无机盐在体内积留，使肌肉发达，体重增加。较大剂量可刺激骨髓的造血功能，促进红细胞和白细胞的生成。

临床上用于治疗种公畜的性欲缺乏、创伤、骨折、再生障碍性或其他原因的贫血。或用于促使抱窝母鸡醒抱。

14. 氟孕酮（FGA）

【作用与用途】本品为合成孕酮，口服有效。用于母羊同情发情或非繁殖季节诱导发情，启动和刺激母羊卵巢的活性。繁殖季节阴道埋植40~45毫克，非繁殖季节阴道埋植45~60毫克。

15. 三合激素

【作用与用途】本品为人工复合类固醇激素制剂，每毫升内含丙酸睾丸素25毫克，黄体酮12.5毫克，苯甲酸雌二醇1.5毫升。一般慎用于母羊的同情发情或诱导发情。

16. 丙酸睾丸素（丙酸睾丸酮）

【作用与用途】与甲基睾丸素相同。

17. 苯丙酸诺酮（苯丙酸去甲睾酮）

【作用与用途】本品促进蛋白质合成代谢的作用特别强，

能增长肌肉，增加体重，促进生长；增加体内的钙和钠。加速钙盐在骨中的沉积，促进骨骼的形成。本品还能直接刺激骨髓形成红细胞；促进肾脏分泌促红细胞生成素，增加红细胞的生成。

临床主要用于热性疾病和各种消耗性疾病引起的体质衰弱、严重的营养不良、贫血和发育迟缓的治疗，还可用于手术后、骨折及创伤，以促进创口愈合，也可用于加速羊的肥育。

18. 十一酸睾丸素

【作用与用途】本品为油溶剂注射液，肌内注射后，产生典型的雄激素样作用，持续时间 70 天以上。在公羊生殖保健中，应用本品具有明显的作用。

三、抗类固醇激素及制剂

抗类固醇激素的作用，是与各种靶细胞膜上的受体相互作用，表现较强的抗雌激素、抗孕酮和抗雄激素等生物学作用。

1. 氯蔗酚胺（克罗米酚）

【作用与用途】抗雌激素类药物，具有较强的抗雌激素作用和较弱的雌激素活性。在下丘脑水平拮抗雌二醇的反馈作用，增强促性腺激素释放激素的释放，使垂体前叶 LH 分泌增加，FSH 释放也增加，诱发排卵。对子宫、子宫颈均表现抗雌激素作用。本品口服有效。

2. 米非司酮（RU_{486}，mifepristone）

【作用与用途】米非司酮与孕酮受体结合，能抑制孕酮对子宫内膜的作用。口服易吸收。目前，米非司酮是人用的新型抗早孕药物。

3. 醋酸氯羟甲烯孕酮（CPA）

【作用与用途】具有较强的抗雄激素活性，能够抑制雄性动物促性腺激素的分泌，抑制睾丸合成雄性激素。可用于雄性性欲亢进等。

四、促性腺激素

1. FSH（促卵泡素）

【作用与用途】本品主要作用是刺激卵泡的生长和发育。与少量促黄体素合用，可促使卵泡分泌雌激素，使母畜发情；与大剂量促黄体素合用，能促进卵泡成熟和排卵。促卵泡素能促进公畜精原细胞增生，在促黄体素的协同下，可促进精子的生成和成熟。

【制剂、用法与用量】注射液：每支含 200 国际单位、100 国际单位，有效期 2 年。肌内注射用量：羊 50～100 国际单位/次。临用前用生理盐水稀释后注射。

2. 促黄体素（LH）

【作用与用途】促黄体素是从猪脑下垂体前叶所提取。它在促卵泡素作用的基础上，可促进母畜卵泡成熟和排卵。卵泡在排卵后形成黄体，分泌黄体酮，具有早期安胎作用。还可作用于公畜睾丸间质细胞，促进睾丸酮的分泌，提高性欲，促进精子的形成。

【制剂、用法与用量】粉针：每支含 200 国际单位、100 国际单位。肌内注射量：羊 10～50 国际单位/次。临用前，用生理盐水稀释后注射，治疗卵巢囊肿，剂量加倍。

3. 人类绒毛膜促性腺激素（HCG）

【作用与用途】作用与促黄体素相似，能促进成熟的卵泡排卵和形成黄体。当排卵障碍时，可促进排卵受孕，提高受胎率。在卵泡未成熟时，则不能促进排卵。大剂量可延长黄体的存在时间，并能短时间刺激卵巢，使其分泌雌激素，引起发情。能促进公畜睾丸间质细胞分泌雄激素。用于促进排卵，提高受胎率；还用于治疗卵巢囊肿、习惯性流产等。

【制剂、用法与用量】粉针：每支含 5 000 国际单位、2 000 国际单位、1 000 国际单位、500 国际单位。临用时以生理盐水或注射用水溶解。肌内或静脉注射用量：羊 100～500 国际单位/次。治疗习惯性流产，应在妊娠后期每周注射 1 次，治疗性机能障碍、隐睾症，每周注射 2 次，连用4～6 周。

4. 孕马血清促性腺激素（PMSG）

【作用与用途】主要作用与 FSH（促卵泡素）相似，可促进卵泡的发育和成熟，并引起母畜发情。但也有较弱的 LH（促黄体素）的作用，可促使成熟卵泡排卵。对公畜主要表现为促黄体素作用，促进雄激素的分泌，提高性欲。

临床上主要用于治疗久不发情、卵巢机能障碍引起的不孕症；对母羊可促使超数排卵，促进多胎，增加产羔数。

【制剂、用法与用量】粉针剂（兽用精制孕马血清促性腺激素）：每支含 500 国际单位、1 000 国际单位、2 000 国际单位。肌内注射用量：羊 300～500 单位/次。1 日或隔日 1 次。

5. 人绝经期促性腺激素（HMG）

【作用与用途】本品由绝经后妇女尿中提取。HMG 不同于 HCG，因为 HMG 中 LG 和 FSH 的比例为 1∶1，而 HCG 中 LH 活性很高，FSH 活性很小，是第三代的促性腺激素制剂。 HMG 主要用于促进排卵，治疗雄性不孕症。

五、促性腺激素释放激素

1. 促排卵 2 号（LRH‐A_2）

【作用与用途】LRH‐A_2 为人工合成的促性腺激素释放激素的类似物，主要用于母羊诱导发情、周期发情，还可在精液中添加，提高受胎率。对公羊性欲衰退和生殖能力下降，亦有显著的疗效。

2. 促排卵 3 号（LRH‐A_3）

【作用与用途】LRH‐A_3 为人工合成的促性腺激素释放激素，生理作用和应用效果、范围与 LRH‐A_2 类似。

六、中　药

1. 九香虫

【功用主治】理气止痛，温中壮阳。

2. 山茱萸

【功用主治】补肝肾，涩精气，固虚脱。

3. 五加皮

【功用主治】祛风湿，壮筋骨，活血化瘀。

4. 巴戟天

【功用主治】补肾阳，壮筋骨，祛风湿。

5. 冬虫夏草

【功用主治】补虚损，益精气，止咳化痰。

6. 肉苁蓉

【功用主治】补肾，益精，润燥，滑肠。

7. 阴起石

【功用主治】温补命门。

8. 补骨脂

【功用主治】补肾助阴。

9. 韭子

【功用主治】补肾肝，暖腰膝，壮阳固精。

10. 海马

【功用主治】补肾壮阳，调气活血。

11. 菟丝子

【功用主治】补肝肾，益精髓，明目。

12. 蛇床

【功用主治】温肾助阳，祛风，燥浊，杀虫。

13. 淫羊藿

【功用主治】补肾壮阳，祛风除湿。

14. 蛤蚧

【功用主治】补肺益肾，定喘止咳，温中益肾，固精助阳。

第五节　高效繁殖的生物工程技术

工厂化高效养羊是现代畜牧业的重要特征，也是畜牧业发展的必由之路。自 20 世纪 80 年代起，国外许多经济发达国家已开始在生产中采用配套技术实现规模化高效生产。

目前，国外在养羊生产中广泛采用高效繁殖管理和母羊发情周期调控等先进技术，使养羊业发展成为工厂化生产的高效产业。从工厂化养羊的发展趋势看，绵羊高效繁殖是实现高效养羊业的关键技术，也是决定养羊生产效益和适应市场经济的首要制约因素。

绵羊高效繁殖的生物工程技术，是保证工厂化养羊母羊高效繁殖最有力的手段，也是实现工厂化高效养羊的核心技术。目前已在生产中应用，并已发挥了重要作用的技术主要包括：母羊发情调控、母羊一年两产、二年三产、生殖免疫及免疫多胎、幼龄母羊繁殖技术、公羊生殖保健、优化人工授精、营养繁殖调控、母羊发情鉴定与早期妊娠诊断、胚胎移植等。本节从绵羊繁殖的生物工程的技术原理、研究应用进展和前景作一概述。

一、母羊发情调控

1. 技术原理　要达到母羊发情周期的人为调控，首先要解决的问题是如何人为安排母羊在繁殖季节或非繁殖季节正常发情与排卵，人为确定配种时间。现已证实，采用孕激素与促性腺激素结合处理是行之有效并且可以在生产中推广的技术。对处于发情周期任一阶段的母羊，采用外源激素破坏黄体或造成"人工黄体期"，在预定的时期内结束黄体功能或促使卵泡发育，就可以达到发情周期的调控。

依据母羊所处发情周期的生殖内分泌、生殖器官及营养、体况等特征，发情控制的技术方案可分为母羊繁殖季节的同期发情、非繁殖季节的诱导发情和幼龄母羊诱导发情三种，其主要差别在于孕酮处理的时间长短和促性腺激素的剂量不同，由于这三种技术方案是针对母羊的不同生理状态而设计的，所以处理的效果有较大的差异。

在发情调控中，孕激素的处理方法以阴道埋植为主，这种处理方法避免了口服孕酮时首先必须经过胃肠道及门脉系统，在达到体循环之前与肝细胞（包括肠壁）的药物代谢酶接触，从而降低了药物在血液中浓度的所谓"首过效应"。阴道埋植孕酮的处理方法，可直接刺激靶器官，减少用药剂量；一旦撤除，母羊体内的孕酮水平骤降，此时再与促性腺激素配合，则会在撤除海绵栓之后迅速促进卵泡发育，继而达到排卵。

在此基础上，张居农等（1998）将非繁殖季节母羊诱导发情的处理方案进行了两点较大的改进。首先，于埋植 CRID（孕酮阴道释放装置）的同时采用孕激素合剂预处理，对非繁殖季节母羊输卵管和卵巢的活性以及宫颈内膜上皮细胞分泌黏液的功能均有激活作用；第二，于撤栓前一天注射促性腺激素，配合撤栓，造成对母羊卵巢和卵泡发育的第二次刺激，从而达到提高排卵率的目的。

2. 当前国内外的水平、动向　国外自 Robinson（1964）首次采用孕酮进行绵羊同期发情和排卵控制以来，Gordon（1975），Colas（1975），Vipond 和 King（1979），Boland（1981）采用 FGA（氟孕酮）＋PMSG（孕马血清促性腺激素）、MAP（甲孕酮）＋PMSG、黄体酮＋PMSG、PGs（前列腺素）注射和 MA（甲地孕酮）、MGA 口服等方法在生产实践中用于绵羊发情周期的调控。处理的结果是：Macdonnell（1978）用 500 毫克和 1 000 毫克黄体酮注射处理，母羊受胎率（CR）分别为 50% 和 63%，埋植的分别为 30.2% 和 68.0%。Ainsworth 等（1973）采用 60 毫克 FGA 埋植，CR 为 60%（53%～73%）。Ainsworth

等（1987）、Crosby（1987）、Guhzel（1987）采用 35 毫克和 45 毫克 FGA 处理，母羊的 CR 分别为 35%～77%、78% 和 84%，而 Hunter 等（1980）采用 FGA 处理的 CR 分别是 54.5%、69% 和 71.08%。采用 60 毫克 MAP 埋植，Hamra 等（1989）获得的 CR 为 50%～80%，福井丰等（1987）的结果为 85%。AKaike 等（1990）对 137 只母羊用 60 毫克 MAP 阴道埋植 9 天，撤栓时注射 PMSG 600 国际单位，CR 为 47.8%，埋植 14 天的 CR 为 63%。Hamra 等（1990）埋植 12 天的 CR 为 68%。Crosby 等（1990）处理 13 天的 CR 为 45.4%，处理 10 天（Alkass，1990），排卵为 1.5～0.8 枚，处理 13 天，撤栓时注射 100 毫克 GnRH（垂体促性腺激素释放激素）＋750 国际单位 PMSG，CR 为 64%。口服处理，Goel 等（1990）饲喂 MGA 0.15 毫克/日，维生素 B_1，维生素 A＋MGA，MAP＋维生素 B_1，MAP 处理，CR 分别为 81.9%、90.0%、72% 和 62.58%。Perez（1995）对 104 只母羊用 MAP 60 毫克处理 14 天，5 天内发情率为 87.1%，CR 为 59.1%。在非繁殖季节，Gordon（1975）报道 8 314 只母羊诱导发情，春季 CR 为 34.7%，夏季为 64.0%，1 115 只母羊采用孕酮埋植，非繁殖季节的 CR 为 65.0%。

　　绵羊发情调控的国内研究水平与国外相近，但处理的方法众多。王利智等（1984）在湖羊上采用甲硅环（MSVR）、ITC（三合激素），CR 分别为 80% 和 23.3%。陈永振等（1991）采用 ITC 处理，母羊发情率为 78.3%，CR 为 25.0%。林子忠等（1989）耳部皮下埋植孕酮，CR 为 80%。采用 PG 注射处理，李文萍（1993）在 513 只母羊上获 CR 为 80.91%，张居农等（1991）试验所获 CR 为 80.0%，冯建忠等（1995）所获的 CR 为 80%。从大量文献报道分析，繁殖季节 MAP 埋植的羊群产羔率为 60%～65%。张居农等（1995）采用 MAP 埋植，CR 达到 85%，在生产上推广 MAP，3 000 只母羊的第一情期 CR 为

80%，（对照组分别为 85% 和 80%）。初产母羊采用 MA 口服处理，第一情期 CR 为 25%，产羔率为 80%（对照组为 40%～55.3%），对 8 月龄的幼龄母羊诱导发情，MA 口服和 MAP 埋植，母羔羊的 CR 为 66.7%～77.8%。

张居农等（1995）采用复合激素制剂对 273 只母羊进行同期处理，繁殖率达到 155.56%，14 天内母羊的发情率为 100%，全群空胎率为 7%；而对照组的繁育率为 85.48%，空胎率为 20.37%。张居农等（1998）采用特殊的方法，在大面积的生产条件下对非繁殖季节的母羊进行处理，母羊的 CR 平均达到 60%，最高的羊群达到 100%。在生产中推广同期发情，母羊的 CR 平均达到 85% 以上。

为了提高母羊繁育率，在发情调控处理前，可对母羊首先使用双羔处理，在双羔处理之后再进行同期处理，不会影响两者的处理效果。

发情调控处理后采用大幅度提高人工授精受胎率技术设计处理，不会对发情调控处理产生不良影响。营养调控处理、公羊效应、采用中草药处理对于促进母羊发情调控处理，均具有较好的效果。

发情调控技术是进行胚胎移植、转基因、试管羊等生物技术的基础，只有在此基础上才能完成其他生物工程技术。所以，发情调控是繁殖生物工程技术的关键技术。

二、生殖免疫及免疫多胎

1. 技术原理 生殖免疫是现代高新生物工程技术之一。它是在免疫学、生物化学、内分泌学等学科基础上兴起的一门边缘学科。近年来，此项生物技术用于提高绵羊的繁殖力已得到普遍的重视，已成为实现绵羊高频率繁殖的一项关键技术。

生物免疫的基本原理是以蛋白质激素、多肽激素抗原或以类固醇激素半抗原为免疫原，注射给动物后，机体产生相应的激素抗体，主动或被动中和动物体内相应的激素，破坏其原有的代谢平衡，使该激素的生物活性全部或部分丧失，从而引起内分泌平衡的改变，引起各种生理变化，达到人为的控制目的。

2. 国内外研究应用水平、动向　目前，生殖免疫技术发展十分迅速，主要的生殖激素都已用于激素免疫的研究，涉及人和猪、牛、羊、马、犬、鼠、猴、鹿等多种动物。

（1）GnRH 免疫　GnRH（垂体促性腺激素释放激素）与适当的大分子载体物质偶联后免疫动物，可诱导体内产生特异性抗 GnRH 的物质。该抗体与内源性 GnRH 形成的抗原抗体复合物可使大部分具有活性的 GnRH 分子失活，减少了对垂体作用的程度，特异性地导致 LH、FSH 等激素水平明显降低，并进而使动物性腺发生退行性变化，甾体激素的合成与分泌降低，破坏性腺轴的正常反馈调节。目前，GnRH 免疫主要用于母牛免疫终止妊娠和公畜的化学去势。由于 GnRH 免疫后尚可部分保留家畜甾体激素生成的机能。因此，可以作为家畜的促生长、提高饲料转化率和提高肉品质的一项技术措施。

GnRH 免疫去势的机制可能存在三方面因素：①GnRH 去势疫苗的游离肽片段作为 GnRH 的激动剂可能使垂体上的受体调节功能降低。②GnRH 免疫损害了免疫系统产生 GnRH 细胞的能力。③血液中的 GnRH 抗体特异性地中和了动物机体的 GnRH。

（2）促性腺激素免疫　LH 免疫可使动物避孕。FSH 免疫可使公畜精子发生和受精能力下降。HCG 免疫主要用于控制动物的生育力。在胚胎移植中，采用 PMSG 抗血清被动免疫，可以纠正 PMSG 的半衰期。在早期胚胎发育阶段，会导致外周血液中的高雌二醇的水平，影响卵泡的最终成熟等问题，使排卵率和胚胎移植成功率提高。

（3）性腺激素免疫　自 20 世纪 80 年代以来，澳大利亚和我国学者以主动免疫方式将雄性激素抗原用于绵羊，提高母羊双羔率达 20%～35.65%。近期，不少研究者正在以相似的方法试验提高母牛的双犊率。目前，国内外研究较多的是采用雄激素主动免疫母羊，以提高母羊双羔率。如澳大利亚 Fecundin（1983）、王利智等（1988）的睾酮-3-羧基肟-BSA、杨利国等（1990）的雄烯二酮-7a 羧基硫醚-BSA、王云芳等（1995）的免疫中和技术、张居农等（1989）和王风端（1995）以孕激素，雌激素，LRH-A$_2$（促排 2 号）＋PMSG 方法制成的复合激素制剂，也达到了较好的双胎和同期发情效果。

（4）抑制素免疫　抑制素（Inhibin，IB）是一种主要存在于卵泡液和精液中的糖蛋白。虽然 Mccullag 早在 1932 年就已发现了该激素，但一直到 20 世纪 80 年代，才先后从牛、猪、羊等动物和人类卵泡液中分离、提纯，并测得其生化组成。进而人工合成了抑制素免疫片断，或利用 cDNA 技术，通过大肠杆菌（E. coli）的表达，得到了抑制素融合蛋白。抑制素的主要生物活性是选择性地抑制垂体 FSH（促卵泡素）的生成和分泌，即可通过复杂的反馈机理调节 FSH 水平，又可通过局部直接作用对卵巢内卵泡发育发挥调节作用。抑制素免疫后可以降低机体内抑制素含量，从而反馈性提高母羊体内 FSH 浓度，继而提高排卵率。抑制素免疫的抗体滴度可以持续 13 个月，最长可达到 3 年以上。抑制素免疫还可以提早母羊性成熟，但不能诱发母羊在非繁殖季节繁殖。张居农等（1998）采用抑制素主动免疫绵羊，使母羊的双羔率达到 50%～80%，对照组母羊仅为 5%。

（5）褪黑激素免疫　褪黑激素（Melationin，MLT）是由松果腺合成分泌的一种神经激素，它作为光照变化的内分泌信号，参与调节动物许多生理节律性。国内外研究表明，褪黑激素在动物繁殖季节性变化中具有重要调节作用。褪黑激素对生殖系统的作用较复杂，因动物种类、生理状况、不同季节而表现出促进或抑制的多重性，在短日照动物上可表现促进作用，在长日照动物上又可表现出抑制作用。将褪黑激素制成免疫抗原，则可以用于母羊的诱导发情。目前，此项研究正在进行中。

（6）前列腺素免疫　前列腺素（PGF$_{2\alpha}$）免疫可导致动物发情周期延长。Ronaune 等（1990）以 PGF$_{2\alpha}$－HAS（人血清白蛋白）结合物对母羊进行主动免疫，结果在连续两个繁殖季节均出现了长达 135 天左右的持久黄体，有效滴度至少可维持 400 天以上。目前，这种免疫主要用于动物的绝育。

（7）催产素免疫　催产素（OT）对绵羊进行主动免疫，可使其发情周期延长，PGF$_{2\alpha}$水平下降，使促性腺激素水平升高，催产素免疫对绵羊的生殖功能有重要作用。

三、公羊生殖保健

1. 技术原理　绵羊属于季节性繁殖动物。在繁殖季节，公母羊均可表现出正常性行为，而在非繁殖季节则缺乏或性功能很弱。在母羊实行一年二产或二年三产的繁殖方式时，公羊必须有旺盛的性欲和优良的精液品质，才能保证诱导发情或周期发情处理的母羊能够正常受胎。

公羊睾丸的间质细胞主要是分泌睾酮，而 LH 主要作用于间质细胞，使其保持正常的分泌雄性激素和维护生精机制。FSH主要作用于公羊和睾丸曲精细管，曲精细管主要功能是生精。LH 和 FSH 与低剂量的睾酮配合处理，对因激素调节不平衡而致的公羊生殖障碍有治疗作用。依据公羊血浆激素变化特点合理使用生殖激素是公羊生殖能力的保障措施。

2. 应用方法与效果　生殖保健是保证公羊繁殖机能的重要技术措施，公羊生殖保健的主要内容是根据公羊性欲和精液品质的情况实施合理的饲养和激素处理。

（1）公羊性欲及精液品质检查　对配种的种公羊逐一进行采精和精液品质检查，挑出符合人工授精要求的公羊，单独管理。

（2）试情公羊生殖能力测试　对参加试情的公羊逐一进行试情训练，挑出体格健壮、性欲旺盛的公羊，单独管理。

（3）公羊性欲低下，精液品质正常的处理方案工艺流程图解及操作要求如下：

公羊性欲及精液品质检查→低剂量睾丸酮（T）＋促黄体素（LH）处理→睾丸按摩→性欲恢复

①性欲及精液品质检查：用雌二醇对母羊进行处理，待其出现发情后，让公羊按人工授精操作要求逐只与母羊接触，观察公羊的性反应。公羊性欲状况按五级标准判定，即：

0级：无性欲，与发情母羊接触后，无任何反应，对发情母羊视而不见，无兴趣。

1级：与发情母羊接触后，公羊主动接近母羊，有时嗅舔母羊，有时翻出上唇，偶有表现"吧嗒嘴"反应，性行为表现持续10～15分钟，尔后处于性欲低潮阶段。

2级：与发情母羊接触后，公羊迅速出现性激动反应，主动接近母羊，嗅舔母羊外阴部，频频出现"吧嗒嘴"反应，持续时间为10～15分钟，有时抽动阴茎，但不表现爬跨动作。

3级：公羊对发情母羊或不发情母羊性反应强烈。接触母羊时发出咕噜声，有时爬跨母羊，阴茎伸出，用假阴道采精不能成功。

4级：公羊性行为序列正常，性欲旺盛，用假阴道可以正常采精。

检查公羊射精量，精液主要理化指标和精子活力。新鲜精液精子活力达到0.8、密度中等以上，可用于人工授精。

②低剂量T＋LH处理：对检查后性欲指标在3级以下的公羊采用低剂量T＋LH处理。具体方法为：每头公羊每天肌内注射丙酸睾丸素25毫克，连续7～10天。同时隔日一次肌内注射HCG 1 000国际单位，LRH-A$_3$25微克，共3次。

③睾丸按摩：每日以40℃的热毛巾按摩睾丸2～3次，每次5～10分钟。连续7～10天。

④公羊性欲训练：在以上处理的同时，每日将处理公羊与发情母羊混群1～2次，或按正常采精程序训练2次。

让性欲低下的公羊观摩性欲正常公羊的采精活动。

用发情母羊的尿液涂于公羊头部，诱导公羊性欲恢复。

⑤公羊性欲恢复：公羊性欲及精液品质恢复正常后，应特别注意正确使用公羊，避免公羊性抑制出现。

为保证公羊的性欲正常，可给公羊注射十一酸睾丸素0.25～0.5克一次。

（4）性欲及精液品质检查　性欲检查按公羊性欲低下处理方案操作。

精液检查的项目及操作方法如下：

①精液一般性状检查：主要包括以下几项。

射精量：每头公羊均有一定范围的射精量，过多或过少都会影响到公羊的精液品质。

色泽：正常的公羊精液为乳白色或乳黄色。若色泽异常，应弃去或停止采精。

云雾状：正常公羊的精液因精子密度大而混浊、不透明，肉眼观察精液时如云雾状。根据云雾状的程度，可粗略估计精子密度和活力的高低。

②精子密度：生产上常用估测法，在显微镜下根据精子稠密程度和分布情况，分密、中、稀三个等级，标准是："密"，整个视野充满精子，几乎看不见空隙，很难看出单个精子活动，每毫升有 10 亿个以上。"中"，在视野中精子中间距离相当一个精子的长度，空隙明显，单个精子活动清晰易见，每毫升含精子2亿～10亿个。"稀"，视野中精子空隙很大，每毫升含精子 2 亿以下。

③精子活力：精子活力是评定精液品质优劣的重要指标，一般对采精后、输精后的末端精液均应进行检查。

活率：将精液样品制成压片，根据精子运动状态、速度按十级评分，即按精子直线运动占视野中的估计百分比评为 1.0、0.9、0.8 等十个分数。为了得到确切的估测评定结果，应取上、中、下三层，求其平均数。

死活精子测定：精子样品中死、活精子所占的比例也是鉴定精子活力的方法。染色的原理，是依死精子细胞膜特别是核后帽的通透性强，而且细胞可以着色的方法与活精子区别开来。

常用的染料配方和染色方法如下：

A. 固绿1克，苯胺黑5克，加生理盐水到100毫升。染色时，根据精液样品的浓度，将3～5滴原精液加入装有染色液的玻璃试管中摇匀后放回温箱中孵育3分钟，尔后取一滴制成抹片。风干后在显微镜下观察不同视野内的200个精子，计数活精子百分率。

B. 苯胺黑—伊红法：取一滴精液，加1‰伊红1滴，再加2滴10‰苯胺黑，充分混匀，1分钟后制成抹片，风干，镜下计数活精子总数。

C. 台盼蓝—Tris法：台盼蓝0.5克，Tris 0.363 4克，葡萄糖0.049 9克，加蒸馏水100毫升。

取3滴精液与染液2滴在37℃下共同孵育1～3分钟，尔后制成抹片。风干后镜检，计算活精子数。

精子形态检查：精子形态与受胎率有密切关系，精子畸形率高反映出公羊生殖机能可能发生障碍。

常用的染色液有1‰伊红，蓝、红墨水等。染色时将染液滴于已制好的精子抹片上，染色1～2分钟后冲洗，风干，镜检，计数。

（5）公羊性欲正常、精液品质低下的处理方案，工艺流程图解及操作要求

公羊性欲及精液品质检查→低剂量T＋FSH（促卵泡素）处理→睾丸按摩→性欲恢复

公羊精液品质低下的处理方案：

①低剂量T＋FSH处理：对检查的性欲指标在3级以下的公羊，采用低剂量T＋FSH处理，具体方法为：每头公羊肌内

注射丙酸睾丸素 25 微克，连续 7～10 天。同时，隔日一次肌内注射 PMSG 1 000 国际单位，LRH - A₃ 25 微克，共需 3～4 次。

②睾丸按摩：同公羊性欲低下的处理方法。

③公羊性欲训练：同公羊性欲低下的处理方法。

四、优化人工授精技术

1. 人工授精技术优化的重要性　绵羊人工授精是传统的养羊技术之一，各地的技术水平都较高。近年来，随着高新生物技术的迅速发展，为适应工厂化高效养羊对母羊高频率繁殖的需要，传统的人工授精技术应当进行优化。采用标准化的技术程序和行之有效的繁殖管理，保证母羊的正常繁殖力，并能有较大幅度的提高。

2. 提高人工授精受胎率的技术设计　张居农等（1991）提出的大幅度提高绵羊冷冻精液受胎率技术设计方案，将冷冻精液的受胎率由 30％～50％提高到 70％。此技术设计方案同样适用于常温精液和同期发情等发情调控处理的母羊。

具体操作方法是：按人工授精操作规程要求严格操作，正确挑选发情母羊和进行发情鉴定。于输精前 4 小时一次静脉注射 HCG 500 国际单位，尔后再用 LRH - A₃ 和催产素处理，剂量为每毫升稀释后的精液中添加催产素 1 国际单位，LRH - A₃ 100 微克，处理后立即输精。

在优化人工授精技术中，应特别注意因地制宜地开展各种提高受胎率的试验。通过综合技术的配套，达到较高的水平。

3. 母羊发情与最佳输精时间的确立　在养羊生产实践和生物工程技术中，准确判定母羊发情时间是成功地进行配种、采卵或胚胎移植的根本保证。绵羊的发情表现有时不规律，少数母羊发情时表现不安、食欲减退，但大多数母羊发情时无特殊征候。目前，绵羊的发情鉴定多采用带试情布或用结扎输精管的公羊进行群体试情。这种方法不但需要每天繁琐的多次人工观察，而且由于群体中母羊数及公羊对母羊发情刺激的反应和识别能力的不同而容易造成遗漏。

采用母羊阴道涂片检查上皮细胞角化程度，可以较准确地判定母羊排卵情况。操作方法：在钝玻璃棒头上缠一层脱脂棉，并用生理盐水浸湿后，插入母羊阴道内，轻轻转动取样。在载玻片上滴加生理盐水，将棉球上阴道内容物均匀抹在载片上。晾干后，滴加甲醇固定2～3分钟，再用姬姆萨（蒸馏水与原液体1∶1)染色5～6分钟，水洗、干燥、镜检。母羊发情时阴道角化上皮细胞可达到38%。

五、母羊一年两产

1. 技术原理　母羊的一年两产或两年三产，是在充分利用现代营养、饲养和繁殖技术的基础上发展起来的一种新的繁殖生产体系。其技术原理与发情调控的原理相同。除了采用外源激素处理外，利用母羊产后发情的有利时机，抗孕酮的被动免疫等措施也是提高母羊产羔频率的有效方法。

2. 技术程序与相关配套技术　母羊一年两产或两年三产主要采用诱导发情和同期发情技术。在实施该生产体系时，必须与羔羊的早期断奶、母羊的营养调控、公羊效应等技术措施相配套。

（1）母羊繁殖的营养调控　一般说来，营养水平对绵羊季节性发情活动的启动和终止无明显作用，但对排卵率和产羔率有重要作用。

在配种之前，母羊平均体重每增加1千克，其排卵率提高2%～2.5%，产羔率则相应提高1.5%～2%。由于体重是由体格和膘度决定，所以影响排卵率的主要因素不是体格，而是膘情，即膘情为中等以上的母羊排卵率高。

配种前母羊日粮营养水平，特别是能量和蛋白质对体况中等和差的母羊排卵率有显著作用，但对体况好的母羊作用则不明显。在此基础上，于母羊配种前5～8天，提高其日粮营养水平，可以使排卵率和产羔率显著提高。另外，日粮营养水平对早期胚胎的生长发育也有重要作用。在配种后一定时期内，过高的日粮营养水平会增大胚胎的死亡率；相反，低营养水平对胚胎死亡影响不大，但可使早期胚胎生长发育缓慢。所以，日粮保持维持需要有利于早期胚胎的成活和生长发育。

（2）公羊效应　在新型的绵羊生产体系中，在非繁殖季节将公羊和繁殖母羊严格隔离饲养，要求母羊闻不到公羊气味，听不到公羊的声音和看不见公羊。这样在配种季节来临之前突然将公羊引入母羊群中，24天后相当部分的母羊出现正常发情周期和较高的排卵率，这样不仅可以将配种季节提前，而且可以提高受胎率。在采用孕激素诱导发情时，可适当提高配种公羊比例，一般应达到公母比1∶5左右。

采集公羊尿，不加任何处理，用氧气瓶＋喷枪向母羊群喷洒公羊尿，可以达到较好的同期发情率和双羔率。

（3）羔羊早期断奶　哺乳会导致垂体前叶促乳素分泌量增高，同时引起下丘脑"内鸦片"（opioid）的分泌量增高，这两者的作用使LH（促黄体素）的分泌量和频率不足。因此，哺乳母羊不能发情排卵。要达到二年三产或一年二产的目的，必须重视羔羊的培育工作，尽早断奶。

六、胚胎移植

1. 技术原理及技术程序　胚胎移植是采用外源生殖激素对优秀供体个体进行超排处理，在早期胚胎时期从输卵管或子宫把胚胎冲洗出来，移植到另一只经同期化处理的未配种的受体母羊体内，使其发育成为胎儿。

胚胎移植的基本程序主要包括：供体和受体的选择、供体的超排、受体同期化处理、胚胎冲洗、回收、检卵和移植。

2. 国内外的主要进展　胚胎移植是一种应用于哺乳动物的

繁殖技术。自 1890 年 Walter Heap 利用胚胎移植技术获得幼兔以来,迄今已有 100 多年的历史,但直到 20 世纪 30 年代才得到畜牧界的重视。研究工作首先是在绵羊上获得成功,此后,在奶牛上实行了商品化生产。进入 90 年代,我国已开始在安哥拉山羊和绵羊的生产中将胚胎移植技术作为提高绵羊繁殖率的措施加以应用。

绵羊胚胎移植绝大多数是采用手术途径进行。手术法易于操作、便于推广,但可能引起绵羊生殖系统的损伤或手术粘连。非手术法可避免上述弊端,但需要的设备投资大、技术难度高,不易在生产条件下推广。

绵羊超数排卵的处理水平,国内外大致相同。Tervit 等(1991)用 2 000 国际单位 PMSG 和 24～32 毫克 FSH 对 Texl 供体母羊超排,平均每只供体获可用胚 11 枚。谭景和等(1993)用 FSH 对绵羊超排,平均每只获可用胚 13 枚。张居农等(1995)处理的供体最好组合获可用胚 14.3～15.5 枚。鲜胚的移植妊娠率,国内外的最好水平为 60%～80%。张居农等(1995)提出的受体同期化处理方案,以 MAP、PG、PMSG 等激素处理为基础,使供体与受体的生理状况接近同期化,从而提高了移植妊娠率。

将胚胎移植技术应用于生产,目前主要的问题是简化处理程序,减低成本,提高移植妊娠率。

七、利用多胎基因提高母羊繁殖力

世界上目前产羔率达到 200% 以上的绵羊品种有 10 余种,如边区莱斯特羊的产羔率为 200%～210%、连凡诺林羊产羔率为 200%～230%、骑士沃台勒羊为 250%～300%、兰德瑞斯羊产羔率为 270%、布鲁拉美利奴羊产羔率为 220%、湖羊的产羔率可达到 240%～270%、小尾寒羊的产羔率为 240%～270%。在这些多胎品种中,最引人注目的是布鲁拉美利奴羊,该品种的优秀种群的母羊平均产羔率可达 350%。

1. 多胎母羊的生殖生理

（1）排卵数 一般认为，排卵数越多，产羔数就越多。Hanradan 等认为，每胎产羔数与排卵率之间呈曲线关系。对每胎产羔数进行选择，结果是产羔数增加伴随排卵数的提高，排卵率的提高等于或大于每胎产羔数的增加。Bindon、Bradford 以及 Smith 等报道，即使在自然条件下，对排卵多的品种绵羊采用 PMSG 处理，其超排效果要高于其他品种的母羊。

（2）内分泌 排卵率高与促性腺激素的浓度有关，多产品种的母羊血液中促性腺激素的浓度高于排卵率低的母羊，LH 浓度的差异在母羔出生后 1 个月即可表现出来。FSH 分泌的差异决定早期生产卵泡的数目及其最终闭缩卵泡的比例。雌二醇含量无明显的差异。高产品种母羊血液中抑制素的浓度仅为低产品种的 1/3，据此可以在大群中选择高产母羊。

（3）胚胎存活 绵羊的胚胎死亡率一般为 20%～30%，排卵率高的品种因胚胎死亡而引起的产羔数的减少比排卵率低的品种要多。Wilmut 认为，母羊的胚胎死亡可能有一部分是由于排卵时间与排卵后孕酮分泌的开始时间不同步所致。

（4）子宫容纳胚胎的能力 高产品种母羊的子宫容纳胚胎或胎儿的能力比低产品种要高，特别在布鲁拉美利奴羊更为显著。

2. 多胎的遗传机制 许多研究表明，多胎绵羊产羔率高的主要原因是其排卵率高，布鲁拉美利奴羊所含的 Fec 基因是一个显性的多产主基因。带有多产突变基因的绵羊具有产羔率高、多胎性遗传分离、突变基因可以固定并能通过杂交转移给其他品种等特点。据测定，携带 FecB 基因的成年或后备母羊，其垂体和卵巢的功能均与非携带者有明显的差异。

3. 应用多胎基因的前景 绵羊的高效繁殖和无繁殖季节的

繁殖是工厂化高效养羊可持续发展的基础和保证，而一般的绵羊品种都是单胎和季节性繁殖，这也是世界绵羊生产效率低的主要原因。因此，充分应用多胎基因，在大群中大力推广具有多胎主基因的公羊，是改变绵羊繁殖性能最直接和最根本的方法，美国和加拿大等国以昂贵的代价引进布鲁拉美利奴羊的目的就在于此。目前，我国除积极引进 Fec 基因携带的绵羊品种用于育种和改良整体羊群外，更应注重通过杂交、后裔测定、染色体及分子遗传分析等方法和手段，确定该性状的遗传模式，并分离、固定、转移多产基因。此项技术具有十分重要的现实意义和巨大的潜在经济效益，前景十分广阔。

八、超早期妊娠诊断

1. 超早期妊娠诊断的意义　母羊的繁殖力是决定养羊生产效益的"重中之重"，应用生物技术对绵羊实行超早期的妊娠诊断，在配种后的 10～20 天之内能准确地判断母羊的妊娠状况，依此对母羊实施合理的饲养和管理。据报道，因为不良或过度饲养可使 8%～10% 的妊娠母羊受精卵损失。及时、准确地判断并挑选出未妊娠母羊，对其进行发情控制处理，可以及早弥补繁殖损失，从而提高养羊的经济效益。母羊的超早期妊娠诊断技术是绵羊高效的重要技术环节。

2. 研究进展及前景　采用免疫学方法对母羊实行超早期妊娠诊断，国外主要以检测 EPF（早孕因子）为主，也有采用乳汁孕酮检测、乳胶凝集等方法，张居农等（1997）采用 HCG 诊断试剂盒试用于母羊尿液的检查。从超早期妊娠诊断的准确性分析，上述方法已达到 85% 以上，符合早孕检查的要求。受采样、操作方法、仪器设备等的限制，早孕检查目前还难以在生产中应用。已有研究者试图从绵羊 oCG（绵羊绒毛膜促性腺激素）和 OPT - 1（绵羊胚胎滋养层蛋白 - 1）的研究入手，建立 oCG 和 OTP - 1 的检测和单克隆抗体的技术体系，将早期妊娠诊断技术用于绵羊生产实践，此项研究具有广阔的前景。

九、电刺激采精技术

人工授精是现代生物技术的重要手段之一，它能最大限度地发挥优秀公畜的种用价值，提高繁殖率。经过多年的研究和实践，羊采精常用的方法主要有假阴道法，但对于多数野性强、性情暴烈、胆小易惊的野性羊和幼龄公羊，常规方法采精通常是十分困难的。

1. 电刺激采精技术的原理 电刺激采精是通过脉冲电流刺激生殖器官引起动物性兴奋并射精来达到采精目的。电刺激模仿在自然射精过程中的神经和肌肉对各种由副交感神经、交感神经等神经纤维介导的不同化合物反应的生理学反射，各种动物特征存在差异，但原理大体相似。

2. 电刺激采精的原则与方法 以电刺激仪刺激采精，因动物生理特性的特点，所使用的电压、刺激部位以及操作程序各不相同。

（1）麻醉 对于多数体型大、性情暴烈的公羊，麻醉可以达到镇定、镇静、肌肉松弛的效果，从而避免采精时动物对操作人员的伤害。常用的麻醉剂有氯胺酮、氯丙秦、乙酰丙秦、隆朋、劲松灵等。

（2）采精操作方法与采精器技术参数 电刺激采精主要通过将直肠电极棒插入直肠通电刺激或采用电极直接刺激动物阴茎来实现，不同雄性动物的生理特征不同，电刺激采精操作方法和采精器技术参数亦不同。

（3）精液收集 精液的收集方法同样应根据动物的特点采取相应的措施。为了获得质量优良的精液，对于那些影响精液品质的成分和因素应尽量排除掉，以收集理想的精液。对于分段射精的动物，亦应采取分段法收集精液。

十、幼畜胚胎体外生产技术

幼畜胚胎体外生产技术（juvenile in vitro embryo technology，JIVET），是集幼畜的超数排卵与采卵、卵母细胞的体外成熟、体外受精、胚胎体外培养和胚胎移植等技术为一体的生物高技术体系。

1. JIVET 技术的操作步骤

（1）幼畜的选择　卵巢对激素的反应存在着个体差异，其中年龄显著影响卵巢对激素的反应。虽然有人认为羔羊在出生后4周卵泡数量达到高峰，但有很多研究并没有选择4周龄羔羊，而是选择4～8周龄、9周龄、3～6周龄等。2003年Ptak等研究比较不同月龄（1、2、3、5、7月龄）的诱导卵泡发育效果，结果表明1月龄时卵母细胞数目较高，2月次之，3月龄效果最差。

（2）诱导卵泡发育　羔羊超排方法与成年羊超排类似。主要是利用外源促性腺激素（孕激素、促卵泡素和孕马血清等）刺激卵泡发育，进而获取性成熟前羔羊卵母细胞。国外Ptak等给1月龄的羔羊放置孕酮栓8天，第5、6、7天每天早晚2次注射2.7毫克FSH，第8天撤栓采卵，得到约29枚卵母细胞，49.8%培养到成熟，囊胚率为22.9%。Armstrong采用GnRH、FSH+IH、HCG三种方法对羔羊和犊牛进行处理，均获得了可用的COCs，但FSH+LH的方法获得的COCs数量和囊胚率较另外两种方法高。安晓荣等（2008）对4～8周龄的羔羊进行激素处理，采用等量注射方法，结果表明，每只羔羊平均得到（79.1±65.5）枚卵母细胞。

（3）幼畜卵母细胞的采集　目前，幼畜超排后卵母细胞的采集方法主要是活体或屠宰后采集。由于活体采集卵母细胞后供体可以重复利用，因此，活体采卵已成为当今推广应用幼畜超排卵母细胞采集的一项关键技术。活体采卵的方法主要有腹腔内窥镜采卵法及手术法。目前，国内大多采用手术法进行，同时该方法要求操作者具有熟练的技术，否则容易在抽取过程中破坏卵母细胞的颗粒细胞层，影响后续体外培养过程。

（4）幼畜卵母细胞体外成熟　在体外成熟培养时，卵母细胞胞质是否成熟、培养液中激素与血清等含量均会影响卵子的质量。

目前很多报道羔羊卵母细胞体外成熟采用与成年羊卵母细胞成熟类似的基础培养液：即在基础培养液中添加血清（FBS、ECS）、促性腺激素（FSH、LH）和雌激素等。除成熟液中添加不同成分对卵母细胞成熟率造成影响外，成熟的时间对此也有影响。

（5）体外受精　很多试验采用 SOF、TALP、Hepes - M199 作为受精基础培养基，受精率为 $59.8\% \sim 86.1\%$。Zquierdo 等（1998）研究比较了精子获能和受精培养基对性成熟前山羊卵母细胞体外受精及胚胎早期发育的影响，结果表明，添加肝素的精子获能培养基 DM 和含有亚牛磺酸的 TALP 培养基精子穿卵率和受精率最高（79.6% 和 55.1%）；而使用咖啡因没有提高精子穿卵率（44.6%），相反 PHE（青霉胺、亚牛磺酸、肾上腺素混合物）降低了精子穿卵率（31.8%）。

（6）早期胚胎体外培养　羔羊体外胚胎发育大多是借鉴成年羊体外胚胎体系。虽然有很多试验研究共培养体系，但效果不如常规培养方式，而且程序繁琐。近几年，很多试验和生产采用常规培养：以 SOF 或 M199 作为发育培养基，另外加入血清（FBS、FCS、ESS 等）和氨基酸。

（7）体外胚胎移植　许多研究结果证实，超排羔羊作供体所生产的体外胚胎经胚胎移植后可以成功妊娠并能够繁育后代，移植妊娠率为 $12.5\% \sim 60\%$（Ptak 等，1999），产羔率为 $16.7\% \sim 45.9\%$（Kelly 等，2005）。

2. JIVET 技术存在问题及发展前景　目前，JIVET 国外研究比较广泛。利用幼畜作供体生产体外胚胎效率较低是一个普遍问题。与成年家畜胚胎生产相比，JIVET 生产的胚胎生存能力低，发育延迟，且畸形率高，这可能与幼畜卵母细胞的成熟度不够相关。

JIVET 利用幼畜卵巢中卵母细胞作为丰富的胚源，有利于缩短家畜繁殖的世代间隔。如将 JIVET 技术运用于养羊生产，可将羊的繁殖效率较常规胚胎移植提高约 20 倍，较自然繁殖提高约 60 倍，并使世代间隔缩短到正常的 $1/3 \sim 1/4$，这将充分挖掘和利用优良母羊的繁殖潜力，大大加快羊育种及品种改良进程，同时也将解决胚胎移植商业化所需胚胎来源匮乏及胚胎生产成本昂贵的问题，大大促进胚胎生产的商业化应用，应用前景十分广阔。

十一、腹腔镜技术在羊繁殖中的应用

1. 在人工授精中的应用

（1）发情鉴定　检查者将腹腔镜经套管送入母羊腹腔后，先送入少量气体，通过目镜观察物镜是否在腹腔内，直至胃和肠管前移，腹腔后部和骨盆腔出现空间，清楚地看到生殖器官后，即停止送气，进行观察。观察时随时改变被观察器官与物镜的距离和镜头的方向，以获得良好的观察角度和视线。先从右侧观察卵巢的形状、卵泡的大小、有无黄体等。右侧观察完毕后，再观察左侧。当观察卵巢时观察到卵泡体积达到最大，系膜内的血管很粗，卵泡直径可达 $0.5 \sim 1.0$ 厘米，卵泡呈球状突出于卵巢表面，卵泡壁很薄，卵泡内充满半透亮的暗红色卵泡液时，便可确定该动物处于发情状态。

（2）人工输精　首先在下腹正中线的左侧，用 7 毫米的套管和探针打一孔，放入充气管，打开气阀调节器充气，待腹部膨胀起来后关闭气阀调节器，取出充气管放入腹腔镜管，供给腹内光源。然后在下腹正中线的右侧插进一个 5 毫米的套管和探针，此管用于借助光源寻找子宫角。

（3）寻找子宫角　子宫角就在膀胱的前面。若膀胱膨大，可用腹腔镜管或 5 毫米的套管将其拨到一边。可用一个手术套管和镊子插进 5 毫米的套管中，协助确定子宫的位置，注意不要损伤内脏，内脏脂肪有时把子宫遮住，可用腹腔镜管将其拨开，直到找到子宫角。

（4）输精　备好吸管，先抽 0.3 毫升的气体，然后吸取所需的精液，操作者找到子宫角后由 5 毫升套管抽出探针，插入吸管，应特别注意不要把污染物带入腹腔。通过腹腔镜可把吸管尖插入一侧子宫角，确切部位应是子宫角分叉处到子宫角之间。用注射器注入精液，借助光源可清晰地看到精液通过吸管进入子宫角内。抽出吸管，然后在另一侧子宫角重复上述操作，再输一次。

（5）子宫输精的效果　Maxwell 等人试验统计，宫内输入 20×10^9 个活动精子，繁殖季节的产羔率为 39.3%～76.8%。Epples（1993）在一次试验中认真操作，发现子宫体一次输精的受胎率与双侧子宫角相同。据石国庆等报道，利用腹腔内窥镜子宫角输精 5 090 只母羊，情期受胎率达 76.24%，超过澳大利亚 Salaman（74.04%）2.38 个百分点（$P > 0.05$），与常规冷冻精液输精的情期受胎率（最高水平 55.45%）相比高出 20.97 个百分点，差异极显著。

2. 在妊娠诊断中的应用　将母羊保定在移动式手术架上，手术部位在乳房前 8～10 厘米处，将打孔器打入腹腔，并通过打孔器充入适量的二氧化碳气体，然后借助腹腔镜的光源和镜头观察母羊子宫发育情况。若观察到两侧子宫大小相差显著，且较大的一侧子宫或两侧子宫（双胎或多胎）有轻微的蠕动，子宫表面血管丰富明显，可确定为妊娠。

术后对打入部位用碘酒棉球作消毒处理，同时肌内注射 80 万单位青霉素，防止伤口感染。

腹腔镜诊断是否妊娠的准确率可达 94.4%。此技术在胚胎移植上可减少损失，有利于控制胚胎移植效果，为进行科学研究和商业化活动提供可靠的依据。在生产上通过这一技术，可应用于核心母羊群的早期妊娠诊断，以便对未妊娠的母羊进行及时的补配或淘汰，减少损失。因此，无论在试验研究还是在生产上，利用腹腔镜对动物进行早期妊娠诊断具有一定的应用价值。

3. 在胚胎移植中的应用

（1）超数排卵效果的观察　在母羊胚胎移植过程中，由于无法通过直肠检查确定母羊卵泡发育、排卵及黄体的形成和发育状况，多数科研技术人员仍是在手术操作的时候，才能确定超排供体羊是否能进行胚胎回收，这样会出现一定比例的无效手术并耽误胚胎移植的有利时间。因此，利用腹腔镜观察胚胎移植供受体羊的子宫状态和卵巢反应，可提高胚胎回收的成功率，降低无效手术和供、受体手术损伤，缩短胚胎回收到移植的时间。

（2）同期发情效果的观察　在对母羊使用生殖激素后，可利用腹腔镜对供、受体羊进行检查，确定卵泡的发育状况及有无黄体。当受体羊的卵巢上有功能性黄体时，可作为移植受体。

（3）采胚　超数排卵后，用腹腔镜观察子宫状态和卵巢反应，并借助腹腔镜的引导，进行采胚操作，冲完一侧后再冲另一侧，用这种方法简便、快捷、效率高，对动物的损伤小。

（4）胚胎移植　采用腹腔镜及配套操作器械，使受体羊仰卧在保定架上，呈前低后高姿势，按常规手术剪毛、消毒。在乳房前约5厘米、腹中线两侧4～6厘米处用带套管针的打孔器打洞，左、右两侧分别插入腹腔镜镜筒和探针（前端呈钝形）。在腹腔镜的监视下观察黄体数并判定级别，用卵圆钳夹住宫管接合部牵引到腹壁外，用带1毫升注射器的移植针将胚胎推入，再送回腹腔复位。

腹腔镜法与手术法、小挑法相比最大的优点是，对受体羊的卵巢、黄体触及很小，对宫管接合部的固定、牵引轻微，对胚胎发育、着床一般不会产生不良影响，不会发生粘连。

3. 在羊繁殖疾病诊疗上的应用

（1）卵巢的疾病

①黄体早期退化：发情后 3～5 天，如观察到黄体变小，由肉红色变为淡黄色，即为黄体退化。受体黄体早期退化则不能移植胚胎，供体黄体早期退化则胚胎也可能发生退化变化，胚胎的回收率大大降低，甚至完全不能回收到胚胎。

利用腹腔镜观察到卵巢内黄体的变化情况，利用激素等使其黄体不发生过早退化，以保证胚胎的回收率。

②卵巢囊肿：自然发情或超数排卵处理的山羊发生的卵巢囊肿多为卵泡囊肿。卵泡壁较厚，透明度差，呈灰白色。囊肿的数量和大小不等，数量少时较大，而多泡性囊肿时相对较小。在超数排卵处理的山羊，由于在配种时常注射 LH 或 HCG，有时可见到黄体囊肿。黄体囊肿微突出于卵巢表面，呈暗红色，中心不形成凹陷。在发生卵巢囊肿时，可通过腹腔镜穿刺针穿刺进行治疗。

（2）子宫的疾病

①疑似子宫结核：发生疑似子宫结核时，可见子宫浆膜上有数量不等的珍珠状结节，结节大小如火柴头，表面反光性强，呈明亮的白色突起。

②子宫粘连：子宫及输卵管粘连多发生于多次进行过胚胎回收手术的羊。粘连多发生于子宫角尖端及输卵管伞。子宫角尖端弯曲融合在一起。如输卵管的伞部发生粘连，常见卵巢被结缔组织包埋，看不到卵巢。放牧羊某些寄生虫，如细颈囊尾蚴等，也可能引起输卵管发生粘连。

③子宫积液：由于子宫内膜炎或胎儿浸溶，可造成子宫积液。子宫积液时，子宫呈袋状，子宫壁较厚，子宫浆膜下的血管萎缩。

在子宫发生疾病时，可以利用腹腔镜观察子宫内的情况，然后利用一些常规的方法来进行治疗。如发生子宫积液时，可通过腹腔镜的穿刺针穿刺进入子宫内，用吸管将子宫内的积液吸出，然后利用药物来治疗。

十二、母羊健康与繁殖生产传感网信息平台

数字化精细养殖是提高畜牧业集约化程度、提高农业效益的一个重要的技术手段。在数字化精细养殖系统中，无线射频识别（RFID）技术作为一种信息自动化采集的手段，逐渐被畜牧业采用，以进一步提高工作效率，并保证信息采集的准确性。畜牧业管理者借助 RFID 技术可以准确记录，甚至自动完成包括喂食、称重、疾病管理和饲养等环节的操作。我国是一个畜产品生产大国和消费大国，但非畜牧业强国，电子标识技术以及以该技术为基础的牲畜自动化精密喂养技术、疫病诊断和控制系统以及性能测定系统等管理系统，尚未在畜牧业生产中得到较广泛的运用。中国加入 WTO 后，面临着与国际惯例和通行做法接轨的问题，电子标识技术在畜牧业中的应用也在其列。因此，发展以 RFID 技术为基础的数字化精细养殖既是体现和实现我国畜牧业规范化、标准化和现代化的需要，也是缩短与其他国家之间差距的必然要求。

以养羊生产为例，由于温度传感器处于反刍动物的体内，故而传感器检测到的温度能够准确地反映母羊的真实体温。而运动传感器是利用三维加速度传感器以及 DSP 所构建的具有三维空间运动模式处理能力的特殊传感器，能够利用预置的运动模式处理功能，有效滤除母羊胃部的蠕动影响，有效检测羊群的真实活动量。

张居农（2010）与南京丰顿信息咨询有限公司、上海生物电子标识有限公司合作，2010 年先后在青海省海西蒙古族藏族自治州和上海永辉羊业首次应用生物电子标识技术对青藏高原的柴达木绒山羊和上海的湖羊进行育种和生产管理的信息平台研究，并对其饲养和繁殖过程实现数字化精细管理。

张居农等项目组（2010）自主研发基于羊电子标识的中心数

据库和管理平台（图47），整合无线数据自动传输技术、虚拟专用网络（Virtual private network，VPN）传输加密技术、无线射频识别（radio frequency identification，RFID）中间件技术等应用平台，为羊群健康与繁殖生产管理体系的形成提供技术保障。在瘤胃式智能标识中设置的微功耗生物体征传感器主要是指温度传感器以及运动传感器（三维加速度传感器），用于在反刍动物的反刍胃中实时地测量动物的动态体温和一天的活动量（图48和图49）。

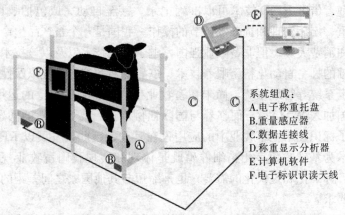

系统组成：
A.电子称重托盘
B.重量感应器
C.数据连接线
D.称重显示分析器
E.计算机软件
F.电子标识识读天线

图47　羊电子标识的中心数据库和管理平台

图48　带有微功耗生物特性高感知传感器的瘤胃式智能电子标识

该功能是管理应用平台，完成的是数据分析结果、预警、查询和研究工作。数据分析结果根据用户要求形成各类丰富的图表，数据警戒指示，以及预警值的设定。同时，管理者也可根据要求，自己定义有关管理目标和要求，数据一应俱全，管理界面形象、生动。该功能解决了以科学数据分析结果替代人工辨别饲养过程中发现羊群健康、繁殖问题，管理效益大幅提高。

图 49　智能电子标识在瘤胃中的位置

　　电子标识放置到动物体内后不易损坏和丢失，其内部存储的数据也不易更改和丢失，再加上电子标识标号的全球唯一性，使得电子标识成为动物永不消逝的"电子身份证"。实现100％的一畜一标，可以用来追溯动物的品种、来源、免疫、治疗和用药情况以及健康状况等重要信息，从而为羊群防疫和兽药残留监控工作服务。更重要的是，当屠宰放置有电子标识的羊只时，电子标识中的信息与屠宰场的数据一起被储存在出售该羊只肉品的超市展卖标签中。该标签可提供食品内容或来源史以及分销数据，可通过各种食品制造阶段进行跟踪，并能够通过餐馆供应网的分销链或者消费者购买食品的超市等进行精确监控。一旦发现问题，可通过计算机"可追溯软件"查找问题的源头，利于管理分析，及时发现问题，保障肉品质量卫生。

第六节　绵、山羊的发情调控技术

发情调控是工厂化高效养羊生产的关键技术，成功地人为调控母羊的发情周期，就能达到母羊繁殖的计划性和依市场组织生产，从而达到母羊的高效繁殖与养羊生产的高效益有机结合的目标。发情调控技术主要包括：母羊诱导发情、同期发情和当年母羔诱导发情。

一、发情调控的适用范围

绵羊同期发情是一项重要的高新生物技术，同时也是实现一年两产或两年三产，依市场需要调整母羊配种期的必需技术措施。同期发情技术是一项组织严密、科学严谨的技术体系，只有按技术规程正确操作，才会产生应有的生产效益。

同期发情技术适用范围主要有如下方面：

（1）减少发情鉴定时间和次数，合理利用圈舍、气候和草场资源，提高优秀公羊的利用率。

（2）在绵羊高效繁殖体系中，对母羊实行一年两产或两年三产，依市场需求调整母羊配种期和产羔期。

（3）在草场或配种时间有限制的地区，母羊批量集中发情，便于人工授精和品种改良的计划、组织和实施。

（4）有利于养羊专业户和个体养羊者组织混合羊群的

集中繁殖，不需试情，按自己拟定的繁殖计划集中配种和生产。

（5）根据妊娠状况和妊娠周期合理安排饲养，依母羊妊娠需要调整日粮配方，提高管理水平。

（6）定时计划输精，集中配种，集中产羔，有利于充分利用气候、草场和圈舍、劳力资源。

（7）监视和人为控制母羊生产进程，减少初生羔羊死亡率，合理安排寄养哺育。

（8）在工厂化、集约化绵羊生产体系中，对于批量生产商品羊，全年均衡供应和市场销售具有重要作用。

（9）严格控制疾病。

（10）胚胎移植技术程序中供、受体的周期化处理。

（11）实行排卵控制，克服不孕症。

（12）实行集中产羔，与双羔技术、冷冻精液技术配合，提高产羔率。

（13）处理当年母羊和初产母羊，使其正常发情、排卵，提高繁殖率。

二、同期发情处理方案的种类

（1）对幼龄母羊采用口服孕激素和促性腺激素处理。

（2）对成年母羊采用阴道孕激素和垂体促性腺激素处理。

（3）对幼龄母羊或成年母羊采用一次肌内注射同期发情复合激素处理。

（4）PGs 子宫，阴唇注射处理。

（5）孕激素耳部或皮下埋植处理。

（6）口服中药处理。

三、同期发情激素制剂

药物的选择是同期发情处理效果的关键环节之一，必须要严格把关。

1. 供试药品选择　目前从国内的应用效果证实，推荐使用石河子大学动物科技学院研制，赤峰博恩药业、宁波激素二厂等生产的配套处理药物。主要有孕酮复合制剂、阴道孕酮释放装置（CIDRS）、PMSG、LRH - A$_3$、催产素、HCG。

2. 质量选择　选择的处理药物，必须经过试验测定或预备试验，确认其效果后才能用于大规模生产。

3. 贮存、运输　除孕激素外，其余药物必须低温（5℃）保存。野外应避免直射阳光和持续高温，药品必须放入小瓶内保存。运输中特别要注意温度变化。

四、同期发情处理效果评定标准和统计方法

同期发情处理效果的评定标准如下：

(1) 撤栓后 72 小时内母羊发情同期率达到 95％以上。

(2) 两个情期总受胎率达到 98％以上。

(3) 统计公式

$$72\text{小时同期发情率}=\frac{\text{促性腺激素处理后}72\text{小时发情母羊数}}{\text{处理母羊总数}}\times100\%$$

$$\text{第一情期受胎率}=\frac{\text{首次配种后}18\text{天内不返情母羊数}}{\text{首次配种母羊总数}}\times100\%$$

$$\text{总受胎率}=\frac{\text{第一情期＋第二情期配种不返期母羊}}{\text{处理母羊总数}}\times100\%$$

$$\text{同期产羔率}=\frac{\text{预定产羔期内产羔母羊}}{\text{处理母羊总数}}\times100\%$$

$$\text{同期发情繁殖率}=\frac{\text{同期发情产羔羔羊总数}}{\text{处理母羊数}}\times100\%$$

五、技术规程

1. 口服甲孕酮（MAP）处理方案

（1）工艺流程图　幼龄母羊→首次预处理→适龄母羊→肌内注射复合孕酮制剂→口服 MAP，连续 10 天→口服 MAP 第 9 天肌内注射 PMSG→PMSG 处理后 56 小时首次配种→配种同时静脉注射 HCG 或 LRH-A₃→配种同时每毫升精液加 1 国际单位 OXT 和 LRH-A₃ 精液处理→第二次配种后第 14 天放入公羊 20 天开始试情→撤出公羊

（2）处理操作详解

①幼龄母羊、初产母羊标记。用顺序号 1、2、3……蘸羊毛标记涂料，在母羊背部印上号，将所有处理母羊逐一编号。

②同时对母羊进行首次预处理，肌内注射复合孕酮制剂 1 毫升。

③肌内注射复合孕酮，同时灌服 MAP 6 毫克，第二天开始拌入饲料中或逐一灌服。

④于口服 MAP 的第九天，肌内注射 PMSG 330 国际单位，PMSG 为冻干粉状结晶，稀释时必须用生理盐水，按处理头数计算，每只羊的注射总量为 2～3 毫升。

⑤PMSG 处理后，第二天开始试情，发情后第二次配种，或于 PMSG 处理后 50～56 小时，定时第一次配种。

⑥于首次配种同时，静脉注射 LRH-A₃ 5 微克，或静脉注射 HCG 500 国际单位，LRH-A₃ 或 HCG 为冻干粉状物，稀释时必须用生理盐水，每只母羊静脉注射总量为 5 毫升。

⑦间隔 6 小时进行第二次输精，再间隔 8～10 小时进行第三次输精，每只母羊发情后共输精 3 次。

⑧精液处理，采精后立即用葡-柠-卵稀释液作 1：1 稀释，检查活力后再作 1～2 倍稀释。临用前按每毫升稀释精液加催产素 1 国际单位和 LRH-A₃ 100 国际单位进行处理。

⑨葡-柠-卵稀释液配制：葡萄糖 3 克，柠檬酸钠 1.4 克，加

蒸馏水 100 毫升，充分溶解后，煮沸。取葡-柠-卵标准液 80 毫升，加 20 毫升新鲜卵黄，混匀即成。

⑩第二次、第三次配种的精液处理与第一次相同。

⑪第一次输精后第 14 天开始，放入试情公羊试情，发情母羊进行第二次配种。

2. 阴道孕酮释放装置（CRID）处理方案

（1）绵羊繁殖季节同期发情操作程序详解　繁殖季节同期发情是指在正常配种期间对适龄繁殖母羊进行发情调控处理，其要点是给母羊肌内注射复合孕酮制剂，同时埋植孕酮阴道释放装置（CIDR），操作程序处理如下：

①母羊标记。采用在背部打随机号与登记耳号相结合的方法，切实落实处理母羊的头数。

②肌内注射复合孕酮制剂。处理时，每只母羊肌内注射复合孕酮制剂 1 毫升，同时埋植 CIDR。

③埋植 CIDR 操作。埋植时，将母羊固定，先用装有消毒液的喷壶冲洗母羊的外阴部，尔后用消毒的卫生纸将外阴部擦干净。用戴一次性塑料手套的手指将 CIDR 放入阴道内 5～8 厘米处，留出海绵栓一头的线头。操作时，应当特别注意防止尘土飞扬，避免污染。

④埋植时间。CIDR 埋植时间为 12 天。按时撤栓。

⑤撤栓操作。撤栓时，用手牵住 CIDR 留在外阴部一头的线头，轻轻将 CIDR 拉出。遇有粘连的，先用手牵住 CIDR 留在外阴部一头的线头，而后用另一手指伸入阴道内，轻轻分离。

撤栓后，统一用 1%～3% 灭菌土霉素溶液 5 毫升冲洗阴道 1 次。遇有粘连的，可加抗生素处理。

⑥撤栓时间与处理。于第 12 天早晨撤栓，同时肌内注射孕马血清促性腺激素（PMSG）。剂量：成年母羊 450～500 国际单位，当年母羔 330～350 国际单位。

⑦撤栓后处理。撤栓后第二天开始试情，检查母羊发情，发

情配种。发现发情的母羊同时静脉注射促排卵 3 号（LRH‐A₃）10 国际单位；间 6～8 小时第二次输精配种，次日第三次输精配种。

⑧统一人工授精。于撤栓后第三天，既撤栓后 48～72 小时内分 3 次人工授精。

第一次人工授精，同时静脉注射促排卵 3 号（LRH‐A₃）10 国际单位；间 6～8 小时第二次输精配种，次日第三次输精配种。促排卵 3 号只注射一次。

⑨精液处理。采精后，立即用葡-柠-卵稀释液作 1：1 稀释，检查活力后再作 1～2 倍稀释。输精前，每 1 毫升中加催产素 1 国际单位，现用现配（每毫升中加 1 滴）。

⑩记录。

（2）非繁殖季节诱导发情操作程序详解　非繁殖季节诱导发情是指在非配种期间对适龄繁殖母羊进行发情调控处理，其要点是给母羊肌内注射复合孕酮制剂，同时埋植孕酮阴道释放装置（CIDR），操作程序处理如下：

①母羊标记。采用在背部打随机号与登记耳号相结合的方法，切实落实处理母羊的头数。

②肌内注射复合孕酮制剂。处理时，每只母羊肌内注射复合孕酮制剂 1.3 毫升，同时埋植 CIDR。

③埋植 CIDR 操作。埋植时，将母羊固定，先用装有消毒液的喷壶冲洗母羊的外阴部，尔后用消毒的卫生纸将外阴部擦干净。用戴一次性塑料手套的手指将沾过土霉素粉的 CIDR 放入阴道内 5～8 厘米处，留出海绵栓一头的线头。操作时，应当特别注意防止尘土飞扬，避免污染。

④埋植时间。CIDR 埋植时间为 14 天。按时撤栓。

⑤撤栓操作。撤栓时，用手牵住 CIDR 留在外阴部一头的线头，轻轻将 CIDR 拉出。遇有粘连的，先用手牵住 CIDR 留在外阴部一头的线头，而后用另一手指伸入阴道内，轻轻分离。

撒栓后，统一用1%～3%灭菌土霉素溶液5毫升冲洗阴道1次。遇有粘连的，可加抗生素处理。

⑥撒栓时间与处理。于第14天早撒栓，同时肌内注射孕马血清促性腺激素（PMSG）。剂量为成年母羊400～450国际单位，当年母羔330～350国际单位。

⑦撒栓后处理。撒栓后第2天开始试情，检查母羊发情，发情配种。发现发情的母羊同时静脉注射促排卵3号，（LRH-A₃）10国际单位；间6～8小时第2次输精配种，次日第3次输精配种。

⑧统一人工授精。于撒栓后第3天，既撒栓后48～72小时内分3次人工授精。

第1次人工授精，同时静脉注射促排卵3号，（LRH-A₃）10国际单位；间6～8小时第2次输精配种，次日第3次输精配种。促排卵3号只注射1次。

⑨精液处理。采精后，立即用葡-柠-卵稀释液作1∶1稀释，检查活力后再作1～2倍稀释。输精前，每毫升中加催产素1国际单位，现用现配（每毫升中加1滴）。

⑩记录。

3. 实施绵羊非繁殖季节发情调控母羊饲养管理技术要点

为确实提高母羊受胎率，除必须按照操作规程的要求进行处理外，还要做好以下几点：

（1）母羊挑选　选择有繁殖能力的经产母羊进行处理，提高处理的经济效益。处理时，对母羊膘情差、膘情特别好的均不予选择。严格从乳房、空怀、膘情、品种、年龄等方面综合挑选，宁缺毋滥。

特别注意不要选择刚断奶的母羊。

（2）母羊补饲　挑选母羊后，应该对参加配种的母羊实施配种前短期优饲饲养措施。具体做法为：配种前，每只母羊每日补饲玉米300～350克，连续20天（包括埋植CIDR14天，配种 3～4 天）。

（3）加强公羊的生殖保健　从母羊补饲开始时起，加强对公羊的生殖保健，具体方法是：加强运动，每天上、下午运动 1～2 小时，并同时每天肌内注射睾丸素 20 毫克，连续 7～10 天，同时肌内注射促排卵 3 号（LRH-A_3）10 微克，隔日一次。

（4）操作详解　对确定未孕的母羊阴唇注射氯前列烯醇 0.2～0.4 毫升，第 2 天或第 3 天注射 PMSG 300～400 国际单位，或注射 LRH-A_3 5～10 微克，试情、发情、配种。

（5）处理操作详解

①母羊标记。

②编号，同时对母羊进行首次预处理，肌内注射复合孕酮制剂 1 毫升。

③肌内注射复合孕酮制剂，同时埋植 CRID。

④CRID 埋植前，将阴道孕酮装置（CRID）从密封包装袋中取出，然后将其浸入含有 1%～2% 土霉素的灭菌植物油中，或浸入含 3% 的灭菌土霉素溶液中，稍稍浸泡即可。埋植时，将母羊固定后，用开腟器打开阴道，用肠钳将浸过植物油或土霉素溶液的 CRID 放入阴道内 5～8 厘米处，留出海绵栓一头的线头。操作时，应当特别注意防止尘土飞扬，避免污染 CRID。

⑤撤栓操作要求。撤栓时，用手拉住线头轻轻向外拽，或用开腟器打开后用肠钳取出，遇有粘连的，必须轻轻操作，防止损伤阴道。对出现粘连的，必须用 10 毫升 3% 土霉素溶液冲洗。

⑥埋植 CRID 的第 9～11 天（即撤栓前一天），肌内注射 PMSG 330～400 国际单位。PMSG 为冻干粉状结晶，稀释时必须用生理盐水，按处理头数计算，每只羊的注射总量为 2～3 毫升。

⑦PMSG 处理后第二天撤栓。

⑧撤栓后第二天开始检查母羊发情，或在 PMSG 处理后于首次配种同时静脉注射 LRH-A_3 5 微克，或静脉注射 HCG 国际 500 国际单位，LRH-A_3 或 HCG 为冻干粉状物，稀释时必

须用生理盐水，每只母羊静脉注射总量为 5 毫升。

⑨间隔 6 小时进行第二次输精，再间隔 8～10 小时进行第三次输精，每只母羊发情后共输精 3 次。

⑩精液处理。采精后，立即用葡-柠-卵稀释液作 1∶1 稀释，检查活力后再作 1～2 倍稀释。临用前按每毫升稀释后精液加催产素 1 国际单位和 LRH - A$_3$ 100 国际单位进行处理。

⑪葡-柠-卵稀释液配置。取葡-柠-卵标准液 80 毫升，加 20 毫升新鲜卵黄，混匀即成。

第二、第三次配种的精液处理与第一次相同。

第一次输精后，从第 14 天开始，放入试情公羊试情，发情母羊进行第二次复配。

4. 一次注射复合激素制剂处理方案

（1）工艺流程图　成年母羊或初产母羊→肌内一次注射复合激素制剂→母羊试情→配种→第二情期复配→放入公羊→撤走公羊。

（2）操作详解　对成年母羊或初产母羊肌内一次注射复合激素制剂。

5. 前列腺素处理方案

（1）工艺流程图　成年母羊或初产母羊→阴唇或肌内注射氯前列烯醇→注射促性腺激素→试情，发情、配种→第二次复配→放入公羊→撤走公羊。

（2）操作详解　对确定未孕的母羊阴唇注射氯前列烯醇 0.5～1.0 毫升，第二天或第三天注射 PMSG 300～400 国际单位，或注射 LRH - A$_3$ 50～100 国际单位，试情、发情、配种。

六、诱导发情

1. 技术原理　在非繁殖季节或繁殖季节，由于季节、环境、哺乳和应用等原因造成的母羊在一段时间内不表现发情，这种不发情属于生理性的乏情期。在此生理期内，母羊垂体分泌的 FSH

和 LH 不足以维持卵泡发育和促使排卵，因而卵巢上既无卵泡发育，也无黄体存在。利用外源激素，如促性腺激素，溶解黄体的技术以及环境条件的刺激，特别是孕酮对母羊发情具有"启动"作用，促使乏情母羊从卵巢相对静止状态转变为机能活跃状态，恢复母羊的正常发情和排卵，这就是母羊诱导发情技术的原理。

诱导发情不但可以控制母羊的发情时间，缩短繁殖周期，增加产羔频率，而且可以调整母羊的产羔季节，羔羊按计划出栏，按市场需求供应羔羊肉，从而提高经济效益。

2. 技术方法 季节性乏情、哺乳性乏情和病理性乏情的发生原因，诱导发情的处理方法与同期发情基本相同（详见同期发情技术原理与技术规程），所不同的是诱导发情必须进行复合孕酮预处理，埋植海绵栓的时间比同期发情长 1～4 天，PMSG 注射的剂量高 100 国际单位。据研究报道，采用催产素诱导山羊发情，每天早、晚各皮下注射 5 国际单位，可使发情周期由原来的 19.5 天缩短到 6.8 天。采用褪黑激素处理代替短日照处理，但处理期至少要持续 5 周。

七、当年母羔诱导发情

当年母羔体重达到成年母羊体重的 60%～65% 以上，出生 7 月龄以上时，采用生殖激素处理，可以使母羊成功繁殖。根据幼龄母羊生殖器官解剖的特点，诱导发情的处理方案可采用阴道埋植海绵栓、口服孕酮＋PMSG（详见同期发情技术原理与技术规程）及采用孕酮透皮缓释贴剂处理。特别要说明的是，PMSG 的剂量应严格控制在 400 毫升以下，防止产双羔。

八、发情调控激素方案的优选及配套技术

依据母羊生殖生理的特点，选择实施有效的发情调控技术十分重要。目前，国内关于母羊发情调控的研究报道较多，在小规模的实验研究中结果尚可，但在大规模生产中，尤其在工厂化高效养羊生产体系中应用，却表现出许多弊端。依作者多年工作的

经验，特提出优选技术方案，选择使用安全、可靠、重复性高的成熟技术。

从理论和实践角度看，孕激素-PMSG法应当做首选方案。孕激素最好选用：繁殖季节采用甲孕酮海绵栓（MAP），非繁殖季节采用氟孕酮（FGA），剂型以阴道海绵装置为最好。对不适宜埋栓的母羊，也可采用口服孕酮的方法。PMSG的注射时间，应在撤栓前1~2天进行，这样才可能消除因突然撤栓造成的雌激素峰而引起排卵障碍。这种处理方案符合安全、可靠的要求。第一个情期不受胎，还会正常出现第二、三个情期，不至于对母羊的最终受胎造成影响。

前列腺素处理法对非繁殖季节的母羊效果较差，可与PMSG配合处理，以提高受胎率。这种技术方案不会对母羊下一个情期造成负面影响。

肌内注射三合激素、己酸孕酮或黄体酮等，虽然操作简便，但效果不确实，特别是极易造成处理后母羊很快发情，但不排卵；或第一个情期发情配种后不论受胎与否，均不再表现发情，最终造成相当比例的母羊空怀。从理论上分析，选用一次性注射的孕酮加雌激素的制剂，真正能引起母羊发情的是雌激素，而单纯由雌激素引起的发情大多不伴有排卵，而且还会对母羊的内分泌造成较长时间的负反馈。目前，不少养羊生产者看到一次性注射避孕针或三合激素等廉价、方便，便作为一种技术在生产中应用，结果造成了不应有的损失，最终反而认定任何发情调控技术都不可靠。市场上销售的这类激素产品，并不是为母羊设计的，也不针对提高母羊繁殖率，而是用于人类避孕的药物，其特点是干扰受精环境，而不影响内分泌平衡。

在进行发情调控，特别是对非繁殖母羊实施诱导发情时，必须坚持三个情期的正常配种。非繁殖季节母羊的诱导发情在技术上有较大的难度，主要是受母羊产后生殖生理的限制，母羊此时卵巢的活性很低。处理的重点应当是以较大剂量刺激母羊卵巢，经过一定时间的刺激，突然撤除孕酮，配合促性腺激素，可能使大多数母羊出现发情并排卵，即使第一情期未妊娠，在随后出现的第二、第三个情期，也会受胎。所以，必须坚持处理后三个情期的正常配种。

非繁殖季节诱导发情处理母羊的同时，必须同时重视公羊的生殖保健处理。非繁殖季节，母羊卵巢处于相对静止状况，而此时的公羊也同样处于睾丸活动的相对静止。若不对公羊采取激素处理，则公羊就不能在母羊达到发情时保持有正常的配种能力。采用公羊生殖保健的技术，在处理母羊的同时，对公羊也采取相应的处埋，保证了公羊的配种能力，因而受胎率也较高。

发情调控处理的母羊，必须有较好的体况和膘情，否则就会影响到处理母羊的受胎率。

在母羊的诱导发情方法中，采用张居农等（2010）研制的孕酮透皮缓释贴剂处理法比前列腺素和阴道埋植海绵栓处理方法简单、省工、省时、省力、省费用，在工厂化高效养羊生产上具有较高的应用价值。

非繁殖季节或繁殖季节对母羊实施发情调控，必须有 40 天以上的断奶间隔。哺乳会导致母羊垂体前叶促乳素分泌量增高，同时引起下丘脑垂体促性腺激素释放激素——GnRH 的分泌量增高，这两者的作用使 LH 的分泌量和频率不足。

在进行发情调控处理时，还应当特别选用配套技术。配套技术包括配套的药物、统一的程序、优化人工授精技术、首次配种时间、母羊发情状况的确定、早期妊娠诊断、复配管理等。只有采用配套技术，才能保证处理效果，使该项技术发挥最多效力，为高效生产奠定基础。

第七节　高频繁殖生产体系

高频繁殖，是随着工厂化高效养羊，特别是肉羊及肥羔羊生产而迅速发展的高效生产体系。这种生产体系的指导思想是：采用繁殖生物工程技术，打破母羊的季节性繁殖的限制，一年四季发情配种，全年均衡生产羔羊，充分利用饲草资源，使每只母羊每年所提供的胴体质量达到最大值。高效生产体系的特点是：最大限度地发挥母羊的繁殖生产潜力，依市场需求全年均衡供应肥羔上市，资金周转期缩短，最大限度提高养羊设施的利用率，提高劳动生产率，降低成本，便于工厂化管理。

1. 一年两产体系 一年两产体系可使母羊的年繁殖率提高90%～100%，在不增加羊圈设施投资的前提下，母羊生产力提高1倍，生产效益提高40%～50%。一年两产体系的核心技术是母羊发情调控、羔羊超早期断奶、早期妊娠检查。按照一年两产生产的要求，制订周密的生产计划，将饲养、兽医保健、管理等融为一体，最终达到预定生产目标。这种生产体系目前已在石河子大学和全国各地实际运转，从已有的经验分析，该生产体系技术密集，难度大，只要按照标准程序执行，一年两产的目标可以达到。一年两产的第一产宜选在12月份，第二产选在7月份。

2. 两年三产体系 两年三产是国外20世纪50年代后期提出的一种生产体系，沿用至今。要达到两年三产，母羊必须8个月产羔一次。该生产体系一般有固定的配种和产羔计划；如5月份配种，10月份产羔；1月份配种，6月份产羔；9月份配种，翌年2月份产羔。羔羊一般是2月龄断奶，母羊断奶后1个月配种。为了达到全年的均衡产羔，在生产中，将羊群分成8月产羔间隔相互错开的4个组，每2个月安排1次生产。这样每隔2个月就有一批羔羊屠宰上市。如果母羊在第一组内妊娠失败，2个月后可参加下一个组配种。用该体重组织生产，生产效率比一年一产体系增加40%。该体系的核心技术是母羊的多胎处理、发情调控和羔羊早期断奶，强化育肥。

3. 三年四产体系 三年四产体系是按产羔间隔9个月设计

的，由美国 BELTSVILLE 试验站首先提出的，这种体系适宜于多胎品种的母羊，一般首次在母羊产后第 4 个月配种，以后几轮则是在第 3 个月配种，即 1 月份、4 月份、6 月份和 10 月份产羔，5 月份、8 月份、11 月份和翌年 2 月份配种。这样，全群母羊的产羔间隔为 6 个月、9 个月。

4. 三年五产体系　三年五产体系又称为星式产羔体系，是一种全年产羔的方案，由美国康乃尔（Cornell）大学伯拉·玛吉（Brain magee）设计提出的。母羊妊娠期一般是 73 天，正好是一年的 1/5。羊群可分为 3 组。开始时，第一组母羊在第一期产羔，第二期配种，第四期产羔，第五期再配种；第二组母羊在第二期产羔，第三期配种，第五期产羔，第一期再次配种；第三组母羊在第三期产羔，第四期配种，第一期产羔，第二期再次配种。如此周而复始，产羔间隔 7.2 个月。对于 1 胎 1羔的母羊，1 年可获 1.67 个羔羊；若 1 胎产双羔，1 年可获3.34 个羔羊。

5. HARPER 体系　该体系将母羊分为 2 群，交配日期和受胎率要求如表 65，母羊产羔数如表 66，羊群每年生产性能如表67。在农场条件下实行 Harper 体系的产羔间隔及饲养方式如表 68。

表 65　Harper 体系羊群的受胎率（%）

交配日期	羊　　群			平均
	A	B	A	
12 月	98	98	94	97
8 月	94	93	87	91
4 月	76	79		78
平均	89	90		89

表 66 Harper 体系母羊产羔数

交配日期	羊 群			平均
	A	B	A	
12 月	2.28	2.71	2.25	2.68
8 月	2.30	2.33	2.12	2.25
4 月	1.75	1.64		1.70
平均	2.29	2.23		2.21

表 67 Harper 体系羊群年生产性能指标

每只公羊每年交配母羊总数	50
羊群中的母羊数	100
母羊每年交配 1.5 次的交配总数	150
89％母羊受胎率/每次交配，第二次配种的母羊数	11
实际每年母羊交配数	161
按 89％受胎率的母羊产羔数	145
每只母羊产羔数	2.12
每 100 只母羊产羔数	320
每只母羊生产出栏羔羊数	2.86
死亡率（％）	1.6
每 100 只母羊生产出栏羔羊数	270

表 68 Harper 体系的农场条件下高频产羔及饲养方式

生理阶段	12 月交配		4 月交配		8 月交配	
	月份	饲养地点	月份	饲养地点	月份	饲养地点
催情补饲	11 月	羊舍	3 月	羊舍	6 月	羊舍
交　配	12 月	羊舍	4 月	羊舍	8 月	羊舍
妊娠 1 个月	1 月	羊舍	5 月	羊舍	9 月	羊舍
妊娠 2 个月	2 月	羊舍	6 月	羊舍	10 月	牛舍
妊娠 3 个月	3 月	羊舍	7 月	羊舍	11 月	牛舍
妊娠 4 个月	4 月	羊舍	8 月	羊舍	12 月	牛舍
产　羔	5 月	羊舍	9 月	羊舍	1 月	舍饲
哺　乳	6 月	羊舍	10 月	羊舍	2 月	舍饲

6. 机会产羔体系　该体系是依市场设计的一种生产体系。按照市场预测和市场价格组织生产，若市场较好，立即组织一次额外的产羔，尽量降低空怀母羊数。这种方式适于个体养羊生产者。

第八节　母羊多胎技术

母羊的多产性是具有明显遗传特征的性状。从解剖学上分析，母羊是双角子宫，适合怀双胎。从生产实践中，不少母羊不仅可以产双胎，甚至可以产 3 胎和 4 胎。提高母羊的产羔率，可以大幅度提高生产效益。因此，在养羊发达的国家，如澳大利亚、新西兰等，一直非常重视母羊产双羔的研究。

目前，用于提高母羊产双羔率的方法主要有四种：①采用促性腺激素，如 PMSG 诱导母羊双胎；②采用生殖免疫技术；③应用胚胎移植技术；④采用营养调控技术。

1. 促性腺激素　对单胎品种的母羊多采用这种方法。一般是在母羊发情周期的第 13～14 天，一次注射 PMSG 500 国际单位，或用孕酮处理 12～14 天，撤栓前注射 PMSG 500 毫升，HCG 300～500 国际单位。在非繁殖季节，需要增加激素剂量。据报道，注射 500 国际单位 PMSG 可提高每只母羊的产羔指数 0.2～0.6 只。PMSG 处理的弊端是不能控制产羔数。剂量小时，双胎效果不明显；剂量大时，则会出现相当比例的三胎或四胎，影响羔羊成活的成绩，有时还会造成母羊卵巢囊肿。

促性腺激素处理可与同期发情处理结合，即在同期处理时，适当增加促性腺激素的剂量，可以达到提高双羔率的目的。

直接用促性腺激素，因母羊对激素反应的敏感性存在着个体差异，处理效果有时不确定，选用这种方案时须作预试，因品种、因地区而确定合理的剂量和注射时间。

2. 生殖免疫技术　生殖免疫技术为提高母羊多胎性能提供了新的途径。该技术是以生殖激素作为抗原，给母羊进行主动或被动免疫，刺激母羊产生激素抗体，这种抗体与母羊体内相应的内源性激素发生特异性结合，显著地改变内分泌原有的平衡，使新的平衡向多产方向发展。

目前，石河子大学动物科技学院、华中农业大学、兰州畜牧所、上海生物化学研究所等研制的生殖免疫制剂主要有：双羔素（睾酮抗原）、双胎疫苗（类固醇抗原）、多产疫苗（抑制素抗原）及被动免疫抗血清等。这些抗原处理的方法大致相同，即首次免疫 20 天后，进行第二次加强免疫，二免后 20 天开始正常配种。据测定，免疫后抗原滴度可持续 1 年以上。

3. 胚胎移植 2 个受精卵　胚胎移植技术在本章有专门讨论。应用这一技术可给发情母羊移植 2 枚优良种畜的胚胎，不但能达到一胎双羔，还可以通过普通母羊繁殖良种后代，在生产中具有很大的经济价值。

4. 营养调控技术　营养调控技术提高母羊双羔率，主要包括采用配种前短期优饲、补饲维生素 E 和维生素 A 制剂、补饲白羽扁豆和矿物质微量元素等。实践证实，这些措施可以提高母羊的繁殖率。

依各地的生产条件，对配种前的母羊实行营养调控处理，加大短期的投入，可以达到事半功倍的效果。一般情况下，采取这种处理，在配种前的短期内使母羊活重增加 3～5 千克，可以提高母羊的双羔率 5%～10%。待配种开始后，恢复正常饲养。从经济效益上分析，不会增加生产成本，投入恰到好处。

对经过生殖免疫处理的母羊于配种前 20 天补饲维生素 E 和维生素 A 合剂，可以显著提高免疫处理的效果。

第九节　胚胎移植技术

目前，我国的胚胎移植技术已由实验室阶段转向生产实际应用，在生产中发挥了重大作用。国家制定的 2005—2015 年科技规划，已将胚胎移植技术作为重点推广应用的产业化科技项目之一。在工厂化高效养羊体系中，此项技术的应用占有较大比重。因此，必须重视胚胎移植技术的应用和技术开发，加强技术培训，使其在高效养羊中发挥更大的作用。

胚胎移植的基本过程包括：供体和受体选择、供体超排和受体同期发情处理、冲卵、检卵的移植。

绵羊的胚胎移植与山羊基本相似，本节将重点介绍绵羊胚胎移植的技术要点与操作规程。

一、供体超数排卵

1. 供体羊的选择　供体羊应符合品种标准，具有较高生产性能和遗传育种价值，年龄一般为 2.5～7 岁，青年羊为 18 月龄。体格健壮，无遗传性及传染性疾病，繁殖机能正常，经产羊没有空怀史。

2. 供体羊的饲养管理　良好的营养状况是保持正常繁殖机能的必要条件。应在优质牧草场放牧，补充高蛋白饲料、维生素和矿物质，并供给盐和清洁的饮水，做到合理饲养，精心管理。

供体羊在采卵前后应保证良好的饲养条件，不得任意变化草料和管理程序。在配种季节前开始补饲，保持中等以上膘情。

3. 超数排卵处理　绵羊胚胎移植的超数排卵，应在每年绵羊最佳繁殖季节进行。供体羊超数排卵开始处理的时间，应在自然发情或诱导发情的情期第 12～13 天进行。山羊可在第 17 天开始。

4. 超数排卵处理技术方案

（1）促卵泡素（FSH）减量处理法　①60 毫克孕酮海绵栓埋植 12 天，于埋栓的同时肌内注射复合孕酮制剂 1 毫升。②于埋栓的第 10 天肌内注射 FSH，总剂量 300 毫克，按以下时间、剂量安排进行处理。第 10 天，早 75 毫克，晚 75 毫克；第 11 天，早 50 毫克，晚 50 毫克；第 12 天，早 25 毫克，晚

25 毫克。用生理盐水稀释，每次注射溶剂量 2 毫升，每次间隔 12 小时。③撤栓后放入公羊试情，发情配种。④用精子获能稀释液按1∶1稀释精液。⑤配种时静脉注射 HCG 1 000 国际单位，或 LH 150 国际单位。⑥配种后 3 天胚胎移植。

(2) FSH＋PMSG 处理法　①60 毫克孕酮海绵栓阴道埋植 12 天，埋植的同时肌内注射复合孕酮制剂 1 毫升。②于埋植的第 10 天肌内注射 FSH，时间、剂量如下：第 10 天，早 50 毫克，晚 50 毫克，同时肌内注射 PMSG 500 国际单位；第 11 天，早 30 毫克，晚 30 毫克；第 12 天，早 20 毫克，晚 20 毫克。③撤栓后试情，发情配种，同时静脉注射 HCG 1 000 国际单位。④精液处理同上。⑤配种后 3 天采胚移植。

(3) PMSG 一次处理法　①60 毫克孕酮海绵栓埋植 12 天，于埋栓的同时肌内注射复合孕酮制剂 1 毫升。②埋栓第 11 天肌内注射 PMSG 1 500 国际单位，18 小时后肌内注射 APMSG（抗孕马血清）1 500国际单位。③第 12 天撤栓。④撤栓后试情，发情配种，同时静脉注射 HCG 1 000国际单位。⑤精液处理同上。⑥配种后3天采胚移植。

5. 发情鉴定和人工授精　FSH 注射完毕，随即每天早晚用试情公羊（带试情布或结扎输精管）进行试情。发情供体羊每日上下午各配种一次，直至发情结束。

二、采　卵

1. 采卵时间　以发情日为 0 天，在 6～7.5 天或 2～3 天用手术法分别从子宫和输卵管回收卵。

2. 供体羊准备　供体羊手术前应停食24～48 小时，可供给适量饮水。

(1) 供体羊的保定和麻醉　供体羊仰卧在手术保定架上，四肢固定。肌内注射 2％静松灵 0.2～0.5 毫升，局部用 0.5％盐酸普鲁卡因麻醉，或用 2％普鲁卡因 2～3 毫升，或注射多卡因

2 毫升，在第一、第二尾椎间作硬膜外鞘麻醉。

（2）手术部位及其消毒　手术部位一般选择乳房前腹中线部（在两条乳静脉之间）或四肢股内侧鼠蹊部。用电剪或毛剪在术部剪毛，应剪净毛茬，分别用清水消毒液清洗局部，然后涂以 2％～4％的碘酒，待干后再用 70％～75％的酒精棉脱碘。先盖大创布，再将灭菌巾盖于手术部门，使预定的切口暴露在创巾开口的中部。

3. 术者准备　术者应将指甲剪短，并锉光滑，用指刷、肥皂清洗，特别是要刷洗指缝，再进行消毒。术者需穿清洁手术服、戴工作帽和口罩。

手臂消毒：在两个盆内各盛温热的煮沸过的水 3 000～4 000 毫升，加入氨水 5～7 毫升，配成 0.5％的氨水，术者将手指尖到肘部先后在 2 盆氨水中各浸泡 2 分钟，洗后用消毒毛巾或纱布擦干，按手向肘的顺序擦。然后再将手臂置于 0.1％的新洁尔灭液中浸泡 5 分钟，或用 70％～75％酒精棉球擦拭 2 次。双手消毒后，要保持拱手姿势，避免与未消毒过的物品接触，一旦接触，即应重新消毒。

4. 手术的基本要求　手术操作要求细心、谨慎、熟练；否则，直接影响冲卵效果和创口愈合及供体羊繁殖机能的恢复。

（1）组织分离

作切口注意要点：切口常用直线形，作切口时注意以下 6 点。①避开较大血管和神经；②切口边缘与切面整齐；③切口方向与组织走向尽量一致；④依组织层次分层切开；⑤便于暴露子宫和卵巢，切口长约 5 厘米；⑥避开第一次手术瘢痕。

切开皮肤：用左手的食指和拇指在预定切口的两侧将皮肤撑紧固定，右手用餐刀式执刀，由预定切口起点至终点一次切开，使切口深度一致，边缘平直。

切皮下组织：皮下组织用执笔式执刀法切开，也可先切一小口，再用外科剪刀剪开。

切开肌肉：用钝性分离法。按肌肉纤维方向用刀柄或止血钳刺开一小切口，然后将刀柄末端或用手指伸入切口，沿纤维方向整齐分离开，避免损伤肌肉的血管和神经。

切开腹膜：切开腹膜应避免损伤腹内脏器，先用镊子提起腹膜，在提起部位作一切口，然后用另一只手的手指深入腹膜，引导刀（向外切口）或用外科剪将腹膜剪开。

术者将食指及中指由切口伸入腹腔，在与骨盆腔交界的前后位置触摸子宫角，摸到后用二指夹持，牵引至创口表面，循一侧子宫角至该输卵管，在输卵管末端拐弯处找到该侧卵巢。不可用力牵拉卵巢，不能直接用手捏卵巢，更不能触摸排卵点和充血的卵泡。

观察卵巢表面排卵点和卵泡发育，详细记录。如果排卵点少于 3 个，可不冲洗。

（2）止血

①毛细管止血：手术中出血应及时、妥善地止血。对常见的毛细管出血或渗血，用纱布敷料轻压出血处即可，不可用纱布擦拭出血处。

②小血管止血：用止血钳止血，首先要看准出血所在位置，钳夹要保持足够的时间。若将止血钳沿血管纵轴扭转数周，止血效果更好。

③较大血管止血：除用止血钳夹住暂时止血外，必要时还需用缝合针结扎止血。结扎打结分为徒手打结和器械打结两种。

（3）缝合

①缝合的基本要求：缝合前创口必须彻底止血，用加抗生素的灭菌生理盐水冲洗，清除手术过程中形成的血凝块等；按组织层次结扎松紧适当；对合严密、创缘不内卷、外翻；缝线结扎松紧适当；缝合进针和出针要距创缘 0.5 厘米左右；针间距要均匀，所以结要打在同一侧。

②缝合方法：缝合方法大致分为间断缝合和连续缝合两种。

间断缝合是用于张力较大、渗出物较多的伤口。在创口每隔1厘米缝一针，针针打结。这种缝合常用于肌肉和皮肤的缝合。连续缝合是只在缝线的头尾打结。螺旋缝合是最间断的一种连续缝合，适于子宫、腹膜和黏膜的缝合；锁扣缝合，如同做衣服锁扣压扣眼的方法，可用于直线形的肌肉和皮肤缝合。

5. 采卵方法

（1）输卵管法　供体羊发情后2～3天采卵，用输卵管法。将冲卵管一端由输卵管伞部的喇叭口插入2～3厘米深（打活结或用钝圆的夹子固定），另一端接集卵皿。用注射器吸取37℃的冲卵液5～10毫升，在子宫角靠近输卵管的部位，将针头朝输卵管方向扎入，一人操作，一只手的手指在针头后方捏紧子宫角，另一只手推注射器，冲卵液由宫管结合部流入输卵管，经输卵管流至集卵皿。

输卵管法的优点是卵的回收率高，冲卵液用量少，检卵省时间。缺点是容易造成输卵管特别是伞部的粘连。

（2）子宫法　供体羊发情后6～7.5天采卵。这种方法，术者将子宫暴露于创口表面后，用套有胶管的肠钳夹在子宫角分叉处，注射器吸入预热的冲卵液20～30毫升（一侧用液50～60毫升），冲卵针头（钝形）从子宫角尖端插入，当确认针头在管腔内进退通畅时，将硅胶管连接于注射器上，推注冲卵液，当子宫角膨胀时，将回收卵针头从肠钳钳夹基部的上方迅速扎入，冲卵液经硅胶管收集于烧杯内，最后用两手拇指和食指将子宫角捋一遍。另一侧子宫角用同一方法冲洗。进针时避免损失血管，推注冲卵液时力量和速度应适中。

子宫法对输卵管损失甚微，尤其不涉及伞部，但卵回收率较输卵管法低，用液较多，捡卵较费时。

（3）冲卵管法　用手术法取出子宫，在子宫扎孔，将冲卵管插入，使气球在子宫角分叉处，冲卵管尖端靠近子宫角前端，用注射器注入气体8～10毫升，然后进行灌流，分次冲洗子宫角。

每次灌注 10～20 毫升，一侧用液 50～60 毫升，冲完后气球放气，冲卵管插入另一侧，用同样方法冲卵。

（4）术后处理　采卵完毕后，用 37℃灭菌生理盐水湿润母羊子宫，冲去凝血块，再涂少许灭菌液体石蜡，将器官复位。腹膜、肌肉缝合后，撒一些磺胺粉等消炎防腐药。皮肤缝合后，在伤口周围涂碘酒，再用酒精作最后消毒。供体羊肌内注射青霉素 80 万单位和链霉素 100 万单位。

三、检　卵

1. 检卵操作要求　检卵者应熟悉体视显微镜的结构，做到熟练使用。找卵的顺序应由低倍到高倍，一般在 10 倍左右已能发现卵子。对胚胎鉴定分级时再转向高倍（或加上大物镜）。改变放大率时，需再次调整焦距至看清物象为止。

2. 找卵要点　根据卵子的密度、大小、形态和透明带折光性等特点找卵。①卵子的密度比冲卵液大，因此一般位于集卵皿的底部；②羊的卵子直径为 150～200 微米，肉眼观察只有针尖大小；③卵子是一球形体，在镜下呈圆形，其外层是透明带，它在冲卵液内的折光性比其他不规则组织碎片折光性强，色调为灰色；④当疑似卵子时晃动表面皿，卵子滚动，用玻璃针拨动，针尖尚未触及卵子既已移动；⑤镜检找到的卵子数，应和卵巢上排卵点的数量大致相当。

3. 检卵前的准备

（1）待检的卵应保存在 37℃条件下，尽量减少体外环境、温度、灰尘等因素的不良影响。检卵时将集卵杯倾斜，轻轻倒弃上层液，留杯底约 10 毫升冲卵液，再用少量 PBS 冲洗集卵杯，倒入表面皿镜检。

（2）在酒精灯上拉制内径为 300～400 微米的玻璃吸管和玻璃针。将 10% 或 20% 羊血清 PBS 保存液用 0.22 微米滤器过滤到培养皿内。每个冲卵供体羊需备 3～4 个培养皿，写好编号，放入培养箱待用。

4. 检卵方法及要求　用玻璃吸管清除卵外围的黏液、杂质。将胚胎吸至第一个培养皿内，吸管先吸入少许 PBS 再吸入卵。在培养皿的不同位置冲洗卵 3～5 次。依次在第二个培养皿内重复冲洗，然后把全部卵移至另一个培养皿。每换一个培养皿时应换新的玻璃吸管，一个供体的卵放在同一个皿内。操作室温为20～25℃，检卵及胚胎鉴定需两人进行。

四、胚胎的鉴定与分级

1. 胚胎的鉴定

（1）在 20～40 倍体视显微镜下观察受精卵的形态、色调、分裂球的大小、均匀度、细胞的密度与透明带的间隙以及变性情况等（图 50）。

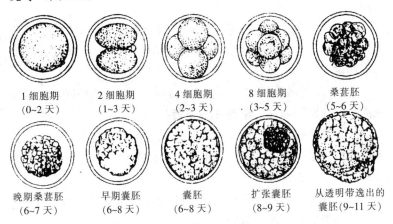

| 1 细胞期 | 2 细胞期 | 4 细胞期 | 8 细胞期 | 桑葚胚 |
| （0～2 天） | （1～3 天） | （2～3 天） | （3～5 天） | （5～6 天） |

晚期桑葚胚　　早期囊胚　　囊胚　　扩张囊胚　　从透明带逸出的
（6～7 天）　　（6～8 天）　（6～8 天）　（8～9 天）　　囊胚（9～11 天）

图 50　妊娠天数与胚胎的发育阶段

（2）凡卵子的卵黄未形成分裂球及细胞团的，均为未受精卵。

（3）胚胎的发育阶段。发情（授精）后 2～3 天用输卵管法回收的卵，发育阶段为 2～8 细胞期，可清楚地观察到卵裂球，卵黄腔间隙较大。6～8天回收的正常受精卵发育情况如图51。

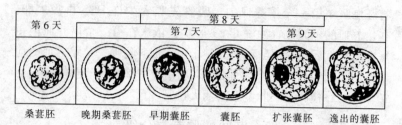

	第8天		
第6天	第7天	第9天	

桑葚胚　　晚期桑葚胚　　早期囊胚　　囊胚　　扩张囊胚　　逸出的囊胚

图 51　第 6～8 天回收胚胎的正常发育阶段

①桑葚胚：发情后第 5～6 天回收的卵，只能观察到球状的细胞团，分不清分裂球，细胞团占据卵黄腔的大部分。

②致密桑葚胚：发情后第 6～7 天回收的卵，细胞团变小，占卵黄腔 60%～70%。

③早期囊胚：发情后第 7～8 天回收的卵，细胞团的一部分出现发亮的胚胞腔。细胞团占卵黄腔 70%～80%，难以分清细胞团和滋养层。

④囊胚：发情后第 7～8 天回收的卵，内细胞团和滋养层界限清晰，胚胞腔明显，细胞充满卵黄腔。

⑤扩大囊胚：发情后第 8～9 天回收的卵，囊腔明显扩大，体积增大到原来的 1.2～1.5 倍，与透明带之间无空隙，透明带变薄，相当于正常厚度的 1/3。

⑥孵育胚：一般在发情后 9～11 天，由于胚胞腔继续扩张，致使透明带破裂，卵细胞脱出。

凡在发情后第 6～8 天回收的 16 细胞以下的受精卵均应列为非正常发育胚，不能用于移植或冷冻保存。

2. 胚胎的分级　分为 A、B、C 3 级（图 52）。

A 级：胚胎形态完整，轮廓清晰，呈球形，分裂球大小均匀，结构紧凑，色调和透明度适中，无附着的细胞和液泡。

B级：轮廓清晰，色调及细胞密度良好，可见到少量附着的细胞和液泡，变性细胞占10%～30%。

C级：轮廓不清晰，色调发暗，结构较松散，游离的细胞或液泡多，变性细胞达30%～50%。

胚胎的等级划分还应考虑到受精卵的发育程度。发情后第7天回收的受精卵在正常发育时应处于致密桑葚胚至囊胚阶段。凡在16细胞以下的受精卵及变性细胞超过一半的胚胎均属等外，其中部分胚胎仍有发育的能力，但受胎率很低。

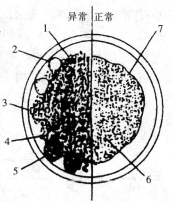

图52　胚胎品质的衡量示意图
　　A. 变性部分在10%以内
　　B. 变性部分在10%～30%
　　C. 变性部分在30%～50%
　　D. 变性部分占据胚胎大部分
1. 边缘不整齐　2. 有水泡　3. 细胞突起
4. 色泽暗淡　5. 卵裂球游离　6. 色泽明
　亮　7. 边缘整齐

五、胚胎的冷冻保存

1. 三步平衡法

（1）10%甘油保存液的配制。取9毫升含20%羊血清的PBS，加入1毫升甘油，用吸管反复混合15～20次，经0.22微米滤器过滤到灭菌容器内待用。

（2）取含20%羊血清、0.3摩尔/升蔗糖的PBS。2毫升和3.5毫升，分别加入10%甘油3毫升和1.5毫升，配成含6%和3%甘油的蔗糖冷冻液。将3%、6%和10%三种甘油浓度的冷冻液分别装入小培养皿。

（3）胚胎分别在3%、6%和10%甘油的冷冻液中浸5分钟。

（4）胚胎装管。用0.25毫升塑料细管按以下顺序吸入，少量的 10%甘油的 PBS 液、气泡、10%甘油的 PBS 液（含有胚胎）、气泡、少量的 10%甘油的 PBS 液，加热封口两道。

（5）塑料细管的编号。剪一段（2 厘米）0.5 毫升塑料细管作为标记外套，内装色纸，注明供体品种、耳号、胚胎发育阶段及等级、制作日期（年、月、日），并在外套管上写明序号备查（图 53）。

图 53　胚胎装管示意图

2. 冷冻程序　将细管直接浸入冷冻仪的酒精浴槽内，以 1℃/分钟的速度从室温降至－6℃，停 5 分钟后植冰，再停留 10 分钟，以 0.3℃/分钟的速度降至－30℃，再以 0.1℃/分钟的速度降至－38℃，直接投入液氮，长期保存。

六、冷冻胚胎的解冻

1. 解冻液的配制　根据上文所述配制出 10%、6%和 3%甘油的蔗糖解冻液，用 0.22 微米滤器灭菌，分装在小培养皿内，第 1～4 杯分别为 10%、6%、3%、0%甘油的蔗糖解冻液，第 5 杯为 PBS 保存液。

2. 胚胎的解冻　胚胎从液氮中取出，在 3 秒钟内投入 38℃ 水浴，浸 10 秒钟。

3. 三步脱甘油　用 70%酒精棉球擦拭塑料细管和剪刀刃，剪去棉塞端，与带有空气的 1 毫升注射器连接。再剪去细管的另一端，在室温下将胚胎推入 10%甘油和 0.3 摩尔/升蔗糖的 PBS 解冻液中，放置 5 分钟后依次移入 6%、3%和 0%甘油的蔗糖 PBS 解冻液中，各停留 5 分钟，最后移至 PBS 保存液中镜检待用。

七、胚胎分割

1. 准备工作

（1）检查和调整好显微操作装置。

（2）微细玻璃针和固定吸管的制作：玻璃针细度要求为 3 微米，用专用拉针仪制作。固定管要求拉制成内径为 100 微米的细管，切口要齐，并用煅溶仪烧圆。上述针、吸管均用 70% 酒精灭菌，使用前用 PBS 液反复冲洗。

（3）安装好分割胚胎的用具。

（4）将含有 20% 犊牛血清的 PBS 液经 0.22 微米滤器过滤，在直径为 90 毫米的灭菌塑料培养皿内做成液滴，覆盖液体石蜡备用。

2. 分割操作

（1）将第 6～8 天回收的发育良好的胚胎移入已做好的液滴，每个液滴放入 1 枚胚胎，以免半胚相混。将培养皿移至倒置显微镜或实体解剖镜下，调整焦距，找到胚胎。用固定吸管固定胚胎，用玻璃针或刀片从内细胞团正中切开。

（2）使用刀具分割时可不用固定管。先用刀刃在培养皿底上划一刀印，再用刀尖将胚胎拨至刀印上，调整好内细胞团的位置，用刀片从上往下垂直切成两团。

（3）分割好的胚胎移至含 20% 羊血清（或犊牛血清）的 PBS 中，清洗后装管移植。

（4）冷冻胚胎解冻后分割操作同回收的新鲜胚胎。

八、胚胎移植

1. 受体羊的选择　健康、无传染病、营养良好、无生殖疾病、发情周期正常的经产羊。

2. 供体羊、受体羊的同期发情

（1）自然发情　对受体羊群自然发情进行观察，与供体羊发情前后相差 1 天的羊，可作为受体。

（2）诱导发情　绵羊诱导发情分为孕激素类和前列腺素类控制同期发情 2 类方法。孕酮海绵栓法是一种常用的方法。

海绵栓在灭菌生理盐水中浸泡后塞入阴道深处，至 13～14 天取出，在取海绵栓的前一天或当天，肌内注射 PMSG 400 国际单位，56 小时前后受体羊可表现发情。

（3）发情观察　受体羊发情观察早晚各一次，母羊接受爬跨确认为发情。受体羊与供体羊发情同期差控制在 24 小时内。

3. 移植

（1）移植液　0.03 克牛血清白蛋白溶于 10 毫升 PBS 中，1 毫升血清＋9 毫升 PBS，以上两种移植液均含青霉素（100 单位/毫升）、链霉素（100 单位/毫升）。配好后用 0.22 微米细菌滤器过滤，置 38℃培养箱中备用。

（2）受体羊的准备　受体羊术前需空腹 12～24 小时，仰卧或侧卧于手术保定架上，肌内注射 0.3%～0.5%静松灵。手术部位及手术要求与供体样相同。

（3）简易手术法　对受体羊可采用简易手术法移植胚胎。术部消毒后，拉紧皮肤，在后肢鼠蹊部作 1.5～2 厘米切口，用一个手指伸进腹腔，摸到子宫角引导至切口外，确认排卵侧黄体发育状况，用钝形针头在黄体侧子宫角扎孔，将移植管顺子宫方向插入宫腔，推入胚胎，随即子宫复位。皮肤复位后即将腹壁切口覆盖，皮肤切口用碘酒、酒精消毒，一般不需缝合。若切口增大或覆盖不严密，应进行缝合。

受体羊术后在小圈内观察 1～2 天。圈舍应干燥、清洁，防止感染。

（4）移植胚胎注意要点　①观察受体卵巢，胚胎移至黄体侧子宫角，无黄体不移植。一般移 2 枚胚胎。②在子宫角扎孔时应避开血管，防止出血。③不可用力牵拉卵巢，不能触摸黄体。④胚胎发育阶段与移植部位相符。⑤对受体黄体发育按突出卵巢的直径分为优、中、差，即优——0.6～1 厘米，中——

0.5 厘米，差——小于 0.5 厘米。

4. 受体羊饲养管理 受体羊术后 1～2 情期内，要注意观察返情情况。若返情，则应进行配种或移植；对没有返情的羊，应加强饲养管理。妊娠前期，应满足母羊对热量的摄取，防止胚胎因营养不良而导致早期死亡。在妊娠后期，应保证母羊营养的全面需要，尤其是对蛋白质的需要，以满足胎儿的充分发育。

九、试剂配制

绵羊胚胎移植过程中用的冲卵液和羊血清的制作方法如下。

1. 冲卵液（PBS）的配制

改进的 PBS 配方：

氯化钠（NaCl）	136.87 毫摩/升	8.00 克/升
氯化钾（KCl）	2.68 毫摩/升	0.20 克/升
氯化钙（CaCl$_2$）	0.90 毫摩/升	0.10 克/升
磷酸二氢钾（KH$_2$PO$_4$）	1.47 毫摩/升	0.20 克/升
氯化镁（MgCl$_2$·6H$_2$O）	0.49 毫摩/升	0.10 克/升
磷酸氢二钠（Na$_2$HPO$_4$）	8.09 毫摩/升	1.15 克/升
丙酮酸钠	0.33 毫摩/升	0.036 克/升
葡萄糖	5.56 毫摩/升	1.00 克/升
牛血清白蛋白		3.00 克/升
（或犊牛血清）		10 毫升/升
青霉素		100 单位/毫升
链霉素		100 单位/毫升
双蒸水加至		1 000 毫升

（1）PBS 液的配制 为了便于保存，可用双蒸水分别配制成 A 液和 B 液，以便高压灭菌，也可配制成浓缩 10 倍的原液。

配好的 A、B 原液采用双蒸水稀释后，分别高压灭菌，低温保存待用。

（2）冲卵液的配制 使用浓缩 A、B 原液各取 100 毫升，缓慢加入灭菌双蒸水 800 毫升充分混合。取其中 20 毫升，加入丙酮酸钠 36 毫克、葡萄糖 1.0 克、牛血清蛋白 3.0 克（或羊血清 10 毫升）和抗生素，充分混合后用 0.22 微米滤器过滤灭菌，倒入大瓶混合均匀待用。冲卵液 pH 为 7.2～7.4，渗透压为 270～300 毫摩尔/升。A、B 液混合后，如长时间置于高温（40℃）下，会形成沉淀，影响使用，应注意避光。

（3）保存液的配制　2 毫升供体羊血清＋8 毫升 PBS，青、链霉素各 100 单位/毫升，0.22 微米滤器过滤灭菌。

2. 羊血清的制作　对超数排卵反应好的供体羊于冲卵后采卵。

（1）血清制作程序　用灭菌的针头和离心管从颈静脉采血，30 分钟内以 3 500 转/分离心 10 分钟取血清，再用同样转速将分离出的血清再离心 10 分钟，弃去沉淀。

（2）血清的灭活　将上述血清集中在瓶内，用 56℃ 水浴（血清温度达 56℃）灭活 30 分钟，或者在 52℃ 温水中灭活 40 分钟。灭活后，用 3 500 转/分离心 10 分钟，再用 0.45 微米滤器过滤灭菌，然后分装为小瓶，于 -20℃ 保存待用。

血清使用前要做胚胎培养试验，只有经培养后确认无污染、胚胎发育好的血清才能使用。

十、实验室准备

1. 器具的洗刷　器具使用后应立即浸于水中，流水冲洗。沾有的污秽或斑点应立即冲刷掉，然后再用洗涤液清洗。

新的玻璃器皿用清水洗净后，放入洗液或稀盐酸中浸泡 24 小时，流水冲洗掉洗液，再用洗涤液认真刷洗，或用超声波洗涤器洗涤。洗涤剂可用市售品。

（1）水洗　从洗涤液中取出后立刻放入流水中，冲洗 3 小时，完全冲掉洗涤液。

（2）洗净　用去离子水冲洗 5 次，再用蒸馏水洗 5 次，最后用双蒸水冲洗 2 次。

（3）干燥和包装　洗净厚度器具放入干燥箱烘干，再用白纸或牛皮纸包装待消毒。

2. 器具的灭菌

（1）高压灭菌　适用于玻璃器皿、金属制品、耐压耐热的塑料制品以及可用高压蒸汽灭菌的培养液、无机盐溶液、液体石蜡等。上述器具经包装后放入高压灭菌器内，在 121℃处理 20～30 分钟，PBS 等培养液为 15 分钟。

（2）气体灭菌法　对于不能高压蒸汽灭菌处理的塑料器具可用环氧乙烷等气体灭菌。灭菌方法与要求可根据不同设备说明进行操作。气体灭菌过的器具需放置一定时间才能使用。

（3）干热灭菌法　对耐高温的玻璃及金属器具，包装好以后放入干热灭菌器（干烤箱），160℃处理 1～1.5 小时，或者使温度升至 180℃以后关闭开关，待降至室温时取出。在烘烤过程中或刚结束时，不可打开干燥箱门，以防着火。

（4）紫外线灭菌　塑料制品可放置在无菌间距紫外线灯50～80 厘米处，器皿内侧向上，塑料细管需垂直置于紫外线下照射 30 分钟以上。

（5）钴（^{60}C）同位素照射灭菌　将需要灭菌的器具包装好，送有关单位处理。

（6）用 70％酒精浸泡消毒　聚乙烯冲卵管以及乳胶管等，洗净后可在 70％酒精液中浸泡消毒。

3. 培养液的灭菌

（1）过滤灭菌法　装有滤膜的滤器经高压灭菌后使用。培养保存液用 0.22 微米滤膜，血清用 0.45 微米滤膜过滤。过滤时，应弃去开始的 2～3 滴。

（2）用抗生素灭菌　在配制培养液时，同时加入青霉素 100 单位/毫升，链霉素 100 单位/毫升。

4. 液体石蜡油的处理　市售液体石蜡装入分液漏斗，用双蒸水充分摇动洗涤 3～5 次，静置或离心分离水分。

液体石蜡装入三角烧瓶内（装入量为容量的 70％～75％），用硅塞封口，塞上通入长和短的 2 根玻璃管，管上端塞好棉花。一根深入油面底层，一根不接触油面。高压灭菌 15 分钟，呈白浊色，冷却后静置 12 小时，即为透明。

将所用的培养液用滤器灭菌，按石蜡油量的 1/20 加入并充分混合。

由长玻璃管通入 5％二氧化碳、95％空气组成的混合气体 30 分钟。

经上述处理后的石蜡油，在使用前放在二氧化碳培养箱内静置平衡一昼夜，使液相和油相完全分离，待用。

十一、主要器械和设备

1. 回收卵器械

冲卵管：带硅胶管的 7 号针头（钝形）。

回收管：带硅胶管的 16 号针头（钝形）。

肠钳套乳胶管；注射器 20 毫升或 30 毫升；集卵杯。

50 毫升或 100 毫升烧杯。

2. 检卵与分割设备 体视显微镜；培养皿（35 毫米×15 毫米，90 毫米×15 毫米）；表面皿；巴氏玻璃管；培养箱，二氧化碳培养罐及二氧化碳气体；显微操作仪及附件。

3. 移植 微量注射器、12 号针头；移植管：内径 200～300 微米玻璃细管或前端细后部膨大的（套在注射器上）塑料细管。

4. 手术器械 毛剪、外科剪（圆头、尖头）、活动刀柄、刀片、外科刀、止血钳（弯头、直头）、蚊式止血钳、创巾夹、持针器、手术镊（带齿、不带齿）、缝合针（圆刃针、三棱针）、缝合线（丝线、肠线）、创巾若干、手术保定架、手术灯、活动手术器械车。

5. 其他 蒸馏水装置 1 套；离子交换器 1 台；干烤箱 1 台；

高压消毒锅 1 台；滤器若干，0.22 微米、0.45 微米滤器膜；0.25 毫升塑料细管；pH 计 1 台。

6. 药品及试剂 配制 PBS 所需试剂：FSH 和 LH，PMSG 及抗 PMSG 等超排激素；2％静松灵，0.5％普鲁卡因、利多卡因；肾上腺素及止血药品；抗生素及其他消毒液、纱布、药棉等。

十二、记录表格

供体羊超数排卵记录表

供体号：＿＿＿＿＿品种：＿＿＿＿＿出生时间（年龄）：＿＿＿＿＿

产羔时间：＿＿＿＿＿＿＿＿＿＿＿＿＿胎次：＿＿＿＿＿＿＿

处理前发情日期：(1)＿＿＿＿＿＿＿＿(2)＿＿＿＿＿＿＿＿

超排处理日期：＿＿年＿＿月＿＿日 激素：＿＿＿＿批号：＿＿＿

总剂量：＿＿＿＿＿每日剂量：(1)＿＿(2)＿＿＿(3)＿＿＿(4)＿＿

促排药注射日期：＿＿＿＿＿＿＿＿剂量：＿＿＿＿＿＿＿＿

发情时间：＿＿＿＿＿＿＿＿征状：＿＿＿＿＿＿＿＿＿＿＿

输精时间：(1)＿＿＿＿(2)＿＿＿＿(3)＿＿＿公羊号：＿＿＿

回收卵日期：＿＿月＿＿日 开始：＿＿时＿＿分 结束：＿＿时＿＿分

冲卵人：＿＿＿＿＿＿＿＿＿＿检卵人：＿＿＿＿＿＿＿＿＿

卵巢	冲卵液回收率	卵巢黄体(CL)	卵泡(F)	回收卵数	未受精卵	退化卵	2～16细胞	胚胎发育与等级						
								枚数	等级	桑葚胚胎(M)	致密桑葚胚胎(CM)	早期囊胚(EB)	囊胚(BL)	扩张囊胚(EXB)	孵化囊胚(HB)
左									A B C						
右									A B C						

冷冻胚胎记录表

供体号：＿＿＿＿＿＿＿＿ 品种：＿＿＿＿＿＿＿＿ 操作者：＿＿＿＿＿＿＿

冲卵结束时间：＿＿＿＿ 冷冻时间：＿＿＿ 防冻剂：＿＿＿ 冷冻方法：＿＿＿

序号	发育阶段	级别	简图	提篓号	筒号	解冻温度	脱甘油方式	解冻后形态	培养情况	用途	备注

受体羊移植记录表

序号	受体号	供体号	群号	发情日期	返情日期	黄体发育	移植时间	胚胎等级	术者	产羔	备注

第十节　人工授精技术

一、人工授精技术的特点

人工授精是一项实用的生物技术，它借助器械，以人为的方法采集公羊的精液，经过精液品质检查和一系列处理，再通过器械将精液注入发情母羊生殖道内，以达到受胎目的。该项技术具有以下特点：

1. 充分利用生产力高的种公羊，加速改良绵羊羊毛品质，提高生产力及经济效益。

2. 防止交配而传染的疾病。

3. 减少母羊的不孕，提高母羊受胎率和繁殖率。

4. 便于组织畜牧生产，促进改良育种工作的开展。

二、人工授精站的建筑和设备

1. 人工授精站主要建筑包括采精室、验精室、输精室、母羊待配圈、种公羊及试情公羊棚圈等。所需房屋多少与平面布置，可根据不同条件确定。

2. 输精、授精、采精三室，应保持温暖、干燥，并有充足光线，室内温度要求在 5～20℃。为了保持室内清洁，减少尘土，地面最好铺砖块，输精室应高出地面 50 厘米。

3. 人工授精站所有房屋，应在授精开始前 10～15 天用石灰粉刷消毒，并维修室内取暖设施。室内应避免各种药物的气味和煤气等。

4. 绵羊人工授精站所需器械、药品和用具见表 69。

表 69　绵羊人工授精站所需器械、药品和用具

序号	名　称	规　格	单位	数　量
1	显微镜	300～600 倍	架	1
2	蒸馏器	小型	套	1
3	天平	0.1～100 克	台	1
4	假阴道外壳		个	4
5	假阴道内胎		条	8～12
6	假阴道塞子（带气嘴）		个	6～8
7	玻璃输精器	1 毫升	支	8～12
8	输精量调节器		个	4～6
9	集精杯		个	8～12
10	金属开膣器	大、小两种	个	各 2～3
11	温度计	100℃	支	4～6
12	寒暑表		个	3
13	载玻片		盒	1
14	盖玻片		盒	1～2

序号	名　称	规　格	单位	数　量
15	酒精灯		个	2
16	玻璃量杯	50 毫升、100 毫升	个	各 1
17	玻璃量筒	500 毫升、1 000 毫升	个	各 1
18	蒸馏水瓶	5 000 毫升、10 000 毫升	个	各 1
19	玻璃漏斗	8 厘米、12 厘米	个	各 1~2
20	漏斗架		个	1~2
21	广口玻塞瓶	125 毫升、500 毫升	个	4~6
22	细口玻塞瓶	500 毫升、1 000 毫升	个	各 1~2
23	玻璃三角烧瓶	500 毫升	个	2
24	洗瓶	500 毫升	个	2
25	烧杯	500 毫升	个	2
26	玻璃皿	10~12 厘米	套	2
27	带盖搪瓷杯	250 毫升、500 毫升	个	各 2~3
28	搪瓷盘	20 厘米×30 厘米	个	2
29	钢精锅	40 厘米×50 厘米	个	2
		27~29 厘米、带蒸笼	个	1
30	长柄镊子		把	2
31	剪刀	直头	把	2
32	吸管	1 毫升	支	2
33	广口保温瓶	手提式	个	2
34	玻璃棒	0.2 厘米、0.5 厘米	克	200
35	酒精	95%，500 毫升	瓶	6~8
36	氯化钠	化学纯，500 克	瓶	1~2
37	碳酸氢钠或碳酸钠		千克	2~3
38	白凡士林		千克	1
39	药勺	角质	个	2
40	试管刷	大、中、小	个	各 2
41	滤纸		盒	2
42	擦镜纸		张	100
43	煤酚皂	500 毫升	瓶	2~3
44	手刷		个	2~3

序号	名　称	规　格	单位	数　量
45	纱布		千克	1
46	药棉		千克	1～2
47	试情布	30厘米×40厘米	条	30～50
48	搪瓷脸盆		个	4
49	手电筒	带电池	个	2
50	煤油灯或汽灯		个	2
51	水桶		个	2
52	扁担		条	1
53	火炉	带烟筒	套	1
54	桌子		张	3
55	凳子		张	4
56	塑料桌布		米	3～4
57	器械箱		个	2
58	耳号钳	带钢字母	套	1
59	羊耳号	铝制或塑料制	套	1 500～2 000
60	工作服		套	每人1
61	肥皂		条	5～10
62	碘酒		毫升	200～300
63	煤		吨	2
64	配种记录本		本	每群1
65	公羊精液检查记录		本	3
66	采精架		个	1
67	输精架		个	2
68	临时打号用染料			若干
69	其他			

三、种公羊的选择与配种前的准备

1. 人工授精需要的种公羊，必须每年按要求进行个体等级鉴定，并从中选出主配优秀公羊。在配种前1～1.5月必须加强饲养管理，并进行精液品质的检查。

2. 选择种公羊时，应考虑公羊的血缘遗传性、生产性能、健康状况、外貌、生殖器官和精液品质等。

3. 种公羊配种前，应进行兽医检查并修蹄。

四、种公羊、试情公羊的饲养管理

1. 种公羊的饲养管理

（1）种公羊的放牧管理必须选派责任心强、有放牧经验的牧工担任。

（2）人工授精的种公羊应分群饲养。

（3）种公羊圈舍应宽敞、清洁、干燥，并有充足的光线，必要时应添设灯光照明。

（4）种公羊到站后应进行编号，并按期称重，观察种公羊的食欲、性欲等情况。

（5）种公羊必须给予多样化的饲草饲料，配种期的饲料日粮应按种公羊日粮标准供应。日粮配方如下：

玉米 1 000 克，食盐 18 克，麸皮 300 克，带壳鸡蛋 4～6 个，大麦 300 克，苜蓿干草 900 克（按 70 千克体重标准），合计 2 418 克。

2. 种公羊的饲养管理日程

（1）准备阶段日程

时　间	饲养管理项目
8：00—9：30	运动、放牧、饮水、早饲
10：00—13：00	采精
15：00—20：00	运动、放牧、饮水
20：00—21：00	晚饲
	休息

（2）配种阶段管理日程

时间	饲养管理项目
7：00—8：30	运动、放牧、饮水

	喂料（喂给日粮 1/2）
9：00—11：00	采精
13：00—15：00	运动
14：00—17：00	补饲休息
	采精
19：00—20：00	放牧、饮水
20：00—21：00	喂料（喂给日粮 1/2）
	休息

（3）种公羊的利用

①准备阶段：陆续采精 20 次左右，以达到排除陈精的目的。

②配种期间：成年种公羊每日可采精 2～4 次，必要时采精 4～5 次。注意不可连续高频率采精，以免影响公羊采食、性欲及精液品质。

3. 试情公羊的饲养管理 试情公羊的饲养管理直接影响到人工授精的各个指标的完成。所以，必须选用身体健壮、性欲旺盛、无疾病（包括寄生虫病）的优良公羊试情。

人工授精期间，对试情公羊须予以单独饲养，每日可给予 0.5～1 千克精料，食盐自由采食，应加强试情公羊的放牧。

为提高试情公羊性欲，可定期采精，并注意轮换使用试情公羊。

经常检查试情公羊的健康，发现有争斗外伤，应及时处理。

五、人工授精器材的准备及消毒灭菌

1. 对采精、稀释保存精液、输精、精液运输等直接与精液接触的器械，必须注意洗涤与消毒工作，以防影响精液品质及受胎率。

2. 人工授精所用的器械、药品必须放在清洁的橱柜中，各种药品及配制的溶液也必须有标签。

3. 器械的洗涤可用洗衣粉或洗净剂。洗刷时可用毛刷、试管刷、纱布等。洗刷后用温水反复冲洗，除去残留物，尔后用洁净蒸馏水冲洗两遍，用消毒干净纱布擦干或自然干燥。在洗刷假阴道内胎时，注意清除存留在内胎上污垢。输精器械应彻底洗刷干净。

4. 器械洗涤后，须根据器械种类采用下列方法之一进行消毒：①75％酒精消毒；②煮沸 15～20 分钟消毒；③火焰消毒。

5. 凡与精液接触的器械在用酒精消毒后，须用生理盐水冲洗。如用蒸馏水或过滤开水冲洗后，仍需再用生理盐水冲洗。

6. 几种重要器械在使用前的消毒与冲洗。

(1) 假阴道内胎　先用 70％酒精擦拭后，待酒精挥发一会，用蒸馏水冲洗 2 次，再用生理盐水冲洗 2 次。

集精瓶及其他玻璃器皿的消毒及冲洗程序与假阴道内胎相同。

(2) 输精器　在吸入 70％酒精消毒后，吸入蒸馏水冲洗 2 次，然后再用生理盐水冲洗 2 次。

(3) 金属开膣器　可先用 70％酒精棉球消毒或用 0.1％高锰酸钾溶液消毒。消毒后可放在温（冷）开水中冲洗一次，再放在生理盐水中冲洗一次即可使用，也可用火焰消毒法消毒。

(4) 擦拭用纸　应每天消毒一次，消毒方法是将卫生纸放于小锅内，蒸煮 15～20 分钟。

(5) 毛巾、擦布、桌布、过滤纸及工作服等　各种备用物品均应经高压灭菌器或在高压消毒锅消毒。

六、常用溶液及酒精棉球的制备

1. 生理盐水　生理盐水为 0.9％氯化钠溶液。配制方法如下：准确称量 9 克化学纯氯化钠粉，溶解于 1 000 毫升煮沸消毒过的蒸馏水中即可。

2. 70％酒精　在 74 毫升 95％酒精中加入 26 毫升蒸馏水即可。

3. 酒精棉球与生理盐水棉球 将棉球作成直径 2～4 厘米大小，放入广口玻璃瓶中，加入适量的 70％酒精或生理盐水即可。勿使棉球过湿。

4. 酒精棉球瓶 所有的酒精棉球瓶须带盖，随用随开。

七、精液的采集

1. 采精前，应准备发情母羊或羯羊作台羊。采精前应清理台羊的臀部，以防采精时损伤公羊阴茎。

2. 假阴道的准备步骤如下：①内胎的洗刷（检查是否漏水）；②安装、消毒与冲洗；③临用前用配制的稀释液冲洗；④灌温水；⑤涂稀释液；⑥吹入空气；⑦检查与调节内胎温度，并调节内胎压力。

3. 假阴道的冲洗与消毒冲洗后，用漏斗从注水孔注入 55℃左右温水 150～180 毫升，然后塞上带有气嘴的塞子，吹入或用打气球压入适量的空气，关闭气嘴活塞。

注水量以外壳与内胎之间容积的 1/3～1/2 为宜，假阴道内的温度保持在 40～42℃，青年羊可低些。

4. 在注温水后，将消毒冲洗后的双层玻璃瓶插入假阴道的一端。当环境温度低于 18℃时，在双层玻璃下可灌入 50℃的温水，使瓶内保持 30℃左右。若环境温度超过 18℃，勿灌水。

5. 用棉球蘸取稀释液或生理盐水，从阴茎进口处涂抹一薄层于假阴道内胎上，深度为假阴道的 1/3～1/2，勿使插集精瓶的一端涂上凡士林。

6. 用酒精或生理盐水棉球擦过的温度计检查，使采精时假阴道内胎温度保持在 40～42℃为宜，如内胎温度合适，再吹入空气，调节内胎压力，即可用于采精。

7. 用清水将种公羊包皮附近的污物洗净，擦干。

8. 采精时，采精者蹲于母羊右后方，用右手将假阴道横拿着，假阴道进口部向下，与母羊骨盆的水平线呈 35°～40°为宜。

当公羊爬上母羊背时，注意勿使假阴道或手碰着龟头，迅速用左手托住阴茎包皮，将阴茎导入假阴道中。射精后，即将假阴道竖起，有集精瓶的一端向下，然后放出空气，将集精瓶取下，并盖上盖子。

9. 集精瓶及盛有精液的器皿必须避免太阳直接照射，注意保持 18 ℃的温度。

10. 集精瓶取下后，将假阴道夹层内的水放出，如继续使用，按照上述方法将内胎洗刷，消毒冲洗。若不继续使用，将内胎上残留的精液洗去，反复冲洗，干燥后备用。

八、公羊精液品质的检查

1. 为避免收集母羊由于精液品质关系降低受胎率和检查公羊的饲养管理情况，应对种公羊的精液品质进行检查。一般检查项目为射精量、色泽、精子密度与活力。

2. 正常精液为乳白色。凡带有腐败臭味、颜色为红色、褐色、绿色的精液不能用于输精。

3. 检查精液品质须用 200～600 倍显微镜。

4. 检查所采集的精液品质应在 18～25℃室温下进行。检查时用清洁玻璃输精器取精液一小滴，放在载玻片中央，盖上盖玻片，勿发生气泡。然后放在显微镜下检查精子密度与活力。检查精子活力时，可将一小滴精液先用一滴生理盐水稀释，再进行检查。所用载玻片与盖玻片须先洗涤清洁并使干燥。为防止显微镜头压着或压破盖玻片，可先将镜头下降到几乎接近盖玻片的程度，然后再慢慢升高镜头至适度为止。检查经过保存的精液的精子活力时，须将精液温度逐渐升高，并放在 38～40℃下进行检查。

5. 用显微镜观察精液时，应根据下列标准来评定精液等级。

(1) 密度　如在视野内看见布满密集精子，精子之间几乎无空隙，这种精液评为"密"；如在精子之间可以看见空隙（大约相当一个精子的长度），评为"中"；如在精子之间看见很大的空隙（超过一个精子的长度），这种精液评为"稀"；如精液内没有精子，则用"无"字来表示。

（2）**活力** 评定精子活力可分为 10 级，在显微镜下用目力来衡量，如精子 100% 为前进活动，评为 1；80% 前进运动的评为 0.8；以此类推。

6. 公羊精液品质的检查，分别于采精后，稀释后检查 2 次，精液密度达中以上，活力 0.7～0.8 以上，可用于输精。冷冻精液的指标为活力达到 0.3 以上可用于输精。

7. 为了合理稀释精液，在配种前用血细胞计数器来测定精子密度。

8. 其他精液品质指标的检查，视各配种站条件而定。

九、精液的稀释

1. 精液稀释液的配制

（1）各种成分的准备。蒸馏水要纯净新鲜，最长不要超过 15 天。卵黄要取自新鲜鸡蛋，先将蛋擦净，再用 75% 酒精消毒蛋壳，待酒精挥发后才可破壳，并缓慢倒出蛋清，用注射器刺破卵黄膜吸取卵黄，也可用玻璃片挑破卵黄膜，将卵黄轻轻倒出。不应混入蛋清或卵黄膜。取一定量于容器中，搅拌后倒入经消毒并已冷却的稀释液中，摇匀。

抗生素为青霉素（钾盐），必须在稀释液冷却后加入。

（2）配制稀释液的药品要准确称量，配成的溶液要准确，溶解后经过过滤，煮沸消毒 10～15 分钟。

（3）配制稀释液和分装保存精液的物品和用具都必须严密消毒。使用前先用少量稀释液冲洗 1～2 次。稀释液必须新鲜，现用现配。若在冰箱保存，可存放 2～3 天，但卵黄、抗生素等成分需在临用时添加。

（4）稀释液配方及配制方法如下：

柠檬酸钠（2 水）　　　1.4 克

葡萄糖（1 水）　　　　3.0 克

消毒蒸馏水　　　　　加 100 毫升（用容量瓶）

充分溶解后，过滤至另一容器内，煮沸消毒 10～15 分钟。

取上述溶液 80 毫升，待冷却后再加新鲜卵黄 20 毫升，青霉素、链霉素各 10 万单位。贴上标签，备用。

（5）稀释液基质统一称量，分装于消毒过的小青霉素空瓶内，分别标有"葡-柠液配 100 毫升"或"葡-柠液配 50 毫升"。各配种站按以上配制方法操作，不需称量药品。

2. 精液的稀释及处理

（1）采精后，应尽快将新鲜精液进行稀释，并于稀释后检查精液品质。

（2）稀释倍数依各配种站情况而定，一般稀释 1～4 倍。稀释时，精液与稀释液的温度必须调整一致，然后将一定量的稀释液沿壁徐徐加入集精杯中，轻轻摇匀。稀释后，精子活力要求在 0.8 以上。

（3）精液经稀释后，应尽快输精，注意环境温度。若输精时间长，应考虑稀释精液的保温，防止低温打击及冷休克。

十、精液的保存与运输

1. 供保存与运输精液的品质，活力须为 0.8 以上，密度达到"中"以上。

2. 保存与运送精液可用手提式广口保温瓶，所需精液瓶可用 2 毫升容量的玻璃管或小青霉素瓶等。

3. 精液瓶、瓶塞及所需其他精液接触器皿均须洗净并消毒。

4. 精液经作适度稀释后分装于精液瓶中，尽可能把每个瓶装满，以减轻震荡对精子的影响。瓶口用塞子塞紧，也可用蜡密封，并在瓶口周围包上一层塑料薄膜。

5. 用一个可放入广口保温瓶内大小合适的搪瓷杯（或塑料

杯），杯底和四周都衬上一层厚厚的棉花，将精液瓶放入其中。

6. 在广口保温瓶的底部放上数层纱布，纱布上放一个小木架，然后放一定数量的冰或用尿素降温（100毫升水中加尿素60克可降到5℃），再将内装精液瓶的搪瓷杯放在小木架上。在搪瓷杯的上端，周围衬些纱布以固定之，最后盖上广口保温瓶瓶盖，即可进行保存与运输。

7. 在精液保存与运输过程中，须使精液保持一定温度，并尽量避免震动。

8. 经过保存与运输的精液在输精前必须检查精子活力，如活力达不到要求，不能用于输精。检查时，先取精液瓶样品一滴滴于载玻片上，盖上盖玻片，将其逐渐升温，然后再评定精液品质。

9. 经过低温保存与运输的精液，在输精前应将温度升高到20℃以上，以恢复精子活力。

十一、试　情

1. 按1：35～40比例放入试情公羊、参加试情的公羊必须带上试情布，每日早、晚各一次，定时放入母羊群中。

2. 试情时应在小群内进行，发现接受公羊爬跨、追引的母羊要及时抓出。参加试情的工作人员应不断巡查，将其在发情的母羊抓出参加人工授精。

3. 发情母羊的外部表现不明显，主要表现愿意或喜欢接近公羊，并强烈摇尾巴。当公羊爬跨时则不动。发情母羊只分泌少量黏液，因此要准确判定，严禁随意决定母羊发情与否，以免影响配种受胎。

4. 试情结束后，应及时将试情公羊隔出。清洗试情布、晾干。对抓出的发情母羊及时送往配种站。

5. 输精前输精员用开膣器检查母羊阴道及阴道黏液情况，对于发情过期、发情不到期的母羊不予输精，以保证输精质量。

十二、输　精

1. 为了提高输精质量，应注意下列各点：

（1）种公羊及母羊在配种前应有充分准备，及时采精，及时输精。

（2）所用精液品质必须良好。

（3）精液应正确输入母羊子宫颈内。

（4）严格遵守器械消毒规定，避免母羊生殖器官疾病的传染。

（5）输入的精子数，一次输入前进运动精子不少于4 000万～5 000万个。

2. 输精室温度需保持18～25℃。

3. 输精器吸入精液后，应将输精管内空气排出，每次给每只母羊的输精量为0.05～0.2毫升。

4. 输精前，应以棉球或小块灭菌纸将母羊外阴擦净，每个棉球或纱布只能用于一只羊。将用过的纱布洗净、消毒可再用。

5. 输精前，使用消过毒的开膛器，检查羊阴道，在确认无疾病、确实发情后方可输精。

6. 细心地转动开膛器寻找子宫颈。找到后，将输精器插入子宫颈内0.5～1厘米，用大拇指轻压活塞，注入定量的精液。

7. 为了更准确地注射精液，每次输精后应将金属调节器（有机玻璃）按规定输精量调节。

8. 将精液注入后，即可取出输精器。输精器取出后，用干燥的灭菌纸擦去污染部分，即可继续使用。

9. 工作完毕，按规定及时清洗、消毒。

第十一节　精液冷冻技术

精液冷冻保存是人工授精技术的一项重大革新。它解决了精液长期保存的问题，使精液不受时间、地域和种畜生命的限制，便于开展省际、国际之间的交流，极大限度地发挥和提高优良种公羊的利用率，加速品种的育成和改良步伐。同时，对优良种公羊在短期进行后裔测定，保留和恢复某一品种或个体公羊的优秀遗传特性，以及在进行血统更新、引种、降低生产成本等方面具有重要意义。

一、采　　精

用假阴道按常规方法采集精液。采精频率，一般采用连续采精2天，休息1天。在采精当日可连续采2次（间隔10～15分钟）。原精液的活力要求不低于0.8。操作规程与常规人工授精相同。

二、稀　　释

1. 冷冻精液稀释液的配制

（1）颗粒精液的配方　9-2号液。Ⅰ液：取10克乳糖加双重蒸馏水80毫升，鲜脱脂奶20毫升，卵黄20毫升。Ⅱ液：取Ⅰ液45毫升，加葡萄糖3克，甘油5毫升。

（2）安瓿精液配方　葡3-3液。Ⅰ液：取葡萄糖3克，柠檬酸钠3克，加双重蒸馏水至100毫升，取溶液80毫升，加卵黄20毫升。Ⅱ液：取Ⅰ液44毫升，加甘油6毫升。

（3）细管精液配方　取葡3-3液Ⅰ液94毫升，加甘油6毫升，再加硒60毫克。

以上各种稀释液每100毫升另加青霉素10万单位，链霉素100毫克。所用的稀释溶液（卵黄除外）需过滤并在水浴中煮沸消毒，甘油水浴消毒。稀释液现配现用。

2. 稀释比例　最终稀释比例（精液与稀释液之比）：颗粒精液为1∶1，安瓿精液和细管精液为1∶3。

3. 稀释方法　颗粒精液及安瓿精液采用两次稀释法，细管精液采用一次稀释法。

（1）**一次稀释法**　按稀释比例要求，一次稀释并分装和封口，裹8层纱布置3～4℃冰箱内降温平衡3小时。

（2）**两次稀释法**　先以不含甘油的Ⅰ液将精液稀释最终浓度比例的50％，尔后裹8层纱布置3～4℃冰瓶或广口瓶内降温平衡（颗粒精液为1～2小时，安瓿细管精液为2～3小时）后，再用与Ⅰ液等量的含甘油的Ⅱ液组第二次稀释。

精液采出后应尽快稀释，如使用多只公羊的混合精液，或采精时间过长时，需对先采的精液进行预稀释（先加少量的稀释液）。每次稀释都应在等温下（精液与稀释液等温）完成。

三、分装与冷冻

1. 分装封口

（1）在玻璃安瓿或塑料细管上加印精液编号及冷冻日期等标记。

（2）安瓿精液：经第二次稀释后的精液，立即在3～4℃下进行分装（1毫升安瓿）和火焰封口。

（3）细管精液：用5毫升注射器，在室温下分装于0.25毫升细管内，并随即用塑料珠或聚乙烯醇粉封口。细管精液不宜过满。封口后中间应保留一定空隙，以防解冻时细管爆裂。

2. 冷冻

（1）颗粒精液

①干冰法：用特制扎孔器或普通玻璃棒，在预先摊平、压实的干冰上戳上排列整齐、圆光的小穴（直径0.4厘米，深2～2.5厘米），再用滴管吸取稀释混匀的精液，按0.1毫升容量逐穴滴冻，经4～5分钟后即可捡取，存放于液氮。

②液氮法：先将液氮注入12磅广口保温瓶内，随后放置漂浮冷冻器（系用泡沫塑料及120目铜纱自制而成，直径15厘米、高3厘米），铜网面保持低于保温瓶口2～3厘米，以地温温度计

测试温度，随时调节漂浮冷冻器铜网与液氮面的距离（约 3 厘米），确保铜网面温度保持在 $-80℃$ 左右，用滴管吸取精液，按每粒 0.1 毫升滴冻。加盖停留 4 分钟后浸入液氮，用小勺收取。精液分批冷冻，第二批滴冻前，需用干纱布将铜网面擦净。

（2）安瓿精液

葡 3-3 安瓿精液：由直径 25 厘米、深 20 厘米的铝筒，周围加 5 厘米厚保温材料并固定在特制木箱里的液氮槽和一个直径 18 厘米、深 3~4 厘米带网眼的漂浮器制成简易冷冻器。冷冻时，向液氮槽内注入约 1 升液氮，将约 40 支安瓿精液平放入漂浮器，置于距液氮面 2 厘米处，停留 7 分钟后浸入液氮。

四、解　　冻

1. 颗粒精液

干解法：将颗粒放入灭菌小试管中（每试管放 1 粒），在 70~75℃ 水浴中融化至还有绿豆粒大小时，迅速取出，置于手心中轻轻搓动，借助手的温度全部融化。

2. 安瓿精液

（1）葡 3-3 安瓿精液　安瓿 1 支，置 60℃ 水浴中摇动 8 秒钟，取出至融化。

（2）细管精液　取细管 1 支，置 70℃ 水浴轻摇 8 秒钟，取出至全部融化。冷冻精液解冻后，应随即输精。

3. 精液处理　采用大幅度提高冷冻精液受胎率的技术设计，对精液进行激素处理。

五、输　　精

1. 输精制度

（1）颗粒精液　采用每日 1 次试情，3 次输精法。即当日发情母羊于早晚用输精器各输精 1 次，翌日早晨再输精 1 次。

（2）安瓿及细管输精　采用每日 1 次试情，2 次输精（早、晚间隔 7~8 小时），直至发情终止。

2. 输精标准

（1）颗粒精液　解冻后精子活率不低于 0.3，输精量为 0.2 毫升，每次输精剂量中含活精子数不少于 0.9 亿个。

（2）安瓿及细管精液　解冻后精子活率要求在 0.35 以上。葡 3-3 安瓿及细管精液输精量分别为 0.3 毫升和 0.25 毫升，每一输精剂量中含活精子数分别不得少于 0.8 亿个和 0.7 亿个。

第九章
羔羊培育配套技术

第一节　羔羊培育在高效养羊
生产中的重要意义

在工厂化养羊生产中，羔羊培育是中心环节，是实现养羊生产高效益的关键。因此，必须重视羔羊的培育工作，在生产中采取配套的新技术，使工厂化养羊能够获得更高的效益。

1. 羔羊培育是实现工厂化养羊的关键环节　羔羊培育是在人为创造的条件下（如饲养、管理等）来影响和控制羔羊的生长发育，使其按照生产者所需要的速率生长，这就是培育的最终目的。一般来说，工厂化养羊生产设施比较完善，可以满足各种方式羔羊培育得需要。在这种条件下，羔羊培育按照规范化、模式化方式生产，其效益将会达到预期的要求。因此，羔羊培育得好坏，将直接影响到工厂化养羊的成败。

2. 实现科学的羔羊培育，可以保证羔羊生产的数量和质量　在养羊生产中，羔羊生得多、活得多、长得快，养羊才能获得较高的经济效益。用传统的粗放型养羊方式管理羔羊，羔羊的成活率低，生长速度慢，效益差。采用羔羊早期培育的配套技术措施，不仅可提高羔羊的成活率，增加数量，而且会促进羔羊的生长发育，保证羔羊质量。

3. 羔羊培育是实现母羊高频高效繁殖的基础　进行羔羊培育可以使哺乳母羊提早断奶，有利于母羊的体力恢复，为下一个繁殖季节的正常生产奠定基础。在工厂化养羊生产中，母羊实现高频率繁殖制度，所以羔羊培育措施得当，母羊的繁殖生产才能提高，两者是统一的。

4. 羔羊培育是提高养羊经济效益的突破口　利用羔羊生产发育快的特性对羔羊实现早期培育，可以实现肥羔的反季节生产，与市场需求接轨，创造较好的经济效益。对母羔羊实现重点培育，可以使当年母羔当年参加正常繁殖生产，降低生产成本。因此，羔羊培育是提高工厂化养羊经济效益的突破口，应当予以特别重视。

第二节　羔羊培育的生物学基础

在本书的第二章中，已专门论述过羔羊的生长发育及消化特点。实际上，这些特点，也就是进行羔羊培育的生物学基础。针对羔羊在哺乳期的生长发育、消化机能等方面的特性，实施有特色的培育措施，才能达到理想的目的。

1. 羔羊早期生长发育的特点　生长发育快、适应能力差和可塑性强。

2. 羔羊消化机能的特点　胃容积小、瘤胃微生物区系尚未完善，不能发挥瘤胃应有的功能。

3. 羔羊骨骼、肌肉和脂肪的生长特点　肌肉生长速度最快，脂肪增长平稳上升，骨骼的增长速度最慢。

依据这些特性设计的羔羊培育技术方案，羔羊的生长发育可以按照生产者期望的目标发展。

第三节　羔羊培育的方法

一、从母羊入手

1. 提前断奶，使母羊有足够的生殖系统生理恢复时间　哺乳期内，母羊垂体前叶促乳素分泌量较高，因而引起其他生殖激素的分泌量不足，生殖系统处于相对不活跃时期。提前断奶，则会使母羊体内的促乳素自然降低，内分泌重新平衡，为再次繁殖做好生理准备。提前断奶对于母羊子宫的复原，也具有重要的作用。

2. 加强配种前的饲养、管理，力求满膘配种　春夏季节气候温暖，青草繁茂，水源充足，要抓住大好时机，加强饲养，促进母羊增膘复壮。成年母羊经过冬季的妊娠和哺乳期，体内营养消耗很大。因此，应当利用春季和夏季的饲草资源优势，尽早尽快使母羊补充营养，恢复体重。母羊膘情好，发情才能整齐，受胎率也会高，并能为胚胎发育的开始创造良好的营养环境，给羔羊生产打下坚实的基础。配种前，对母羊采取短期优饲和短期育肥等措施，具有较好的作用。

3. 选择适宜的季节集中配种　传统养羊，大多采用公母混群放牧，随时发情随时自然配种，分娩时间分散，羔羊出生日龄不集中，对羔羊的护理和培育都不利。工厂化养羊，则必须批量配种，采用人工授精、同期发情等技术措施，使母羊按计划批量发情和配种，力争在短期内集中分娩产羔。按照这种生产制度，母羊产羔时间集中，羔羊的培育也易于进行，培育出的羔羊生长发育整齐，有利于批量育肥、上市或参加繁殖生产。

4. 加强妊娠母羊的饲养和管理　母羊配种应有详细的记载，或经过早期妊娠检查确定母羊的妊娠状况，尔后根据母羊的妊娠需要合理安排饲养和管理。在工厂化养羊体系中，配种结束后，按受胎日期将妊娠期相近的母羊编在一群，便于管理和投入。为了更有效地降低成本，妊娠期的日粮应当优化，以保证胎儿正常发育为前提，尽可能减少精料的投放。对妊娠母羊的管理，重点是保护胎儿发育，防止流产，采取的措施主要有放牧时不追不赶，进出羊舍严禁拥挤，不饮冰水、不饲喂霉变饲草等。

5. 加强哺乳母羊的饲养和管理　羔羊的初期生长发育全靠

母乳，所以羔羊生后的第一周或数天内，应继续保持母羊良好的营养状况，使其有足够的乳汁哺育羔羊。羔羊出生后数日宜与母羊同圈舍饲。饲养上，可多给哺乳母羊饲喂些胡萝卜、甜菜、甜菜渣等多汁饲料，对于促进泌乳有较好的效果。泌乳期母羊应保证充足的饮水，最好能饮用温水。

二、从接产保羔入手

1. 推算预产期　按照配种记录和早期妊娠诊断的记录，推算母羊的预产日期。母羊的正常妊娠期为150天，对母羊的产期预算可参考表70。当产期临近时，要特别注意母羊的行为，加强看护。若羊群过大，需要按预产日期重新组群，把预产期相近的母羊编在一群，组成待分娩群，便于照管。对腹围粗大、行动迟缓、膘情较差的母羊要重点管理，因为这些母羊大部分是怀双羔母羊。产期已到的母羊，不要外出放牧，以防止羔羊冻死。

表 70　母羊妊娠期推算表

配种日期		产羔日期		配种日期		产羔日期	
1月	1	5月	30	4月	1		28
	6	6月	4		6	9月	2
	11		9		11		7
	16		14		16		12
	21		19		21		17
	26		24		26		22
	31		29	5月	1		27
2月	5	7月	4		6	10月	2
	10		9		11		7
	15		14		16		12
	20		19		21		17
	25		24		26		22
3月	2		29		31		27
	7	8月	3	6月	5	11月	1
	12		8		10		6
	17		13		15		11
	22		18		20		16
	27		23		25		21

配种日期		产羔日期		配种日期		产羔日期	
6月	30		26	10月	3	3月	1
7月	5	12月	1		8		6
	10		6		13		11
	15		11		18		16
	20		16		23		21
	25		21		28		26
	30		26	11月	2		31
8月	4		31		7	4月	5
	9	1月	5		12		10
	14		10		17		15
	19		15		22		20
	24		20		27		25
	29		25	12月	2		30
9月	3		30		7	5月	5
	8	2月	4		12		10
	13		9		17		15
	18		14		22		20
	23		19		27		25
	28		24		31		30

注：资料来源于美国宾夕法尼亚州立大学奶羊函授教程 105 页。

2. 产羔设施的准备　产羔设施的完好是接产保羔的关键保障措施。工厂化养羊一般都建有专门的产房，产羔前应进行检修。接产室温度以 5～10℃为宜，达不到这个温度的产房，应添置取暖设备。羔羊从母体 38℃的热环境突然降生到－10～10℃的冷环境时，特别是细毛羊或改良羊羔，出生时毛短、毛稀，对冷环境的抵抗力很弱。在温暖的产房内接生，不仅可以大幅度降低羔羊的死亡率，而且对于下一步的羔羊早期培育也十分必要。所以说，产羔设施的合理利用是提高羔羊成活率的第一步，也是关键的一步。

3. 接羔技术　分娩征象及正常接产。母羊分娩的征象及分娩过程已在本书第二章中介绍。母羊产羔时，一般不需要助产，最好让其自行产出。但接羔人员应观察分娩过程是否正常,并对产道进行必要的保护。正常接产可按以下步骤进行。

首先,将临产母羊乳房周围和后肢内侧的羊毛剪净,以免产后污染乳房。若母羊眼周围的毛过长,也应剪短,便于日后认羔。然后用温水洗净乳房,并挤出几滴初乳。再将母羊的尾根、外阴部和肛门洗净。

正常情况下,经产母羊产羔过程较快,而初产母羊的过程较慢。一般先看到两前蹄,接着是嘴和鼻,到头露出后,即可顺利产出,可不予助产。

产双羔时,先后间隔5～30分钟,但也偶有长达10小时以上的。双胎母羊分娩时,应准备助产。

羔羊娩出后,先把口腔、鼻腔及耳内黏液掏出擦净,以免因呼吸吞咽羊水引起窒息或异物性肺炎。羔羊身上的黏液,最好让母羊舔净,这样有助于母羊认羔。若母羊恋羔行为弱,可把羔羊身上的黏液涂到母羊嘴上,引诱母羊舔干。如果母羊仍不舔或天气较冷时,应用干草迅速将羔羊全身擦干,以免羔羊受凉感冒。

羔羊出生后,一般都是自行扯断脐带,等其扯断后再用5%碘酊消毒。人工助产娩出的羔羊,助产人员应把脐带中的血向羔羊脐部顺捋几下,在距羔羊腹部3～4厘米的适当部位断开,并进行消毒。

4. 难产及假死羔羊的处理

(1) 难产及其处理方法

①胎儿过大或阴道狭窄、羊水已流失时,用石蜡油涂抹阴道,使阴道润滑后,用手将胎儿拉出。

②胎儿口、鼻或两前肢已露出阴门,仍不能顺利产出时,先将胎膜撕破,捋净胎儿鼻口部的羊水,掏出口腔内黏液,然后在阴门外隔阴唇用手卡住胎儿头额后部,将头和两蹄全部挤出阴门,随母羊努责将胎儿顺势拉出。遇有先出后蹄倒产的,应轻轻

牟拉两后蹄随母羊努责将胎儿拉出。

③遇有头颈侧弯或下弯的，将手伸进阴道内将胎儿推回到子宫腔内，将头摆正，使鼻、唇和两前肢摆正并进入软产道，慢慢将胎儿拉出。

④前肢屈曲、只出一只蹄，或有肩部前置时，先将胎儿推回子宫腔，待其成正常状态后再慢慢顺势产出。

⑤坐骨前置时，将胎儿推回到子宫腔，握住两后蹄，顺势将两后肢拉直，送入软产道，再顺势拉出胎儿。

⑥遇有子宫扭转、子宫颈扩张不全及骨盆狭窄等胎儿不能产出时，要进行剖腹手术。

（2）假死羔羊的处理　羔羊产出后，身体发育正常，心脏仍有跳动，但不呼吸，这种情况称为假死。假死的原因主要是羔羊过早地吸入羊水，或子宫内缺氧、分娩时间过长、受凉等原因所致。出现假死时，一般采用两种办法使羔羊复苏：①提起羔羊两后肢，使羔羊悬空并拍击其胸、背部；②让羔羊平卧，用两手有节律地推压胸部两侧，短时间假死的羔羊，经处理后，一般可以复苏。因受凉而造成假死的羔羊，应立即移入暖室进行温水浴，水温由38℃开始，逐渐升到45℃。水浴时，应注意将羔羊头部露出水面，严防呛水，同时结合腰部按摩，浸20～30分钟，待羔羊复苏后，立即擦干全身。

三、从产后母羊的护理入手

母羊在分娩过程中失水较多，新陈代谢下降，抵抗力减弱。若此时护理不当，不仅影响母羊的健康，使其生产性能下降，而且还会直接影响到羔羊的哺乳。

产后母羊应注意保暖、防潮，避免贼风，预防感冒，并使母羊安静休息。产后1小时，应给母羊饮水，第一次不宜过多，水温应高一些，切忌给母羊喝冷水。为了防止乳房炎，补饲量较大或体况好的母羊，产羔初期应稍减精料。

四、从初生羔羊的护理入手

羔羊出生后，体质弱，适应能力、抵抗力均较差，很容易发病。因此，搞好初生羔羊的护理，是保证其成活的关键。

羔羊出生后，一般 10 多分钟即能站起，寻求母羊乳头。第一次哺乳应在接产人员护理下进行，使羔羊能尽快吃到初乳。初乳含有丰富的营养物质和抗体，有抗病和轻泻作用。

哺乳期羔羊发育很快，若母羊乳汁不够，应采取补饲代乳品人工哺乳，或找保姆羊等措施，保证羔羊的正常发育。

羔羊的胎粪呈黑褐色、黏稠，一般生后 4～6 小时即可排出。若初生羔羊鸣叫、努责，可能是胎粪停滞。如 24 小时后仍不见胎粪排出，应采取灌肠等措施。胎粪易堵塞肛门，造成排粪困难，应注意擦拭干净。

为了管理的方便和避免哺乳上的混乱，可采用母仔编号的方法，以便识别无误。

羔羊出生后，体温调节机能尚不完善，若产房温度过低，会使羔羊体内的能量大量消耗，体温下降。体温一旦降低，几天内难以恢复。此时如遇气候变化，羔羊很容易发病。经验证明，产房的温度保持在 0～5℃ 为宜，过高则易发生感冒而引发肺炎。产房的湿度过大，或不卫生，给细菌的繁衍创造了良好的环境，羔羊出生后防御机能较差，脐带损伤更易感染。产房必须勤起勤垫，保持干燥和清洁卫生。

五、从羔羊的饲养入手

哺乳期是羔羊难饲养的阶段，饲养得好坏关系到其终身发育的优劣和生产水平的高低。饲养管理不当，生产发育不良，羔羊病多，死亡率高，只有根据羔羊在哺乳期的特点，进行合理的饲养管理，才能保证羔羊健康生长发育。

1. 早吃初乳　母羊分娩后 4～7 天内分泌的乳汁称为初乳。

初产母羊的初乳期较长。初乳浓稠呈浅黄色，营养特别丰富，蛋白质含量高达 13.13%，乳脂率为 9.4%，分别是常乳的 4 倍和 2 倍多，镁盐含量特别高，所以初乳有轻泻作用，并能促进肠道蠕动，具有促进胎便排出和清理肠道的作用。不吃初乳的羔羊，细菌在胃肠道内繁殖很快，羔羊极易发病，胎便排不出，则易患便秘而死亡。愈早的初乳浓度愈浓，营养物质和抗体愈丰富。羔羊吃初乳越多，增重越快。

2. 吃好常乳　乳汁是羔羊哺乳期营养物质的主要来源，尤其是在生后第一个月，营养几乎全靠母乳供应，只有让羔羊吃好奶才能保证羔羊生长发育得好。在长势上表现为头长、背腰直、腿粗、毛光亮、精神好、眼有神、生长发育快。羔羊如常吃不饱，表现为被毛蓬松，腹部偏，经常无精打采、拱腰、鸣叫等。

3. 尽早训练，抓好补饲　羔羊生后 7～10 天可以开始训练吃草、料。羔羊早开食能促进消化器官和消化腺的发育，使咀嚼肌发达，同时可补充铜、铁等矿物质，避免发生贫血。羔羊补饲迟，会使消化器官生长发育受阻，消化腺的内分泌机能受影响，从而影响到其以后的生长发育。

4. 适量运动及放牧　羔羊的习性爱动，早期训练运动促进羔羊的身体健康。生后 1 周，天气暖和、晴朗，可在室外自由活动，晒晒太阳，也可以放入塑料大棚暖圈内运动。生后 1 个月可以随群放牧，但要慢赶慢行。羔羊在放牧中喜欢乱跑和躺卧，为了训练羔羊听口令，便于以后放牧，在制止上述行为时，口令要固定、厉声，使它形成良好的条件反射。

5. 生活环境优化　由于羔羊对疾病的抵抗力弱，容易生病。忽冷忽热、潮湿寒冷、肮脏、空气污浊等不良生活环境都可以引起羔羊的各种疾病。羔羊培育应重视培育生活环境的优化，消除环境的不利影响，保障羔羊的正常生长发育。

6. 强化饲养、提早断奶　羔羊断奶应根据生长发育情况而定。工厂化养羊采用早期断奶强化饲养的生产体系，一般条件的羊场也应在可能的情况下尽可能早地断奶。早期断奶后，羔羊在人为创造的营养环境下生活，生长发育和生长速度都可以按照生产者的预期目标发展。

第四节　羔羊人工哺乳与早期断奶

羔羊早期断奶，可在 4～7 周龄进行。断奶前只要供给适宜的乳羊料或放牧采食即可，技术上的问题已经解决。1999 年在新疆 10 个农场的试验结果表明，采用新疆泰昆集团与石河子大学动物科技学院研制的强化乳羊料，按照配套的管理程序操作，羔羊 1 月龄断奶，强化育肥 59 天上市，羔羊的胴体重可达到 17 千克以上。羔羊超早期断奶，是指羔羊出生后 1 月龄断奶，成功与否取决于人工哺乳技术水平。羔羊的超早期断奶，是工厂化养羊的一项新技术。20 世纪 70 年代以来，国外已进行过这方面的研究，但大多在全舍饲条件下实施。这种技术能否用于牧区放牧羊群，研究报道甚少。

1. 早期断奶的意义　羔羊早期断奶技术是高效养羊生产的重要环节。对羔羊实现早期断奶，具有四个方面的意义：①可以使羔羊尽早地处于人为调控的营养环境之中，有利于最大限度地发挥羔羊早期生长快的潜能，有利于羔羊的生长发育和抗御自然灾害；②可以缩短羔羊生产周期，可以把羔羊出栏上市的时间由传统的 8～10 个月缩短到 3～4 个月，依市场需求反季节生产优质羔羊肉，提高羔羊的生产效益；③有助于在母羊群中实行高效高频繁殖；④羔羊早期断奶，不仅大大降低了母羊的饲养成本，而且也有助于母羊提前进行生理和体况的恢复，为下一个繁殖季节的配种打下良好的基础。

2. 早期断奶的生理学基础　母羊产后的泌乳量，一般在 2～4 周达到最高峰，8 周内的泌乳量相当于全期总产乳量的 75%，尔后明显下降。羔羊早期断奶能否成功，关键因素是瘤胃发育的状况。羔羊提早开食补饲，其有利因素之一是利用此时瘤胃发育不完全、微生物作用相对较弱，固体饲料通过瘤胃破碎后进入真胃，转化成葡萄糖被吸收，饲料利用率高。第二是供给固体饲料，可以促进瘤胃的发育。即使母羊泌乳量高，若对羔羊不实行早期补饲，其瘤胃发育就较差，断奶之前若不能完成由高奶量低补饲向低奶量高补饲的过渡，势必出现生长停顿现象，影响早期断奶效果。所以，羔羊能够消化的补饲量是一项很实用的断奶指标。超早期断奶有别于早期断奶的最大难点是人工哺乳的应用状况。

3. 羔羊早期断奶的方法　羔羊早期断奶的第一步是训练羔羊早龄开食。在固定地点设一围栏，内置饲槽，母羊进不去，羔羊可以随意进出。也可以采用母子分群的方法，将羔羊隔开单独训练。训练开食时，可采用多种方法，如适当短期限制哺乳，待羔羊饥饿时补饲乳羊料，也可以先用液体代乳品诱导，逐步过渡到饲喂固体饲料。

羔羊训练开食的时间越早越好。虽然在 2～3 周龄前采食量有限，但从早龄采食极少量的固体饲料对建立瘤胃功能和采食行为就有很大的作用。早龄训练开食，对促进羔羊的生长还具有长期的效应。

一般从 7～10 日龄开始诱食，10～15 日龄开始补饲，补饲量逐渐加大，投放饲料总量以一次给料羔羊能在 20～30 分钟吃完为宜。开始时每只羔羊每天 400～450 克，一直到断奶时全期每头羔羊平均消耗 9～14 千克饲料。随着羔羊采食量的逐渐加大，羔羊哺乳的次数也应逐渐减少，最终过渡到完全断奶。断奶时间视早期开食和羔羊生长发育状况而定。工厂化养羊要求20～25 日龄完全断奶。

4. 羔羊早期断奶的开食料、乳羊料与日粮组成要求　早龄羔羊开食日粮的适口性十分重要，因为这时羔羊对饲料种类的区分能力差，要靠适口性吸引羔羊采食。开食料后改用乳羊料，即早补饲，可以不过分强调适口性，重点是保证能量和蛋白质的数量。对早龄羔羊适口性好的饲料有豆饼，它不仅能提高日粮的适口性，而且能提高适量的蛋白质含量，其次为苜蓿干草。苜蓿颗粒和玉米也是适口性好的饲料。用苜蓿、豆饼和糖蜜制成饲料日粮，适口性也很好。

对羔羊早期断奶的饲料总的要求是：①适口性好，保证吃够数量；②营养价值高，特别是蛋白质和能量；③成本低，也就是羔羊用日粮成分，要求是在瘤胃内发酵快，粗纤维含量少。配合时应注意：①蛋白质不低于15%；②饲喂颗粒饲料可加大采食量，提高日增重，颗粒直径为0.4～0.6厘米；③日粮中应添加抗生素，每100千克日粮按4克计量。羔羊早期补饲日粮的方法可参考美国NRC推荐的羔羊早期补饲日粮配方（表71）。

表71　美国 NRC 推荐的羔羊早期补饲日粮配方（%）

项　目	A	B	C
玉米	40.0	60.0	88.5
大麦	38.5	—	—
燕麦	—	28.5	—
麦麸	10.0	—	—
豆饼、葵花籽饼	10.0	10.0	10.0
石灰石粉	1.0	1.0	1.0
加硒微量元素盐	0.5	0.5	0.5
金霉素或土霉素（毫克/千克）	15.0～25.0	15.0～25.0	15.0～25.0
维生素 A（国际单位/千克）	500	500	500
维生素 D（国际单位/千克）	50	50	50
维生素 E（国际单位/千克）	20	20	20

注：①6周龄以内要碾碎，6周龄以后整喂。②苜蓿干草单喂，自由采食。③石灰石粉与整粒谷物混拌不到一块，取豆饼等蛋白质饲料与10%石灰石混拌，加在整粒谷物的上面喂。④大麦、燕麦可以用玉米代替。⑤预防尿结石病，可以另加0.25%～0.50%氯化铵。

放牧羔羊的补饲，以单一的谷粒为主，或用乳羊颗粒饲料，根据牧草生长情况，适当添加一些蛋白质饲料。

5. 人工哺乳　人工哺乳的首要环节是代乳品的选择和饲喂。羔羊早期断奶必须是在初乳期之后，即生后 24 小时吃过初乳，因为不吃初乳，改用其他常乳，羔羊当时并不表现异常，问题是在以后的饲养期内。肯定羔羊未吃过初乳，断奶前应人工辅助羔羊吸吮其他母羊的初乳 2～3 次，或人工挤下初乳或母牛初乳，喂量 300 克，12～18 小时内分 3 次喂给。用母牛初乳应事先处理妥当，临用前在室温下回温，切忌加热，避免抗体被破坏。

喂给初乳后，4～5 小时再喂代乳品。时间相隔太长，新生羔羊体弱，增加吮乳的困难。

代乳品至少具有以下特点：①消化利用率高；②营养价值近于羊奶，消化紊乱少；③配制混合容易；④添加成分悬浮良好。在牧区，牛奶是羔羊通用的代乳品，也可用奶山羊的乳作代乳品。目前，国内已有不少厂家生产羔羊代乳品，可试验选择使用。

人工哺乳时，单个羔羊可以用清洁啤酒瓶套上婴儿奶嘴，人持奶瓶，让羔羊站着吸吮。羔羊较多时，可以在铁制或塑料水桶下侧开孔，插入并固定奶嘴，固定在板壁上，让羔羊自行吮奶。

人工哺乳用的奶温，并不是首要的考虑因素，温奶、凉奶都行，但要特别注意：①羔羊爱吃温奶，吃得快，吃得多。如果第一次人工哺乳喂温奶，以后换用凉奶，羔羊不适应，可能拒食。因此，开头几次，特别是第一次喂奶时，应当考虑人工哺乳全期用奶的温度前后要一致。②温奶以 37℃为宜，凉奶以 0～4℃为宜。一般用奶瓶喂，容易做到定时定量，可以用温奶；用奶桶喂，羔羊自由接触，用凉奶比较合适。

人工哺乳羔羊的室温以 20℃为宜，新生羔羊可以提高到 28℃。室温偏低，下降到 10℃以下时，羔羊缺乏母羊的保护，为平衡自身的体温调节消耗能量，影响生长发育，降低人工哺乳效果。

羔羊第一次用奶瓶喂奶不顺利，未形成良好的吸吮行为，会增大以后喂奶过程的麻烦。因此，首次喂奶是调教羔羊的开端，必须加以重视。

人工哺乳羔羊 1～2 周后开食补料和给予饮水。在这一期间，羔羊吃料的多少并不重要，关键是要锻炼瘤胃和尽早建立采食行为，这样到 3～4 周龄时才会具有消化固体饲料的能力，为断奶打下基础。

羔羊停喂代乳品后，摄入的营养减少，多半会出现 7～10 天的生长停滞期。此时，应当设法让羔羊多吃，特别是断奶的前几天，尽量做到：①不改变原圈的布置，维持原有的饲槽、水槽的位置，不宜给羔羊换圈；②不改变原有的补饲方式和类型。1 周过后，待羔羊生长停滞现象有所缓解时，再适当减少蛋白质饲料的用量。

第十章
肉羊高效育肥技术

第一节　确定适宜的育肥方式

羊的肥育是为了在短期内用低廉的成本获得质优量多的羊肉。因此，肉羊的育肥方式应依据当地畜牧资源状况、肉羊品种、生产技术、羊舍基础设施等条件来综合考虑，确定适宜本地区、本单位的育肥方式。国内目前采用的育肥方式主要有放牧育肥、舍饲育肥、混合育肥和工厂化育肥四种。

经过短期的育肥，可明显提高羊肉的产量，改进胴体的品质。淘汰成年羊屠宰率仅有 40%，胴体重 16～18 千克，育肥后的屠宰率可以超过 50%，胴体重 22～25 千克，羊肉产量增加 25% 以上。

1. 放牧育肥　放牧育肥是草原畜牧业采用的基本育肥方式。这种方式的特点是成本低，利用天然草场、人工草场或秋茬地放牧抓膘。成年羊放牧育肥，每日采食 7～8 千克青草，折合干物质 2～2.4 千克，60 天放牧期可以增重 6 千克，平均日增重 100 克以上。若在人工草场上放牧育肥，平均日增重可以达到 200 克以上。放牧育肥羊群按年龄和性别分群，必要时可按膘情调整。放牧育肥方式的确定因群而异。

2. 舍饲育肥　舍饲育肥是按舍饲标准配制日粮，并以较短的肥育期和适当的投入获取羊肉的一种育肥方式。与放牧育肥相比，在相同月龄屠宰的育肥羊，活重高出 10％以上，胴体重高出 20％以上。舍饲育肥羊的来源以羔羊为主，其次是从放牧育肥群中补充一部分。

舍饲育肥的基本要求是：精料占日粮的 45％～60％。随着精料比例的增加，羊的育肥强度加大，故要特别注意在利用大量精料上能给育肥羊一个适应期，预防过食精料造成羊肠毒血症和因钙、磷比例失调引起的尿结石症等问题。精料以颗粒料的饲喂效果最好。圈舍要保持干燥、通风、安静和卫生，预防期不宜过长。

3. 混合育肥　指放牧与舍饲相结合的育肥方式。这种方式既能充分利用牧草的生长期，又可获得一定的强度育肥效果。

混合育肥的基本方式是采用放牧与补饲相结合。为了提高放牧育肥效果，可以采用放牧加补饲的方式。例如，第一期放牧育肥安排在 6 月下旬至 8 月下旬，第一个月全放牧，第二个月加精料 200 克。到育肥后期，补饲精料量增加到 400 克。第二期放牧育肥安排在 9 月上旬到 10 月底，第一个月放牧加补饲 200～300 克，第二个月补饲量增加到 500 克。全期增重可以提高 30％～60％。

4. 工厂化育肥生产　工厂化育肥生产是指在人工控制的环境下，不受自然条件和季节的限制，一年四季可以按人们的要求和市场需要进行规模化、高度集中、流程紧密相连、生产周期短及操作高度机械化、自动化的养羊生产方式。在这个生产体系中，3 月龄的肉用羊体重可达周岁羊的 50％，6 月龄可达 75％。从生长所需要的营养物质来看，饲料报酬随月龄的增加而降低。例如，1～3 月龄的羔羊，每增加 1 千克体重所需的饲料分别为180 克、400 克和 500 克，可消化蛋白分别为 225 克和 600 克。

用于生产肥羔的羊，大多数是一些早熟的肉用羊品种及其杂种羔羊。专业化羔羊育肥的方式，有放牧育肥和舍饲育肥两种，舍饲育肥又可分为棚舍育肥及敞圈育肥。舍饲育肥在较高的饲养水平下，羊可获得较多的干物质（11.6％）和转换能（21.1％），羔羊增重快。由 15 千克育肥到 41 千克活重时，每增加 1 千克，其饲料消耗不超过 3.4 千克。用谷物饲料催肥，效果较压扁和粉碎的要好。颗粒饲料的效果更好，饲料报酬高，而且以粗饲料和精饲料 55：45 的颗粒饲料效果最好。

第二节　肉羊的饲养标准与典型日粮配方

1. 育肥的营养需要　育肥就是要增加羊体内的肌肉和脂肪，并改善肉的品质。增加的肌肉组织，主要是蛋白质，其中也有少量的脂肪（1%～6%）。增加的脂肪，主要蓄积在皮下结缔组织、腹腔（肠网膜）和肌肉组织中。

给育肥羊提供的营养物质必须要超过它本身的维持营养需要量，才有可能在体内生长肌肉和沉积脂肪。羔羊育肥包括生长过程和育肥过程（脂肪蓄积）：生长是肌肉组织和骨骼的增加；育肥则限于脂肪的增加，不包括生长的部分。所以，羔羊比成年羊育肥需要更多的蛋白质，就育肥效果而言，羔羊比成年羊更有利，羔羊增重比成年羊要快。

2. 绵羊育肥的饲养标准与日粮配方

（1）中国绵羊饲养标准　中国美利奴羊不同生理阶段和生产条件下的能量和蛋白质饲养标准见表72。

表 72　中国美利奴幼龄羔羊育肥的饲养标准

体重（千克）	日增重（克）	干物质（千克）	代谢能（兆焦/千克）	粗蛋白质（克）
20	100	0.9	5.82	125
	150	0.9	6.32	139
	200	0.9	6.82	154
25	100	1.1	8.88	159
	150	1.1	9.38	173
	200	1.1	9.88	186

体重 （千克）	日增重 （克）	干物质 （千克）	代谢能 （兆焦/千克）	粗蛋白质 （克）
30	100	1.3	11.93	192
	150	1.3	12.48	206
	200	1.3	12.90	219
35	100	1.5	14.99	224
	150	1.5	15.45	238
	200	1.5	15.95	252

（2）美国绵羊饲养标准　表 73 列出了 NRC（1985）修订的绵羊饲养标准。

表 73　美国绵羊的饲养标准（NRC，1985）

体重 （千克）	增重 （克/日）	干物质 （千克）	总消化养 分（千克）	消化能 （兆焦/ 千克）	代谢能 （兆焦/ 千克）	粗蛋白 质（克）	钙 （克）	磷 （克）	有效维生素 A （国际单位）	有效维生素 E （国际单位）
				母	羊	维	持			
50	10	1.0	0.55	10.05	8.37	95	2.0	1.8	2 350	15
60	10	1.1	0.61	11.30	9.21	104	2.3	2.1	2 820	16
70	10	1.2	0.66	12.14	10.05	113	2.5	2.4	3 290	18
80	10	1.4	0.78	14.25	11.72	131	2.9	3.1	3 760	20
90	10	1.4	0.78	14.25	11.72	131	2.9	3.1	4 230	21
			催情补饲——配种前 2 周和配种后 3 周							
50	100	1.6	0.94	17.17	14.25	150	5.3	2.6	2 820	26
60	100	1.7	1.00	18.42	15.07	157	5.5	2.9	2 820	26
70	100	1.8	1.06	19.68	15.91	164	5.7	3.2	3 290	27
80	100	1.9	1.12	20.52	16.75	171	5.9	8.6	3 760	28
90	100	2.0	1.18	21.35	17.58	177	6.1	3.9	4 230	30
			非泌乳期——妊娠前 15 周							
50	30	1.2	0.67	12.56	10.05	112	2.9	2.1	2 350	18
60	30	1.3	0.72	13.40	10.89	121	3.2	2.5	2 820	20
70	30	1.4	0.77	14.25	11.72	130	3.5	2.9	3 290	21
80	30	1.5	0.82	15.07	12.56	139	3.8	3.3	3 760	22
90	30	1.6	0.87	15.91	13.25	148	4.1	3.6	4 230	24
		妊娠最后 4 周（预计产羔率为 130%～150%）或哺乳单羔的泌乳期后 4～6 周								
50	180 (45)	1.6	0.94	18.42	14.25	175	5.9	4.8	4 250	24
60	180 (45)	1.7	1.00	18.42	15.07	184	6.0	5.2	5 100	26
70	180 (45)	1.8	1.06	19.68	15.91	193	6.2	5.6	5 950	27

体重 （千克）	增重 （克/日）	干物质 （千克）	总消化养 分（千克）	消化能 （兆焦/ 千克）	代谢能 （兆焦/ 千克）	粗蛋白 质（克）	钙 （克）	磷 （克）	有效维生素A （国际单位）	有效维生素E （国际单位）
80	180 (45)	1.9	1.12	20.52	16.75	202	6.3	6.1	6 800	28
90	180 (45)	2.0	1.18	21.35	17.58	212	6.4	6.5	7 650	30
				育 成 母 羊						
30	227	1.2	0.78	14.25	11.72	185	6.4	2.6	1 410	18
40	182	1.4	0.91	16.75	13.82	176	5.9	2.6	1 410	18
50	120	1.5	0.88	16.33	13.40	136	4.8	2.4	2 350	22
60	100	1.5	0.88	16.33	13.40	134	4.5	2.5	2 820	26
70	100	1.5	0.88	16.33	13.40	132	4.6	2.8	3 290	22
				育 成 公 羊						
40	330	1.8	1.10	20.93	21.35	243	7.8	3.7	1 880	24
60	320	2.4	1.50	28.05	23.03	263	8.4	4.2	2 820	26
80	290	2.8	1.80	32.66	26.80	268	8.5	4.6	3 760	28
100	250	3.0	1.90	35.17	28.89	264	8.2	4.8	4 700	30
				肥 育 幼 羊						
30	295	1.3	0.94	17.17	14.25	191	6.6	3.2	1 410	20
40	275	1.6	1.22	22.61	18.42	185	6.6	3.3	1 880	24
50	205	1.6	1.23	22.61	18.42	160	5.6	3.0	2 350	24

（3）育肥羊的日粮配方　列举10种配方，供选择使用（表74至表83）。

表74　粗饲料型日粮（普通饲槽用）之一

项　目	中等能量	低能量
玉米粒（千克）	0.91	0.82
干　草（千克）	0.61	0.73
黄豆饼（克）	23	—
抗生素（毫克）	40	30
本日粮（风干状态）含（%）：		
蛋白质	11.44	11.29
总消化养分	67.3	64.9
消化能（兆焦/千克）	12.34	11.97
代谢能（兆焦/千克）	10.13	9.83
钙	0.46	0.54
磷	0.26	0.25
精粗料比	60∶40	53∶47

表 75　粗饲料型日粮（普通饲槽用）之二

项　目	中等能量	低能量
全株玉米（千克）	1.10	1.00
干草（千克）	0.30	0.45
蛋白质补充剂（千克）	0.15	0.11
本日粮（风干状态）含（%）：		
蛋白质	11.44	11.33
总消化养分	67.1	64.9
消化能（兆焦/千克）	12.34	11.97
代谢能（兆焦/千克）	10.13	9.83
钙	0.55	0.59
磷	0.22	0.32
精粗料比	66∶34	58∶42

注：蛋白质补充剂成分：黄豆饼 50%，麦麸 33%，稀糖蜜 5%，尿素 3%，石灰石 3%，磷酸氢钙 5%，微量元素＋食盐 1%。维生素 A 3.3 万国际单位/千克，维生素 D 3 300 国际单位/千克，维生素 E 330 国际单位/千克。本品含蛋白质 35.1%，总消化养分 62%，钙 3.3%，磷 1.8%。

表 76　粗饲料型日粮（自动饲槽用）之一

项　目	中等能量	低能量
玉米粒（%）	58.75	53.00
干草（%）	40.00	47.00
黄豆饼（%）	1.25	
抗生素（%）	1.00	0.75
本日粮（风干状态）含（%）：		
蛋白质	11.37	11.29
总消化养分	67.1	64.9
消化能（兆焦/千克）	12.34	11.88
代谢能（兆焦/千克）	10.13	9.75
钙	0.46	0.63
磷	0.26	0.25
精粗料比	60∶40	53∶47

表 77　粗饲料型日粮（自动饲槽用）之二

项　目	中等能量	低能量
全株玉米（%）	65.00	58.75
干草（%）	20.00	28.75
蛋白质补充剂（%）	10.00	7.50
糖蜜（%）	5.00	5.00
本日粮（风干状态）含（%）：		
蛋白质	11.12	11.00
总消化养分	66.9	64.0
消化能（兆焦/千克）	12.18	11.72
代谢能（兆焦/千克）	10.00	9.62
钙	0.61	0.64
磷	0.36	0.32
精粗料比	67∶33	59∶41

表 78　青贮饲料型日粮

项　目	配方Ⅰ	配方Ⅱ
碎玉米粒（%）	27.0	8.75
青贮玉米（%）	67.5	87.5
黄豆饼（%）	5.0	—
蛋白质补充剂（%）	—	3.5
石灰石（%）	0.5	0.25
维生素 A（国际单位）	1 100	825
维生素 D（国际单位）	110	83
抗生素（毫克）	11	11
本日粮（风干状态）含（%）：		
蛋白质	11.31	11.31
总消化养分	70.9	63.0
钙	0.47	0.45
磷	0.29	0.21
精粗料比	67∶33	33∶67

表 79　美国羔羊育肥日粮

项　目	玉米/豆饼日粮					高粱/棉籽饼日粮				
	1	2	3	4	5	1	2	3	4	5
玉米（克）	620	830	1 035	1 260	1 465	—	—	—	—	—
高粱（克）	—	—	—	—	—	390	655	925	1 215	1 475
苜蓿干草（克）	1 100	900	700	500	300	300	300	300	300	300
棉籽壳（克）	—	—	—	—	—	800	600	400	200	—
黄豆饼（克）	140	130	120	110	100	—	—	—	—	—
棉籽饼（克）	—	—	—	—	—	350	280	210	140	80
糖蜜（克）	120	120	120	100	100	120	120	120	100	100
碳酸钙（克）	—	—	5	10	15	20	25	25	25	25
微量元素盐（克）	10	10	10	10	10	10	10	10	10	10
氯化铵（克）	10	10	10	10	10	10	10	10	10	10
营养成分（按干物质计）										
干物质(%)	87.5	87.5	87.5	87.6	87.6	89.0	88.9	88.7	88.7	88.5
总消化养分(%)	65.9	70.1	74.0	78.1	82.0	60.4	64.3	68.5	72.7	76.8
维持净能（兆焦/千克）	6.44	6.90	7.36	7.91	8.37	5.82	6.28	6.74	7.11	7.66
增重净能（兆焦/千克）	3.22	3.77	4.23	4.81	5.36	2.68	3.14	3.68	4.23	4.81
粗蛋白质(%)	15.0	14.5	14.0	13.5	13.0	15.1	14.5	14.0	13.5	13.1
过瘤胃蛋白质(%)	37.0	38.6	40.1	42.0	43.5	39.7	42.3	45.2	48.5	51.2
钙(%)	0.75	0.62	0.61	0.59	0.58	0.76	0.85	0.83	0.81	0.79
磷(%)	0.25	0.26	0.27	0.27	0.28	0.33	0.33	0.32	0.32	0.32

表 80　成年羊育肥用参考日粮

项　目	Ⅰ	Ⅱ	Ⅲ	Ⅳ
禾本科干草（千克）	0.5	1.0		0.5
青贮玉米（千克）	4.0	0.5	4.0	3.0＋其他多汁饲料 0.8
碎谷粒（千克）	0.5	0.7	0.5	0.4
尿素（克）			10	
秸秆（千克）			0.5	
本日粮含：				
干物质（千克）	2.03	1.86	2.04	1.91
代谢能（兆焦）	17.99	14.39	17.28	15.90
粗蛋白质（克）	206	167	175	180
钙（克）	11.9	13.2	9.3	10.5
磷（克）	5.2	5.8	4.6	4.7

表 81　成年羊和羔羊育肥用颗粒饲料配方（％）

项 目	成年羊用		羔 羊 用	
	配方 1	配方 2	6 月龄前	6～8 月龄
禾本科草粉	35.0	30.0	39.5	20.0
豆科草粉	—	—	30.0	20.0
秸秆	44.5	44.5	—	19.5
精料	20.0	25.0	30.0	40.0
磷酸氢钙	0.5	0.5	0.5	0.5
	本配方 1 千克含：			
干物质（千克）	0.86	0.86		
代谢能（兆焦）	6.90	7.11	9.08	8.70
粗蛋白质（克）	72	74	131	110
钙（克）	4.8	4.9	9	7
磷（克）	2.4	2.5	3.7	3.4

表 82　细毛淘汰羯羊舍饲每天每只育肥饲料配方（克）

育肥期（天）	玉米	亚麻饼	小麦	苜蓿干草粉	小麦秕壳	骨粉	食盐
1～2	200	—	100	200	500	20	6
3～5	200	100	100	200	500	20	6
6～10	300	100	100	200	500	20	6
11～15	400	200	100	300	400	—	7
16～20	400	200	100	300	400	—	7
21～30	500	200	200	400	400	—	7
31～40	650	250	200	600	200	—	8
41～50	750	250	200	500	200	—	8
51～60	800	250	200	400	200	—	9
61～70	900	200	100	300	200	—	9
71～80	1 000	150	—	200	200	—	10
81～90	1 100	100	—	200	200	—	10

表 83　商品育肥羊饲料配方

饲 料 配 方		营 养 水 平	
饲料名称	配比（％）	养分名称	含量
玉　米	50.2	每千克含消化能（兆焦）	14.48
苜蓿干草	15.9	每千克含代谢能（兆焦）	11.72
菜 籽 饼	14.1	粗蛋白质（％）	14.9

饲 料 配 方		营 养 水 平	
饲料名称	配比（％）	养分名称	含量
麦衣子皮	10.6	每千克含可消化粗蛋白质（克）	111.0
狐　草	2.0	粗纤维（％）	17.2
玉米青贮	6.7	钙（％）	0.41
食　盐	0.5	磷（％）	0.37

3. 山羊育肥的饲养标准与日粮配方　肉用山羊的饲养标准如表 84 至表 88。

表 84　舍饲育肥成年山羊的饲养标准（NRC）

体重（千克）	消化能（兆焦/千克）	可消化蛋白质（克）	钙（克）	磷（克）	维生素 A（国际单位）	维生素 D（国际单位）	干物质（千克）
30	6.65	3.5	2	1.4	900	195	0.65
40	8.28	48	2	1.4	1 200	243	0.81
50	9.79	51	3	2.1	1 400	285	0.95
60	11.21	59	3	2.1	1 600	327	1.09
70	12.59	66	4	2.8	1 800	369	1.23
80	13.89	73	4	2.8	2 000	408	1.36

表 85　不同放牧强度下育肥成年山羊的饲养标准

体重（千克）	消化能（兆焦/千克）	可消化蛋白质（克）	钙（克）	磷（克）	维生素 A（国际单位）	维生素 D（国际单位）	干物质（千克）
活动量较低（集约化经营的草原地区）							
30	8.32	43	2	1.4	1 200	243	0.81
40	10.33	54	3	2.1	1 500	303	1.01
50	12.22	63	4	2.8	1 800	357	1.19
60	14.02	73	4	2.8	2 000	408	1.36
70	15.73	82	5	3.5	2 300	462	1.54
80	17.41	90	5	3.5	2 600	510	1.70
活动量中等（半干旱丘陵草原地区）							
30	9.96	52	3	2.1	1 500	294	0.98
40	12.43	64	4	2.8	1 800	363	1.21
50	14.69	76	4	2.8	2 100	429	1.43
60	16.82	87	5	3.5	2 500	492	1.64
70	18.91	98	6	4.2	2 800	552	1.84
80	20.84	108	6	4.2	3 000	609	2.08

体重 （千克）	消化能 （兆焦/千克）	可消化蛋白质 （克）	钙 （克）	磷 （克）	维生素 A （国际单位）	维生素 D （国际单位）	干物质 （千克）
活动量大（干旱、植被稀少的山区草原地区）							
30	11.63	60	3	2.1	1 700	342	1.14
40	14.48	75	4	2.8	2 100	423	1.41
50	17.15	89	5	3.5	2 500	501	1.67
60	19.62	102	6	4.2	2 900	576	1.92
70	22.05	114	6	4.2	3 200	642	2.14
80	24.31	126	7	4.9	3 600	711	2.37

表 86　不同增重水平的肉用山羊饲养标准

日增重 （克）	消化能 （兆焦/千克）	可消化蛋 白质（克）	钙 （克）	磷 （克）	维生素 A （国际单位）	维生素 D （国际单位）	干物质 （千克）
50	1.84	10	1	0.7	300	54	0.18
100	3.68	20	1	0.7	500	108	0.36
150	5.52	30	2	1.4	800	162	0.54
200	7.36	40	2	1.4	1000	216	0.72

表 87　羔羊中等速度的育肥标准（7～11 月龄）

体重 （千克）	饲料单位 （千克）	可消化蛋白质 （克）	盐 （克）	钙 （克）	磷 （克）	胡萝卜素 （毫克）
20	0.7～0.9	75～100	5～8	2.5～3.5	1.9～2.2	4～6
30	1.0～1.15	95～120	5～8	3.6～4.5	2.1～2.5	5～7
40	1.3～1.5	100～125	5～8	4.8～5.6	2.4～2.8	6～8
50	1.45～1.7	115～130	5～8	5.0～6.0	2.7～3.5	7～9

表 88　羔羊强度育肥标准

月龄	体重 （千克）	饲料单位 （千克）	可消化蛋白质 （克）	盐 （克）	钙 （克）	磷 （克）	胡萝卜素 （毫克）
1	12	0.12	10	—	—	—	—
2	18	0.32	40	3～5	1.4	0.9	4
3	25	0.75	100	2～5	3.0	2.0	5
4	32	1.00	150	3～5	4.0	2.5	7
5	39	1.20	140	5～8	5.0	3.0	8
6	45	1.40	130	5～8	5.2	3.2	9

4. 育肥羊典型混合精料配方

（1）舍饲育肥羊精料配方

①舍饲育肥羊精料配方：玉米粉 21.5%，草粉 21.5%，豆饼 21.5%，玉米粒 17%，花生饼 10.3%，麦麸 6.9%，食盐 0.7%，尿素 0.3%，添加剂 0.3%，混合均匀即可饲喂。前 20 天日均每只喂料 350 克，中 20 天日均喂料 400 克，后 20 天日均喂料 450 克，粗饲料不限量自由采食。

②舍饲强度育肥羊精料配方：育肥的头 20 天，每只羊每天供给精料 500～600 克，配方为：玉米 49%、麸皮 20%，油饼 30%，石粉（骨粉）1%，添加剂（羊用）20 克，食盐 5～10 克。育肥 20～40 天，每只每天供给精料 0.7～0.8 千克，配方为：玉米 55%，麸秕 20%，油饼 24%，石粉（骨粉）1%，添加剂（羊用）20 克，食盐 5～10 克。育肥 40～60 天，每只每天供给精料 0.9～1.0 千克，配方为：玉米 65%，麸皮 14%，油饼 20%，石粉（骨粉）1%，添加剂（羊用）20 克，食盐 10 克。

（2）放牧补饲饲料配方　玉米 30%，麸皮 25%，菜籽饼 20%，大麦 20%，矿物质 3%，食盐 2%。

（3）羔羊育肥混合精料配方

①德国育肥羔羊的精料组成：燕麦 30%，大麦 20%，麸皮 22%，豆饼 15%，矿物质 2%，其他 11%。

②保加利亚羔羊育肥的饲料配方：30～60 日龄羔羊育肥用的颗粒饲料，玉米粒 32.8%，大麦 10%，燕麦 14%，麸皮 10%，向日葵饼 8%，脱脂奶粉 5%，豆饼 10%，饲用干酵母 3%，废糖蜜 5%，微量元素 0.5%，白垩 1.1%，食盐 0.6%。

③30～60 日龄羔羊用颗粒饲料配方：玉米粒 35%，大麦 8.9%，向日葵饼 18.9%，苜蓿粉 36%，微量元素 0.5%，白垩 0.3%，食盐 0.4%。

④60 日龄后育肥用饲料配方：玉米粒 49.9%，大麦 20%，麸皮 5%，向日葵饼 21%，饲用干酵母 2.1%，白垩 1.1%，饲

用添加剂 1%。

⑤我国羔羊育肥的饲料配方：玉米 60%，豆饼 9.5%，胡麻饼 10%，麸皮 20%，骨粉 0.5%，日饮水 2～3 次，并适当补饲食盐。

第三节　育肥羊饲料添加剂的应用

在肉用羊育肥中，使用饲料添加剂可为育肥羊提供多种养分，促进生长，改善代谢机能，提高饲料报酬。

1. 非蛋白氮添加剂　最常用的是尿素。1 千克尿素相当于 2.88 千克粗蛋白，5.6～6.0 千克的豆饼。对低蛋白水平日粮饲养的羊效果十分明显。如放牧育肥的绵羊每只每日添加 12 克，连续 115 天，净增重提高 2.27 千克，净毛率提高 3.5%。为防止尿素饲喂不当引起中毒，目前已生产应用安全型非蛋白氮添加剂，如磷酸脲、缩二脲等。

使用尿素等非蛋白氮添加剂饲喂羊时，日粮中蛋白质水平不要过高，一般不超过 10%～12%，其添加量为日粮干物质的 1%，或混合料的 2%，可替代所需日粮蛋白质的 20%～35%。饲喂尿素等非蛋白氮时要有一个适应过程，10 天后达到规定剂量。饲喂时，要注意与其他饲料充分混均匀，分次饲喂，切忌一次性投喂。喂尿素时，日粮中不应有生豆饼或花生豆饼类饲料，因为它们富含尿素酶，可引起尿素在瘤胃中迅速分解，导致中毒。

2. 矿物质、微量元素添加剂　矿物质、微量元素添加剂是育肥羊不可缺少的营养物质，可以调节机体能量、碳水化合物、蛋白质和脂肪的代谢，提高羊的采食量，促进营养物质的消化吸收，刺激生长，加速育肥进程。

育肥羊矿物质微量元素添加剂的组成为：每吨添加剂含硫酸铜（$CuSO_4 \cdot 5H_2O$）6 千克、硫酸亚铁（$FeSO_4 \cdot 7H_2O$）50 千克、硫酸锌（$ZnSO_4 \cdot 7H_2O$）80 千克、亚硒酸钠 0.1 克、碘化钾 0.14 千克。每只羊每日 10～15 克，均匀混于精料中饲喂。

3. 莫能菌素钠 莫能菌素钠，又名瘤胃素、莫能菌素、孟宁素。它的作用是控制和提高瘤胃发酵效率，从而提高增重速度及饲料转化率。舍饲绵羊饲喂莫能菌素钠，日增重比对照组提高 35% 以上，饲料转化率提高 27%。给育肥山羊饲喂莫能菌素钠，日增重可以提高 16%～32%，饲料转化率提高 3%～19%。

用莫能菌素钠饲喂绵羊时，每千克日粮的添加量为 25～30 毫克。最初的喂量要低些，逐渐增加到规定的剂量。

4. 抗菌促生长剂 常用的抗菌促生长剂有喹乙醇、杆菌肽锌。它们能选择性地抑制致病性大肠杆菌，而不影响正常的菌群。它还能影响机体代谢，促进蛋白质同化作用，从而促进生长。据国内、外的试验，喹乙醇可使羔羊日增重提高 5%～10%，每千克增重节省饲料 6%。

喹乙醇添加剂的剂量为：每千克日粮干物质添加 50～80 毫克，杆菌肽锌添加剂量为每千克日粮干物质添加 10～20 毫克，添加时与精料充分混合均匀。

5. 缓冲剂 常用的缓冲剂有碳酸氢钠和氧化镁。在羊强度育肥时，往往是日粮中的精料比例加大，粗饲料量减少，这样机体代谢会产生过多的酸性产物，造成胃肠对饲料的消化能力减弱。在饲料中加入缓冲剂，就可以增加瘤胃中的碱性蓄积，使瘤胃环境更适合于微生物的生长繁殖，并能增加食欲，从而提高饲料的消化率。

使用缓冲剂应均匀混合于饲料中，添加量应逐渐增加，以免突然增加造成采食量下降。碳酸氢钠的用量为混合精料的 1.5%～2%，或占整个日粮干物质的 0.75%～1.0%。氧化镁的用量为混合料的 0.75%～1.0%，占整个日粮干物质的 0.3%～0.5%。试验表明，二者联合使用效果更好。碳酸氢钠与氧化镁的比例以 2～3：1 为宜。

6. 绵羊速效增重剂　绵羊速效增重剂是一种生理调控增重剂，由新疆金羊毛畜牧技术开发研究所生产。它是以生理调控手段为基础，依赖绵羊自身内在的潜力，实现速效、高效增重目的的一项新技术。

速效增重剂每天的用量必须保证每千克活重 1.7～2.2 克。于计划屠宰前的 20 天停喂，喂期不超过 30 天。若计划育肥天数超过 30 天，最好采用喂 20 天，停 10 天，接着再喂 20 天的方式，中间停喂的目的是给机体恢复正常代谢的时间，为第二个增重高峰的出现创造有利条件。这也是速效增重剂不同于其他添加剂或促生长剂的使用特点。

7. 农副产品的利用　成年羊的育肥可以大量利用农副产品，以降低饲养成本，常用的有糟渣类，其营养成分如表 89。

表 89　糟渣饲料营养成分表

糟渣名称	自 然 状 态			干 物 质 中	
	水分（%）	粗蛋白（%）	代谢能（兆焦/千克）	粗蛋白（%）	代谢能（兆焦/千克）
柑橘渣	9.2	3.3	10.92	3.63	12.01
菠萝渣	11.0	1.1	9.46	1.24	10.63
玉米糟	11.1	17.4	11.09	19.57	12.47
玉米糟	10.9	57.3	12.34	64.31	13.85
玉米糟	11.1	35.0	12.13	39.37	13.64
玉米糟	11.2	19.7	11.17	22.18	12.59
甘薯淀粉渣	90.6	0.0	1.09	0.0	11.58
甘薯淀粉渣	16.9	0.0	9.04	0.0	10.88
土豆淀粉渣	88.4	0.1	1.21	8.62	10.46
土豆淀粉渣	11.9	0.7	9.08	0.79	10.29
土豆淀粉渣	9.8	61.2	10.63	67.85	11.80
啤酒糟	73.8	5.3	2.72	20.23	10.38
啤酒糟	9.1	17.7	9.79	19.47	10.75
啤酒糟	10.9	21.5	8.91	24.13	10.00
威士忌酒糟	9.4	15.3	10.08	16.89	11.13
威士忌酒糟	57.6	9.6	4.39	22.64	10.38
威士忌酒糟	10.1	18.0	9.96	20.02	11.09

糟渣名称	自然状态			干物质中	
	水分(%)	粗蛋白(%)	代谢能(兆焦/千克)	粗蛋白(%)	代谢能(兆焦/千克)
威士忌酒糟	73.4	5.1	3.18	19.17	11.97
威士忌酒糟	66.5	7.5	4.6	22.38	13.72
玉米酒糟	8.9	19.0	10.96	21.09	12.18
玉米酒糟	65.1	6.8	4.10	19.48	11.76
玉米酒糟	6.8	17.0	13.26	18.24	14.23
玉米酒糟	7.1	18.3	11.34	19.3	12.22
白酒精	49.2	2.0	3.85	3.94	7.57
白酒精	94.5	0.7	0.54	12.73	9.87
柠檬酸发酵糟	11.1	1.1	5.23	1.24	6.11
酱油渣	25.9	14.9	8.16	20.11	11.00
酱油渣	13.4	18.0	9.54	20.79	11.00
酱油渣	12.3	26.0	9.33	29.65	10.50
豆腐渣	83.9	4.2	2.26	26.09	14.02
豆腐渣	8.9	22.4	12.72	24.86	14.10
糖蜜	26.8	1.0	9.16	1.37	12.51
甘蔗渣	26.8	2.9	7.82	3.96	10.67
甜菜渣	11.9	4.5	10.13	5.11	11.51
大米胚芽	8.2	14.5	13.39	15.9	14.69
糖渣	11.9	22.2	9.62	25.2	10.92
细粉末	12.0	15.9	8.28	18.07	9.41

第四节　育肥羊的生长发育特点

羊的个体发育及生长特点在第二章中已有介绍，这里将重点介绍育肥羊的生长发育特点。

一、育肥羊个体重的增长

1. 体重的一般增长　一般采用出生重、断奶重、屠宰活重、平均日增重等指标来反映羊的生长发育状况。测量上述指标时，应定时在早晨饲喂前空腹称重，用连续 2 天的称重平均值表示。

增重受遗传和饲养两个方面因素的影响。增重的遗传力较强，是选种的重要指标之一。断奶后的日增重的遗传力为0.5～0.6。营养水平对肉羊生长发育影响很大，营养水平太低，就不能发挥优良品种的遗传潜力。

妊娠期间，2月龄以前胎儿生长速度缓慢，而后逐渐变快。临近分娩时，发育速度最快。羔羊初生重与断奶重呈正相关，是选种的重要指标之一。胎儿身体各部位的生长特点，在各个时期不相同。一般是头部生长迅速，以后四肢生长加快，在整体体重中的比例不断增加。维持生命的重要器官如头部、四肢等的发育较早，而肌肉、脂肪和躯体等在生产上直接需要的部分却发育较迟，出生后羔羊在充分的饲养条件下，生长潜力很大。因此，根据羔羊的生长发育特点，在迅速发育的阶段给以充分的饲养，发挥其增重的潜力。同时在营养利用方面，增重快的羊增重速度快，饲料报酬也高。

2. 营养水平与补偿生长　营养水平对肉羊的生长发育影响很大。低营养水平不能发挥优良品种的遗传潜力，影响肉羊身体各部位的生长发育。

在肉羊生产中，常见因生长发育某阶段饲料营养不足而使生长速度下降。一旦恢复高营养水平饲养，则生长速度比未受限制的羊增重要快，经过一段时期饲喂后，仍能恢复到正常体重，可在生产中灵活运用补偿生长的特性。

但若在生长的关键时期（断奶前后）生长速度严重受阻，则在以后的饲养阶段很难补偿，因此必须重视羔羊期间的正常饲养管理。

3. 不同类型育肥羊的体重增长　肉羊品种类型可分为大、中型品种和早熟小型品种。断奶后，在同样的饲料条件下，饲养到相同活重时，中型品种所需的饲养期较长，小型早熟品种的饲养期短，出栏较早。不同类型肉羊的育肥有以下共同特点：当体重相同时，增重快的羊饲料利用率高；当饲喂到相同胴体等级时，小型与大型品种的饲料利用率相似。

二、体组织的生长

体组织的生长直接影响到肉羊的体重、外形和肉的品质。

1. 体组织生长的一般特点 刚出生的羔羊骨骼已经能够正常负担整个体重，四肢骨的相对长度比成年羊高，保证出生后能随母羊哺乳。出生后，骨骼生长比较稳定。

肌肉的生长主要是肌纤维体积增大，肌纤维呈束状，肌纤维增大使肌纤维束相应增大。随年龄增大，肉质的纹理变粗。因此，青年羊和羔羊的肉质比老龄成年羊的肉嫩。初生羔羊肌肉生长速度比骨骼快，体重不断增长，肌肉和骨骼质量相差变大。肌肉的生长与其功能有着密切的关系。如初生羔羊消化道体积较小，因此腹外斜肌占总肌肉的比例小，但随消化道的发育，腹肌肉的生长增快。另外，单纯喂奶的羔羊腹外斜肌的生长速度比添加粗饲料饲喂的羔羊要慢。随母羊放牧的羔羊股二头肌和半腱肌的生长速度高于舍饲条件下的羔羊。

脂肪在羊体生长中的主要功能是保护关节的滑润，保护神经和血管，贮存能量。从出生到 12 月龄期间脂肪生长较慢，但稍快于骨骼，以后生长则变快。脂肪生长的顺序是：育肥初期网油和板油增加较快，以后皮下脂肪增长加快，最后沉积到纤维间，使肉质变嫩。年龄、日增重和肌肉重、脂肪重的相关比与平均日增重的相关显著。

各体组织占胴体重的百分比，在生长过程中的变化也很大。肌肉在胴体中的比例是先增加而后下降，脂肪的百分比持续增加，骨的比例持续下降，年龄越大则脂肪的百分比越高。

肉羊各体组织所占的比例，因品种、饲养水平等有较大的差别。生产性能好的羊，肌肉和脂肪所占的比例较大。

公羊和阉羊比较，公羊的骨量大且肌肉较多，脂肪的生长延迟，公羊的前躯肌肉较发达。据测定，成年公羊颈肩部的肌肉可达到 25%，而羯羊颈肩部肌肉仅有 16%～17%。公羊的日增重比羯羊要大，公羊的屠宰率高于羯羊。公羊与青年羊相比，体重相同时，公羊脂肪含量比例较小，肌肉和骨的比例较大。

在粗放经营的情况下，冬季体重下降，青草期又恢复体重并继续增重。体重损失时，并不是人们所推理的首先是脂肪减少，然后是肌肉，最后是死亡。事实上，各体组织质量的下降大体是同时发生的，肌肉质量的损失比预料的要大。

体重开始恢复时，肌肉组织的恢复最快。据测定，每沉积 1 千克脂肪就等于增加 2 千克肌肉，但这时肌肉所含水分较多。由于脂肪组织在生命中不占重要地位，所以恢复较慢。

2. 肌肉和脂肪的增重　羊在生长过程中脂肪沉积的顺序为肾脂肪、骨盆腔脂肪、肌肉脂肪，最后为皮下脂肪。此外，不同品种类型脂肪沉积的情况稍有差别。专门化早熟肉用品种当达到屠宰体重时，总脂肪量比乳用品种要高。早熟品种皮下脂肪含量较高。

不同部位肌肉的质量，关系到整个肌肉的质量和优质肉切块的质重量。不同部位肌肉的质量与年龄有一定的关系。后肢肌肉在出生时发育已较完全。因此，在以后的生长时期占全身肌肉的比例则有所下降，颈部肌肉、背腰部肌肉、肩部肌肉占整个肌肉的比例则有所增加。性别也能影响到肌肉的分布和质量。体重相同的公羊与母羊相比，前者总肌肉量大于后者，公羊颈部肌肉、肩胛部肌肉所占整个肌肉的比例均高于母羊和羯羊。

品种对胴体组成的影响很大，许多研究试验证明了这一点。

三、体组织的化学成分

1. 体组织化学成分　羊体组织的常规化学成分主要有水分、蛋白质、脂肪等物质。羊肉蛋白质含量与牛肉相似，其相对含量与羊的肥育程度有关。较肥的羊脂肪含量较高，蛋白质含量较低，含水量也较低，而瘦羊则相反。随着年龄的增长，体组织含水量下降，但脂肪和肌肉含量逐渐增加。

幼龄羊体组织中的水分比例很大，脂肪的比例较少。随着体重的增加，水分逐渐下降，脂肪的比例增加，蛋白质呈缓慢下降趋势。不同家畜体组织的化学组成如表105所示。

2. 肌肉组织的化学成分 肌肉组织中同样含有水分、蛋白质、脂肪和灰分，但脂肪的含量较低。肌肉组织中的脂肪与总的可分割脂肪量之间呈高度相关。据研究，可分割的脂肪量越高，肌肉中的脂肪含量比例也就越大。此外，各部位肌肉中的脂肪量不尽相同。据测定，颈部肌肉的脂肪含量为6%～10%，背部肌肉、臀部肌肉的脂肪含量较少，为4%左右。

3. 脂肪组织的化学成分 不同部位脂肪组织的化学成分有较大的差异，其中以肾脂肪组织的脂肪含量最高，肠系膜次之。公羊与羯羊相比，公羊脂肪组织中的脂肪含量比羯羊要低，但水分和蛋白质含量比羯羊高（表106、表107）。另外，脂肪组织中的化学成分受饲养水平的影响较大，在低营养水平下，脂肪组织的含水量较高而脂肪含量较低。

第五节 1.5月龄断奶羔羊精料 育肥技术方案

一、育肥前的准备

（1）断奶前15天，将羔羊与母羊较长时间隔开，羔羊提早补饲。

（2）补饲的饲料与断奶后的育肥料相同，最好用颗粒饲料。

（3）羔羊在育肥前注射疫苗。

二、育肥技术要点

1. 日粮及饲料 虽然所有的谷粒都可以用作育肥饲料，但最好是选用玉米。育肥饲料按配方拌匀后，由羔羊自由采食，颗粒饲料可提高羔羊的饲料转化率，减少胃肠道疾病。

2. 饮水和日粮保持恒定　育肥期间不能断水，饮水槽要始终保持有清洁的饮水。育肥期内不要频繁更换饲料配方，改用其他油饼类饲料替代豆饼时，日粮中钙、磷比可能失调，应预防尿结石。

3. 羔羊管理　羔羊采食整粒或碎粒玉米的初期，常出现吐料现象，随着日龄的增长，这种现象消失。羔羊采食后的反刍动作也是初期少，后期增加，这些均属正常现象，不会影响到后期的育肥效果。羔羊饲槽、水槽要经常清扫，防止羔羊粪便污染饲料。阴雨或天气骤变时，羔羊可能会出现腹泻，应特别注意及时诊治。育肥期内，应经常检查羔羊群的行为和健康状况。定期抽测羔羊的生长发育情况，依育肥增重情况及时调整饲养管理方案。

第六节　早期断奶与强化育肥技术方案

1. 早期断奶与强化育肥的技术特点　早期断奶强化育肥，属于强度育肥，其特点是在哺乳期就开始羔羊的强化育肥，对羔羊实现早期断奶，直线育肥。这种育肥方式不是羊肉生产的主要方式，是一种为了满足市场或节日供应的特殊生产方式。羔羊的强化育肥，采取 3 月龄羔羊出栏上市，目的在于使母羊全年繁殖，安排在秋季和冬季产羔，生产元旦、春节、古尔邦节和开斋节等特需的羔羊肉。实际上，这种羔羊肉的生产方式常与民族和宗教习惯相联系，形成明确的目的性需求。

2. 技术要点　从羔羊群挑选出体格大、早熟性好的公羔作为育肥对象。为提高育肥效果，育肥羔羊应及早开食，越早越好，也可母仔同时加强补饲。采用这种方式时，母羊应选择泌乳性好的，哺乳期间每日供给 0.5 千克精料和足够的优质豆科干草。待羔羊可以断奶时及时断奶，再按 1.5 月龄羔羊育肥的技术方案进行操作。

第七节　断奶羔羊育肥技术方案

从我国羊肉生产的总趋势看，正常断奶羔羊育肥是最基本的生产方式，也是向工厂化高效肉羊生产过渡的主要途径。

一、育肥前的准备

羔羊育肥包括放牧育肥、混合育肥和舍饲育肥三种，生产者可依据自己的条件灵活选择使用。

1. 转群、运输的准备　羔羊断奶离开母羊和原有的生活环境，转移到新的环境和饲料条件时，势必产生较大的应激反应。为减弱这种影响，在转群和运输之前，应先集中起来，暂停供水供草，空腹一夜，第二天早晨称重后运出。装、卸车要注意小心操作，防止羔羊四肢损伤。驱赶转群时，每天驱赶的路程不超过15千米。

2. 转群后的管理　羔羊进入育肥场后的第2~3周是关键时期，死亡损失最大。羔羊在转群之前，如已有补饲的习惯，可降低死亡率。进入育肥圈后，应减少对羔羊的惊扰，让其充分休息，保证羔羊饮水，有条件的可给羔羊提供营养补充剂。

3. 全面驱虫和预防注射　一般驱虫用丙硫苯咪唑，预防注射用四联苗和肠毒血症及羊痘疫苗，并根据季节和气温情况适时剪毛，以利于羔羊增重。

4. 按体格大小合理分群，按群配合日粮　首先按体格大小合理分群，体格大的羔羊优先给予精料型日粮，进行短期强度育肥，提早上市。体格小的羔羊，日粮中精料的比例可适当低些。

二、育肥技术要点

1. 预饲期　羔羊进入育肥期后，要有15天的预饲过渡期。3天以内只喂干草，使羔羊适应新环境。4~6天仍以干草日粮为主，同时逐渐添加配合日粮。7～10 天供给配合日粮，精、粗料比例为 36：64，蛋白质含量 12.9％，消化能 10.46 兆焦/千克，钙 0.78％，磷 0.24％。

预饲期间，平均每只羔羊保证有 25～30 厘米长的饲槽，使羔羊在投料时能到饲槽前采食。一般一天喂 2 次，每次投料量以能在 45 分钟内吃完为准。不够时要及时添加，过多时注意清扫。羔羊吃食时，要注意观察它们的采食行为和习惯，发现问题通过小群间调整予以照顾。如要加大喂量或变换日粮配方都应在两三天内完成，切忌变换过快。另外，还应根据羔羊表现，对日粮不够完善的情况，从饲料种类和饲喂方法上进行调整。

2. 育肥期　羔羊预饲期结束后进入正式育肥期，根据育肥计划和增长要求，可选用不同日粮。常用的日粮有精饲料型、粗饲料型和青贮型三种，生产者可以灵活选择。最佳羔羊育肥的饲养标准如表 90。

表 90　最佳羔羊育肥的饲养标准

项　　目	专利羔羊饲料	全价颗粒饲料
日增重（182 克/天）	336 克	375 克
饲料转化率（每千克活重 56 千克饲料）	3.64	3.50
日饲料摄入量（千克/天）	1.19	1.27
最大日饲料摄入量（千克/天）	1.36	1.45

在饲养管理方面，羔羊先喂 10～14 天预饲期日粮，再转用青贮饲料型育肥日粮。青贮型日粮开始喂时要适当控制喂量，以后逐日增加，10～14 天内达到全量。羔羊每日进食量不少于 2～3 千克，否则达不到预期的日增重。严格按饲料比例配匀，石灰石粉的数量要保证 5％，饲喂的饲料要过秤，不能估计质量。每天要清扫饲槽，保持清洁卫生。

第八节 成年羊育肥技术方案

成年羊育肥时应按品种、活重和预期增重等主要指标确定育肥方案和日粮标准。育肥方式可根据羊的来源和牧草生长季节来选择，目前主要的育肥方式有放牧与补饲混合型和颗粒饲料型两种。

1. 育肥方式及特点

(1) 放牧-补饲型 夏季，成年羊以放牧育肥为主，适当补饲精料，育肥日增重120～140克。秋季，主要选择淘汰老母羊和瘦弱羊作为育肥羊，育肥期一般80～100天，日增重较低。可采用两种方式：①将淘汰母羊配种，怀孕育肥60天上市；②将羊先转入秋草场或农田茬地放牧，待膘情好转后，再转入舍饲育肥。

(2) 颗粒饲料型 适用于有饲料加工条件的地区和饲养的肉用成年羊和羯羊。颗粒饲料中，秸秆和干草粉可占55%～60%，精料占35%～40%。

2. 饲养管理要点 育肥羊入圈前，要进行分群、称重、注射疫苗、驱虫和环境消毒、清洁等工作。圈内设有足够的水槽和料槽，以保证不断水、不缺盐。

合理安排饲喂。成年羊的日粮依配方不同而异，一般为2.5～2.7千克。每日喂2次，日喂量以饲槽内基本不剩为宜。

选择最优配方并严格称量饲料。合理利用饲料资源、尿素和各种添加剂。

第十一章
粪便的无害化处理与羊场环境污染的综合防治技术

随着畜牧业的发展与规模化、工厂化生产的崛起，畜禽粪便大量增加而集中。由于运输和农时季节等方面的矛盾，大量畜禽粪便腐败、流散现象十分严重，不仅污染了人们的生活环境，也严重污染了羊场，危害到羊群的安全。从生态农业的角度看，工厂化养羊生产的大量优质粪肥是保证农业生产高产出和保持良好生态环境所必需的基础条件。就我国农业的总体情况而言，化肥的平均利用率比国外低 10％～15％。近年来，我国化肥施用量不断增加，但化肥投入的效益呈下降趋势，其原因与有机肥的施用量急剧减少有一定关系。科学试验和生产实践证明，土壤有机质含量高低、有机质品质的优劣、土壤生物活性强弱是土壤肥力的重要标志，长期施用化肥，如氮肥，土壤中磷、钾大量亏损。因此，有机肥与化肥配合施用，对缓解我国化肥供应中氮、磷、钾比例失调，解决我国磷、钾资源不足，促进养分平衡，降低生产成本，提高化肥的有效利用率，改良土壤，培肥地力，提高土壤的生产水平，均具有重大作用。

现代农业对土壤的利用方式是以物质能量密集型为特征，通过物质能量的高投入，从而获得高产出。工厂化高效养羊的生产采用了类似的方式，采用规模大、饲养密集、技术密集等技术体系。将这两种体系有机结合，使之形成一个土壤—植物—动物之间的良好生态体系，是两种体系的共同目标。建立适合我国国情的农业、养羊以及农牧结合的生态农业体系，具有广阔的前景，但也需要更多的生物学与生态学知识与配套的技术措施。

第一节　羊粪便的特性

一、羊粪便的物理特性

1. 尿的物理特性

（1）尿量　羊的排尿量因年龄、生产类型、季节、饲喂饲料的种类及外界温度等因素不同而有较大的差异。据测定，绵山羊在365天的饲养期内，每只羊平均每日排尿量为0.66千克，一年排尿量平均为240千克。就个体而言，羊的排尿量多少，主要取决于羊只摄入的水量及由其他途径所排出的水量。当日粮中蛋白质或盐类含量较高时，饮水量加大，同时尿量增多；外界温度高、羊群活动量大时，由肺或皮肤排出的水量增多，导致尿量减少；某些病理原因常可使尿量发生显著变化。

（2）尿色　羊尿中含有尿素和尿色素原，颜色可从浅黄到深黄。新排出的尿为浅黄色，放置一段时间变深。羊患有疾病或施用某些药物后，尿的颜色会有较大变化，如服用大黄末后尿呈橘红色。

（3）混浊度和黏稠度　羊的尿液透明，稀薄如水。经放置后，由于温度和pH等条件的变化，尿中许多物质逐渐析出，混浊度增加。尿的混浊度和黏稠度受季节、气候、饲料性质、饮水量和生理状况等多种因素的影响。

（4）气味　羊尿中含有多种挥发性有机酸，略带一定臊臭味，尤其是公山羊尿的气味较大。一般是尿的浓度越高臊臭味越强。尿排出一段时间后，由于尿素和尿酸的分解而出现氨味。

（5）密度　羊尿的密度与尿中固体成分的含量有关，其中尿素含量对其影响最大，尿素含量越高，尿的密度就越大。尿的密度还与羊的饮水量以及经肠道、皮肤等排出水分的多少有关。绵羊的尿密度为（1.035±0.015）克/厘米^3，山羊为（1.021±0.08）克/厘米^3。

（6）渗透压　羊尿的渗透压取决于肾脏对尿的浓缩、稀释能力和羊的年龄大小。羔羊的肾脏对尿的浓缩能力较差，所以尿的渗透压常常低于血浆，即小于316毫摩尔/升。成年羊的尿渗透压一般都高于血浆，绵山羊的尿最大渗透压为350毫摩尔/升。

2. 羊粪的物理特性

（1）羊粪的排泄量　我国细毛羊的日排粪量和排粪次数大于蒙古羊，同一品种内公羊大于母羊，排粪量与羊的采食量和体重呈强正相关。疾病可影响羊的粪排泄量。正常情况下，绵山羊在365天饲养期内，平均每只羊每天排粪量为2.0千克，平均年排粪量为730千克。

（2）羊粪的形状与硬度　粪的形状与硬度取决于粪中的水分，与饲料性质、羊的生理状况等多种因素有关。羊粪呈颗粒状，落地不易破碎，常可滚动。各种疾病引起的便秘和腹泻可使粪的形状和硬度发生显著的变化。

（3）羊粪的颜色　羊粪的颜色主要来源于粪中的粪胆素原。粪胆素原本身无色，随粪便排出体外后，氧化转变为粪胆素呈黄绿色，构成粪便的底色。由于饲料成分的差别，羊粪的颜色深浅不一。羊在全舍饲时粪为褐色，放牧时为淡绿色，哺乳羔羊的粪便多为灰黄色。患病状态下，粪便的颜色呈现异常，如羊患前胃弛缓、瘤胃积食、真胃炎和肺炎等疾病时，粪干色深并附有黏液。肠出血时，粪呈红色或黑色。服用某些药物也可使羊的粪便颜色发生变化。

（4）羊粪的气味　粪的臭味来源于粪便中的恶臭物质。正常生理状态下，食草家畜大肠内以糖类发酵为主，蛋白质腐败和脂肪酸败居次要位置，故臭味低于其他家畜。病理状态下，粪的臭味强度随之增加。

（5）羊粪中的可见物　除可见到未消化的饲料渣外，食草家畜粪中可见大量的粗纤维物质。羊粪表面有一层由大肠黏膜分泌的黏液。此外，粪中还常可见到寄生虫卵、微小寄生虫和多种微生物以及消化道上皮细胞等。

二、羊粪便的化学特性

1. 羊尿的化学特性

（1）羊尿的酸碱度　食草家畜的尿正常时呈碱性，山羊尿液pH8.0～8.5，羔羊 pH6.6。尿液的酸碱度主要取决于饲料的性质，羊的生理状况也会影响到尿的 pH。

（2）羊尿的化学成分　羊尿的化学成分主要来源于血液，少数物质由肾脏本身合成。一般情况下，羊尿中水分占 95%～97%，固体物占 3%～5%，固体物包括无机物和有机物。羊尿中的水分和主要无机物的含量如表 91。

表 91　各种家畜尿中的水分和主要无机质含量（%）

动物	水分	无 机 质				
		Na^+	K^+	Cl^-	Ca^{2+}	无机磷
牛	92～95	0.048	1.360	0.330	0.001	—
犊牛		0.060	0.350	0.180	0.001	0.026
山羊	80～85	0.042	0.650	0.510	0.002	—
山羊羔		0.042	0.250	0.155	0.002	0.030
绵羊	80～85	0.130	0.350	0.330	0.003	0.018
马	87～92	0.050	0.900	0.060	0.010	0.015
猪	97	0.010	0.350	0.230	0.009	0.034
仔猪		0.047	0.200	0.145	0.002	0.022

（据 1. 向涛，《家畜生理生化学》，1985；2. 北京农业大学，《肥料手册》），1979）

羊尿中的无机物质主要是钾、钠、钙、镁和氨的各种盐。钾盐主要有 KCl、KH_2PO_4 和 K_2HPO_4 等；钠盐主要有 $NaCl$、$NaHCO_3$、NaH_2PO_4 和 Na_2HPO_4 等；钙和镁在尿中含量不多，它们以 $Ca(H_2PO_4)_2$、$Ca_3(PO_4)_2$、$CaHPO_4$、$CaSO_4$、$Mg(H_2PO_4)_2$，$MgHPO_4$ 和 $MgNH_4PO_4$ 等多种形式存在。氨在尿中主要以 NH_4Cl 和 $(NH_4)_2SO_4$ 等形式存在。尿中还有少量

的硫，它以硫酸盐及其复合酯的形式存在。

正常的羊尿中无蛋白质，尿中的含氮物全为非蛋白质，主要有尿素、尿囊素、尿酸、肌酐、嘌呤和嘧啶碱、马尿酸、氨基酸、尿蓝母和氨等。羊尿中尿素态氮占尿中氮的百分率为53.39%、马尿酸态氮为38.70%、尿酸态氮为4.02%、肌酐态氮为0.06%、氨态氮为2.24%、其他态氮为1.06%、总氮为1.68%。羊尿中各种嘌呤化合物绵羊为20.0%，山羊为12%。尿中肌酐含量，山羊为0.0050%。据测定，每昼夜从尿中排出的马尿酸总量，绵羊为30克。

（3）羊尿中的无氮有机物　主要有无机酸、结合葡萄糖醛酸、含硫化合物等。有机酸主要是草酸，浓度不超过1%，还含有少量的有机酸，如乳酸、β-羟丁酸、乙酰乙酸、柠檬酸、琥珀酸、甲酸、乙酸、丙酸、丁酸和戊酸等。羊尿中的结合葡萄糖醛酸以酚和甲苯酚结合的葡萄糖醛酸含量较多。羊尿中的含硫化合物主要有三种存在形式，即无机硫酸盐、有机硫酸酯和中性硫，其中以无机硫酸盐为主，占总量的80%～85%。

（4）羊尿中的色素　羊尿中含有极少量的色素，包括尿胆素、尿胆素原和结合胆红素等。

（5）尿中的酶、激素和维生素　见本章有关内容。

（6）尿能　动物采食饲料中的可消化能并不完全被机体利用，而是有一部分能量蕴藏在尿液的固形物质中（主要是含氮物质），随尿排出，这一部分能量称为尿能。据测定，反刍家畜每千克尿氮含能31.17兆焦，一般占饲料可消化能的3%～5%。

2. 羊粪的化学特性

（1）羊粪的酸碱度　羊粪的酸碱度与饲料的种类及肠内容物的发酵和腐败程度有关。羊粪的pH7.6～8.4。

（2）羊粪的化学成分　羊粪的化学成分包括水分、粗蛋白、粗脂肪、粗纤维和无氮浸出物五个部分。除水分外，其余部分称为干粪。

依粪的肥料养分分析，各种家畜粪的化学组成如表92和表93。

表 92 各种家畜粪的干物质组成（占干物质 %）

畜粪	粗蛋白	粗脂肪	粗纤维	粗灰分	无氮浸出物	资料来源
猪粪	19 (11.3~31.4)	5 (1.8~9.4)	18 (6.7~22.9)	17 (9.7~28.1)		上海市农业科技情报中心，《畜粪饲料的研究利用和展望》，1983
猪粪	18.9	6.6	20.0	18.1	38.0	上海市农业科技情报中心，《畜粪饲料的研究利用和展望》，1983
猪粪	23.5	8.02	14.78	15.32	38.28	姚尚旦，《家畜环境卫生学》，1988
猪粪	20.0	3.79	20.99	18.71	36.51	崔保璐，《国外畜牧科技》，1983
仔猪粪	30.0	8.0	14.0	13.0	35.0	Hennig A. et. al. Pig News and Information，1982
幼猪粪	25.0	5.0	18.0	15.0	37.0	Hennig A. et. al. Pig News and Information，1982
架子猪粪	20.0	4.0	22.0	16.0	38.0	Hennig A. et. al. Pig News and Information，1982
牛粪	11.3~22.4	1.9~7.3	12.1~32.1	11.6~23.1	35.3~54.4	卢大修，《粮食与饲料工业》，1989
奶牛粪	12.7	2.5	37.5	16.1	29.4	姚尚旦，《家畜环境卫生学》，1988
牛粪	11.96	2.19	20.72	18.17	46.96	崔保璐，《国外畜牧科技》，1983
牛粪	16.85	4.60	22.10	17.35	39.10	崔保璐，《国外畜牧科技》，1983
牛粪	13.20	2.80	31.40	5.40	47.20	崔保璐，《国外畜牧科技》，1983
牛粪	18.20	1.10	24.93	21.33	35.52	崔保璐，《国外畜牧科技》，1983
鸡粪	28.79	2.44	13.55	23.30	31.92	崔保璐，《国外畜牧科技》，1983
鸡粪	22.05	3.29	14.24	32.74	28.08	崔保璐，《国外畜牧科技》，1983

（续）

畜粪	粗蛋白	粗脂肪	粗纤维	粗灰分	无氮浸出物	资料来源
鸡粪	25.90	1.69	10.50	33.20	28.71	崔耿明，《国外畜牧科技》，1983
鸡粪	34.90	3.52	12.75	12.98	35.85	崔耿明，《国外畜牧科技》，1983
肉鸡笼养粪	37.1 (32.2~43.6)	3.3 (2.7~4.0)	15.2 (12.0~19.8)	17.9 (13.4~21.8)	26.5 (18.2~32.3)	He-zing I. 著，李民译，《呼伦贝尔畜牧兽医》，1985
蛋鸡笼养粪	28.0±0.32	2±0.5	12.7±0.17	28±0.15	28.7±0.28	He-zing I. 著，李民译，《呼伦贝尔畜牧兽医》，1985
肉鸡垫料粪	25.5	2.7	25.2	17.0	29.6	上海市农业科技情报中心，《畜粪饲料的研究利用和展望》，1983
肉鸡垫料粪	28.3	2.1	23.5	12.5	33.6	上海市农业科技情报中心，《畜粪饲料的研究利用和展望》，1983
肉鸡垫料粪	31.3±2.9	3.3±1.3	16.8±1.9	15.0±3.2	29.5±1.6	Bhattacharya A. N et. al.，*J. Anim. Sci.*，1975
后备鸡垫料粪	22.9	0.98	31.8	18.98		Bhattacharya A. N et. al.，*J. Anim. Sci.*，1975
后备鸡垫料粪	25	0.38	31.1	25.1		Bhattacharya A. N et. al.，*J. Anim. Sci.*，1975
后备鸡垫料粪	23.5	0.6	34	27.9		Bhattacharya A. N et. al.，*J. Anim. Sci.*，1975
后备鸡垫料粪	18.1	0.6	29.4	23.4		Bhattacharya A. N et. al.，*J. Anim. Sci.*，1975
兔粪	13.5	3.06	31.6	7.02	45.09	王克健等，《甘肃畜牧兽医》，1990

表 93 各种家畜粪的肥分含量（%）

畜 粪	水 分	有机质	氮(N)	磷酸(P_2O_5)	氧化钾(K_2O)
猪 粪	81.5	15.0	0.60	0.40	0.44
马 粪	75.8	21.0	0.58	0.30	0.24
牛 粪	83.3	14.5	0.32	0.25	0.16
羊 粪	65.5	31.4	0.65	0.47	0.23
鸡 粪	50.5	25.5	1.63	1.54	0.85
鸭 粪	56.6	26.2	1.10	1.40	0.62
鹅 粪	77.1	23.4	0.55	1.50	0.95
鸽 粪	51.0	30.8	1.76	1.78	1.00

各类粪都富含有机质。有机质在积肥、施肥过程中，经过微生物的加工分解以至重新合成，最后形成腐殖质贮存于土壤中。腐殖质对土壤培肥地力的作用是多方面的。各种家畜粪便有机物的组成如表 95。

①水分：羊粪的水分含量为 65.5%，与饲料种类有关。

②粗蛋白：羊粪中的粗蛋白包括蛋白质和非蛋白氮两部分。羊粪的粗蛋白平均占干物质的 13.2%～18.2%，主要形式是氨态氮和尿素，纯蛋白含量较少，粪中占粪尿总氮量的 50%。每100 克羊粪干重中各种氨基酸的含量为：天门冬氨酸 6.8 毫克、苏氨酸 6.7 毫克、丝氨酸 17.2 毫克、谷氨酸 53.1 毫克、脯氨酸 10.4 毫克、甘氨酸 10.0 毫克、丙氨酸 17.9 毫克、缬氨酸 8.5 毫克、异亮氨酸 2.3 毫克、亮氨酸 3.9 毫克、酪氨酸 2.7 毫克、苯丙氨酸 1.6 毫克、赖氨酸 5.9 毫克、组氨酸 1.2 毫克、精氨酸 1.0 毫克。

③粗脂肪：羊粪中粗脂肪的主要成分有脂类、有机酸、酚类、醇、醛、酮类、硫醇、色素和脂溶性维生素等，占干物质的 1.1%～4.6%。

④粗纤维：羊粪中的粗纤维包括纤维素、半纤维素和木质素，占干物质的 22.10%～31.40%。

⑤粗灰分：羊粪中的矿物质来源有两部分：一部分是日粮中

未被动物吸收的矿物质，即外源性矿物质；另一部分是由机体代谢经消化道或消化腺等器官分泌出来的矿物质，主要有钙、磷、钾、钠、镁、硫、铁、铜、锌、锰、钼、钴及微量元素成分，占干物质的 5.4%～21.33%。

⑥无氮浸出物：羊粪中的无氮浸出物主要包括多糖、二糖和单糖，维生素 C 也归于这一类，占干物质的 35.52%～47.2%。

（3）粪能　家畜粪中有机物分解所释放的能量称为粪能。粪能的大小与饲料的性质有关，反刍动物粪能占可摄入能量的 60%以上。衡量家畜粪能的意义在于说明用畜粪作饲料或作燃料的能量价值。

三、羊粪便的生物学特性

1. 粪、尿中的微生物

（1）尿中的微生物　尿在膀胱中是无菌的。尿在排出过程中极易受到泌尿生殖道内存在的各种微生物，如葡萄球菌、链球菌、大肠杆菌、乳酸杆菌等的污染而带菌，所以新鲜尿中能检测到这些菌的存在。尿排出后，又受到周围环境的污染，尿中可检测到的微生物种类和数量会进一步增多。

（2）粪中的微生物　粪中的微生物很多，存在于大肠中的微生物在粪中几乎都能找到。粪排出后，由于受到周围环境微生物的污染，其中的微生物种类和数量就更多。垫料粪中的微生物还包括各种垫料中已存在的微生物。粪中的微生物指数是指新鲜粪或大肠中粪微生物的测定值。

羊粪中的正常微生物群来自消化道。

羊粪中的病源微生物，主要包括羊布鲁氏菌、炭疽杆菌、破伤风梭菌、沙门氏菌、腐败梭菌、绵羊棒状杆菌、羊链球菌、肠球菌、魏氏梭菌、口蹄疫病毒、羊痘病毒等。

2. 粪尿中的寄生虫

（1）尿中的寄生虫　从尿中可检到的寄生虫种类不多，主要是一些寄生于泌尿系统中的蠕虫或原虫，部分寄生于消化系统中的寄生虫虫卵或幼虫也可随尿排出。存在于畜粪尿中的寄生虫，其虫卵或幼虫具有相当强的抵抗力，对人畜健康有很大的威胁。

（2）粪中的寄生虫　羊粪中的寄生虫主要有：羊夏柏特线虫、羊钩虫、羊毛首线虫、肝片吸虫、日本血吸虫、矛形双腔吸虫、胰阔盘吸虫、肝阔盘吸虫、哥伦比亚结节虫、粗纹结节虫、贝氏莫尼尔绦虫、曲子宫绦虫、羊囊虫、羊球虫、羊肉孢子虫、羊小袋纤毛虫、羊泰勒虫。

3. 粪尿中的激素　粪尿中激素的来源主要有以下几个方面，即羊自身代谢、激素类药物或添加剂的残留、饲料残渣或饲料中的植物激素以及粪尿中的某些生物，这些激素及其代谢产物大多失活，但有些仍具有较强的生物活性。

（1）尿中的激素　正常羊尿中含有微量的激素及其代谢产物，较多的是各种类固醇激素的代谢产物，如肾上腺皮质分泌的17-羟类固醇、雌激素的代谢产物雌酮、雄激素和皮质激素的代谢产物雄酮等。

尿中激素及其代谢产物的含量与羊的生理状况有关。绵羊和山羊在妊娠期间尿中含有较高水平的 $17-\alpha-$ 雌二醇。

（2）粪中的激素　粪中的激素含量与羊的生长阶段、生理状态和激素类药物的使用情况有关，亦与饲料和垫料的成分有关。已发现，三叶草、苜蓿、蚕豆、豌豆、玉米秆、甘蓝等植物中含有大量天然性雌激素如异黄酮、豆香素、萜烯等，具有类似雌二醇、雌酮和雌三醇的作用。

4. 粪尿中的维生素

（1）尿中的维生素　尿中的维生素含量很少，从尿中排出的只是维生素的降解产物，一般不具有活性或活性很低。尿中的维生素种类和含量与饲料的性质和机体的代谢状况有关。

（2）粪中的维生素　粪中含有多种维生素，包括维生素 A、维生素 K、维生素 E 和多种 B 族维生素。

5. 粪尿中的酶

（1）尿中的酶　正常羊的尿中含有微量的胰淀粉酶、胰脂肪酶和胰蛋白酶等酶类，但其活性都较低。

（2）粪中的酶　羊粪中的酶有 3 类，即微生物酶、动物酶和植物酶。在半腐熟状态下，羊粪中蔗糖酶的活性为 376 毫克/克，淀粉酶 8.0 毫克/克、蛋白酶 9.67 毫克/克、脲酶 26.25 毫克/克、碱性磷酸酶 351.8 毫克/100 克。粪便入土壤后，粪中的酶能促进土壤的酶促反应，改善土壤吸收，直接影响土壤中有机物质的转化和合成过程，促进植物的生长发育。

6. 粪尿中的抗生素　羊粪尿中的抗生素含量主要取决于抗生素药物及添加剂的使用量与机体的代谢状况。

7. 粪的毒性　羊粪的毒性物质主要来自两个方面：①粪中的病原微生物和寄生虫；②粪中化学药物、有毒金属和激素等。

粪毒性的大小，按等量基（5 克/升）相比，各种家畜粪的毒性大小顺序依次为鸡粪＞猪粪＞羊粪＞马粪＞牛粪。若将各种家畜粪的毒性值除以它们各自的 N 比（规定鸡粪 N 比为 1），从等 N 基来看，各种家畜毒性的大小依次为鸡粪＜牛粪＜马粪＜羊粪＜猪粪。

第二节　羊粪便对环境的污染与危害

粪便对环境的污染与危害，已成为不可忽视的生态和环境保护的重要问题。除了有社会和人为的原因外，根本之处在于粪便本身包含有对人和动物生活环境造成危害的生物病原，以及粪便经过一定化学变化所产生的大量有害、有毒、恶臭物质。

1. 粪便对水体的污染与危害

（1）粪便对水体的污染方式　粪便和其他污染物质一样，需在一定条件下才能对水体产生污染。当排入水体中的粪便总量超过水体能够自然净化的能力时，就会改变水体的物理性质、化学性质和生物群落组成，使水质变坏，并使原有用途受到影响，给人和动物的健康造成危害。

（2）水体的净化　水体受到粪便的污染后，经过水体自身的物理、化学、生物学等多种因素的综合作用而降低，逐步恢复到原来的状态和功能，消除污染和达到净化的过程称为水体的净化。

水体自净是与污染相反的过程，是水体对抗污染的自我调节作用，对保护水体环境具有重要意义。

水体自净是通过水体自发同时进行的物理、化学和生物学净化过程来实现的。

（3）粪便污染水体造成的危害　粪便污染导致水源水质和生活环境恶化。粪便污染的水体可能引起水体富营养化，加之粪便本身有机物的厌氧分解，两者共同的结果导致水的品质恶化，其主要危害有以下几种：

①造成污染区水质恶化不能饮用，甚至水源污染不能使用，引起供水困难。

②水体富营养化结果造成水生动植物死亡、腐烂、沉淀，并导致污泥增多，使水的净化处理增加困难，自来水工厂的工作效率降低，供水能力降低，净化成本显著升高。

③富营养化水体的表面水色污秽发黑，散发难闻发臭、令人恶心的气味，造成不愉快的感觉，影响周围居民的精神和身心健康。

④用富营养化水灌溉可致农作物烂秧倒苗、生育期出现倒伏和成熟不良等后果。

⑤加速湖泊的衰退和经济价值降低。

粪便中病原微生物和寄生虫造成疾病传播。

水为主要传播媒介，传播传染病和寄生虫。在自然条件下，由于水体自净作用，污染水体的许多病原微生物和寄生虫等会很快死亡，因此天然水体的偶然一次污染，通常不会引起持久性污染。水源在受到大量、长期或经常性的污染时，就很可能造成传染病的流行。

2. 粪便对空气的污染及危害

（1）粪便对空气的污染方式　粪便对空气的污染主要来自于羊场圈舍内外和粪堆、粪池周围的空间，粪污使有机物分解产生的恶臭以及有害气体和携带病原微生物的粉尘。

（2）空气的自净　排入空气中的粪便分解产物、微生物等污染物质的数量和浓度如果不大，空气能通过本身的物理、化学和生物学作用，使污染物质数量和浓度降低或被清除，使空气恢复或接近原来的状态，称为空气的自净作用。

（3）粪便污染空气造成的危害　羊场的恶臭除直接或间接危害人畜健康外，还会引起羊生产力降低，使羊场周围生态环境恶化。

①恶臭对人畜健康的影响：粪便分解产生的恶臭物质和有害空气大多具有刺激性和毒性。恶臭通过神经系统引起的应激反应间接危害人和动物。恶臭对中枢神经系统的作用可反射性地引起呼吸抑制，使呼吸变浅变慢，肺活量减少。严重时导致呼吸困难，闭气晕倒，由此造成的血液供氧不足，会使心血管系统代偿性功能加强，负担加重，引起心血管系统疾病，进而影响代谢功能。

②恶臭对机体抵抗力和免疫力的影响：恶臭的刺激性和毒性作为化学刺激原，当其作用达到一定强度时，可引起应激。与其他应激反应原引起的反应一样，会通过神经和内分泌途径，特别是下丘脑—垂体—肾上腺轴，使机体抵抗力和免疫力下降，发病率和死亡率提高。

③恶臭对羊生产力的影响：恶臭可以直接危害羊的健康而影响其生产力，亦可引起应激反应，使机体和神经内分泌功能、体

质、免疫力、食欲、代谢机能、健康状况等受到影响，特别是羊舍环境卫生状况恶化，恶臭对羊的长期作用而引起的慢性中毒，必然导致羊群的生产力、饲料转化率不同程度的下降。

④恶臭对生态环境的影响：羊场的恶臭将大量的含硫、含氮化合物及碳氢化合物排入大气，与其他来源的同类化合物一起对人和动物直接产生危害。含硫化合物形式的酸雨及含氮化合物的硝化和淋洗可引起土壤酸化，pH降低会使土壤有毒成分（如铅离子）溶解并进入地下水，森林地区受到影响尤为严重。恶臭通过各种途径以不同形式进入水生态系统，使水带臭味而不适于饮用；同时，臭气被水生生物吸收并在体内积累，使它们失去食用价值。

3. 粪便对土壤的污染及危害

（1）粪便对土壤污染的特点及方式　进入土壤的粪便及其分解产物或携带的污染物质，超过土壤本身的自净能力时，便会引起土壤的组成和性状发生改变，并破坏原有的功能，造成对土壤的污染。土壤污染主要通过土壤—食物和土壤—水两个根本的途径对人或动物产生危害，空气和水中的污染物，最后都将经过自然界的物质循环进入土壤。

（2）粪便污染土壤的主要形成　主要通过粪便中有机物分解产物和粪便中的病原微生物和寄生虫污染土壤。

（3）土壤的自净　土壤受污染后，经一定时间，有机物被转化为无机盐或腐殖质，并使粪便中的病原失去感染活性，污染物质数量逐渐减少，浓度降低，消除污染，称为土壤的自净作用。

（4）粪便污染土壤造成的危害　进入土壤中的粪便，其中的有机物数量过多或用法不当时，超过土壤的自净能力，就有可能造成污染。某些病原体经常污染土壤，以土壤传播为主的传染病的病原体可以在土壤中存活多年，经土壤或土壤中生活的动物如蚯蚓、甲虫等可以传播寄生虫病，如蛔虫病等，都可在一定时期内对人畜造成危害。

第三节　粪便的处理与利用

羊场的粪便处理不当或管理不善，就会成为主要的污染源。但若经过无害化处理并加以合理利用，则可成为宝贵的资源，也是提高养羊效益的一个着手点。在工厂化高效养羊生产体系中，养羊积肥，过腹还田，粪便无害化处理是农牧业有机结合、良性循环的重要环节。通过这个环节，农业和饲料种植业紧密地与养殖业联系在一起，既充分利用了资源，又从根本上治理了污染源。因此，随着工厂化高效养羊体系的不断发展，羊场的粪便处理和利用已成为亟待解决的问题。

1. 国内外概况　传统上，羊粪便是用作肥料的。羊粪便中的氮、磷、钾及微量营养素提供了作物生产所必需的营养物质。将羊粪作为肥料，也是世界各国传统的、最常用的方法，绝大多数羊粪便是作为优质肥料予以消纳的。国外一些经济发达国家，甚至通过立法规定了羊场的最大饲养量、粪便施用量限额以及排污标准等，以迫使养羊场对羊粪进行处理，其中主要用作还田。

长期以来，我国畜牧生产在农村基本上处于副业地位。城郊虽有一些专业化养殖场，由于数量少和规模小，农民没有条件使用大量的化肥来维持农作物高产，而主要靠使用大量有机肥料。就我国目前的养殖业水平而言，畜牧业还未构成对环境的污染。

进入20世纪90年代后，我国畜牧业生产集约化、商品化和工厂化程度不断提高，农村的畜牧生产方式发生了根本的转变，一方面畜牧场的兴建向城市、工矿区集中，另一方面饲料场的规模由小型向大型发展。此外，客观现实促使农民主观上倾向于重化肥、轻粪肥。这样，由于饲养业与种植业日益脱节，加之羊粪便的长期均衡产出与农业生产的季节性用肥不一致，传统的粪肥不适于现代机械化农业的使用，导致大量羊粪不能充分被农田消纳，一些羊场任其堆置，风吹、雨淋、日晒而使肥效大降，并污染周围环境。

在英国的英格兰和威尔士，虽然人口比较密集和工业相当发达，畜牧业仍然与种植业紧密结合，羊粪便几乎全部用作肥料。这样，既防止了羊粪对环境的污染，又提高了土壤肥力，促进了农业生产。

在日本，提倡畜粪还田已有 20 多年。为促进多用家畜粪便以减少污染，政府还颁布了《化肥限量使用法》，很多大中型畜牧场通过国家投资建立家畜粪便肥料加工厂，这些做法值得借鉴。

2. 家畜粪便的肥效　粪便在保持和提高土壤肥力的效果上远远超过化肥（表 94）。一些施用畜粪作肥料的地区，土地越种越肥，产量年年上升。如上海县莘庄乡从 1987 年起，每年每亩平均施畜肥 2.5 吨，1987 年全乡 1 万亩单季稻亩产 511 千克，1988 年为 534 千克，1989 年、1990 年连续超过 560 千克。

表 94　家畜粪便肥分含量（％）的比较

项　目	猪　粪	羊　粪	马　粪	牛　粪	鸡　粪
含水率	72.23			84.75	50.20～80.78
全氮	1.05～2.96	1.22～2.35	0.66～1.22	0.47～0.84	1.06～1.91
全磷	0.40～0.49	0.18	0.08	0.18～0.22	0.42～0.97
全钾	0.39～2.08	2.13	2.07	0.20～2.00	0.09～1.36
灰分	3.93			2.90	4.19～15.05
有机质	3.84			12.35	14.43～35.15
纤维分解氮	0.50	0.44	0.32	0.21	
水解氮	0.24	0.18	0.22	0.03	
氨态氮	0.13			0.09	0.14～0.16
可溶性碳	1.91			1.28	1.58～1.60
碳氮比	7.14～13.17	12.30	13.40	15.23～21.50	7.90～10.68

3. 粪便还田前的处理　粪便在用作肥料时，有不加任何处理就直接施用的，也有先经某种处理再施用的。前者节省设备、能源、劳力和成本，但易污染环境，传播虫害且肥效差；后者则相反。为了防止粪便引起的污染和提高肥效，必须选用后者。在

国外，羊场因受本国环境法规和粪肥还田政策约束，必须投入人力、财力和物力，对羊粪进行处理后再用作肥料。

（1）不加任何处理　不加任何处理直接用作肥料存在许多缺点：①农民的传统习惯不愿用肩挑人拉的方法，将大量鲜粪作肥料；②施肥淡季时，羊粪更无人问津，只好堆积在外任凭风吹雨淋、肥效流失；③粪肥中的杂草籽，寄生虫卵、病原菌对人畜、环境和作物均有一定危害性；④鲜粪在土壤中发酵产生的热量和分解物对农作物发芽、生长、开花和结果均有一定害处。所以，羊场粪便处理的未来趋势是用作肥料前必须事先经过处理。

（2）堆肥处理　从卫生观点和保持肥效等方面看，制作堆肥后再施用比使用生粪要好。堆肥的优点是技术和设备简单，施用方便，无臭味；同时，在堆制过程中，由于有机物的好氧降解，堆内温度持续 15～30 天达 50～70℃，可杀死绝大部分病原微生物、寄生虫卵和杂草种子；而且，腐熟的堆肥属迟效料，对作物要安全。

堆肥要尽量做到操作简便，设备少，附加费用低，不滋生害虫，不发生恶臭，不传播病原和杂草，对作物无伤害，施用方便等。

堆肥处理可采用如下方法：

①场地：水泥地或铺有塑料膜的地面，也可在水泥槽中进行。

②堆积体积：将羊粪堆成长条状，高不超过 1.5～2 米，宽 1.5～3 米，长度视场地大小和粪便多少而定。

③堆积方法：先比较疏松地堆积一层，待堆温达 60～70℃ 时，保持 3～5 天，或待堆温自然稍降后，将粪堆压实，尔后再堆积加新鲜粪一层，如此层层堆积至 1.5～2 米为止，用泥浆或塑料膜密封。

④中途翻堆：为保证堆肥质量，含水量超过 75% 的堆肥最好中途翻堆，含水量低于 60% 的最好加水。

⑤启用：密封2个月或3～6个月，待肥堆溶液的电导率小于0.2毫西/厘米时启用。

⑥促进发酵过程：为促进堆肥发酵，可在肥料堆中竖插或横插适当数量的通气管。

在经济发达地区，多采用堆肥舍、堆肥槽、堆肥塔、堆肥盘等设施进行堆肥。优点是腐熟快、臭气少，可连续生产（图54）。

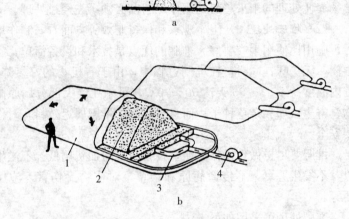

图54　自然堆肥法
a. 无通风堆肥（需翻垛）　b. 有通风堆肥（可不翻垛）

1. 表层为已腐熟的堆肥　2. 粪便及家庭垃圾　3. 有孔的管　4. 风扇

［据（a）原田靖生等，畜产废弃物处理利用技术，废弃物处理研究，1982；
（b）蔡建成等编译，堆肥工程与堆肥工厂，机械工业出版社，1990］

（3）制作液体圈肥　方法是将生的粪尿混合物置于贮留罐内经过搅拌曝气，通过微生物的分解作用，变成为腐熟的液体肥料。这种肥料对作物是安全的。在配备有机械喷灌设备的地区，液体粪肥较为适用。

（4）制作复合肥料　将羊粪制成颗粒肥料。

（5）塑料大棚发酵干燥　工艺流程如图55。用搅拌机使鲜粪与干粪混合，来回搅拌，直至干燥。大棚式堆肥发酵槽搅拌设备见图56。

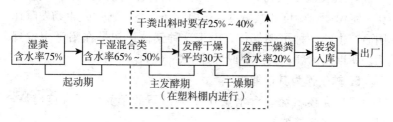

图 55　塑料大棚发酵干燥工艺流程

（6）玻璃钢大棚发酵干燥　设备和原理与塑料大棚干燥法

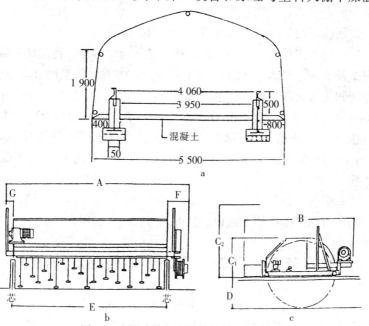

图 56　大棚式堆肥发酵槽搅拌设备示意图

a. 大棚及发酵槽基础尺寸图（毫米）　b. 发酵槽搅拌机前视图

c. 发酵槽搅拌机侧视图

A. 全宽　B. 全长　C_1. 全高　C_2. 升起高度　D. 发酵槽深　E. 发酵槽宽

F. 电缆自动卷盘侧宽　G. 电动机侧宽

相同。

4. 粪便制沼气用作能源　沼气是有机物质在厌氧环境中，在一定温度、湿度、酸碱度、碳氮比条件下，通过微生物发酵作用而产生的一种可燃气体。由于这种气体最初是在沼泽中发现的，所以叫沼气，其主要成分是甲烷（CH_4）。

5. 粪便作为其他能源

（1）直接燃烧　含水量在 30％以下的羊粪，可直接燃烧，只需专门的烧粪炉即可。

（2）生产发酵热　将羊粪的水分调整到 65％左右，进行通气堆积发酵，有时可得到高达 70％以上的温度。方法是在堆粪中安放金属水管，通过水的吸热作用来回收粪便发酵产生的热量。回收到的热量，一般可用于畜舍取暖保温。

（3）生产煤气、"石油"、酒精　将羊粪中的有机物在缺氧高温条件下加热分解，从而产生以一氧化碳为主的可燃性气体。其原理和设备大致与用煤产生煤气相仿。

据 Appell 等试验，以含水 60％的牛粪，在 380℃ 408 个大气压（反应开始时为 82 个大气压）条件下经 20 分钟反应，"石油"的提取量为 47％，转换率为 99％，不需要准备干燥粪便。

有资料报道，45 千克畜粪约可生产 15 升标准燃烧酒精，残余物还可用于生产沼气或以适当方式进行综合利用。

第四节　羊场粪便污染环境的综合防治

羊场粪便污染防治有两个方面，一是粪便的合理管理，另一个是粪便处理与利用的技术。根据我国国情和各地治理粪便污染的经验，应当把粪便管理放在首位。

粪便管理的含义是：运用行政、法制、经济、技术和宣传教育的手段，协调农业、畜牧业发展与粪便污染防治之间的关系，达到既促使农业、畜牧业持续稳定发展，又解决粪便污染，实现经济效益、生态效益和社会效益三者统一。

1. 粪便污染综合防治的总体思路　依我国国情和防治经验，借鉴国外的做法，总体思路如下：

（1）生态学理论作指导　为解决好粪便污染，必须运用一系列生态学理论作指导，主要有农牧业生态系统的良性与恶性循环问题、生态环境平衡—破坏—恢复或治理—再平衡问题、物质循环及物质多层次利用和增值问题、牧业生态与牧业经济效益和社会效益三者统一的理论等。

（2）应用系统工程方法　必须从全面的相互联系的发展的观点出发，从与粪便污染方法有关的科学互相渗透、有机结合入手，着眼于总体优化综合解决农业环境问题。

（3）整体规划　规划必须建立在全面调查、正确评价及科学的预测和决策的基础上，避免"头痛医头，脚痛医脚"和"顾了一头，忽视了另一头"的做法。整体规划既有预防也有治理，既有宏观也有微观，既有技术也有管理。

（4）农牧结合　农业与养羊业是相互联系、相互促进的，两者必须结合，粪便还田是重要环节。农业部提出的"沃土计划"的核心是重视施用畜禽粪便。我国是一个农业大国，从国情出发，城市郊区及农村羊场粪便的出路仍然应当采用粪便还田的方法。

（5）传统方法与现代方法相结合　由传统的高温堆肥处理，逐渐过渡到发酵干燥、制作颗粒肥料、建立沼气池等现代粪便处理上来。

（6）因地制宜　粪便的处理方法很多，有生物、物理、化学、生物化学等数种，各地可以因地制宜加以选用。

2. 粪便污染综合防治的宏观调控

（1）在战略上要靠国家，在战术上实行"谁污染谁治理"的方针　从宏观上说，畜牧场污染问题应当摆到保障人民卫生健康、农牧业协调发展、"菜篮子工程"实施等涉及全局性的位置上去解决，粪便污染治理费用应纳入畜牧场产品成本中去，国家给予一定补贴。从战术上，畜牧场污染治理必须贯彻"谁污染谁治理"方针，全部靠国家是行不通的。畜牧场必须狠抓经济效益和生态效益。

(2) **大中城市应控制畜禽生产总量，保持适度自给率** 一个城市产品的自给率过低显然不行，但也不是越高越好。主要原因是饲养成本大，易造成粪便污染。随着市场经济的不断完善，国家宏观调控的不断加强，畜产品的自给率将适度下降。

(3) **合理布局或调整布局** 合理布局是指在未造成家畜粪便污染的城市发展畜牧业时的布局问题。这些城市发展畜牧业时，要防患于未然，力求不发生或少发生污染。调整布局则是针对近期已造成污染的城市。

(4) **控制畜牧场规模过大** 为了便于粪便还田和防止污染，不少发达地区都不主张畜牧场规模过大。确定适度规模应从经济效益和环境效益两个方面考虑。

(5) **防治应以大中型畜牧场为主，但绝不能忽视小型场、专业户和农户** 把注意力放到污染大户上无疑是正确的。但是，小型场、专业户和农户造成的污染也不能低估。

(6) **种植部门与牧业部门必须密切配合** 由政府协调种植与养殖部门在运行上、耕地用肥制度和资金投向上、科技服务上相互"接轨"，使粪便的还田顺利运转。

(7) **大力开展科研工作** 粪便污染不依靠科研就不能以较小的投资达到较大的效益。

(8) **在经济发达的大中城市不提倡发展庭院畜牧业** 农村庭院畜牧业的特点是畜舍与民宅混杂，畜禽叫声、恶臭和苍蝇严重影响居民的生活环境。因此，在经济发达的大中城市，特别是近郊，不提倡发展庭院畜牧业。

3. 建立农牧结合生态工程体系 农牧结合生态工程是一个

复杂的农业生态、经济和技术系统工程，它由植物（种植业）、动物（养殖业）和微生物（连接种养业）三个子系统组成。应根据具体情况进行结构调整。在农牧结合生态工程中，要特别重视发展以牛、羊为主体的食草家畜，逐步把食草家畜的饲养量提高到占整个畜禽饲养量的40%。在高效养羊中，要特别重视建立工业化畜牧生态系统工程，建立大型生物能联合企业。这种企业包括饲料种植，畜禽饲养，废弃物和粪便处理，生物气制取、贮存、运输和再加工，以及将剩余有机物再利用来生产蛋白质饲料和化工产品，从而大大提高了工厂化养羊的经济效益，也显著改善了生产和生活环境。实践证明，这是一条防治粪便污染的有效途径。

4. 羊场粪污的治理与科学利用　随着养羊业生产方式逐步转向工厂化、集约化饲养，粪污也相对集中在此区域，若不采取有效的治理措施，不仅造成了地下、地表水的严重污染，而且还会污染空气、滋生蚊蝇，影响人体健康。因此，养羊场粪污的治理与科学利用是减少环境污染，改善生产、生活和工作环境，增强人民身体健康，提高羊场生产力的必然选择。

羊场粪污的治理与利用是一项系统工程，它涉及养羊业产前、产中、产后各个环节，必须综合考虑、系统治理。

（1）产前防控　首先要对羊场的建设进行合理规划，选址应远离城镇、居民聚住区、水源区和河流上游等，其次设计建设羊场，应根据环境条件充分考虑雨污分离、净道与污道分离、粪污集中堆放和植树绿化等问题。

（2）产中调控　尽量不用或少用水冲洗羊圈，以免形成大量液态粪。投放青粗饲料要适量勤喂，以免浪费，增加粪污负荷。采用漏缝地板的羊圈，应及时清除积粪。在饲料中添加微生物菌剂，降低排污物中氮的含量及其臭味，减少对空气的污染。

（3）产后利用　羊粪既是污染源，也是资源。治理与利用是相辅相成的，治理只有落实到利用上才能解决根本问题，可对羊粪污进行无害化处理，或以沼气建设为主进行综合利用，还可通过处理后用作肥料。

（4）羊肥直接还田的缺点　鲜湿羊粪体积大，质量肥效低，运输成本高；施肥淡季时将羊粪便堆积，风吹雨淋，造成肥效流失；羊粪中的杂草籽、寄生虫卵、病原菌对人畜环境和农作物均有一定的危害性；羊鲜粪在土壤中发酵产热和分解对农作物发芽、生长、开花和结果均有不良影响。

（5）羊肥粪的处理方法　羊粪属优质畜粪，肥效高且久，用作肥料还田是最佳的利用方式，目前有两种处理方法：

制作堆肥：羊粪含水量低，在堆制过程中，由于有机物的好氧降解，堆内温度持续升高直至腐熟，可杀灭绝大部分微生物、寄生虫卵和杂草种子。堆肥的优点是操作容易，设备简单，不滋生害虫，不发生恶臭，不传播病原和杂草，对农作物无伤害，且施用方便、肥力均匀、肥效持续时间较长。

制作复合肥料（颗粒肥料）：即利用生物菌发酵机制，以工厂化生产方式快速制作堆肥，并通过机械造粒，使之成为便于包装、运输和施用的商品有机肥料。

5. 羊粪有机肥加工流程　以羊粪为主要原料，添加一定的辅料如秸秆粉、谷糠粉等农业废弃物，调节水分、通气性、碳氮比，去除杂质，经与发酵菌搅拌充分混合至腐熟，干燥粉碎，然后加工成粉状肥料或柱状肥料。

（1）加工工艺流程　见图57。

（2）加工流程的技术要求

①菇渣粉碎备用，猪粪用脱水机脱水至45%～50%含水量备用，然后按照60%的羊粪、15%的脱水猪粪、23%粉碎菇渣进行充分混合。

②把0.1%的生物菌种加入1%的米糠中混合均匀，再加入0.9%的过磷酸钙进行混合，然后均匀撒入上述混合料中充分

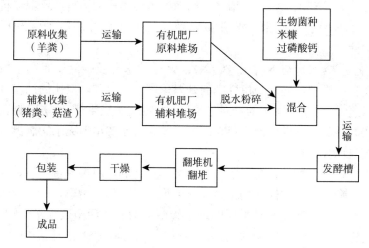

图 57　羊粪有机肥料加工流程图（上海永辉羊业有限公司）

混合。

③把混合物料用自来水调节水分至 40%～45%，然后送入发酵槽，开动翻堆机进行翻堆，发酵槽宽度 3～6 米，物料高度最好为 70～80cm。

④第一次翻堆过后，至第 2 天堆温达 55℃时再进行第二次翻堆肥。以后温度达到 65℃时马上进行翻堆，控制温度不超过 65℃。

⑤当物料发酵 6～10 天之后，如果臭味完全消除，菌丝密布，待温度下降到 30～40℃或以下、含水量 30% 左右时，即可进行粉碎，并加入微量元素混合包装。

（3）质量控制

①原料配比：以羊等畜禽粪便作为商品有机肥料生产的原料，主要控制粪便中的杂草、泥沙石头、金属硬块、畜禽药残留、重金属残留及带有传染性病原的粪便等，使原料符合《城镇垃圾农用控制标准》（GB 8172）。

商品有机肥料常用秸秆、稻壳、木屑等作为辅料，要求辅料粒径不大于 2 厘米、没有粗大硬块、具有良好的吸纳性和保水性。

②含水量与碳氮比（C/N）：合适的水分及碳氮比有利于微生物的繁殖，同时加快堆肥的升温速度。水分和碳氮比的调控可以通过控制原料和辅料的比例来达到。一般堆肥水分控制在 52%～68%（即将混合料在手中握紧，有水渗出但无水滴滴出）；碳氮比控制在 23～28：1。

③微生物菌剂与温度调节：虽然粪便和辅料本身带有一定数量的微生物，但这些仍不足以保证堆肥迅速升温腐熟，所以投入高效的微生物菌剂是必要的。原始菌剂的有效活菌数（微生物）要大于 10^6 个/克；添加菌剂后要将菌剂与原辅料混匀，并使堆肥的起始有效微生物量达 10^6 个/克以上。

完整的堆肥过程由低温、中温、高温、降温四个阶段组成，堆肥温度一般在 $50\sim60℃$，最高时可达 $70\sim80℃$。堆肥至少保持在高温（$45\sim65℃$）10 天以上，才能将病原菌、虫卵、草籽等杀死，从而达到堆肥无害化处理要求。

④翻堆与通风要求：翻堆能使堆肥腐熟一致，能为微生物的繁殖提供氧气，并将堆肥产生的热量散发出来，有利于堆肥的腐熟。当堆肥温度上升到 $60℃$ 以上时，保持 48 小时后开始翻堆（当温度超过 $70℃$ 时，须立即翻堆），翻堆要翻得彻底均匀，同时通过堆肥的腐熟度确定翻堆次数。

大多数微生物是好氧微生物，要保证堆肥中微生物的繁殖。必须将堆肥的含氧量保持在 5%～15%。堆肥中的含氧主要由通风实现，传统堆肥通风是通过翻堆和搅拌来保证；不同的生产厂家也可以通过选择不同的堆肥发酵方式来达到通风的目的。

⑤pH：一般堆肥经历着酸性发酵和碱性发酵阶段，腐熟好的堆肥 pH 要保证在 5.5～8.0。

⑥产品的干燥粉碎与入库保存：经过主发酵和后发酵腐熟好

的有机肥料，含有较高的水分，为了使游离水分小于32％，可将堆肥均匀摊开晾晒在水泥场地，摊晾时厚度不要超过20厘米，并不时地翻动以加快晾干过程。水分达到质量要求的有机肥料，送到粉碎场进行粉碎，粉碎的细度要求：粉状有机肥料细度（1.0～3.0毫米）≥80％；柱状有机肥料细度（1.0～8.0毫米）≥80％。

· 入库保存的每一批有机肥料都要插上标识分开堆放，堆高要小于1.5米，并防止受潮变质。

第十二章
羊的产品与加工技术

养羊业能为人类提供的主要产品有毛、肉、奶、皮和肠衣等。这类产品的生产、贮藏、初加工和精深加工直接影响到养羊的经济效益。本章将重点介绍羊毛和羊肉的产品特性与加工技术。

第一节　羊毛的分类及品质标准

一、羊毛的分类

羊毛的分类是根据羊毛作为毛纺工业原料，按其生产技术要求和品质特性，区分为若干类。

1. 按不同纤维类型的含有情况分类　按羊毛组成的纤维类型不同，可分为同质毛和异质毛两大类。同质毛是根据羊身上剪下来的一个完整套毛，除边后的套毛各个毛丛由同一类型的纤维所组成，这类毛的纤维细度、长度、弯曲以及外观形态基本相同。细毛羊、半细毛羊及其高代杂种羊所产的毛，均属此类。异质毛是指套毛毛丛是由不同类型的纤维所组成。改良羊和土种羊所产羊毛属于此类型。

羊毛 {
　按所含纤维类型 {
　　同质毛：细毛羊、半细毛羊所产羊毛
　　异质毛：粗毛羊所产羊毛
　}
　按所含纤维细度 {
　　细毛：细毛羊、粗毛羊与细毛羊的高代杂种羊所产羊毛
　　半细毛：半细毛羊、粗毛羊与半细毛羊的高代杂种羊所产羊毛
　　粗毛：粗毛羊所产羊毛
　}
}

2. 按剪毛季节的不同分类 我国南方与北方的气候差别很大，因气候因素影响而产生了季节性差别，这种分类方法，主要用于羊毛市场对半细毛及粗毛的分类。按剪毛季节分类，主要有春毛和秋毛两种。

3. 根据生产用途分类 按照毛纺工业产品，对羊毛原料的要求不同，主要将羊毛分为精纺用毛、粗纺用毛和制毡用毛三类（表 95）。

表 95　各种长度的羊毛用途

羊毛纺纱系统种类	平均伸直长度（毫米）	羊毛纺纱系统种类	平均伸直长度（毫米）
同质毛		异质毛	
长毛精梳纺	120～150	长毛精梳纺	65～150
长毛半精梳纺	90～120	长毛半精梳纺	60～120
短毛粗梳纺	60～120	粗毛精梳纺	50～100
细毛粗梳纺	30～55	粗毛毡生产	30～80
细毛毡生产	15～30		

二、羊毛的品质标准

对羊毛进行分等分级，按质论价，优质优价，可以调动广大农牧民的生产积极性，毛纺工业上可以优质优用，品质分明。细毛和半细毛的分类规定如表 96 和表 97。

表 96　细毛分等分级规定

等别	级别	细度（微米）	毛丛自然长度（厘米）	油汗占丛长度（％）	品质特征
特等	1 级	≤21.5 66 支及以上	≥8.0	50	全部为自然白色的同质细羊毛。毛丛的细度、长度均匀。弯曲正常。手感柔软，有弹性。平顶，允许部分毛丛有小毛嘴
	2 级	≤25.0 60 支及以上			
一等	1 级	≤21.5 66 支及以上	≥6.0	50	同特等 平顶，允许部分毛丛顶部发干或有小毛嘴
	2 级	≤25.0 60 支及以上			

等别	级别	细度 （微米）	毛丛自 然长度 （厘米）	油汗占毛 丛长度 （％）	品质特征
二等		≤25.0 60 支及以上	≥4.0	有油汗	全部为自然白色的同质 细羊毛。毛丛细度均匀程 度较差，毛丛结构散，较 开张，弹性差，具有细羊 毛特征的白色同质羊毛
三等		≤25.0 60 支及以上	≥3.0	有油汗	

表 97　半细毛的分等分级规定

等级	级别	细度（微米）	长度 （厘米）	油汗	品质特征
特等	一级	21.5～29.5 56/58 支	≥10.0	有油汗	全部为自然白色的 同质半细羊毛。细度、 长度均匀，有浅而大 的弯曲。弹性良好， 有光泽。毛丛顶部为 平嘴、小毛嘴或带小 毛辫。呈毛股状。细 度较粗的半细羊毛外 观呈较细的毛辫
	二级	29.6～38.5 46/50 支		有油汗	
一等	一级	25.1～29.5 56/58 支	≥8.0	有油汗	
	二级	29.6～38.5 46/50 支		有油汗	
二等		≤38.5 40 支及以上	≥5.0	有油汗	全部为自然白色的 同质半细羊毛
三等		≤38.5 40 支及以上	≥3.0	有油汗	

第二节　肉羊的屠宰及产肉力测定

一、屠宰的工艺流程

1. 屠宰前的要求和准备　为了保证肉和肉制品的质量，肉羊或育肥羊在屠宰前必须严格进行兽医卫生检验，检验合格的羊才允许屠宰。肉羊的屠宰，宰前 16～24 小时停止放牧和饲喂，临宰前 2 小时要停止饮水，以减少胃肠内容物。在屠宰之前要称量体重。停食期间，要让羊保持安静，防止惊吓。

2. 刺杀放血 经过活体检查合格的羊，便可进行屠宰。我国目前屠宰羊普遍采用刀杀法。将待宰羊保定好，用屠宰刀在下颌附近割断颈动脉，并顺下颌将下部切开，充分放血。横卧放血不易放尽血，可采用倒挂放血（图58）。

图 58 羊的屠体倒挂示意图

3. 剥皮 放血后，趁羊屠体还有一定的体温，立即剥皮。剥皮切开的方法是沿腹中线切开皮肤，自颈部至尾部，再从四肢间的内侧切开两纵线，直达蹄间垂直于腹中线（图59）。剥皮时尽量少用刀，以免伤及皮板，最好用拳击法剥皮。皮板上力求不带肉脂。剥下的羊皮毛面向下，平整铺在地上晾干，也可以采用干燥法处理。

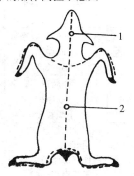

图 59 皮肤切开位置
1. 喉管 2. 脐

4. 剖腹摘取内脏 剥皮后，接着是去头去蹄。去头是从枕环关节和第一颈椎间切断。去蹄是将前肢至桡骨以下切断，后肢是将胫骨以下切断。然后将屠体倒挂起来，剖腹（开膛）摘取内脏。用刀顺腹中线切开，除保留肾及肾脂外，其他内脏和内脏脂肪（包括网膜脂肪、肠系膜脂肪）全部摘除。若作屠宰测定，还要分别称测内脏各器官的质量和长度，并作详细的记录。

二、屠宰率和净肉率的测定方法

1. 测定项目及记录 按表 98 设计的项目作好屠宰试验记录。

表 98　屠宰试验记录表

羊　号				
性　　别				
年　　龄				
宰前活重				
头　　重				
蹄　　重				
皮　　重				
心　　重				
肝　　重				
肺　　重				
脾　　重				
胃 胃及胃内容物重				
胃净重				
大肠 大肠及大肠内容物重				
大肠净重				
大肠长度				
小肠 小肠及小肠内容物重				
小肠净重				
小肠长度				
花油重				
胴体重				
第六胸椎背部脂肪层厚				
眼肌面积				
净肉重				
骨　　重				
屠宰率				
净肉率				

注：①宰前体重：屠宰前停食 24 小时实测体重。②净肉重：胴体重－骨重＝净肉重。③骨重：剔骨后骨上残留肉不超过 500 克。④皮重：皮板不带肉屑，毛面不黏血污、泥土的鲜皮重。⑤头及四肢重：头部应注意有角无角，前后肢分别称重。⑥血重：实称血重或血重＝宰前体重－放血后尸体重。⑦眼肌面积：即背最长肌横切面面积，在最后 1～2 胸椎处切开，经冰冻定型后，用硫酸纸描绘眼肌轮廓，用求积仪测量面积，也可按下式计算：眼肌面积＝眼肌高×眼肌宽×0.7。

2. 屠宰率、净肉率的计算方法   屠宰率和净肉率按以下公式计算：

$$屠宰率 = \frac{胴体重}{宰前体重} \times 100\%$$

$$净肉率 = \frac{净肉重}{宰前体重} \times 100\%$$

$$骨肉比 = \frac{骨重}{净肉重}$$

三、胴体的分级（等）和切块

1. 胴体的分级标准   胴体亦称屠体，是衡量肉羊生产水平的一项重要指标。胴体重是指肉羊屠宰后，立即取头、皮、血、内脏和四蹄后，静止 30 分钟后的躯干质量。我国南方以及国外一些国家的山羊胴体是脱毛的，消费者和市场均予承认，也可计算在内。

绵、山羊胴体的分级，目前国家尚无统一的标准，可参考我国制定的鲜冻胴体羊肉的标准（表 99，GB 9961—88），感官指标应分别符合 GB 2723—81 和 GB 2709—81 中的一级鲜度标准（表 100）。

表 99   鲜冻羊肉胴体分级标准

项　目	一　　级	二　　级	三　　级
外观及肉质	肌肉发达，全身骨骼不突出（小尾羊肩隆部之脊椎骨尖稍突出）；皮下脂肪布满全身（山羊的皮下脂肪层较薄），臀部脂肪丰满	肌肉发育良好，除肩隆部及颈部脊椎骨尖稍突出外，其他部位骨骼均不突出；皮下脂肪布满全身（山羊为腰背部），肩颈部脂肪层较深	肌肉发育一般；骨骼稍显突出，胴体表面带有薄层脂肪；肩部、颈部、荐部及臀部肌膜露出
胴体质量（千克）	绵羊≥15 山羊≥12	绵羊≥12 山羊≥10	绵羊≥7 山羊≥5

表 100　羊肉屠体感官指标

项目	鲜羊肉	冻羊肉（解冻后）
色泽	肌肉有光泽，色鲜红或深红，脂肪乳白或淡黄色	肌肉色鲜艳，有光泽，脂肪乳白色
黏度	外表微干，或有风干膜、不黏手	外表微干或有风干膜，或湿润、不黏手
弹性	指压后的凹陷立即恢复	肌肉结构紧密，有坚实感，肌纤维韧性强
气味	具有鲜羊肉的正常气味	具有羊肉的正常气味
肉汤状态	透明澄清，脂肪团聚于表面，具特有香味	澄清透明，脂肪团聚于表面，具有羊肉汤固有的香味

　　在国外，一般将绵羊肉分为大羊肉和羔羊肉两种。周岁以上换过门齿的为大羊，生后不满 1 岁的为羔羊，4～6 月龄屠宰的称为肥羔。

　　国外羊肉分级的主要标准为胴体重和脂肪含量，脂肪含量用 GR 值的测定来确定。新西兰 20 世纪 80 年代执行的羊肉分级标准如表 101。

表 101　新西兰羊肉分级标准

羊肉分级	胴体重（千克）	脂肪含量	GR（毫米）
1. 羔羊肉分级			
A 级：	9.0 以下	不含多余脂肪	
Y 级：		含少量脂肪	
YL	9.0～12.5		＜6.1
YM	13.0～16.0		＜7.1
P 级：		含中等量脂肪	
PL	9.0～12.5		＜6～12
PM	13.0～16.0		7～12
PX	16.5～20.0		＜12
PH	20.5～25.0		＜12
T 级①：		含脂肪较多	

羊肉分级	胴体重（千克）	脂肪含量	GR（毫米）
TL	9.0～12.5		12～15
TM	13.0～16.0		12～15
TH	16.5～25.5		12～5
F级②：		含过多的脂肪	
FL	9.0～12.5		＞15
FM	13.0～16.0		＞15
FH	16.5～25.5		＞15
C级③：			
CL	9.0～12.5		变化范围较大
CM	13.0～16.0		变化范围较大
CH	16.5～25.5		变化范围较大
M级：	胴体太瘦或受损伤	脂肪呈黄色	
2. 成羊肉分级			
MM级：	任何	没有多余脂肪	＞2
MX级：	＜22.0		2～9
	＞22.5	含少量脂肪	2～9
ML级	＜22.0		9.1～17.0
	＞22.5	含中等量脂肪	9.1～17.0
MH级：	任何	含脂肪较多	17.1～25.0
MF级：	任何	含过多的脂肪	＞25.1
MF级④：			
3. 后备羊肉分级			
HX级：	任何	脂肪含量较少	＜9.0
XL级：	任何	脂肪含量中等	9.1～17.0
4. 公羊肉分级			
R级⑤：	任何质量		无

注：①②用做切块出售，出口前修整胴体，除去多余的脂肪；③胴体修整后仍不符合出口标准，仅腿和腰部有3～4个切块可供出口；④胴体不符合出口标准，只能做切块或剔骨后出售；⑤所有公羊肉均属此级。

GR值大小与胴体膘分的关系

GR值/毫米	胴体膘分
0～5	1（很瘦）
6～10	2（瘦）
11～15	3（中等）
16～20	4（肥）
21以上	5（极肥）

2. 胴体切块　绵羊肉的胴体切块可分为 8 大块（图 60）3 个商业等级，其类别及所占比例如下：

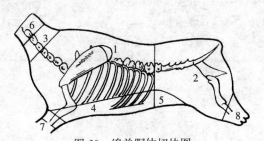

图 60　绵羊胴体切块图

1. 肩部　2. 臀部　3. 颈部　4. 胸部　5. 腹部
6. 颈部切口　7. 前腿　8. 后小腿

一等（75％）：肩部（35％）、臀部（40％）。

二等（17％）：颈部（4％）、胸部（10％）和腹部（3％）。

三等（8％）：颈部切口（1.5％）、前腿（4％）和后小腿（2.5％）。

胴体从中间分成 2 片，各包括前躯肉及后躯肉两部分。前躯肉与后躯肉的分切界限，是在第 12 与 13 肋骨之间，即在后躯上保留着一对肋骨。前躯包括肋肉、肩肉和胸肉，后躯肉包括后腿肉及腰肉。

后腿肉：从最后腰椎处横切。

腰肉：从第 12 对肋骨与第 13 对肋骨之间横切。

肋肉：从第 12 对肋骨处至第 4 与第 5 对肋骨间横切。

肩肉：从第 4 对肋骨处起，包括肩胛部在内的整个部分。

胸肉：包括肩部及肋软骨下部和前腿肉。

腹肉：整个腹下部分的肉。

四、产肉力测定

通常在评定绵、山羊产肉力时，评定项目有：胴体重、屠宰率、净肉率、胴体产肉率和骨肉比。

1. 胴体重 指屠宰放血后，剥去毛皮，去头、去内脏的整个躯体（包括肾脏及周围脂肪）静置 30 分钟后的质量。

2. 净肉重 指用温胴体精细剔除骨后的净肉质量。要求在剔肉后的骨上附着的肉量及消耗的肉量不超过 300 克。

3. 屠宰率 计算公式如前所述，系指胴体重与羊屠宰前活重之比。

4. 净肉率 计算公式如前所述，系指净肉重占屠宰前活重的百分比。

5. 骨肉比 系指骨重与净肉重之比。

6. 眼肌面积 测量倒数第 1 与第 2 肋骨之间脊椎上眼肌（背最长肌）横切面积，因为它与产肉量呈高度正相关。测量的方法：用硫酸绘图纸描绘出眼肌横切面的轮廓，再用求积仪计算出面积。如无求积仪，可用以下公式估测：

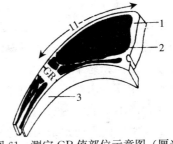

图 61 测定 GR 值部位示意图（厘米）
1. 背脊 2. 肌肉 3. 第 12 肋骨

眼肌面积（厘米^2）＝眼肌高度×眼肌宽度×0.7

7. GR 值 系指在第 12 与第 13 肋骨之间，距背中线 11 厘米处的组织厚度，作为代表胴体脂肪含量的标志（图 61）。

第三节 羊肉的性状评定

羊肉的性状，包括肉的颜色、嫩度、失水性、pH、气味（膻味）和熟肉性等。

1. 羊肉的颜色 羊肉的颜色即肉色，是指肌肉的颜色。它是由肌肉中的肌红蛋白和肌白蛋白的比例所决定的。与肉羊的性别、年龄、肥度、屠宰前状况、放血的完全与否、冷却、冻结等加工情况有关。成年绵羊的肉呈鲜红或红色，老母羊肉呈暗红色，羔羊肉呈淡灰红色。在一般情况下，山羊肉的颜色较绵羊肉色偏红。

测定方法：有目测和仪器测定法两种。目测法是胴体分割后，目测肋肌、腰肌及后腿肌的色泽。白天最好在室外正常光线下进行，不要在阳光直射下观察，同样不能在暗光处观察。另一种方法是用分光光度计精确测定肉的总色度。目测法评定新鲜肉的切面，灰白色评1分，微红色评2分，鲜红色评3分，微暗红色评4分，暗红色评5分。两级间允许评0.5分。具体评分可用美式或日式肉色评分图对比，凡评为3分或4分者均属于正常颜色。

2. 羊肉的嫩度　羊肉的嫩度实际上是指煮熟肉入口后在咀嚼时对破裂的抵抗力，常指煮熟的肉或加工烹饪成其他制品的肉的柔软、多汁和易于被嚼烂的程度。消费者欢迎的羊肉品质均属于此类。相反，肉被咀嚼的过程中不易被嚼烂，说明肉的韧度高，这种肉不受消费者欢迎。

羊肉嫩度评定通常采用品尝和仪器评定两种。品尝评定是传统的也是最基本的方法。仪器评定有很多种方法，应用得比较广泛的是剪切测定法。目前通常采用肌肉嫩度计，即 C-LM 型肌肉嫩度计，以千克为单位表示。在生产现场评定羊肉的嫩度，建议采取口感品尝法来评定。方法是取后腿或腰部肌肉500克放入锅内蒸60分钟，取出切成薄片，放入盘中，佐料任意添加，凭咀嚼碎裂的程度，易碎裂的表示肉嫩，不易碎的则表示肉质粗硬。

3. 羊肉的失水率　羊屠宰后，肌肉蛋白质变性的最重要表现为丧失保持水分的性能。羊肉的失水率是羊肉的重要物理指标之一。一定面积和一定厚度的肌肉样品，在一定外力作用下，失去水分的质量的百分率，称为肌肉的失水率。用此法可间接反映肌间系水率（或保水性）。失水率高，系水率就低。羊肉失水率受羊的年龄、肌肉酸碱度的影响。肌肉系水率是动物屠宰后肌肉蛋白质结构和电荷变化的极敏感指标，直接影响肌肉的风味、嫩度、色泽、加工和贮藏性能，均有重要的经济意义。羊肉的失水率比牛肉和猪肉高。

测定方法：用 0.01 克的扭力天平称量供试肉样（W_1），在肉样上下各覆盖一层医用纱布，纱布外各垫 18 片快速定性分析滤纸，滤纸外各垫一层硬质书写用塑料垫板，然后将垫好的肉样放置于压力仪的平台上，用匀速缓慢摇动压力仪的摇把，将平台升至压力仪显示相当于 35 千克的读数时为止，保持 5 分钟，然后迅速松动摇把，压力读数复位，取出肉样，立即在天平上称重（W_2），按以下公式计算：

$$肌肉失水率 = \frac{W_1 - W_2}{W_1} \times 100\%$$

式中　W_1——压前肉样重（克）；

　　　W_2——压后肉样重（克）。

4. 羊肉系水率测定　系水率是指肌肉保持水分的能力。用肌肉加压后保存的水量占总含水量的百分数表示，它与失水率是一个问题的两种不同的概念。系水率高，则肉的品质好。测定方法是取背长肌肉样品 50 克，按食品分析常规测定法测定肌肉加压后保存的水量占总含量的百分数。

$$系水率 = \frac{肌肉总水分量 - 肉样失水量}{肌肉总水分量} \times 100\%$$

5. 羊肉的酸碱度　羊肉的酸碱度是指羊屠宰停止呼吸后，在一定条件下，经过一定时间所测得 pH。

测定方法：用酸度计测定肉样的 pH，按酸度计使用说明书在室温下进行。直接测定时，在切开的肌肉面用金属棒从切面中心制作一个小孔，插入酸度计电极，使肉紧贴电极端读数。捣碎测定时，将肉样加入组织捣碎机中捣 3 分钟左右，取出装在小烧杯中，插入酸度计电极测定。

评定标准：鲜肉 pH 为 5.9～6.5，次鲜肉 pH 为 6.6～6.7，腐败肉 pH 在 6.7 以上。

6. 羊肉的风味与成熟 将屠宰后几小时的鲜肉进行烹饪加工（尤其是老羊肉），其肉味不美且粗韧，肉汤混浊而缺乏风味。如果适当地进行一些处理再进行烹饪加工，则风味就大不一样。处理方法很简单，将屠体放在室内或冷藏库适当的温度中，经过一段时间的处理，即在 18～20℃ 的温度中保存 4 天；在 0℃ 中保存 2 天；在 1～3℃ 中保存 7～8 天。经过这样处理后，肉变成柔软多汁而味美，肉汤透明而风味佳良，且被胃蛋白酶的可消化程度增多。此种肉称为成熟的肉。但必须要在严格控制温度和相对湿度（85%～87%）的条件下才能获得满意的效果。

7. 羊肉的气（膻）味 羊肉的气（膻）味是肉的质量指标之一，也是广大消费者十分重视的指标之一。羊肉的膻味决定于肉中所存在的特殊挥发性脂肪酸（或可溶性类脂物）。羊肉的气味来源主要有：①羊本身所特有的气味，受羊年龄、性别、去势等的影响。通常公羊比母羊的气味重（尤其是山羊），年老的比年幼的重，未去势的比去势的重。②育肥期喂给有异味的草，肉中有异味。③屠宰前给羊注射或服用某种药物。其他的一些因素也可能使羊肉产生异味。

对羊肉气（膻）味的鉴别，最简便的方法是煮熟品尝。按熟肉率的测定方法操作，煮熟后不加任何佐料（原味），凭咀嚼品尝判定。

第四节 羊肉的营养成分

1. 羊肉的营养成分 羊肉的蛋白质含量低于牛肉、高于猪肉，脂肪和热能含量高于牛肉、低于猪肉（表102、表103）。

表 102　各种肉类蛋白质所含各种氨基酸的成分（%）

氨基酸种类	羊肉	牛肉	猪肉	鸡肉
赖氨酸	8.7	8.0	3.7	8.4
精氨酸	7.6	7.0	6.6	6.9
组氨酸	2.4	2.2	2.2	2.3
色氨酸	1.4	1.4	1.3	1.2
亮氨酸	8.0	7.7	8.0	11.2
异亮氨酸	6.0	6.3	6.0	—
苯丙氨酸	4.5	4.9	4.0	4.6
苏氨酸	5.3	4.6	4.8	4.7
蛋氨酸	3.3	3.3	3.4	3.4
缬氨酸	5.0	5.8	6.0	—
甘氨酸	—	2.0	—	1.0
丙氨酸	—	4.0	—	2.0
丝氨酸	6.3	5.4	—	4.7
天冬氨酸	—	4.1	—	3.2
胱氨酸	1.0	1.0	1.0	0.0
脯氨酸	—	6.0	—	—
谷氨酸	—	15.4	—	16.8
酪氨酸	4.9	4.0	4.4	3.4

表 103　各种肉类营养成分比较

种类	蛋白质（%）	脂肪（%）	矿物质（%）	水分（%）	能量（兆焦/千克）
牛肉	16.2～19.5	11.0～28.0	0.8～1.0	55.0～60.0	31.4～56.1
猪肉	13.5～16.4	25.0～37.0	0.7～0.9	49.0～58.0	52.7～68.2
绵羊肉	12.8～18.6	16.0～37.0	0.8～0.9	48.0～65.0	38.5～66.9
山羊肉	16.2～17.1	15.1～21.1	1.0～1.1	61.7～66.7	36.8～56.5

2. 体组织化学成分　体组织的常规化学成分如表 104。

表 104　绵羊、山羊、牛和猪体组织的化学组成（%）

动物	日龄	水分	脂肪	蛋白质	灰分
绵羊	90～895	29.6～73.8	4.9～46.6	10.7～19.5	1.7～5.8
山羊	545	57.5	22.7	17.8	1.0
牛	1～80	39.8～77.6	1.8～44.6	12.4～20.6	3.0～6.1
猪	1～928	30.7～80.8	1.1～61.5	8.3～19.6	1.3～5.6

3. 肌肉组织化学成分　肌肉组织的化学成分如表 105。

表 105　公羊及羯羊肌肉的化学组成（%）

性别	水分	蛋白质	脂肪	灰分
公羊	78.3	20.0	7.4	4.4
羯羊	76.5	10.7	8.3	4.3

4. 脂肪组织化学成分　脂肪组织化学成分如表 106。

表 106　不同营养水平对脂肪组织成分的影响（%）

营养水平	水分	蛋白质	脂肪
自由采食	21	5.2	73.8
维持饲养	26	8.9	65.1
限制饲养	33	10.5	56.5

第五节　羊肉的加工

我国各民族的传统文化，赋予羊肉丰富多彩的食用方法，既可做成大众化风味小吃、家常菜，也可以做成高档宴用大菜。

一、加工食用羊肉片

1. 特级羊肉片　选择含结缔组织少、柔嫩和营养完全的背最长、里脊、夹心肉为原料，装模或卷筒造型冷却后，切制成长方形条状或圆形结构的特优羊肉片，厚度不超过 2 毫米。将切制好的羊肉片，按要求质量装袋密封。

2. 一级羊肉片　选取臀腿肌中的股二头肌、半膜肌、半腱肌和上臂肌等为原料，经精细加工制作而成。

3. 普通羊肉片　选用去掉筋、腱、韧带的胴体肉为原料，将胴体肉统一搭配，切制成厚度 1～7 毫米的羊肉片。

二、羊　肉　串

烤羊肉串是深受人们欢迎的风味小吃，烤好的羊肉串色泽棕黄，肉嫩味香，鲜美可口。具体做法如下：

1. 选料与处理　选取胸肩、背腰、臀腿等肉层较厚部位的瘦肉，剔除筋腱及碎骨，切成厚 0.2～0.5 厘米大小一致的肉片，用竹扦或钢钎穿成整齐的肉串，每串 8～10 片。

2. 配料与腌制

（1）配料　食盐和酱油各为原料肉重的 0.2%～0.3%，香料、辣椒面等适量。

（2）腌制　将穿好的羊肉串胚浸泡于混合好的配料中，经数次翻动即可。

3. 烧烤　分炭火和电热炉两种烧烤法。

（1）炭火烧烤　将腌好的羊肉串置于炭火上，视炭火强度与羊肉串变化程度，随时调整翻动，一般 3 分钟即可烤好，然后将孜然粉、辣椒面、精盐、味精等佐料均匀撒在羊肉串上，再稍加烧烤即可食用。

（2）电热炉烧烤　将腌好的羊肉串胚竖挂于烤排上，每烤排可挂 8～10 串，再将挂好羊肉串的烤排送入炉内，每炉 8～10 排，一般 5 分钟左右便可烤好。烧烤过程中只需抽查边熟情况，无需翻动和调换位置。此法较炭火烧烤更符合卫生要求。

三、酱制羊肉

1. 北京酱羊肉

（1）原料　选蒙古羊等地方品种绵羊，宰后按部位剔选。筋腱较多部位切块宜小，肉质较嫩部位切块应稍大些，以便煮制均匀。

（2）配料　每 50 千克鲜羊肉用盐 1.5 千克，干黄酱 5 千克，大料面 400 克，丁香、砂仁各 100 克。

（3）煮制　将羊肉切块，洗涤后入锅，放进盐、酱，先用旺火煮 1 小时，除去腥膻味，然后再加配料，对入"百年老汤"（每次炖肉以后，将一部分肉汤对入下次的肉锅中，这样日久天长不断，即称为"百年老汤"），用微火慢煮 6 小时左右，让辅料味渗入肉中，至肉烂而碎即可，味道浓香，芳香四溢。

2. 浙江酱羊肉

（1）原料　选浙江产湖羊的鲜肉，切成重 0.25 千克的长方形肉块。

（2）配料　每 100 千克羊肉用老姜（捣碎）3 千克、绍兴酒 2 千克、胡椒 0.9 克、酱油 12 千克。

（3）煮制　将切好洗净的羊肉块入锅，根据肉质老嫩，先下老肉，后放嫩肉。煮沸之后，撇去汤面浮沫，然后放入备好的辅料，将锅内羊肉进行翻动，使配料在锅内均匀分布，再铺上网油，填紧压实，之后用旺火煮沸，然后用小火焖煮约 2 小时即可。成品酱羊肉色泽酱红、油亮，肉质酥软适口，味鲜美，无膻味。

四、烤 羊 肉

1. 选料　选取经育肥的羔羊臀腿部肉为原料，去掉筋腱、碎骨，将肉厚部位划割刀口，以便于吸收辅料。

2. 配料　与烤羊肉串大致相同。为了除去羊肉特有的气味，可加入适量大枣与板栗煮汁。

3. 腌制　将辅料拌匀，与原料肉混合揉搓，经过几次揉搓翻动，即可串插或钩挂烘烤。

4. 烧烤　用炭火、电烤炉均可。烧烤时要定时调向转动，使之受热均匀，并结合转动，均匀地涂抹混合配料。烤好的羊肉色泽棕褐油亮，肉质鲜嫩，芳香可口，风味独特，别具一格，既可切片拼盘，蘸调料品尝，也可用刀、叉边吃边切。

5. 烤肥羔和胎羔

（1）烤肥羔　选取经育肥的当年羔羊作原料，宰杀后除去皮、内脏、头、尾，修割颈部血肉，整修伤斑，用制成的配料浆汁进行灌注，即将各种配料制成的混合浆液灌注于羊坯体腔和注射于体躯，尤其是肌肉层厚的部位。在制作配料液时，要适当添加板栗与大枣，以缓和羊肉的膻味，在烧烤前需在羊坯表面用稀释蜂蜜上糖色。烤时要掌握好火候，经过高、低温两个烧烤阶段，40～50分钟便可烤好。烤好的肥羔体表呈棕红色，油光发亮，肉质鲜嫩，味美不膻。

（2）烤胎羔　选取出生后1周的羔羊，剥皮，除去头、蹄、内脏等，制成灌注配料液和涂糖色的羊坯，经过15～20分钟高温和低温烧烤即可。烤好的胎羔外观棕褐色，肉质极其鲜嫩。

五、烤 羊 腿

烧烤羊肉在我国有着悠久的历史，是新疆少数民族常见的传统食用方法。烤羊腿参照传统加工方法制成，产品色泽金黄，肉质酥烂，鲜香味美，爽口不腻，风味独特。

1. 原料肉的选择与整理　选用符合食品卫生要求的新鲜羊后腿。羊屠宰加工后，斩下后腿作为原料。割除蹄爪，用温水洗干净，剔去表面筋膜。用刀顺肌纤维方向纵向切开肌肉达腿骨，肌肉划切刀缝有利于腌制时吸收配料。

2. 腌制　配料的配方为：羊后腿1只（重约2.5千克），食盐50克，花椒粉10克，葱末50克。

将食盐、葱末和花椒粉混合均匀，然后抹擦在羊腿肉上，肉厚处多擦些配料，同时配料要擦入刀缝，腌制约4.5小时。

3. 蒸煮　将腌制的羊腿放入蒸笼内，加热蒸熟，约需1.5小时，注意蒸汽要足。出笼后稍冷却，再挂糊。

4. 挂糊　用2只鸡蛋的蛋液，加面粉50克，胡椒粉10克，孜然粉5克，味精10克，再加少量水调成糊状。把调好的糊均匀抹涂于羊腿肉上。

5. 烧烤　将挂糊后的羊腿挂入烤炉中，也可用远红外烤鸭炉进行烤制。温度控制在220℃左右，表面烤至呈金黄色时即可出炉，约需15分钟，然后剔骨。肉切成片，盛入盘中，撒上孜然粉，即可食用。

六、月盛斋烤羊肉

北京月盛斋烤羊肉，具有特殊风味，颇为消费者喜爱，其产品已有200多年的历史，原为清宫"御膳房"的上等佳品。成品金黄光亮，外焦里嫩，不膻不腥，瘦而不柴，脆嫩爽口，余味带香。

1. 原料肉的选择与整理 选用羊后腿肉、后背腰肉为宜，最好用当年羯羊肉，肉质细嫩，以新鲜羊肉为好。羊肉先用温水浸泡洗涤，除去表面血污、毛等杂物，捞出沥干水，置于案子上；然后剔骨，除去碎骨、淋巴结、大的筋腱和血管；再切成1千克重的肉块，浸泡在温水中洗净。

2. 煮制 烧羊肉煮制时，每次要调新汤，以宽汤煮制，达到去膻除腥使肉质鲜美之目的。

配料标准为：100千克原料肉，大茴香500克，花椒150克，桂皮140克，砂仁140克，丁香140克，黄酱10千克，食盐3～4千克。

锅内加清水50千克左右，水烧热后加入黄酱和食盐，搅拌溶解，使酱块充分化开。旺火烧沸，撇去表面浮沫，煮沸0.5小时，然后舀出过滤，除去酱渣，酱液待用。

把香辛料用纱布袋装好，最好分成2袋，放在锅下部。然后放入羊肉，上面用箅子压住，以防肉块上浮。再加入酱液，淹没肉面，使肉全部在液面以下，若酱液不足可用清水补充。旺火烧沸，撇除表面浮沫，1小时后，翻锅一次，改为微火烧煮。煮制期间，注意锅内随时添水，始终能将肉淹没于液面之下，待肉酥软熟透即可，约需3小时。出锅时，用盘子把肉轻轻托出，保持肉块完整，按块分装在特制的肉屉中，或散放在其他容器中，冷却至室温。

3. 油炸 按锅容量大小放入适量花生油，加热使油温升至160～170℃时，放入少量小磨香油，待香油散发出香味时，将肉分批入锅油炸。注意每次入锅肉量不要多，油温波动不能太大。当炸至羊肉表面色泽呈鲜亮的黄色时立即捞出，即为成品。

七、羊肉香肠

羊肉香肠是家庭制作和保存羊肉最常用和最有效的方法之一。通过加入不同调料、调整用料比或改变某些工艺流程，就能制作出不同品种和风味的香肠。

1. 制作羊肉香肠的一般原则

（1）保持加工器具的清洁卫生和低温操作要求，一般应在4～10℃以下进行。

（2）将肉绞磨（或刀切）成均匀的肉粒，同其他配料充分拌匀。

（3）为了长期保存香肠，必须进行腌制。腌制香肠的调味品和防腐剂主要有：食盐，用量占鲜肉重的2%；食糖，用量占产品湿重的 0.25%～2.0%；混合香料，常用的有胡椒、花椒、桂皮和肉豆蔻等，其用量为产品湿重的 0.25%～0.5%；亚硝酸盐，45 千克鲜肉中的亚硝酸盐用量不得超过 7 克。

（4）在制作商业性香肠中，可加入部分非肉成分，通常称为质改剂或填充物。常用质改剂为谷物类、大豆粉、淀粉和脱脂乳等。其主要目的是：降低生产成本，提高产量，补充香味或使香味更浓，易于切片，溶解脂肪和水，稳定乳化。

（5）熏制。熏制香肠的目的是增加风味，便于长期保存、显色，防止氧化和制作不同品种的香肠。

2. 制作羊肉香肠的工艺流程

（1）绞磨　将割除筋膜、肌腱和淋巴的鲜羊肉（也可加入20%～30%的猪肉，肥瘦比 1∶1）用绞磨机或利刀铰（切）成1 厘米左右的肉粒。

（2）拌料　将肥瘦肉、食盐、质改剂和调味品充分拌匀。可用手工拌和，也可用搅拌机拌和。但拌和时间不宜太长，以保证低温制作要求。

（3）腌制　若使用冰箱制作羊肉鲜香肠，可不进行腌制或经轻度腌制后进行灌装，放入冰箱中快速冷冻贮存。若不使用冰箱，应将肉馅同食盐、食糖和亚硝酸盐等辅料拌匀后于4～10℃下腌制2～24小时。

（4）灌制　可用多用绞磨机，机内用一螺旋形挤压螺杆，外接灌装筒。将猪肠衣或羊肠衣套在灌装筒嘴上，将拌匀的肉馅装入灌装器内，摇动绞磨机手柄进行灌装。然后用粗线将香肠结扎成10厘米左右的小段。

（5）熏制　将香肠吊挂在烟熏房内，用硬质木材或木屑作烟熏燃料，室温65～70℃，烟熏时间10～24小时，以使香肠中心温度达50～65℃为宜。就风味而言，以山核桃木为最佳烟熏燃料。

（6）检验和包装　根据产品品质标准，对最终产品进行严格检验后包装。合适的包装有利于长期保存和销售。

八、腊 羊 肉

剔除羊肉的脂肪膜和筋腱，顺羊肉条纹切成长条状，按100千克羊肉配料：食盐5千克、白砂糖1千克、花椒0.3千克、白酒1千克、五香料100克调匀，均匀地涂抹在肉条表面，入缸腌制3～4天，中途翻缸一次，出缸后用清水洗去辅料，穿绳挂晾至外表风干，入烤房烤至干硬（也可采用自然风干）。

九、几种羊肉制品的烹制技术

1. 羊肉汤　将羊肉剔骨，胃及大肠翻洗干净，小肠分节切断，在水中漂一夜后，用手捏挤出肠中的黏液和食糜；注意不可翻挤小肠，否则会影响汤味和汤色。洗净羊肺、羊心，将肉料下锅，加入猪骨或羊骨汤15～20升，再加入八角25～30克、山柰25～30克、生姜100克、草果2枚，用旺火炖煮至熟，嫩羊肉需30～40分钟，老羊肉需1小时以上。

2. 爆炒制汤 将羊油或猪油放入烧红的锅内，倒入切成片或条的煮熟羊肉或羊杂 500 克爆炒，同时加入姜末 10～15 克、花椒 7～8 粒，炒至香味溢出时，加炖羊肉的原汤 2～4 升，旺火煎煮 2～4 分钟。起锅前 1～2 分钟加入肝片。起锅时，加食盐 20 克，味精、胡椒各 2～3 克，葱花 20 克。食用时，如蘸一些辣椒面、食盐和味精，则风味更浓。

3. 五味花 取羊后腿腱子肉 1 000 克、八角 20 克、花椒 20 克、桂皮 20 克、酱油 300 克、丁香 2 克、陈皮 10 克、砂仁和豆蔻少量、食盐 100 克、小茴香 10 克、白糖 50 克、甜酱 50 克、香油 25 克，葱节、姜片和蒜粒各 50 克。将腱子肉放入开水锅中，撇去浮沫，加水量与肉平为宜，放入全部调料，开锅后用微火炖熟，捞出羊肉晾冷，切成薄片即可食用。

4. 羊脯粉蒸 取羊胸脯及胸肋部肉 500 克、大米 150 克、八角 10 克、桂皮 10 克、小茴香 5 克、丁香 1 克、酱油 50 克、食盐 25 克、白糖 35 克、曲酒 50 克、甜酱 25 克、豆腐乳 1 块、香油 25 克、葱末 10 克、姜末 10 克。先将大米、八角、桂皮、花椒、小茴香、丁香入锅中炒熟后磨成粉状，将羊肉切成 3 厘米长、1 毫米厚的薄片，加入其他全部辅料腌 4 小时以上，再加入米粉等，上笼蒸至软烂（约 1 小时）。

5. 当归生姜羊肉汤 取鲜羊肉 500 克，入沸水中烫一下，捞出切成小块，当归 50 克、生姜 5 克切成大片，再将羊肉、当归和生姜放入锅中，加水适量，用旺火烧开，撇去浮沫，改文火炖烂即可食用。本药膳有补虚劳、益中气之功效。

6. 羊肉、龟和枸杞炖汤 将羊肉、龟肉各 50 克入锅内烧沸，捞出切成小块，煸炒后入砂锅，加水适量，再加党参、精制附片各 3 克，当归 2 克，冰糖、料酒、葱、姜各 10 克，胡椒、味精和食盐适量，待旺火烧开后，改文火炖至九成熟，加 10 克枸杞炖熟即可食用。此药膳有补肾阳、益精血之功效。

7. 苍术羊肝汤 取羊肝 250 克，洗净切片，加苍术 4 克，葱、姜各 5 克，入锅中煮熟，食肝喝汤。本药膳有补肝、益血和明目之功效。

8. 炖羊肚汤 取羊肚 1 个，切薄片，加白术 2 克，党参 1.5 克，山药 30 克，入锅中炖熟后，弃去白术、党参，即可食用。本药膳有补中气、健脾胃之功效。

9. 羊肺汤 取羊肺 1 具洗净，将杏仁、柿霜、绿豆淀粉、酥油各 50 克，白蜜 30 克一起和匀，经气管灌入肺中，扎紧气管口，入锅中煮熟后食用。此药膳有补肺气、调水道之功效。

第六节　养羊业其他副产品的开发

一、羊　骨

羊骨可用来生产骨胶原、骨胶、骨灰分、骨灰和骨粉。从羊骨中提炼的脂肪，是重要的工业用脂肪。在大型屠宰场，设置有专门加工骨的车间和设备。在农村，习惯上羊的胴体不剔骨，羊肉连同骨一起销售和烹调（羊肉加工厂除外）。羊骨粉是优质的饲料原料和肥料。粗制骨粉的加工方法：将骨压成小块入锅中煮沸 3～8 小时，除去部分骨油和脂肪，沥干水分并晒干，放入 100～140℃ 的干燥室或炉中，烘干 10～12 小时，用粉碎机磨成粉末，即为成品。

二、羊　血

羊血是饲料工业的重要原料。羊血中的干物质含量约为 18%，其中约有 90% 是蛋白质，其他成分包括脂肪、糖、矿物质盐、胆固醇和卵磷脂等。大多数羊血被用于生产血粉作畜禽饲料。现代加工技术，如环形干燥法、酶水解血粉法和各种预浓缩血的方法，为工厂化生产优质血粉开辟了重要途径。在农村条件下，加工少量羊血可采用自然干燥法和热凝结法。

选择高燥、向阳的地方修建一个浅水泥池，注意排水。将羊凝血倒入池内，摊晒均匀，厚度约 5 厘米，并盖上芦席或竹席，将血凝块踩碎，排出水分，揭去芦席，于日光下连续晒 35 天，每天翻晒 5~8 次。将晒干的血粉粉碎过筛，即为成品。也可将凝血切成 10 厘米左右的方块，放入沸水中 20 分钟，其间保持加温，但不要煮沸，待血块内部变成紫黑色后捞出，放入厚布中包紧，榨干水分后，取出搓散，于日光下晒 1~3 天，粉碎过筛，即为成品。

在食品工业中，羊血可用来生产黑布丁、血香肠、糕点、血饼、面包、冰淇淋和奶酪等。在医药工业和轻工业方面，主要用来生产黏合剂、复合杀虫剂、皮革面漆、泡沫灭火剂、纸塑料和化妆品等。

三、羔羊皱胃

1~3 日龄羔羊皱胃的凝乳酶和胃蛋白酶是制造干酪、酪素及医药工业的重要原料。羔羊的皱胃（第四胃）与重瓣胃（第三胃）相连。凝乳酶和胃蛋白酶由胃底腺分泌，其分泌的质和量与进入皱胃的奶有关。在专业化屠宰场，设有专门加工皱胃的车间。在农村条件下，宰杀羔羊前，让其吃足初乳，或用去掉针头的注射器将羔羊灌饱乳汁。宰杀后，扎紧皱胃两端开口并切下，挂在通风处晒晾干后出售。

专门用来制作凝乳酶的皱胃，在羔羊宰杀后，切下皱胃送入加工车间。从大切口端（与第三胃连接处）轻轻捏挤出胃内容物，不得用水洗涤。剥去胃表面的血管和脂肪组织，注意不要损失外膜。用细绳将大切口扎紧，从小切口处用气压机打入压缩空气，扎紧小切口，然后将皱胃固定在细竹竿或木棍上。每根木棍长约 2 米，可固定 10~15 个皱胃，然后放入烘房，在 35~38℃条件下烘干 2~3 天，取出后从小切口排气，扎紧，再按标准进行分类；每 25~50 个为一捆，用机器压紧，捆扎后送交收购加工部门。

四、瘤胃内容物

羊的瘤胃内容物约含 18% 的蛋白质和 2%~3% 的脂肪，还富含矿物质元素和 B 族维生素。瘤胃内容物可用于生产沼气，发酵干物质用作畜禽饲料或加在饲草和秸秆中进行混合青贮。在较大的屠宰场，可用机械将收集的瘤胃内容物中的液体挤压出来，然后于 100℃ 条件下烘干，粉碎后用作反刍动物日粮。从瘤胃中挤出的液体，可进一步浓缩或干燥处理用作猪的日粮。在农村条件下，可将羊的瘤胃内容物自然晒干或风干后用来饲喂牛、羊。

五、软组织、下水和胆汁

软组织包括带骨和不带骨的软组织和废弃物，可用来加工成肉粉或提取羊油。前者广泛用作畜禽和观赏动物的饲料日粮，后者主要用作轻工业原料。

下水主要包括气管、肺、心、胃、肠、肝和脾等，既可供人食用，也可用于生产肉粉作为畜禽饲料原料。

羊的胆汁是医药工业的重要原料。当胆汁含 75% 左右的干物质时，可较长期保存。在实际生产中，人们常将胆汁丢弃，实在可惜。因此，提倡将胆囊收集起来，经风干处理后交收购加工部门。

六、羊　　粪

在专门化畜牧场或屠宰场，可将羊粪加工后作为饲料、肥料或燃料。主要采用生物法和化学法，这些方法需要大量的设备投资和占用大量的土地。畜粪的处理一方面可合理利用废弃物，因为羊粪中含有大量蛋白质等营养物质；另一方面可预防环境污染。

近年来已开发出有效加工羊粪的生物方法，其产品为生物腐殖质，十分适宜在农村条件下应用。在现代农业生产中，化学肥料的施用量显著增长，导致土壤酸化，缺乏微量元素，土壤结构被破坏，土壤中有益微生物的生活条件受到限制。有关专家认为，生物腐殖质对土壤肥力有特别重要的作用，除营养物质显著高于羊粪和其他堆肥外，还具有许多优势，如生物腐殖质具有生物活性，含微生物和调节植物生长的激素和酶；蚯蚓的生命活动能减少沙门氏菌和其他病原菌数；肥料中的有机物具有较大的稳定性；植物生长所必需的矿物质在肥料中以易吸收的形式存在；可生产大量畜禽蛋白质饲料等。

羊粪是生产生物腐殖质的基本原料。制作方法：将羊粪与垫草一起堆成 40～50 厘米高的堆，浇水，堆藏 3～4 个月，直至 pH 达 6.5～8.2，粪内温度 28℃时，引入蚯蚓进行繁殖。蚯蚓在 6～7 周龄性成熟，每个个体可年产 200 个后代。在混合群体中有各种龄群。每个个体平均体重 0.2～0.3 克，繁殖阶段为每平方米 5 000 个，产蚯蚓个体数为每平方米 3 万～5 万个。生产的蚯蚓可加工成肉粉，用于生产强化谷物配合饲料和全价饲料，或直接用于鸡、鸭和猪的饲料中。

第七节　羊奶的加工

一、羊奶的营养价值与理化特性

在人类食品中奶是营养成分最全面又最容易消化吸收的食品。奶中含有 200 多种营养物质和生物活性物质，其中氨基酸 20 种、维生素 20 种、矿物质 25 种、乳酸 64 种以及多种乳糖和酶类。奶中各种营养物质的消化率在 90％以上，有的几乎全部被消化吸收利用。

羊奶与牛奶成分比较见表 107。与牛奶比较，羊奶具有本身的一些理化特点，主要表现在以下几方面：

表 107 绵羊奶、山羊奶与牛奶成分比较（%）

成分	牛奶	山羊奶	绵羊奶
水分	87.5	86.4	81.6
干物质	12.5	13.6	18.4
总蛋白质	3.3	4.0	5.7
酪蛋白	2.7	3.0	4.5
乳清蛋白	0.3	1.0	1.2
脂肪	3.8	4.3	7.2
乳糖	4.7	4.5	4.6
灰分	0.7	0.8	0.9
钙（毫克/100 克）	125	180	210
磷（毫克/100 克）	105	120	165
能量（兆焦/千克）	3.05	3.26	4.69

1. 羊奶的干物质和能量含量高 绵羊奶、山羊奶的干物质含量比牛奶分别高 5.9% 和 1.1%，每千克绵、山羊鲜奶能量分别比牛奶高 1 632 千焦和 209 千焦。

2. 羊奶的含脂率高，脂肪球小 绵、山羊奶的含脂率分别比牛奶高 3.4% 和 0.5%。脂肪球小，被认为是羊奶具有较好消化率的原因之一。

3. 羊奶富含维生素和微量元素 羊奶中的维生素总含量比牛奶高 11.29%，其中维生素 C 含量是牛奶的 10 倍，尼克酸是牛奶的 2.5 倍，微量元素中钴含量比牛奶高 6 倍。

4. 其他 羊奶比牛奶偏碱性，一般牛奶 pH 为 6.6～6.8，羊奶 pH 为 6.8～7.0，牛奶的酸度梯度是 18～19°T，羊奶为 12～15°T，所以羊奶对于胃酸分泌过多和胃溃疡患者，是一种具有治疗作用的饮品；羊奶中核苷酸含量较高，对婴幼儿的智力发育及成人健脑大有益处；羊不易患结核病，故饮用羊奶比牛奶更安全。

二、羊奶的检验与贮存

1. 羊奶的检验 羊奶的检验可分以下几个方面：

（1）色、味、组织形态的评定　正常的山羊奶为白色略带淡黄色，具有甜味和特有的山羊脂肪酸味。如发现粉红色、蓝色、红色等异常颜色或奶呈黏滑状、絮状物，甚至凝块，多为细菌污染的结果。如果有些异味，但色、组织状态正常往往是饲料、储存器或贮藏时外来异味所致。

（2）比重测定法　为防止奶中掺水，收奶时应测定奶的比重。在15℃时，正常鲜奶的比重为1.034（1.030～1.037）。如掺水10%，则比重计减少3个刻度（3度）。如正常奶在比重计上刻度为30，则山羊奶比重为1.030，加水10%后，比重降为30－3＝27，即1.027。

（3）新鲜度测定　新挤出的奶呈两性反应，可使红色石蕊试纸变蓝，也可使蓝色石蕊试纸变红。新鲜奶的正常酸度为11～18°T，若超过18°T，则不宜收购。可用70%的酒精1毫升与等量的羊奶在玻璃皿中充分混合后，让其在器皿中流动，若底部出现白色颗粒或絮状物沉淀，则说明奶的酸度已超过18°T。

2. 羊奶的贮存　奶在储存前必须进行冷却，使奶全面降温后再储存。冷却的时间应尽量短，否则会影响其本身的杀菌特性。杀菌特性即刚挤出的鲜奶在储存短时间内能抑制奶中细菌的繁殖。这种杀菌特性保持时间的长短，视羊奶的温度而异。在30～35℃时，保持时间不超过2小时；10℃时为24小时；5℃时为48小时。

储存的温度因储存的时间而定。储存6～12小时，要求8～10℃；储存24～36小时，要求4～5℃；储存36～48小时，要求1～2℃。

已冷却的奶，应储存在有流动冷水的水池或冰水池中。水池一般长1米、宽1米、深不少于0.75米，储存室内只能贮存奶，不能同时储存其他物品，以免将异物、异味带入奶中。

为了防止病菌传染和延长储存时间，应进行巴氏消毒。常用的方法有两种：低温长时间杀菌法（奶加热到62～64℃，保持30分钟）和高温短时间杀菌法（72～75℃保持16秒钟或80～

85℃瞬间灭菌)。

三、羊奶加工

1. 一般乳制品加工　羊奶除了经过消毒制成消毒奶出售外，还可以加工成炼乳，即将奶浓缩至原体积40%～50%。奶粉是通过不同方式将奶干燥，水分含量在5%以下，再混入蔗糖等，然后装袋，便于保存、运输，而且利用方便。干酪，以全乳或脱脂乳为原料，利用凝乳酶（皱胃酶或胃蛋白酶），将其凝固，再通过排乳、压榨、成型加盐，经一定时间的发酵成熟而制成。奶油，通过分离机，使其水分降到16%以下，脂肪80%以上而制成。奶油分酸性奶油和甜奶油两种，山羊奶油呈白色，牧民称为酥油，一般不凝结成块而呈浓液状。干酪素，利用酸或凝乳酶，使脱脂乳中的酪蛋白凝固，弃去乳清，将酪蛋白凝块经洗涤、压榨、干燥等工序，制成干酪素。乳糖，利用制造干酪素弃去的乳清，除去乳清蛋白，然后蒸发、浓缩、冷却结晶、分离洗涤、干燥等工序制成。

2. 干酪素的加工　干酪素是指乳中酪蛋白在皱胃酶或酸的作用下产生的凝固物经干燥后的产品，在工业上多作胶着剂。

干酪素的加工办法和产品质量各有不同，但对原料乳的要求都一致。下面以盐酸干酪素为例，简要介绍干酪素的生产工艺过程。

(1) 原料脱脂乳　将羊奶加热到32～33℃，用分离机进行乳脂分离，含脂率应在0.05%以下。

(2) 脱脂乳加热　将鲜脱脂乳加热至34～35℃。

(3) 加酸　将工业用浓盐酸（30%～38%）先用8～10倍水稀释，在搅拌的同时徐徐加入稀盐酸，或在凝乳槽的底部装以带有多数小孔的管子，将稀盐酸从管内喷雾状加入则更好。加酸时，注意不要使脱脂乳形成大量泡沫。

(4) 酪蛋白的凝固　当酪蛋白开始产生凝块时，可用pH试纸进行试验，若pH达4.6～4.8，加酸应暂时中止，则凝块自行沉淀。这时，除去一半的乳清，然后再加酸使 pH 达 4.2。这时颗粒大小为米粒的 2 倍左右，并为坚实松散的状态。但必须注意加酸切勿过多，以免蛋白质溶解。

（5）洗涤过滤　加酸后经过短期搅拌，即可放出乳清，然后加入与原料脱脂乳等量的温水进行搅拌洗涤。放出洗涤水后再用约半量原料乳的冷水搅拌洗涤 2 次，然后用布过滤。

（6）脱水　用离心脱水机或压榨机进行脱水，此时含水量为 $50\% \sim 60\%$。

（7）粉碎　将脱水后的干酪素用粉碎机粉碎成一定大小的颗粒，或置于 20 目的筛上用刮板使干酪素通过筛孔进行粉碎。

（8）干燥　将粉碎的干酪素铺于布框或金属网（70～80 目）上，用火力或阳光进行干燥。火力干燥时，温度不要超过 55℃，时间不超过 6 小时。

（9）粉碎分级　干燥后的干酪素先进行粉碎，然后用筛子分成 30、60、90 目等级别。

3. 民族乳制品的加工　新疆是一个多民族居住的地区，各民族都有自己独特的风俗习惯。在制作乳制品方面，各少数民族大致相似。这些乳制品的加工方法虽然古老，但方法简单，产品别具风味，深受广大人民的喜爱。下面简要介绍几种民族乳制品的加工方法。

（1）奶皮子　奶皮子是民族地区的一种特有的乳制品。成品的形态为厚 1 厘米，半径 10 厘米的饼状物，颜色微黄，营养价值高于一般奶油。加工方法各地有所不同，大致的加工方法如下：将羊奶过滤，倒入锅内，以大火加热。加热到快沸腾时，降火，并用铁勺不断翻扬，使羊奶表面不结皮，奶不致沸腾外溢。

持续一定时间，待羊奶表面形成致密的泡沫时，将锅取下，放置阴凉处自然冷却。

经过一夜，乳的表面形成一个厚厚的奶皮层，用小刀沿锅边将奶皮子划开，然后用筷子伸入奶皮层下将其挑起。

将挑起的奶皮子放在平面上晾干 1～2 天，即成品。

奶皮子的食用方法很多，一般牧民多用来拌奶茶作早点，有时将奶皮子切成小块放在煮熟的牛乳中食用。冬天可将奶皮子放在炉上烤黄再食用，这样风味更浓。

（2）奶豆腐　奶豆腐的制作方法与豆腐大致相同。方法为：加少量的醋于碗中，然后盛一铁勺煮开的羊奶倒入碗中，不断搅拌，等全部蛋白质凝成团状后取出，沥去乳清，放入食盐水中保存，随用随取，十分方便。

新疆少数民族地区的奶豆腐制作，与上述方法不同。它是用奶皮子加工剩余的脱脂乳制成，方法为：将作奶皮子加工剩余的脱脂乳置于容器中，使脱脂乳自然发酵凝固。随后排出乳清，将尚含有相当水分的凝块放入锅内，加热搅拌。最后，将凝块取出摊开或放置在一个定形的方匣中，冷却后就成为奶豆腐。为了便于保存，可把做好的奶豆腐放在太阳下晒干。晒干的奶豆腐携带方便，并且充饥耐保存，为牧民最普通的食物之一。

（3）酥油　酥油是新疆、内蒙古、西藏、青海等地少数民族普遍的食品。每到产奶盛季，牧民大量加工酥油，以供常年食用。酥油的制作方法如下：

将鲜乳用牛乳分离机或加热静置的方法取出稀奶油或奶皮，然后倒入木桶发酵 1 周。发酵期间，应经常搅拌。

发酵后，将木桶表面带有强烈酸味的凝固乳脂肪取出。

挤出其中乳汁，放在冷水中漂洗和搓揉，最后沥取或挤去水分。

将上述加工的奶油倒入锅内溶化，并除去油脂表面的杂物，加热到锅内没有水分的响声时，将奶油倒出，去掉沉到锅底的渣子，即成酥油。

第八节　山　羊　绒

山羊绒是毛纺工业的高级原料。山羊绒织品轻薄柔软，美观保暖，把轻、软、暖三个优良特性集为一体，被称为高档产品。山羊绒也因此被誉为"天然纤维中的一颗明珠"、"纤维之冠"、"纤维宝石"，在国际市场上享有极高的地位。

山羊绒的初加工，主要是把收购的山羊绒按等级分类，根据短散毛含量多少，结合羊绒细度、长度、颜色确定。

1. 带绒的山羊春毛分级　按标准含绒量分为三路：一路含绒 50%～60%；二路绒多为边肷绒，含绒量 40%；三路绒又称低档绒，含绒量仅 35%～38%，基本上是粗毛。

2. 原羊绒分级　分为两路，头路含绒 80%，短散毛 20%；二路，含绒和短散毛各 50%。在出口检验的标准中规定，山羊绒的最低品质条件，头路含绒量不低于 75%，二路不低于 45%。另外，如果头路、二路绒内所含的短散毛已超过规定含量的，其超过部分按杂质论；对于含杂质较多而质量仍够头路标准的绒，收购时应酌情扣分，不予降等。

3. 无毛绒分级　我国无毛绒共分三档，一档绒有髓毛（粗毛）含量不超过 1%；二档毛有髓毛不超过 2%；三档毛有髓毛不超过 5%。一档绒甚少，主要是二档绒和三档绒。

4. 按毛色分级　在原绒中，白、青、紫三色绒品质比差为：白绒 120%，青绒 110%，紫绒 100%。

5. 按抓绒方式分级　活羊抓绒 100%，活羊拔绒 90%，生皮抓绒 80%，熟皮抓绒、灰煺绒、烫煺绒、干煺绒 50%。

第九节　山　羊　毛

一、普通山羊毛

山羊毛和绵羊粗毛一样，是由鳞片层、皮质层和髓质层三部分组成。纤维下半部鳞片排列较为紧密，鳞片边缘光滑或稍有波形，近毛尖部鳞片的边缘锯齿形增多。山羊毛粗长而直，弹性大，拉力好，光泽强，主要用于织地毯、毛毡、衬布、口袋、各种毛笔、毛刷及少数民族各类日用品。

山羊毛的分级主要按毛色和长度划分，收购规格如下：

1. 活山羊剪毛

（1）按毛色分类　分为白色、花色（包括青、黑、灰、杂色）两种。分别收购，单独包装，不能混合。

（2）按长度分类　4.95 厘米以上为长尺；不足 4.95 厘米为短尺。分别收购，单独包装，不能混合。

色泽比差：白色 100%；花色 75%。

长度比差：长尺 100%；单独包装的短尺 60%；混入长尺的短尺 50%。

2. 其他山羊毛　干熄毛、烫熄毛和生皮剪毛，按同色活山羊剪毛的 80% 计价；灰熄毛和熟皮剪毛，按同色活山羊剪毛的 50% 计价；以手抖净为标准。

我国出口的普通山羊毛，长尺毛整理成把，称为"把毛"，其长度按英寸①分为 16 个等级，每级长度相差 1/4 英寸（0.64 厘米），最短 2.5 英寸（6.35 厘米），长者达 6 英寸（15.24 厘米）以上；短尺山羊毛又称"散毛"，要求净毛量在 70% 以上。

二、笔料毛

笔料毛为制笔工艺的原料，为我国特有。主要产于长江三角洲的江苏、浙江、上海、安徽等地及湖北、湖南、陕西等省。

1. 笔料毛的特征　收购部门按笔料毛生产的季节不同，分为冬货、春货和早秋或夏秋货三种类型。10 月下旬至翌年 2 月中旬为笔料毛生产旺季，称为冬货，其产品特征是块子坚固整齐，毛峰细而挺直有力，弹性好，色泽洁白光亮，且含块率较高；3 月上旬到 5 月中旬生产的笔料毛质次之，称为春货，其特点是毛块率较低；6 月上旬至 8 月下旬是笔料毛的生产淡季，称

---

① 英寸为非法定计量单位，1 英寸＝0.025 4 米。

为早秋货、夏秋货，其特点是毛短而粗，块子松散，纤维较软无力，且含块率极低，是品质最差的笔料毛。

2. 加工整理　笔料毛一般都为烫煺毛，即活羊宰杀后烫煺下来的毛。烫煺毛用水要清洁，以防羊毛污染，影响色泽。如果羊只较多，每次最后烫 5～6 只羊即换水。将水加热至 80℃ 左右，将放血宰杀后的羊体置于热水锅或缸内，并将羊体在水中不断翻动，直至羊毛吸水匀透，并有毛膜脱离之感，即可开始煺毛。煺毛时，动作要快，用手抓住毛梢紧压毛根底部用力推下，顺手浸入冷水冷却，使皮膜紧缩，然后平放在筛筐中，再用清水冲洗，晒干后分别包装。煺毛时切忌用扫帚推，否则不能呈"块子毛"，绝大部分变为浮毛。所谓块子毛，是指成块的毛。按照收购规格的要求，块子毛最低面积不得小于 1 厘米^2，毛长 3 厘米。毛之所以能成块，是由于表皮被热水烫后，在煺毛时，一层皮肤也同时被煺下，使煺下的毛连成块状。没有皮膜，羊毛就失去了附着物而散乱，变成了浮毛。此外，在制革时，用硫化碱煺下的山羊毛成为碱化笔料山羊毛，因其价值和用途不同，应分别包装，防止混杂。

目前各地笔料毛加工仍以手工为主，基本上是一个工人，一把刷子，没有复杂的机器设备，加工简单。

光锋毛的加工程序：集毛、分级、洗涤、干燥、梳整、检验、包装、入库待运。

扎把毛加工程序：集毛、分级、去杂、梳毛、洗涤、干燥、扎把、检验、包装、入库待运。

3. 分级及收购规格

（1）分级　笔料毛根据羊毛纤维的长度、细度、色泽和毛峰的品质，可分为 3 个级别 23 个品种。

①高档毛：6 个品种，即细光峰、粗光峰、透爪峰、盖尖峰、长盖峰、细直峰。其特点是具有尖、长、白的毛峰，加工部门成为"长货"，尤以细光峰和粗光峰为上品。

②中档毛：5 个品种，即脚爪峰、黄尖峰、白黄峰、细长峰、短盖峰。其特点是一般都有峰，但存在不同程度的损失和缺陷。

③低档毛：12 个品种，即上爪峰、长羊毛、提短峰、中短峰、粗毛峰、栋南峰、花头肩、黑短峰、杂色毛、松皮根、山羊须、山羊尾。其特点是无毛峰。

（2）收购规格　山羊笔料毛的收购规格，毛长应在 3 厘米以上，块子面积在 1 厘米² 以上，以手捋净块毛为标准，对较松散的块毛，尤其春货块毛要从严掌握。

白色烫熄毛的含块率 20％以上为标准；不足 20％者，则全部按烫熄浮毛计价收购。

烫熄浮毛应扣除杂质，按洗折率计价格，一般洗折率为70％～80％，水作毛一律按浮毛计价收购。

等级比差：花、黑毛不分块子，全部按白色烫熄浮毛的65％计价；腿毛为浮毛的 30％计价。化碱、灰颓毛按实用价值自行掌握。

计价方法：块子含量×块子价＋浮毛含量×洗折率×浮毛价＝实际统货价。

另外，毛峰被剪，严重赤黄者不能列为块子毛；严重霉烂、虫蛀毛不予收购。

第十节　板皮的加工技术

板皮是制革工业的上等原料，生皮经鞣制而成的革皮，可用于工业、农业、军用、民用等各种制品，尤其是山羊皮，柔软细致、轻薄而富有弹性，染色和保型性良好，历来是我国传统的出口商品，在国际市场上备受欢迎。

一、影响生皮品质的因素

1. 生皮剥制后的处理　生皮剥下来后，应立即清理掉黏在生皮上的杂物，并使其干燥。如将鲜皮折叠数小时不加处理，就会发生掉毛现象，可采用如下方法处理：①生皮剥下后立即摊开让其自然干燥；②未经清除整理的鲜皮不要折叠起来，若要运走，也应一张一张平整叠起来；③生皮在自然干燥时，不应把其他东西放在上面；④已干燥的生皮要注意贮藏。

发生脱毛后，如不采取处理措施，生皮就会霉烂。引起生皮霉烂的主要原因是生皮干燥方法不正确。很多牧场和养畜者将鲜皮放在太阳下暴晒，这是一种很糟的方法，皮面很快干燥，但中间并未干透，且干燥得太快，会引起生皮断裂。有时不能及时收回，受雨水淋湿，引起发霉或腐败。

采用悬挂干燥法可以避免以上缺陷。

2. 屠宰和剥皮对生皮质量的影响 屠宰时用棍打屠体，血、粪便污染等都可造成皮张的污浊，若加工不当，就会使生皮发生腐败变质。

剥皮时，技术不熟练，会造成刀伤，轻则留存刀痕，重则将皮割破。剥皮时，如使用硬拉剥皮的方法，可使生皮变形或拉裂。

二、生皮的初步加工

家畜屠宰后剥下的鲜皮，大部分不能直接送制革厂进行加工，需要保存一段时间。为了避免生皮腐败，便于贮藏和运输，必须进行生皮的初步加工。下面主要介绍鲜皮的清理和生皮的防腐保存两个主要过程。

1. 鲜皮的清理 清理主要是将鲜皮上的污泥、粪便、残肉、脂肪、耳朵、蹄、尾、骨、嘴唇等除去，因为这些杂物的存在，很容易引起皮张的腐败。清理的方法，一般先割去蹄、耳、唇等，再用削刀或铲皮刀除去皮上残肉和脂肪，然后用清水冲洗沾污在皮上的脏物及血液等。

2. 生皮的防腐 鲜皮剥离后，应及时清理并进行防腐处理，以便于贮藏。在生产上实际应用的防腐贮藏方法有如下五种。

（1）干燥法　　此法防腐的优点为：方法简便易行，成本低，便于贮藏和运输，这是农牧区最常用的一种方法。干燥时，一般采用自然晒干，但大批干燥时，应采用干燥室。自然干燥时，把鲜皮肉面向外悬挂在通风的地方，要避免强烈阳光暴晒。

框架干燥法操作要点：将生皮在框架中悬挂干燥时，沿生皮四周边缘2厘米处用刀尖戳30～34个小洞，再用绳子穿入小孔，然后绷在木框中。图62是用铁丝或绳子将皮张绷在木架上干燥的方法。无论采用哪种方法，要注意将皮撑张，撑张用力应均匀，否则会引起皮张变形。撑张时，不可用力过度。在干燥时，

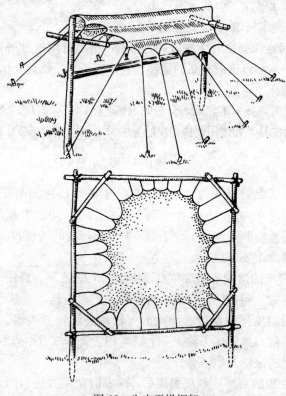

图62　生皮干燥框架

要防止鼠和昆虫叮咬，最好将皮张撑张在木框中，将木框悬挂在树上或室内。

干燥法的缺点：干燥过度或保存过久易成枯板皮，浸水难回软，同时保存时需要施加杀虫剂。

（2）**盐腌法** 生皮采用食盐防腐是最普遍的防腐方法。盐腌法有下面两种。

①撒（盐溶）盐干腌：将清理并经沥水的生皮，毛面向下，平铺于中心较高的垫板上，在整个肉面均匀地撒布食盐。必要时，可添加盐重2%~3%的碳酸钠或1%萘，然后在该皮上再铺一张生皮，作同样处理。这样层层堆积，叠成高达1~1.5米的皮堆。

当铺开生皮时，必须把所有的褶皱和弯曲部分拉开，食盐应均匀地撒在皮上，厚的地方可多撒一些。盐腌的时间为6天左右，用盐量约为皮重的25%。

②盐水腌法：将经过清理和沥干水的鲜皮称重分类，然后把鲜皮浸入盛有盐水（食盐水浓度为25%）的水泥池中（必要时可添加少量的氟硅酸钠），经过一昼夜取出，沥水2小时，进行堆积。堆积时再撒皮重25%的干盐。

浸盐水时，为保证质量，温度应保持在15℃左右。为了防止生皮上产生盐斑，可在食盐中加入盐质量4%的碳酸钠。

盐腌法的优缺点：操作较简便，防腐效果及保存后质量较好，水洗即能回软；但耗盐量大，有盐污染。

盐腌法的注意事项：食盐宜用中等颗粒，防止产生红斑和盐斑。

（3）**生皮盐干法** 这种方法是将生皮经盐腌后再进行干燥。

①操作的要点：先按盐腌法腌制清理过的鲜皮，然后自然干燥，使皮张含水量降到20%以下。除去皮面析出的盐。

②盐干法的优缺点：防腐措施经济可靠，用盐量较少，盐污染小，易保存也易回软，但操作较烦琐。

③盐干法的注意事项：雷雨季节要注意防潮、反湿。

（4）冷冻法　这种方法是在寒冷地区和寒冷季节利用低温处理使生皮处于冰冻状态以实现防腐。

①操作的要点：利用寒冷季节将清理后的鲜皮冰冻。

②冷冻法的优缺点：方法简便，无污染，但运输不方便，解冻困难，皮张纤维易折裂。

③冷冻法的注意事项：解冻时，避免猛烈叩击折裂或加温烫伤生皮。

（5）浸酸法　采用食盐、氯化铵和明矾，或食盐、硫酸铵按一定比例配合成的混合物处理生皮。配方如下：①食盐85%、氯化铵7.5%，明矾7.5%；②食盐占皮重的15%，1.5%～2.0%硫酸混合液，浸酸处理时，将食盐、氯化铵和明矾混合物均匀地撒在生皮的肉面并稍加揉搓，然后毛面向外折叠成方形，堆积7天左右。尔后将裸皮浸入食盐、硫酸混合液中，控制水温为15℃，浸泡3小时以上，取出沥水，置容器内保存。

浸酸法的优缺点：属半成品防腐保存法，但仅适用于脱毛绵羊皮的防腐。

浸酸法的注意事项：防止风干或与水接触，保持低温。

三、生皮的贮藏和运输

鲜皮经过初加工后，应立即送入仓库中贮藏。贮藏妥当与否，对皮张的影响很大。对长期贮藏的生皮进行再防腐处理，可用下列防腐剂（以皮重计）：氯化钠5%、氟硅酸铵1%、对位二氯苯0.4%、萘0.8%。经处理的生皮可长期贮藏而不致腐败变质。

1. 仓库条件　贮藏生皮的仓库，必须符合下列要求：①室内通气良好，温度不超过25℃，相对湿度保持在65%～70%；②库内应保留一定的空余场地，便于翻垛、倒垛以及仓库检查等；③仓库应能防热隔热，最好用水泥地面；④库内光线充足，便于检查及翻垛，但应避免直射阳光，以防生皮变质。

2. 生皮的入库及堆垛　经过初加工而且没有生虫的皮张即

可入库贮藏。皮张的正确堆放方法如下。

（1）铺叠式　将整张生皮完全铺开，使上面一张皮毛面紧贴下一张的肉面，层层堆叠。

（2）鱼形式　先将每张生皮毛面向外，沿背线折叠，然后层层堆叠（毛面对毛面）。

（3）小包式　将毛面向外折叠成小包状，再将8～10个小包叠成一堆。

以上三种方法，以第一种为最好。

库中堆皮时，首先应该堆在木制的垫板上，堆与堆之间应有40厘米的距离，行与行之间的距离不应小于2米，每5堆中间应留有供翻垛用的空场地。

3. 药物处理　为了避免虫害，常用如下方法处理：

（1）萘处理　进库堆叠前，将皮平铺于木板上，撒布一层萘粉，然后再进行堆叠。此法仅适用于保持较贵重的毛皮。

（2）杀虫剂处理　用杀虫剂处理，应防止对库区和环境的污染。

4. 仓库管理　仓库必须设有专人负责管理，经常检查库内温度和湿度。平时注意随时处理鼠害和虫害。

5. 生皮的运输　生皮的运输，是保证优质制革原料皮的重要工作之一。运输不合理会造成皮张发霉、腐败、折断，甚至变成废品。所以，运输时必须注意以下各点：①用火车运输时，车厢必须保持清洁、干燥、通风良好，并保持一定的温度和湿度；②装卸车时，尽量使皮铺平以防折断，特别是干皮和冻皮更应注意；③用汽车、马车运输时，应备有雨布，防止日晒雨淋；④由于干皮容易吸水发霉以至腐败，所以应尽量缩短运输时间，尽量不在阴雨天运输。

四、山羊板皮的加工

1. 山羊板皮的分路　根据山羊板皮的国家标准（GB 6440—

86)，将山羊板皮分为五大路。各路板皮的特点如下。

（1）**四川路** 在各路板皮中品质最好，板质坚韧，厚薄均匀，纤维编织紧密，毛小，光泽好，张幅中长，全头、全腿。四川路又分为重庆路、成都路和万县路3个小路。

（2）**汉口路** 板皮背毛多为白色，有少量黑色，皮板呈蜡黄色、细致、柔韧、光润、弹性好，张幅较小，全头全腿。汉口路产区较广。

（3）**华北路** 板皮被毛有黑、白、青等色，皮板厚，质量大，皮层纤维较粗，张幅大，不带头、腿。华北路又分为交城路、哈达路、保定路、顺德路、新疆路和绥远路6个小路。

（4）**云贵路** 板皮被毛黑、白、杂色均有，板皮较粗，油性较差，羊痘及烟熏较多，张幅较大。

（5）**济宁路** 主要为青山羊产区，板皮被毛青色，也有少量为黑、白色。毛较短细，皮板稍薄，细致，有油性，张幅较小，近似长方形，全头全腿。

2. 板皮的分级标准 山羊板皮的收购分级，有国家正式标准。

（1）**有关分级的名词术语**

板质很好：皮板肥厚，厚薄均匀，板面细致，油性足，光泽好，弹性强。

板质尚好：皮板略薄但厚薄均匀，板面细致，有油性，光泽好，有弹性。

板质较弱：皮板较薄，厚薄略显不匀，板面稍显发粗，油性较小，弹性较弱。

板质瘦弱：皮板瘦薄，厚薄明显不匀，板面粗糙带皱纹，油性、光泽、弹性均差。

疗伤：有红疗、白疗之分，面积似绿豆大小。红疗指伤处带痂皮，板面透明发红，甚至溃烂成洞。白疗指伤处痂皮已脱落，板面透明发亮显暗白色。

痘伤：板面上呈现大小不一的鼓泡，泡内有淡黄色的粉末，对应的皮表处凹陷或带小疙瘩。

疥癣板：被毛枯燥脏乱，皮表处带痂皮，板面粗糙，光泽暗淡。

伤痕：各种创伤愈合以后留下的痕迹。

老公羊皮：皮板厚硬，颈部尤为突出，厚薄不均，板面发粗，臊膻味大，被毛粗长，光泽差。

轻陈皮：板面稍显干枯，略微发黄，尚有一定弹性。

陈板：被毛枯燥光泽差，板面干枯发黄，弹性差。

轻烟熏板：板面呈黄肉色，油性差，常带烟熏味。

轻冻板：局部皮板略显厚、发糠，呈浅乳白色，无油性。

冻板：皮板略显厚、发糠，板面呈乳白色，无油性。

瘀血板：板面呈暗红色，枯燥、无光泽，弹性差。

描刀：在板面上深度不超过皮板厚度的 1/3 的刀痕。

回水板：干皮水湿以后又重新晾成的干板。板面发暗无光，被毛常带水绺。

（2）加工要求　屠剥适当，形状完整，晾晒平展，毛面、皮板洁净。

（3）规格品质　板皮的规格品质如表 108 。

表 108　板皮的规格品质

等级	品　质	四川、汉口、济宁、云贵路		华北路	品质比差（%）
		面　积（米²）	质　量（克）	面　积（米²）	
特 等	板质良好，在重要部位允许带 0.2 厘米²（如绿豆粒大小）伤痕一处；或板质尚好，重要部位没有任何伤残或缺点，可在接近两肷的边缘规定部分带有小的（0.2厘米²）伤痕一处	0.44 以上	600 以上；云贵路无要求	0.5 以上	120

455

等级	品　质	四川、汉口、济宁、云贵路		华北路	品质比差（％）
		面积（米²）	质量（克）	面积（米²）	
一等	板质良好，在重要部位允许带0.2厘米²（如绿豆粒大小）伤痕一处；或板质尚好，重要部位没有任何伤残或缺点，可在接近两肷的边缘规定部分带有小的（0.2厘米²）伤痕一处	0.23以上	四川路、汉口路为325以上；济宁路300以上；云贵路无要求	0.33以上	100
二等	板质较弱，或具有一等皮板质的轻烟熏板、轻冻板、轻疥癣板、钉板、回水板、死羊瘀血板、老公羊皮，都可带伤残不超过全皮面积的0.3％；或具有一等皮板质，可带伤残不超过全皮面积的1％；或有集中疔、痘总面积不超过全皮面积的10％，制革价值不低于80％	四川路、云贵路为0.23以上；汉口路、济宁路为0.19以上	300以上；云贵路无要求	0.28以上	80
三等	板质瘦弱，允许带集中伤残不超过全皮面积的5％；或具有二等皮板质的冻板、陈板、疥癣板、烟熏板、回水板，都允许带集中伤残不超过全皮面积的10％；或具有一等皮板质、允许带伤残不超过全皮面积的25％，制革价值不低于60％	四川路、云贵路为0.23以上；汉口路、济宁路为0.19以上	250以上；云贵路无要求	0.22以上	50
等　外	不具备等内皮品质				30以下

（4）注意事项　四川路、汉口路要求全头全腿；大毛猾子皮不能按山羊板皮收购；对钉撑过大的皮张要酌情降等。

3. 绵羊板皮收购标准

（1）加工要求　屠剥适当，皮形完整，晾晒平展。

（2）等级规格

一等：板质良好，面积 0.55 米² 以上，可带黄豆大小伤残 2 处。

二等：板质较弱或经烟熏板、轻冻板、轻陈板、轻疥癣板、钉板、回水板、死羊瘀血板，都可带伤残不超过全面积的 0.5%；具有一等皮质板，可带伤残不超过全皮面积 1.5%，或有疔伤、痘疱，总面积不超过全皮面积 10%，制革价值不低于 80%。全皮面积都在 0.44 米² 以上。

三等：板质瘦弱或冻糠板、陈板、较重疥癣板，都可带伤残不超过全皮面积 15%，即有一、二等皮板质，可带伤残不超过全皮面积 25%，制革价值不低于 60%。全皮面积都在 0.33 米² 以上。

不符合等内要求的，为等外皮。

（3）等级比价　一等 100%，二等 80%，三等 50%，等外 30% 以下按质计价。

第十一节　羔皮和裘皮

一、羔皮和裘皮的概念

羔皮和裘皮是根据屠宰时的年龄划分的。凡从流产或生后几天内的羔羊所剥取的毛皮，称为羔皮；从生后 1 月龄以上的羊所剥去的毛皮称为裘皮。我国毛皮市场对羔皮和裘皮的划分与此有所不同；凡从 1 岁以内尚未经过第一次剪毛的羊剥取的皮统称为羔皮；从 1 岁以上已经剪过毛的羊剥取的皮，统称为裘皮。羔皮大都露毛穿用，用以制作衣帽、皮领或翻毛大衣等，所要求花案奇特，美丽悦目。裘皮主要用于制作毛面向内穿着的衣物，用以御寒保暖，因此要求保温性能强、结实、美观、大方。

二、我国著名的羔皮种类和品质

1. 湖羊羔皮 主要产自浙江、江苏两省的 1～3 日龄湖羊的羔羊皮，统称小湖羊毛皮。

湖羊羔皮的特点是皮板轻薄、色泽洁白、波浪花形、扑而不散、光润美观。经硝制可染成各种颜色，制成各式翻毛大衣、外衣镶边、童装或冬季时装等，美观大方，在国际市场上深受欢迎。

湖羊羔皮的花案有以下四种：

（1）波浪形 是湖羊羔皮中最具代表性和最美丽的一种。由一排排整齐的波状花纹组成，花纹紧贴皮板，犹如平静的湖面上水波徐徐向四周排开时的情景，波浪整齐规则，异常悦目。

（2）卷花形（螺旋形） 具有松散的毛股和盘旋的圆形弯曲，类似优良的蒙古羊羔羊皮的毛卷，但毛纤维比较松散。

（3）片花形 波浪形花纹一片接一片，起伏不已，故称片花形。片花形波浪花纹不如波浪形细致美观，但也很独特。

（4）隐花形 花纹图案隐约不清，卷曲杂乱，有片花形和波浪形的，也有毛纤维刚直不显任何卷曲的。

2. 卡拉库尔羔皮 卡拉库尔羔皮羊品种引进我国后，分别饲养在西北、华北和东北地区。羔羊出生后 1～3 天屠宰剥取毛皮，称为卡拉库尔羔皮。其特点是毛卷优美坚固而有光泽，不走样，是世界上最珍贵的羔皮之一。

卡拉库尔羔皮具有多种色泽，主要有黑色、灰色、彩色、棕色以及稀少的白色和粉红色。黑色是卡拉库尔羔皮的主要颜色，因着色程度不同，又可分为深黑、黑和褐黑色，以深黑色为佳。

卡拉库尔羔皮的毛卷美观独特，形状多样，其中优等毛卷为卧蚕形和豆形；次优等的为蚕形；中等的为半环形和环形；劣等的为豌豆形、螺旋形、平毛和变形。

(1) 卧蚕形卷（轴形卷）　是代表卡拉库尔羊品种特征的一种毛卷，毛卷呈筒状，毛端一般不外露，毛卷的轴心与皮板平行。由于排列形状不同，在羔皮上形成各种美丽的花案。

(2) 豆形卷　其构造与卧蚕形一样，只因其短小如豆状，故称豆形卷。豆形卷的长度仅为宽度的 1.5～2 倍，毛卷的两端呈圆形。豆形卷也分小花（8 毫米以下）、中花（8～10 毫米）和大花（10 毫米以上）三种。

⑶ 鬣形卷　是毛纤维从毛卷的中心向两边卷曲形成。按宽度的不同，分宽鬣（8～15 毫米）、中鬣（5～7 毫米）和窄鬣（3～4毫米）三种。其中以窄、中鬣形卷价值较高。鬣形卷的长度变化范围为 12～35 毫米，长度越长越美观。

(4) 环形、半环形卷　形成环形卷的毛辫有两个弯曲，下面一个弯曲与皮板垂直或有一定角度，上面的弯曲与皮板平行。毛辫长度不足的，形成半环弯曲。环形毛卷以圆圈清晰、较紧而周正的为好。散乱的容易交错缠结，破坏毛卷结构，影响羔皮品质。

(5) 豌豆形卷　毛辫与皮板垂直，左右弯曲上升，顶端扭转成豌豆状小结节，中间高，周围低，形似豌豆。

(6) 螺旋形卷　又称杯形卷。毛辫从皮板螺旋上升，靠近皮板的圆径较大，随着上升而圆径逐渐缩小，好像一个垂直的杯子。

(7) 平毛　在羔皮上（除四肢下部和头部）覆盖着没有花纹的直毛，称为平毛。毛短而紧贴皮板的为底平毛，毛长而与皮板成一定角度的为高平毛。

(8) 变形卷　毛纤维虽具有一定的弯曲，但没有固定的形状，也缺乏规律性。手摸时，毛纤维随手摸的方向而转换方向和形态。

3. 青山羊猾子皮　产于山东菏泽、济宁地区各县，是生后 3 天内屠宰剥取的毛皮。这种羔皮具有青色的波浪形花纹，色泽光亮，非常美观，是制作皮帽、皮领、翻毛外衣的优良原料，在国际市场上声誉很好。

青猾皮的花纹分波浪花、流水花、片花和平毛四种。花纹表现不明显的地方称为隐花。波浪花是青山羊品种特征的一种花纹，其结构类似湖羊的波浪花，但不如湖羊那样明显和整齐。

三、我国著名的裘皮种类和品质

1. 滩羊二毛皮　滩羊二毛皮是指生后 1 个月左右宰后剥取的毛皮。毛长 8 厘米以上，毛股细长，整齐清晰，花穗美观，毛弯很多，俗称九道弯，制成裘皮，轻暖美观。

滩羊二毛皮毛股由两型毛与绒毛组成，毛绒细软，两型毛的细度平均为 31 微米，绒毛为 18.5 微米，毛股清晰，花穗美观。花穗是指毛股上具有弯曲的部分。花穗的种类有多种，其中以串字花、小串字花和软大花为上等。

(1) **串字花**　毛股较细，根部宽约 0.8 厘米，毛股长 8 厘米左右，花穗长约 5.5 厘米。毛弯较多，一般 5～7 个。毛弯浅而分布均匀，形似"串"字的半边，群众称之为"长城"弯。这种花穗紧实清晰，抖动灵活，能向四周倒转而保持原有形状和弯曲。

(2) **小串字花**　毛股细，其根部宽 0.55 厘米左右，毛薄且紧，根软梢轻，花穗的长度约 6.5 厘米，毛弯较多，一般在 3～7 个以上。毛质细而均匀，毛梢多数呈半圆形毛环。毛股界限极明显，美观，抖动灵活，但保暖性稍差。

(3) **软大花**　是滩羊二毛皮中最大的一种花性，毛股的根部宽为 1.16 厘米。弯曲呈平波状，花穗顶端呈柱状，扭成卷曲。毛股界限也很明显。由于软大花毛股纤维中绒毛较多，故保暖性好，但美观和灵活性降低，且较易毡结。

此外，还有"卧花""核桃花""笔筒花""钉子花""头顶一枝花""蒜瓣花"等。这些花穗形状多不规则，毛股短而粗大松散，弯曲数少，弧度不均匀，毛根部绒毛较多，因而易毡结，欠美观。

2. 中卫沙毛皮　产自宁夏回族自治区中卫及其附近各县。

它是出生后 30 日龄左右宰杀的，毛长达 7 厘米以上的毛皮，当地称沙毛皮。沙毛皮有黑、白两种，其中以白色居多，黑色者油黑发亮，尤其可爱。毛股上平均有 3.5（2～6）个弯曲，花穗以肩、背、臀部较好。

由于中卫沙毛皮与滩羊二毛皮具有相似的花穗形状，从外观看两者近似。但仍有以下区别：①沙毛皮近于方形，带小尾巴；滩羊二毛皮近于长方形，带大尾巴。②沙毛皮毛股毛纤维松散欠紧，易见板底，手感没有滩羊二毛皮丰满和柔软；滩羊二毛皮毛根软，无论从何方向提起皮板，其毛尖永远向下。③沙毛皮被毛光泽较好，呈丝织品的光泽；滩羊二毛皮则呈白云样的光泽。

四、毛皮的分级

1. 卡拉库尔羔皮的分级

（1）加工要求　屠剥适当，形状完整，按标准晾晒。

（2）等级规格

一等：被毛紧密，颜色正常，光泽良好。毛卷花纹清晰而坚实。正身部位 60% 以上为卧蚕形卷，或 50% 以上为较松的卧蚕形卷，其他为鬣形卷或肋形卷；全身为大、中、小花形排列清晰而较规则的鬣形卷或肋形卷。

二等：被毛密度、颜色、光泽略差。正身部位 30% 以上为卧蚕形卷或 50% 以上为较松的卧蚕形卷；正身部位为排列整齐的鬣形卷或肋形卷；全身为弹性良好而清晰的较规则的鬣形卷或肋形卷。

三等：被毛密度、颜色、光泽均差。正身部位以环形卷、半环形卷为主（包括豌豆形卷和杯形卷）；正身部位有 30% 以上各种过渡类型的毛卷特征。

不符合等内要求的或花皮为等外皮。

2. 湖羊羔皮的分级

（1）加工要求　屠剥适当，形状完整，按标准钉制晾晒。

（2）等级规格

一等：小毛或小中毛、毛细，波浪形卷花或片形花纹占全皮面积50%以上，色泽光润，板质良好。

二等：毛中长，波浪形卷花或片形花纹占全皮面积50%以上，毛略短、花纹欠明显或毛略粗、花纹明显，都需色泽光润，板质良好。

三等：毛细长，波浪形卷花或片形花纹占全皮面积的50%以上；毛短、花纹隐暗或毛粗涩、有花纹，都需要板质尚好。

不符合等内要求的，为等外皮。

3. 青猾皮的分级

（1）加工要求　屠剥适当，皮形完整，按标准钉成梯形晾干。

（2）等级规格

一等：毛细密适中（毛长1.32厘米以上），呈正青色或略深、略浅，清晰、坚实的波浪形花纹不低于全皮面积的50%，色泽光润，板质良好。面积0.094米² 以上。

二等：与一等相比，毛色较深或较浅；毛略长或略粗或较软而有花纹；毛细、紧密，花纹隐暗。面积都在0.094米² 以上。

三等：毛色铁青色或粉青色；毛略粗直；毛略空软而有花纹；毛略大、略小而有花纹。面积都在0.088米² 以上。

不符合等内要求的或毛过粗、过长、严重火燎、杂色皮，为等外皮。

4. 滩羊二毛皮、羔皮的收购分级标准

（1）加工要求　屠剥适当，皮形完整，全头全腿，晾晒平展。

（2）等级规格

一等：毛绺花弯多，色泽光润，板质良好。

二等：毛绺花较少或板质较薄弱。

三等：晚春皮、秋皮，毛过粗，毛梢发黄。

不符合等内要求的，为等外皮。

5. 中卫沙毛皮收购分级标准

（1）加工要求　宰剥适当，皮形完整，全头全腿，晾晒平展。

（2）等级规格

一等：毛绺花弯较多，毛长 6.6 厘米以上，色泽光润，板质良好，面积 0.22 米^2 以上。

二等：具有一等皮毛质、板质或白毛带黄梢、黑毛带红梢，面积 0.18 米^2 以上。

三等：毛略短或略空，毛质、板质尚好，面积 0.13 米^{2}以上。

不符合等内要求的为等外皮。

五、鉴定羔皮、裘皮品质的要点和方法

1. 羔皮的品质鉴定　羔皮主要供制皮帽、皮领和翻毛大衣。因此，评定羔皮品质的主要条件是美观，皮张大小为次要条件。

国家收购等级标准主要是根据羔皮毛花多少、弯曲松紧、毛绒长短、板质好坏、张幅大小和残伤情况等因素划分的。在方法上，主要凭眼看手摸感观经验来判定，并且是眼看为主、手摸为辅，相互参照，彼此印证。

羔皮鉴定的主要依据是花案弯卷的状态，毛绒紧密的程度，颜色及其均匀性、光泽度、张幅大小、皮板厚薄以及是否完整无缺等情况。

（1）花案弯卷　鉴定标准因品种而异。主要着重各种花案弯卷的式样是否符合该品种的特征。一般要求是美丽、全面和对称。花案面积越大，利用率越高，其价值也越大。

（2）毛绒空足　毛空是指毛绒较稀疏，毛足则是指毛绒较紧密。一般讲，毛足比毛空好，但要求适中为理想。毛绒过足就显得笨重，厚实有余，灵活不足，不能算是上等品质。鉴定方法是用手把皮毛先抖几下，使羔皮的毛绒松散开来，然后用手戗着毛去摸，毛足的有挡手之感，或者立即恢复原状；毛空的会感到稀薄或散乱不顺。

（3）颜色和光泽　随羔皮羊品种不同而各有一定标准。一般毛被的颜色以纯黑、纯白及色彩均匀一致的亮丽颜色最受欢迎。羔皮毛被光泽度也很重要，暗淡无光的价值较低。

（4）张幅大小　在品质相同的条件下，皮张面积越大，可制成品越多，价值越高。

（5）皮板质地　一般可分为三种情况：①皮板良好，厚薄适中，经得起鞣制的处理；②带有轻微伤残，鞣制以后，虽有痕迹，但损失不大；③有严重伤残，如霉烂、焦板、大面积虫蛀、鼠咬等，经过鞣制，皮板部分，甚至整张皮板完全被破坏。在鉴定皮板质量时，应抓住季节特点，一般秋冬季节产大皮板较足壮，春夏季产的较薄弱。对皮板的要求是厚薄适中。

（6）完整无缺　羔皮要保持完整性。羔皮的各部分如头、尾、四肢等都有其利用价值。皮板如有描刀、空洞、伤残等都会影响其利用价值和结实性。

2. 裘皮的品质鉴定　评定裘皮的品质主要根据结实、保暖、轻便、不毡结、美观、皮张面积和伤残等情况。

（1）结实　皮板致密肥厚、柔韧有弹性，则裘皮结实耐穿，导热性差，保暖力强。

（2）保暖　裘皮毛被密而长，绒毛含量多，则保暖性好；皮板致密而厚实，可防止热气散发、冷气袭人，因而保暖性也增强。

（3）轻便　即穿着轻便柔和的特性。因此，对皮板过厚、毛股过长、毛纤维过密的裘皮应在加工时适当处理，使之达到轻裘的要求。

（4）不毡结　裘皮擀毡，会失去保暖力和美观性，穿着也不舒适。凡裘皮的绒毛密而长，则毡结性强；发毛密而长，则毡结性小，甚至不毡结。

（5）美观　裘皮的美观性主要与毛股的弯曲形状、大小、多少、色泽等有关。我国以颜色全黑或纯白，毛股弯曲而整齐为上品。

（6）面积和残伤　在品质相同时，裘皮的张幅越大，残伤越小，利用价值越高。

第十二节　肠衣的加工

肠衣是羊的主要副产品之一，也是我国传统的出口商品，早在 1900 年即开始出口，远销欧美各国。我国肠衣的特点是口径大小适宜，两端粗细均匀，颜色纯洁透明，薄膜结实坚韧，富有弹性，经过高温蒸、煮、熏等工序都不会开裂，用它制成的各种香肠、腊肠、灌肠等成品，能保持长时间不变质，不走味。因而在国际市场上享有很高的声誉，每年出口量占国际市场肠衣总贸易量的 60％以上。

一、肠衣的基本特征和品质要求

羊的小肠、大肠、大肠头（直肠）、膀胱等，经过加工，除去各种不需要的组织后剩一层有韧性的半透明薄膜，通称为肠衣。

肠衣在加工过程中分为原肠、半成品肠衣和成品肠衣三种。羊屠宰后，将肠子取出，经过倒粪、倒尿、串水清洗等工序处理后，即为原肠。原肠的肠壁从里到外由黏膜层、黏膜下层、肌肉层和浆膜层四层组成，其中黏膜层、肌肉层和浆膜层在加工过程中均能被除掉，只保留黏膜下层。在原肠收购中，可根据以下特征区分绵、山羊肠子：山羊肠一般发亮，用手捋肠壁有不平的感觉，较柔软，拉力较小；绵羊肠稍长，无光，用手捋肠壁时感觉较平直，比山羊肠挺实，拉力大。

原肠经过浸泡、冲水、刮制、验质、去杂、量码、盐腌、扎把等工序后即成半成品肠衣。收购部门称为毛货、光肠或胚子。对半成品肠衣的要求是：品质新鲜，无粪污杂物，头子割齐，无破洞；气味正常，无腐败气味及异味；色泽应是白色、乳白色、青白色、黄白色、青褐色，以前两种颜色为上等。半成品肠衣再经过验质、分路、量码、扎把、装桶等工序，即为肠衣成品。对盐腌羊肠衣成品的合格要求是：品质要求为肠壁坚韧，无痘疔，新鲜，无异味，呈白色或青白色、黄白色、灰白色、青褐色。按长度分为 6 个路：一路 22 米以上，二路 20～22 米，三路 18～20 米，四路 16～18 米，五路 14～16 米，六路 12～14 米。扎把要求为每根 31 米，3 根为一把，总长 93 米，节头不超过 16 个，每节不得短于 1 米。装桶要求为每桶 500 把，1 500 根。

二、肠衣的加工

猪、牛、羊的盐渍肠衣加工工艺过程稍有不同，现将几个主要过程介绍如下。

1. 浸漂 将原肠浸入水中，肠中灌入清水，浸泡时间为 18～24 小时，浸泡水应洁净。

2. 刮肠 将浸漂后的原肠放在木板上逐根刮制。

3. 灌水 刮光后用水冲洗，并检查有无漏水的破孔或溃疡，不能用的部分需割除。

4. 量码 冲洗好的肠衣，每 100 码（91.5 米）合为一把，每把不得超过 18 节（猪），每节不得短于 1.35 米。羊肠衣每把长度为 93 米，其中绵羊肠衣一路至三路每把不超过 16 节，四路及五路 18 节，六路 20 节，每节不得短于 1 米。山羊肠衣，一路至五路每把不超过 18 节，六路每把不超过 20 节，每节不短于 1 米。

5. 腌肠 将扎成把的肠衣散开，用精盐均匀腌渍。腌渍须一次上盐，一般每把需用盐 0.5～0.6 千克。上好盐后重新扎把并下缸或每 4～5 把肠衣放在竹筛内使盐水沥出。

6. 缠把　腌肠后 12～13 小时，即可缠把。

7. 漂浸洗涤　将腌肠浸入清水中，反复换水洗涤，必须将肠内外不洁物洗净，应少浸多洗。漂洗时间，夏天不超过 2 小时，冬季可适当延长，但不得过夜，主要水温不宜过高。

8. 灌水分路　这道工序是整个肠衣成品加工过程中的重要环节。将洗好的腌肠灌入水，一方面可检验肠衣有无破损漏洞，另一方面按肠衣口径大小进行分路。测量肠衣口径的方法：肠衣灌水后双手紧握两端，双手距离 0.3 米左右，依其肠衣自然弯度对准卡尺测量。分路的规格如下：

（1）猪肠衣　每路隔 2 毫米，共分 7 个路分。一路 24～26 毫米，二路 26～28 毫米，三路 28～30 毫米，四路 30～32 毫米，五路 32～34 毫米，六路 34～36 毫米，七路 36 毫米以上。

（2）羊肠衣　共分 6 个路分。一路 22 毫米以上，二路 20～22 毫米，三路 18～20 毫米，四路 16～18 毫米，五路 14～16 毫米，六路 12～14 毫米。

9. 配码　把同一路分的肠衣，按规格尺寸扎成把。

10. 腌肠及缠把　配毛码成把后，再用精盐腌肠，待水分沥干后再缠成把，即成成品。

以上加工工序，1～6 与半成品加工方法相同，7～10 是制成品的工序。

第十三章
高效养羊兽医卫生保健与防疫指南

第一节 种公羊兽医卫生保健与防疫指南

一、技术要点

提高种羊的利用率是兽医保健技术的总目标。影响种公羊利用率的主要因素是生殖、泌尿系统、肺部疾病所造成的器质性损伤及营养失调、管理不当而引起的精液品质降低。其保健要点是给种羊创造适宜的生态环境，科学的饲养管理，定期的健康检查与检疫，早期的疾病诊断与预防。保证精液良好的品质，减少垂直传播疾病，提高受胎率。在采精、授精、胚胎移植时，建立以消毒、隔离、无菌操作的卫生制度，减少环境病原微生物的污染，是提高受胎率与后代羔羊健康的重要环节。

二、环境控制

（1）种羊场各类种羊必须分群隔离饲养，严禁自然交配，种公羊圈舍应与其他羊群及周围环境严格分开，场内应设有足够的运动场，充足的水源，有坚固的双层铁网栅栏，防止其他动物及无关人员钻入。场内设有独立分开的饲养圈舍、采精室、检疫室、冻精生产室及粪便处理场，除种公羊饲养人员、兽医人员及育种技术人员外，其他人员不得入内。

（2）种公羊圈舍应保持地面清洁、干燥、通风及适度的光照，每天保证 6 小时以上的运动量，每隔 3 个月对墙壁地面进行一次喷雾消毒。

三、营养保健

（1）供给清洁饮水，配种采精前后应提供温水。

（2）适时定量饲喂全价饲料及优质的青绿粗饲料，必要时应在饲料中添加种公羊专用防尿石矿物微量元素制剂。配种期应额外添加足量维生素 AD_3、维生素 E、维生素 B_2 制剂。

（3）杜绝饲喂霉变饲料、冰冻青贮料，以及未经脱毒处理的棉籽壳或棉籽饼、菜籽饼等含毒素饲料。

四、健康检查

每年春秋对种公羊进行 2 次健康检查，包括心肺检查、胃肠检查、泌尿生殖系统检查、运动和皮肤检查、血尿常规生理生化指标检查。每年进行 4 次（每隔 2 个月）特殊检查，包括阴囊、睾丸、附睾、包皮内外触诊检查；精液显微镜检查（白细胞、精子活力、精子密度）；精液细菌学培养（布鲁氏菌、放线菌）与血清学试验；每年产羔期对流产胎儿胃内容物、流产羊母体胎盘和阴道排泄物做微生物分离培养（布鲁氏菌、胎儿弯杆菌）。

五、检　疫

种羊场内所有新引进种公羊、出场种公羊（包括试情公羊、后备种公羊）在引进半个月内及出场前 1 周，配种前（9～10 月份）对血清样品进行布鲁氏菌（S 型）及绵羊布鲁氏菌（R 型）抗体进行血清学检疫。其他种公羊 4～5 月份进行一次上述检疫。对引进种公羊在引进后 1 周内进行蓝舌病、绵羊地方性衣原体流产血清学检疫。断奶羔羊进行包虫病（棘球蚴、多头蚴）血清学检查，阳性者进行早期药物治疗。

六、驱　虫

种羊场内所有羊群每年必须进行 2 次驱虫（4、10 月份），2 次药浴（6、9 月份），每年 1~2 次羊鼻蝇驱虫（6、9 月份）。场内所有羊，每月驱虫一次。驱虫前后应注意气候变化，掌握投药方法、剂量、浓度。做好投药后的羊群观察、粪便检查、收集与处理，并贮备阿托品、解磷定、硫酸钠、葡萄糖、维生素 C 注射液、地塞米松等必要的急救药物。

七、免疫接种

种羊场内所有 6 月龄以上羊群每年在 4~5 月份注射一次炭疽菌苗。生产母羊在配种前（9~10 月）注射一次羊厌气氧三联四防苗，种公羊与其他羊群 7~8 月份注射一次。有羔羊痢疾流行的种羊场应在母羊产前一个月再注射一次。必要时可给母羊于同期注射大肠杆菌多价（K99、K987P、F41）菌苗。确定有传染性脓疱及羊痘流行的羊群应在 3~4 月对当年羔羊全部注射羊口疮睾丸细胞弱毒疫苗及羊痘鹌鹑化弱毒苗。对国家法定检疫的羊传染病，均不得使用疫苗接种。

八、兽医管理

（1）种羊场配备具有丰富临床经验的专职兽医与操作熟练的检验人员，负责对种公羊的卫生管理与保健、兽医防疫、疾病诊断与防治工作，制订与组织实施兽医防疫检验与保健技术措施。

（2）建立专门的种公羊健康登记卡（包括每次常规体检、血尿生化的检查、精液检查与疫病血清学检疫）。

（3）建立必要的病例、病史档案，包括繁殖性能、流产、羔羊死胎、畸形羔羊、羔羊死亡率、泌尿生殖系统疾病。

九、精液生产与人工授精的兽医卫生保健

生产与提供无特定病原体的合格精液，是种羊场卫生保健的最终目的。因此，种羊场应对精液生产与人工授精中的卫生条件进行必要的管理与控制。

（1）精液生产地应设在种公羊饲养场内，与种公羊舍、检疫室、隔离室、采精室等隔开，生产中心应设有生产室（精液检查、处理、冻精制备与包装）、器械消毒室与精液保存室，各室应严格分开。精液生产室应设紫外线消毒装置，工作人员在生产过程中应穿经消毒处理的专用工作服和靴，戴上口罩。生产中心应有专职兽医进行卫生监督。

（2）制备冻精所需的各类稀释液必须经过灭菌或抑菌处理。用蛋黄作为稀释液成分时，必须从无禽结核、沙门氏菌的鸡群中挑选，牛奶需经巴氏消毒。在稀释液中必须加入青霉素与链霉素，以控制稀释液中可能存留的细菌生长。与精液或稀释液直接接触的各类玻璃器皿必须清洗干净，蒸馏水冲洗，经高压灭菌后备用。

（3）采精室应保持清洁卫生，每次采精前应对室内进行空气喷雾消毒，保持地面一定湿度，防止尘土污染精液。为防止种公羊和试情公羊在采精时生殖器官接触，可在公羊包皮前放一块消毒挡帘。负责采精与精液制备的育种人员应尽可能减少与育种站以外的人员和牲畜接触。非本站工作人员不得随意进入精液制备室。

（4）采精和人工授精所用的一切器皿（假阴道、采精器、集精杯、胶皮内胎、输精器）每次使用后应煮沸消毒，每次消毒的器皿只能使用一次。所有器皿应在包装消毒后置于采精室专用柜内保存。

（5）被采精的公羊应无下列传染病：绵羊型布鲁氏菌病（附睾炎）、马耳他布鲁氏菌病、绵羊精液放线菌病、绵羊流产沙门

氏菌病、龟头包皮炎和衣原体病。

第二节　妊娠母羊围产期兽医卫生保健

一、技术要点

　　保证围产期母羊健康，减少流产、死胎、妊娠疾病，提高母羊繁殖率是实施本技术的目的。影响围产期母羊健康的主要因素是营养性缺钙、妊娠毒血症、乳房炎以及继发感染引起的全身败血症。保健要点是减少母羊应激反应，提高抗病力。

二、环境控制

　　重点是给围产母羊与哺乳羔羊建立一个采光良好、保暖通风、干燥与清洁的圈舍环境。

　　（1）羊场产羔圈应设在牧场中避风、向阳、气温较温暖且变化不大的地区，圈舍内设多个分隔的产房和羔羊补饲槽。舍内应有便于开关并加封塑料布的天窗和窗户，以便于采光和通风。圈舍朝阳门前设一个四周有挡风墙的运动场，以供羔羊在阳光下栖息。圈舍内应有防寒保暖设施。

　　（2）每次产羔结束后腾空的产圈应及时清扫，地面用 $2\%\sim 4\%$ 烧碱消毒，产圈四周 1 米高度用 20% 石灰水粉刷，待下次产羔前 2 周再行消毒一次。临产母羊产房地面最好铺设清洁干草，产房中的单个产圈在母羊与羔羊移出后，应将其垫草与粪便进行清除，消毒后再进入临产母羊，产羔期舍内地面保持干燥与清洁。在气候条件允许时，可在开放的田野和草场产羔。产羔圈充足时可进行轮流产羔，以减少羔羊腹泻的发生。

三、营养保健

　　（1）供给清洁饮水，放牧羊群应减少对怀孕母羊的剧烈驱赶，在野外饮水时应有牧工带领，以减少应激，避免暴饮。冬季舍内饮水应提供温水。

（2）适时定量饲喂全价饲料及优质的青绿粗饲料。饲料中应添加矿物质和微量元素添加剂、维生素 AD$_3$、维生素 B$_2$、维生素 E 制剂。所用饲料必须满足围产期母羊对钙、磷、能量、蛋白质等各项指标的需要。

（3）杜绝饲喂霉变饲料和冰冻饲草。

四、药物防治

母羊在妊娠后期及哺乳前期，易发生妊娠毒血症、缺钙、乳房炎及继发感染引起全身败血症，应储备糖皮质激素、抗生素、钙制剂、葡萄糖及碳酸氢钠注射液、维生素 C 等药物，每天早晚检查母羊体况，发现异常时应及时治疗。

第三节　哺乳羔羊兽医卫生保健

一、技术要点

提高羔羊成活率是实施本技术的主要目的，影响羔羊成活率的主要因素是各类原因引起的下痢、继发性肺炎、传染性口膜炎、脐炎、缺乳以及因风寒袭击而受凉。保健主要要点是改善饲养环境，加强营养性抗病，控制继发感染，做好早期预防。

二、接羔准备

羊群在产羔前，应做到接羔育幼的一切准备工作与组织安排，包括母羊饲草饲料储备，产圈的防寒保暖、清洁与消毒；各类消毒及防病用药物、器具、畜牧与兽医专职技术人员、饲养人员及值班人员工作安排以及生活准备。主管业务领导应会同技术人员、承包户制订产羔育幼期间的技术管理与经济承包责任事宜，确保各承包羊群接羔育幼工作顺利进行。

三、环境控制与术部消毒

给初生羔羊建立一个保暖、采光、通风、地面干燥与清洁的环境，是保证羔羊成活率的首要环节。初生羔羊舍内温度保持在8～15℃，湿度不高于50％，防止忽冷忽热及封闭太严造成通风不良，湿度过大。

羔羊出生时，脐带断端必须用5％碘酊或1％石炭酸水溶液消毒。需助产或人工哺乳时，应注意术者手、母羊外阴、乳头的清洁与消毒。

羔羊断尾应选在地面平坦、避风的地方进行，并保证断端完全烧烙。

四、营养保健

保证羔羊及时吃上初乳，必要时采取人工哺乳，对于双羔或母乳不足的羔羊及时采用羔羊全营养抗病代乳品人工喂服（石河子大学动物科学系研制，石河子大学添加剂厂生产），体弱或病羔及时灌服营养抗病口服制剂（内含维生素C、γ-球蛋白、微量元素等）。

处于缺硒地区的羊场，应在母羊妊娠后期在饲料中添加含硒矿物质添加剂。羔羊出生第1天注射1毫升含硒维生素E注射液，第3天注射右旋糖苷铁1毫升，羔羊断奶时再注射含硒维生素E注射液2～3毫升。

五、健康检查与药物防治

负责产羔期兽医卫生与防疫工作的兽医人员及饲养员，应每天早晚2次，逐只观察产圈内羔羊健康状况，检查其哺乳、腹围大小、口鼻分泌物、呼吸、体温、粪便性质等。出现可疑病羔应及时进行对症治疗。对出现可疑传染病的，应将母羊与羔羊一同隔离，防止疾病扩散。

对出现脐炎、腹泻、肺炎的羔羊，除进行抗菌、消炎、止泻外，应及时经静脉或口服给予含葡萄糖、氯化钠、氯化钾、碳酸氢钠等电解质溶液，以防止酸中毒和脱水，给予大量维生素 C 或含维生素 C 的多维素制剂，以提高羔羊抗病力。

随母羊放牧的羔羊在遇到寒风、冷雨、风雪袭击时，在归圈后应立即逐只注射青霉素，以防止肺炎、脐炎发生。

第四节　育肥羊兽医卫生保健

一、技术要点

提高出栏率或育成率是实施本技术的主要目的，造成集约化全舍饲育肥羊死亡的主要原因是由于饲养环境、饲料成分、饲养方式变化而引起的一系列营养代谢病、饲料性中毒、条件性病原菌感染、多头蚴感染、应激性猝死症等。保健的主要要点是：控制羔羊白肌病、肠毒血症、溶血性大肠杆菌病、李氏杆菌病、巴氏杆菌败血症、多头蚴病，技术关键是消除各种诱发因素。

二、营养保健

保证饲料中含有足够的营养物质，按 1% 添加抗病促消化、防尿结石病、抗应激复合添加剂，提供足够的优质青粗饲料，精、粗饲料比例不能低于 1:3。

育肥前应将羔羊按体质大小分群饲养，在炎热季节应对饲料现配现喂，防止发酵。先喂粗饲料后喂精饲料。育肥的初期以粗饲料为主，逐渐增加精饲料的比例。杜绝饲喂霉变饲草及霉变结块原料配制的精料。

保证育肥羔羊足够的清洁饮用水，杜绝饮用低洼地碱水、污水。冬季应饮用温水，夏季水槽应及时清洁，避免饮用过夜水。必要时，应对水源进行水质卫生指标测定。

三、免疫程序

羔羊育肥前1周应逐只注射羊厌氧菌四防苗，每只羔羊3毫升。羊痘及口膜炎常发地区应分别接种羊痘弱毒苗和口膜炎弱毒苗。

四、药物预防

（1）羔羊育肥前注射维生素 E-亚硒酸钠，每只5毫升，间隔半个月重复一次。

（2）育肥前应进行体内外驱虫。

（3）出栏羊只长途运输前，不宜吃得过饱，应给羊只饮用含维生素 C 口服补液盐或其他电解质水溶液。夏季运输时可每只口服氯丙嗪20毫克，以减少应激。

五、环境调控

育肥羊圈应在羔羊群进入前半月进行彻底清扫，采用20％石灰乳喷洒墙壁与地面，每隔半月用强力消毒灵或百毒杀进行空气喷雾消毒。

育肥羊舍应保证适度的光照、通风、密度与地面干燥，防止阴暗、潮湿、拥挤及过高的有害气体等不良环境对羔羊产生的应激。

育肥场内应设有足够的围栏，以供给羔羊运动。保证羔羊每天至少有4小时的运动时间，并在栏内放置少量秸秆饲草，供羔羊啃嚼，促进瘤胃机能活动，有条件的羊群应每天将羊群赶出栏外运动几小时。

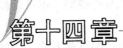

第十四章
规模化羊场主要
疾病综合防治

一、羔羊腹泻

1. 病因　羔羊腹泻是山区牧场初生羔羊的高发疾病，其发病原因复杂，母羊体质较差、缺乳、圈舍卫生不良、病原菌感染、气候多变、微量元素缺乏、管理不当等均可引起发病。

保健要点是提高羔羊抗病力，消除发病诱因，控制继发感染，提高治愈率等综合防治措施。

2. 环境控制

（1）常发地区应根据羔羊发病时间，适当调整母羊配种时间，避免气候多变时间产羔，减少不良气候的影响。

（2）选择避风、向阳的地点集中产羔，做好产圈防寒保暖的基础设施维修，建立必要的采暖羔羊棚，保证初生期适宜的圈内温度。

（3）产前对圈内地面用消毒药喷洒，圈舍内 1 米以下墙壁用 20％ 的石灰乳溶液粉刷，圈内用福尔马林熏蒸消毒，待地面干燥后铺设干净垫草。

（4）羔羊出生后脐部断端必须用 5％ 碘酊消毒，母羊乳房用 0.1％ 高锰酸钾水擦洗。

3. 营养保健

（1）保证母羊怀孕后期营养，产羔前贮备足够的优质草料，精料内应保证足量的矿物质、含硒微量元素、维生素 AD$_3$、维生素 E、维生素 B$_2$ 等。

（2）保证羔羊及时吃上初乳，必要时作人工辅助哺乳，对缺乳母羊及时用催乳中草药或激素类药物催奶。也可直接用羔羊全价营养代乳粉人工哺乳。

（3）羔羊初生第一天肌内注射含硒维生素 E 注射液 2 毫升，口服含乳酸菌制剂的微生态制剂适量；第三天注射右旋糖苷铁制剂 1 毫升。

（4）羔羊出生后 1 周，逐步供给少量含苜蓿粉或优质干草 60％、豆粕 10％、玉米 20％、甜菜干渣 7.5％、干酵母 0.5％、添加剂 2％的羔羊补充料。也可直接饲喂成品代乳料。配备专用的羔羊补料槽，少喂勤添。

4. 免疫接种

（1）母羊于配种前注射羊厌氧菌四防菌苗，每只 5 毫升。

（2）怀孕母羊于产羔前 3 周肌内注射羔羊大肠杆菌 K99、F41 二价菌苗，每只 3 毫升。

5. 药物防治

（1）预防　羔羊出生后第三天用恩诺沙星或环丙沙星灌服，每只 1～2 毫升（5 克溶于 500 毫升水中）。

附子理中汤（健脾、温中）2 毫升。

链霉素每只 5 万单位。

上述药物任选一种，每天一次，连用 3 天。

（2）治疗原则　抗菌、补液、止泻、助消化、防止酸中毒及继发肺炎。

青霉素：80 万单位、5％葡萄糖生理盐水 40 毫升、10％维生素 C 10 毫升，一次静脉注射。

复方敌菌净：每千克体重 30 毫克，首次加倍。

大黄苏打片：每只半片，每天 2 次。

口服补液盐（含维生素 C）：每 100 克加水 4 千克，每只羔羊灌服 50～100 毫升。氟哌酸片，每只 1～2 片。

二、羔羊梭菌性痢疾（羔羊痢疾）

1. 病因　羔羊梭菌性痢疾习惯上称为羔羊痢疾，俗名红肠子病，是新生羔羊的一种毒血症，其特征为持续性下痢和小肠发生溃疡，死亡率很高。本病一般发生于出生后 1～3 天的羔羊，较大的羔羊比较少见。一旦某一地区发生本病，以后几年内可能继续使 3 周以内的羔羊患病，表现为亚急性或慢性。

2. 防治

（1）加强孕羊饲养。适时抓膘保膘，使胎羔发育良好，出生健壮，以增强机体抵抗力。

（2）在发病地区采用抗生素预防。羊羔出生后 12 小时内开始口服土霉素，每次 0.15～0.2 克，每天 1 次，连服 3～5 天。降低用量和缩短用药时间都会影响预防效果。

羔羊出生后 4 小时之内皮下注射魏氏梭菌 B 型高免血清 4～5 毫升，具有一定效果。

对怀孕母羊注射两次厌氧四联氢氧化铝疫苗，中间间隔 1 个月，最后一次应在产前 2 周进行。虽然母羊不能将免疫性遗传给胎儿，但能从初乳把抗体传递给羔羊，使其获得保护力。

（3）调整配种季节。避开在最冷的时期产羔。

（4）一旦发病，迅速隔离病羔，彻底消毒被污染的环境和用具。如果发病羔羊很少，还可考虑将其宰杀，以免扩大传染。

（5）抗羔羊痢疾血清。大腿内侧皮下注射，剂量为 10～20 毫升。

（6）采用以青霉素为主的综合性疗法。每隔 4 小时肌内注射青霉素 10 万～20 万单位，同时口服下列止泻剂：

①磺胺脒 0.5～1.0 克；鞣酸 0.2 克，次硝酸铋 0.2 克；碳酸氢钠 0.2 克；将以上各药水调灌服，一次服完。每天 3～4 次，连服 2～3 天。

②土霉素 0.2~0.3 克；胃蛋白酶 0.2~0.3 克；水调灌服，每天 2~3 次，连服 2~3 天。

如果心脏衰弱，可皮下注射 5% 樟脑磺酸钠或 25% 安钠咖 0.5~1.0 毫升。下痢停止后，如不吃奶，可口服胃蛋白酶 1.0~1.5 克，加稀盐酸 2~3 滴。

（7）酸乳疗法。初生羔羊先饮给酸乳 50 毫升，然后再使哺乳。若痢疾已发生，每日可给酸乳 100 毫米，直到痊愈为止。

（8）灌服硫酸镁和高锰酸钾。发病之后即用胃管一次灌服 6% 硫酸镁 20~30 毫升（内含 0.5% 福尔马林），经 4~6 小时后，再用胃管一次灌服 1% 高锰酸钾 20 毫升，第 2 天上午继续服 20 毫升，下午再服 10 毫升。

（9）采用中药治疗。兰州中兽医研究所参考古方承气汤和乌梅散，拟定了下列两个处方，在某羊场治疗腹泻型病羔 61 只，全部治愈，而且大部分于 1~2 天内痊愈。

加减承气汤：大黄 6 克，芒硝 12 克（另包），酒黄芩 6 克，焦栀 6 克，甘草 6 克，枳实 6 克，厚朴 6 克，青皮 6 克。

将上药（芒硝除外）捣碎，加水 400 毫升，煎汤 150 毫升，然后加入芒硝。病初用胃管灌服 20~30 毫升，只服 1 次。6~8 小时以后再服。如已拉痢 2~3 天，即可直接服用方。

三、羔羊肺炎

本病是多种病原混合感染或继发感染引起的一种呼吸道疾病，以发热、鼻漏、呼吸困难和肺化脓性、出血性、纤维素性炎症为特征。是围栏育肥羔羊和山区牧场羔羊死亡率最高的疾病，由于直接死亡、掉膘、生长不良、治疗费用加大而造成养羊业较大的经济损失。

1. 病因 本病是由原发性感染、继发性感染、营养性因素、环境应激等多种致病因素互相作用所致。据调查，在新疆农区与牧区，引起羔羊肺炎的主要病因为：

（1）**原发性感染**　主要由多杀性或溶血性巴氏杆菌、胸膜肺炎支原体、肺炎链球菌感染等所致。

（2）**继发性感染**　由于草料缺乏造成母羊体质弱，长期营养不良，消瘦，恶劣、寒冷的气候影响，长途运输，某些疾病造成绵羊抗病力减弱等。

常见的继发性感染病例为：

羔羊腹泻：死亡羔羊多数伴有肺炎，以山区牧场多见。

口膜炎：羔羊发生传染性口疮时，造成肝肺坏死杆菌继发感染。

羊痘：羔羊黏膜性痘斑，引起肺部转移病灶。

上呼吸道感染（感冒）：由于未及时治疗引起肺部感染。

2. 诊断要点　各类肺炎的共同症状均表现发热（39.7～41℃）、流脓性鼻液、呼吸困难并伴有咳嗽。

（1）**出血性败血症**　病羊未出现明显症状而突然死亡，病程较短，剖检可见肺充血、出血，心外膜点状出血，心包与腹腔积液，肺门淋巴结、纵隔淋巴结肿胀并出血。从心血、肺组织涂片镜检可见大量两极浓染的巴氏杆菌。

本病多发生于新转入育肥场羔羊，经长途运输的绵羊及妊娠母羊。死亡羊只多数体况良好。

（2）**胸膜肺炎**　病羊营养不良、消瘦，表现明显的精神沉郁，腹式呼吸，喘气而咳嗽，病程较长（1～2 周），死亡羊多数表现胸膜粘连，胸腔内含有大量纤维素性溶出物。肺部可见局限性化脓性病灶，受损的肺呈灰紫色、坚硬，肺叶与肋骨粘连。

从肺组织中可分离到支原体和溶血性大肠杆菌。

本病常发生于营养不良的当年羔羊，以小尾寒羊最为多见。

（3）**纤维素性肺炎**　主要发生于 3 周龄内的羔羊，以山区牧场多发，羔羊缺奶、维生素 C 缺乏、上呼吸道黏膜受寒冷刺激、圈舍潮湿、卫生不良等诱发此病。羔羊发病后以表现急性败血症为特征。可见病羔发热，结膜潮红，呼吸困难，流脓性鼻液，咳嗽，脑膜炎症状，病程较短。剖检特征为脾脏高度肿大，脾髓呈黑红色，肺充血、出血，并有纤维蛋白溶出物。取脾、肺组织涂片，瑞特氏染色镜检，可见带荚膜的双球菌。常与大肠杆菌混合感染。

（4）肝肺坏死杆菌病　主要继发于羔羊口膜炎、羔羊痘，病羔除口腔黏膜出现原发性病灶外，病死羔羊在肝、肺表现局限性化脓性病灶。取病灶组织涂片，瑞特氏染色镜检，可见呈长丝状坏死杆菌。

此种病型常发生于流行口膜炎或羊痘的羔羊群中。

3. 防治

（1）消除各种不良诱因，减少应激的有害作用，改善饲养管理条件，是预防各类肺炎发生的首要措施。

（2）控制继发感染，在患羔羊腹泻、口膜炎、羊痘、受凉感冒时，除采取相应措施外，应及时用青霉素等药物进行全身性给药。

（3）提高抗病力，加强羔羊补饲，补充维生素 C，缺乳羔羊及时人工喂服全营养抗病代乳品。

四、羔羊白肌病

本病是羔羊的一种亚急性代谢病，临床上以运动障碍和循环衰竭，骨骼肌、心肌变性及坏死为特征，又称营养性肌营养不良、缺硒症和僵羔病。在新疆本病是危害最大的羔羊营养代谢病。

1. 病因

（1）妊娠母羊饲料饲草中缺硒或在饲料中未添加含硒矿物质添加剂，母羊血中硒含量低于正常值。

（2）羔羊未及时补硒或母乳不足。

（3）饲料中缺乏维生素 E。

（4）长期饲喂苜蓿草或三叶草等低硒饲草时。

（5）饲喂过多精料或霉变饲料造成维生素 E 需要量增大时。

2. 诊断要点

（1）2～6 周龄羔羊表现运动软弱，站立困难，行走摇摆，呼吸加快，突然死亡，发病率在 30% 以上，致死率 50% 以上者，应怀疑本病。

（2）死亡羔羊骨骼肌尤以两侧呈对称性白色坏死灶，表现肌肉切面肌纤维失去弹性，可见白色条纹，心脏扩张、衰竭，心内膜及心室肌可见灰白或白色坏死区，肺充血、水肿。

（3）测定血清谷草转氨酶为每毫升 2 000～3 000 单位。

（4）受损肌肉病理组织学检查可见肌肉细胞积聚巨噬细胞。

（5）本病应于羔羊肠毒血症、李氏杆菌病及多头蚴病鉴别。

3. 防治

（1）母羊在妊娠的后半期和泌乳的第一阶段，给母羊补充含亚硒酸钠、维生素 E 的添加剂。

（2）每只母羊在生产前 1 个月肌内注射 0.1% 亚硒酸钠维生素 E 合剂 5 毫升。

（3）羔羊在初生后第三天肌内注射亚硒酸钠维生素 E 合剂 2 毫升，断奶前再注射一次（3 毫升）。

（4）发病羔羊群应及时查明原因，早期诊断，并及时给全群补充含硒维生素 E 制剂。

上述（1）和（2）可选用一种。

五、肠毒血症

本病是由 D 型魏氏梭菌毒素引起育肥羔羊的一种肠毒血症，特征是羔羊中肥壮羔羊突然死亡、惊厥、高血糖，死后肾软化、心包积液及胸腺出血，又称肥羔病、软肾病。本病常多发生在育肥场中生长较快的羔羊。以快速育肥的 4～8 周龄未去势公羊和未断尾的单羔多发。

1. 病因

（1）羔羊早期补饲过多精料或断奶前后食入过量的谷物、幼嫩饲草和高蛋白饲料时易发。

（2）羔羊从牧场转入农区育肥，或农区羔羊进入育肥期后，精饲料饲喂过多（日精料超过 400 克）。不限量采食，又缺乏足够运动时。上述过食的精料在瘤胃中未完全消化而进入小肠，作用于回肠内以淀粉为基质的产气荚膜杆菌，使其迅速增殖并产生大量多种毒素，毒素吸收进入血液，引起肠毒血症。

（3）母羊在妊娠期未注射羊厌氧菌四防菌苗，使羔羊在出生后处于对疾病的易感状态。

（4）饲料（配合精料）发霉，引起胃肠功能紊乱时。

2. 诊断要点

（1）在补饲精料及育肥初期的羔羊群中，如陆续发现肥壮羔羊突然死亡时应怀疑本病。

（2）发病羊群必然存在不限量采食谷类精料的情况。

（3）发病羔羊多数在夜间发病突然死亡，病羔死前表现流口水，呼吸困难，尿频、带血色，步态不稳，后肢无力，站立与躺卧交替进行，最后昏迷死亡。病程一般不超过 72 小时。

（4）剖析死后 3～6 小时的羔羊，可见皱胃含大量未消化的食物（乳或谷物），小肠尤以回肠黏膜广泛出血，内含大量带气泡的茶色或酱油色内容物；心包积大量含纤维蛋白的液体，心外膜与胸腺出血，肾软化、变形呈脑组织样。

（5）取回肠内容物涂片染色可见革兰氏阳性大杆菌。肠内容物滤液静脉注射家兔，可在注射后 3 分钟至 24 小时死亡。死前表现呼吸困难、惊厥、尖叫、侧卧、角弓反张、四肢划动，与羔羊死前相似。

（6）病羔尿糖及血糖明显升高。

3. 防治 本病因病程短，多数治疗无效。重点是做好预防工作。

（1）怀孕母羊产前 2 周注射羊厌氧菌二联四防菌苗。每只肌内注射 5 毫升。羔羊在断奶、进入育肥期前 2 周肌内注射2毫升。

（2）羔羊早期补饲精料时，应严格控制投料量，并配合优质粗饲料饲喂；羔羊断奶后进入育肥期前应按情况分群饲养，精饲料比例应逐步增加，并提供足够的围栏面积及运动时间。

（3）补饲与育肥羔羊发病后应尽快减少或去掉精料，降低羔羊对精料的摄食，可缓解本病的发生。

育肥期精料与青贮饲喂比例：

在育肥场的时间	精料（%）	青贮（%）
1～7 天	30	70
8～14 天	40	60
15～20 天	50	50
21 天至出栏	60	40

六、绵 羊 痘

绵羊痘是绵羊的一种急性、接触性传染病，以全身皮肤上出现丘疹为特征。发病羔羊常造成继发感染死亡，或生长发育受阻而给养羊业带来较大损失。

1. 病因　由绵羊痘病毒经口鼻或皮肤黏膜受损而感染，带有病毒的唾液、鼻分泌物飞沫经过空气可在短时间内造成同群与相邻羊群感染。绵羊缺草料、体弱及寒冷潮湿的气候，可促进本病的发生与恶化。

2. 诊断要点　绵羊痘的典型病例一般不出现水疱，患羊病初可表现短期（2～3 天）的体温升高（39.7～41℃），鼻黏膜肿胀、流脓性鼻液、呼吸困难，2～3 天后在眼睑、鼻孔、唇、会阴、阴囊、包皮、腹股沟部，形成绿豆至 1 厘米大的丘疹，呈紫红色、坚硬、扁平、圆形，突出于皮肤表面，几天后扁平的表面为中央凹的脐状坏死，丘疹干燥后形成痂皮，剥脱后留下平整发亮的瘢痕。恶性病例引起鼻腔、喉、气管、前胃黏膜的痘斑和溃疡灶。可引起较高的病死率。

3. 防治

（1）常发地区或羊群应在每年秋季配种前注射一次羊痘鸡胚化弱毒疫苗，无论大小羊，一律在股内侧皮内或尾部皮内注射0.5毫升，4～6天可产生免疫力，免疫期可保持1年。

（2）一旦发生本病，应及时对羊群可疑病羊进行测温及皮肤黏膜病变检查，早期确诊，并加以隔离。所有可疑病羊群及相邻群的大小羊紧急接种弱毒苗，为减少疫苗反应，哺育羔羊可采用免疫母羊血清或康复羊血清人工被动免疫，也可将血清与疫苗同时使用。

（3）死亡病羊及污染的饲料须焚烧或深埋，圈舍与器具用2%烧碱消毒。

七、李氏杆菌病

本病又称旋转病或青贮病，是由存在于青贮、微贮、黄贮饲草中的单核细胞增多性李氏杆菌引起牛、羊、猪与人的一种非接触性传染病；羊以脑炎和流产为特征，在使用青贮饲料的育肥羊群中普遍发生。由于本病治疗率低、死亡率高、育肥羔羊掉膘、母羊流产等常造成羊群较大的经济损失。已查明在新疆的多个地区已发生本病。

1. 病因　绵羊发病主要与使用青贮饲料有关。李氏杆菌在pH高于4.5的青贮饲料中易于生长繁殖，尤其是青贮窖内四周（pH较高）或已变质的草料中含有大量的细菌，当绵羊食入带菌青贮时经口唇黏膜或受伤的唇鼻皮肤感染。在新疆本病发生于各种年龄的绵羊，但以4～6月龄圈养的育肥羔羊最多，以早春、晚秋多发。

2. 诊断要点

（1）在以青贮、微贮、黄贮为主要饲草的圈养羊群中，陆续发生以脑炎及神经症状为主的病例时，应提示本病。

（2）病羊发病早期主要表现精神沉郁，轻度发热（39.7～

40℃），3～4 天后表现为低头呆立，行走时朝一侧方向，后躯摇摆，卧地时头颈总是偏向一侧，严重时头颈后仰，个别病羊一侧耳下垂，发病后多在 1 周内衰竭死亡。母羊在妊娠的后 1/3 期间流产。

（3）剖检病死羊，可见肝、心外膜及心耳表面有少量针头大至黄豆大灰白色或黄色坏死灶，严重时心外膜呈斑状和点状出血点，心包粘连，脑膜显著充血，脑组织有大量小点出血，脑脊液增多。

（4）取脑组织研磨置 4℃贮存 3～4 天后，可从中分离到纯的李氏杆菌，脑脊液涂片和病变脑组织涂片瑞特氏染色镜检，可见数量不等的细杆菌，稍弯曲的短杆菌。病理组织切片可见大量的单核细胞、中性粒细胞与淋巴细胞。

3. 防治

（1）制备优质青贮饲料，提高青贮饲料中酸度，是控制本病的有效方法。

（2）避免饲喂变质或窖内四周已受细菌污染的青贮饲料，可减少本病的发生。

（3）一旦发生本病，应将动物移到其他栏圈，改变饲料，尸体深埋，可制止疫病进一步蔓延。

本病治疗常难奏效。

八、母羊妊娠毒血症

本病是妊娠母羊的一种急性代谢性疾病，又称酮病、双羔病，其特征是患病母羊表现低血糖，酮尿，衰弱和休克死亡。

1. 发病原因

（1）母羊怀双羔，胎儿生长快，体内能量需求增加，代谢旺盛，精神紧张，出现低血糖。

（2）妊娠后期（最后 1 个月），饲料中能量不足（缺乏谷物），造成体内酮体蓄积聚，出现酮血症。

（3）各种应激因素：如暴风雪、长时间驱赶、运输、突然进入陌生环境、在无牧工引导下在河边饮水，并发其他疾病等，都可使怀孕母羊处于高度应激状态，最终出现低血症，造成休克和脑损伤死亡。

2. 诊断要点

（1）妊娠后 3 周母羊失明、惊厥、昏迷、运动失调者可怀疑本病。

（2）剖检可见双羔，脂肪肝（暗淡黄色，易脆）。

（3）100 毫升血液中血糖低于 25 毫克（正常为 40～60 毫克），出现酮尿。

（4）静脉注射葡萄糖酸钙无反应。

3. 防治

（1）妊娠后 2 个月补充足够的能量与蛋白质。

（2）避免各种应激。

（3）发病后灌服口服补液盐、甘油，静脉注射 25％葡萄糖溶液。

九、低钙血症

低钙血症是妊娠母羊、产后母羊及育肥羔羊的一种急性代谢性疾病，特征是病羊表现抽搐、运动失调、后肢麻痹和昏迷。

1. 病因

（1）长期饲喂缺钙饲料，尤以怀孕后期饲料中钙补充不足所致。

（2）饲料突然改变，由牧场转入育肥场的初期。

（3）剧烈运动、驱赶、运输时的禁食等。

上述原因均可导致绵羊对钙的需要量突然增加，导致血钙的降低。当 100 毫升血液中血钙降至 3～6 毫克时，出现临床症状。

2. 诊断要点

（1）妊娠后期、泌乳的前几天，育肥羊在转场到达目的地

1～3 天后表现运动失调、惊厥、昏迷者，应怀疑本病。

（2）100 毫升血液中血浆钙含量在 3～6 毫克。

（3）静脉注射葡萄糖酸钙有效。

3. 防治

（1）妊娠期母羊饲料中添加 1% 的石粉或磷酸氢钙。在运输育肥羔羊或公羊的前几天，应补充含钙饲料如苜蓿粉，或补饲含3% 的石粉精料。

（2）出现症状的绵羊可静脉注射 10% 的葡萄糖酸钙 50～100 毫升。

十、乳酸性酸中毒

本病又称饮食谷物症、蹄叶炎，是育肥期绵羊的一种急性代谢性疾病，以厌食、沉郁、跛行和昏迷、瘤胃与血液乳酸增高、红细胞比率升高、瘤胃黏膜坏死为特征，是规模化围栏育肥羊场的常发病之一。多发于由牧场放牧羊或其他农区散养地转入集中育肥场后，由于快速育肥而饲喂较多精料后发生，在新疆，多发于每年9～10 月进入育肥场的5～6 月龄羔羊。

1. 病因 育肥羊在短期内饱食玉米、大麦、麸皮、饼粕、甜菜、蔬菜、啤酒渣、发酵饲料等富含糖、淀粉质饲料，自然发酵的饲料后，造成瘤胃内分解糖类的微生物大量繁殖，使糖发酵形成大量的乳酸和乳酸盐，引起瘤胃与血液中乳酸盐含量升高，pH 下降，红细胞比率增加，导致全身性酸中毒。

2. 诊断要点

（1）育肥羊饱食上述饲料后 3～5 天内表现厌食、沉郁、跛行、黏液状腹泻，但体温正常，昏迷死亡，病程在 2～6 天者应怀疑本病。

（2）剖检死亡羊，两眼下陷，皮肤脱水、无弹性，瘤胃内容物液状、酸臭，瘤胃黏膜出血、脱落，乳头呈暗红色、坏死者，可初诊为本病。

（3）血液学检查表明，红细胞比率由正常值 27～33 上升到 40～55，血液乳酸盐水平升高至每升 10 毫克，pH 降至 7.1 以下，瘤胃 pH 下降至 4.5 以下，尿液 pH 在 5.5 以下，血涂片镜检可见红细胞变形，边缘呈锯齿状者可确定为本病。

3. 防治

（1）减少瘤胃易发酵饲料的供给量（玉米、豆粕、啤酒糟等）。进入围栏育肥场的羊群应分段逐渐增加精料比例，饲料的转换至少有 10 天的适应期。炎热季节应防止料槽内混合草料的发酵，坚持现拌、少喂、勤添。

（2）育肥初期（10 天内）应每天给清洁饮水中加入 0.6% 的碳酸氢钠（小苏打），以中和瘤胃内过量的乳酸，保持酸碱平衡。必要时，可按每千克体重加入青霉素 1 000 单位，以抑制产酸菌的大量繁殖。

（3）发病羊可于早期静脉注射碳酸氢钠溶液，或灌服口服补液盐，以利于恢复酸碱平衡。

十一、尿 结 石

本病是雄性绵羊的一种代谢性结石症，以尿道内形成矿物质结石，致使输尿管阻塞，临床表现以尿潴留及膀胱破裂为特征。本病是育肥场中公羔的一种高发病之一，在羔羊育肥中期直接引起羔羊死亡或胴体不足而紧急屠宰等造成较大经济损失。

1. 病因

（1）育肥羔羊食入 80% 以上精料如玉米、棉饼、麸皮、高粱等造成尿中磷酸镁铵和低分子量肽水平过高。

（2）饲料中钙与磷的比例在 1：1。磷与镁的含量过高。

（3）育肥期羔羊运动不足，造成排尿量减少。

上述原因使尿中肽、镁阳离子和磷酸盐阴离子结合聚集形成结石，并堵塞在 S 状弯曲和尿道突处，引起尿道和膀胱积尿，导致膀胱破裂，尿流入腹腔，最终引起尿毒症死亡。

2. 诊断要点 病羊表现不安、踢腹、少尿或无尿，腹部膨胀，病死羊腹腔或腹部皮下积尿，尿道内发现结石即可确诊。

3. 防治

（1）以谷物精料为主要日粮的育肥场，应在育肥开始时在饲料中添加1％的绵羊防尿结石专用添加剂至出栏。

（2）在配制育肥羊饲料时，应注意饲料中钙与磷的比率不能低于2：1。常发本病育肥场应控制麸皮、高粱等高磷饲料的用量。适当添加苜蓿粉或1％的氯化铵，并给予充足清洁的饮水。

（3）育肥场内设置运动场以保证羔羊每天有2～3小时的运动。

十二、食管阻塞（草噎）

食管阻塞又称"草噎"，是食管某段被食物或其他异物阻塞所引起的不能下咽的急性病症。

1. 病因 一般由于羊只过于饥饿，吃得太急，而把饲料块根、马铃薯、萝卜或未经咀嚼的干饲料阻塞在食管里。此外，还可继发于食管狭窄、食管麻痹和食管炎。

2. 诊断要点 病史常可提供可靠依据。若阻塞发生在颈部，形成肿块，可以用手触摸出来；若发生于食管的胸段，只有用胃管探诊，才能作出诊断。

3. 防治 平时应严格遵守饲养管理制度，避免羊只过于饥饿，而发生饥不择食和采食过急的现象，以致引起本病。

（1）如堵塞物位于颈部，可用手沿食管轻轻按摩，使其上行，以便从咽部取出。必要时可先注射少量阿托品以消除食管痉挛和逆蠕动，对施行这种手术极为有利。

（2）有经验的农、牧民或饲养员，常用冷水一碗猛然倒入羊耳内，使羊突然受惊，肌肉发生收缩，即可将堵塞物咽下。

（3）如堵塞物位于胸部食管，可先将2％普鲁卡因溶液5毫升和石蜡油30毫升，用胃管送至阻塞物位置，然后用硬质胃管推送阻塞物进入瘤胃。若不能成功，可先灌入油类，然后插入胃管，在打气加压的同时推动胃管，使哽塞物入胃，一般效果较好。

（4）胀气严重时，应及时用粗针头或套管针放气，防止发生死亡。

（5）在无希望取出或下咽时，需要施行外科手术将其取出。无价值施行手术时，宜及早屠宰作为肉用。

十三、羊传染性脓疱（羊口疮）

羊传染性脓疱又名羊传染性脓疱性皮炎，俗称羊口疮，是绵羊和山羊的一种急性接触性传染病，羔羊最易患病。其特征为羊口内外的皮肤和黏膜发生疾病，经过红斑、丘疹、水疱、脓疱等阶段，最后形成痂块。

1. 诊断要点

绵羊：在产羔季节内，本病容易流行。

病的潜伏期为 36～48 小时。

病变发生在硬腭及齿龈时，容易溃烂成片；发生于舌面及舌尖时，在严重病例舌尖烂掉。

痂块往往于 24 天以后脱落，长出新的皮肤，并不遗留任何瘢痕。但有继发性感染时，则恢复时间延迟，死亡率可高达 10%～20%。耐过的羊可以获得高度免疫性。

奶山羊：症状与绵羊传染性脓疱相似，但缺水疱期。

只要无其他并发病，大多数在发病 10 天以后痂块开始脱落，脱痂后皮肤新生，表面平滑，并不遗留任何瘢痕。病的全部经过为 3 周左右。

2. 防治

（1）疫苗接种　此病一旦发生，传染非常迅速，隔离往往收不到理想效果，故最好在常出现该病的羊群中施行疫苗接种。

疫苗是用病羊的疮痂制成的，通常接种部位为尾根或大腿内侧。疫苗与病部疮痂内均含有病毒，故必须小心，以防造成传染。

甘肃、青海所研制的羊口疮牛睾丸细胞苗和羊口疮细胞苗，免疫效果较好。

当羊群已发病时，疫苗的接种已无多大用处，故必须在疾病未出现之前进行接种。

（2）治疗　病轻者通常可以自愈，不需要治疗。对严重病例给疮面涂以 2%～3%碘酊、1%煤酚皂溶液、3%龙胆紫或5%硫酸铜溶液。亦可涂用防腐性软膏，如 3%石炭酸软膏或5%水杨酸软膏。

如果口腔内有溃烂，可由口侧注入 1%稀盐酸或 3%～4%的氯酸钾，让羊嘴自行活动，以达到洗涤的目的，然后涂以碘甘油或抗生素软膏。在补喂精料之前短时间内，不可用消毒液洗涤口外疮伤，否则会因疮面湿润而在吃精料时容易黏附料粒，反复如此，可使疮面越来越大，羊张口不易，采食发生困难。

十四、球 虫 病

球虫病又称出血性腹泻或球虫性痢疾。

1. 病因　本病是由原生动物球虫寄生于肠道所引起，危害山羊和绵羊。其特征是以下痢为主，病羊发生渐进性贫血和消瘦。最常见于舍饲的 1～4 月龄的羔羊和幼羊。

2. 诊断要点　根据流行病学和症状特点可作出诊断。对急性型，可采取带血粪便进行镜检，如发现有大量卵囊，即可确诊。6～12 周龄的腹泻应主要考虑胃肠道寄生虫病。

3. 防治　最好的预防是改善羊群管理。

（1）不要在湿洼地方放牧和小死水池中饮水。

（2）每天清除粪便，进行堆集生物热消毒。

（3）定期进行圈舍消毒，并洗涤母羊乳房和挤奶用具。

（4）对病羊及时隔离治疗。

（5）磺胺类药物，口服最好，因具有控制球虫和预防继发感染的双重作用。常用的是磺胺甲基嘧啶（SM2），用量为每千克体重0.1克，每日口服2次，连用1～2周。如给大批羊使用，可按每日每千克体重0.2克混入饲料或饮水中。

（6）氨丙啉，按每日每千克体重25～50毫克，混入饲料或饮水，连用2～3周。

（7）磺胺脒1份、次硝酸铋1份、硅碳银5份，混合成粉剂，按15千克体重10g用药，一次内服，连用3～4天。

（8）鱼石脂20克、乳酸2克、水80毫升，按此比例配成溶液，每只羊内服5毫升，每日2次。

十五、初生羔羊假死（窒息）

初生羔羊假死又称初生羔羊窒息。

羔羊产出时呼吸极弱或停止，但仍有心跳时，称为假死或窒息。

1. 病因

（1）接产工作组织不当，严寒天气的夜间分娩时，因无人照料，使羔羊受冻太久。

（2）难产时脐带受到压迫，或胎儿在产道内停留时间过长，有时是因为倒生，助产不及时，使脐带受到压迫，造成循环障碍。

（3）母羊有病，血内氧气不足，二氧化碳积聚较多，刺激胎儿过早地发生呼吸反射，以致将羊水吸入呼吸道。例如母羊贫血或患严重的热性病时。

2. 防治

（1）在产羔季节，应进行严密的组织安排，夜间必须有专人值班，及时进行接产，对初生羔羊精心护理。

（2）在分娩过程中，如遇到胎儿在产道内停留较久，应及时进行助产，拉出胎儿。

（3）如果母羊有病，在分娩时应迅速助产，避免延误时机而发生窒息。

如果羔羊尚未完全窒息，还有微弱呼吸时，应即刻提着后腿，使羊倒挂，轻拍羔羊胸腹部。刺激呼吸反射，同时促使口腔、鼻腔和气管内的黏液和羊水排出，并用净布擦干羊体，然后将羔羊泡在温水中，使头部外露。稍停留之后，取出羔羊，用干布片迅速摩擦身体，然后用毡片或棉布包住全身，使口张开，用软布包舌，每隔数秒钟，把舌头向外拉动一次，使其恢复呼吸动作。待羔羊复活以后，放在温暖处进行人工哺乳。

（4）若已不见呼吸，必须在除去鼻孔及口腔内的黏液及羊水之后，施行人工呼吸。同时注射尼可刹米、洛贝林或樟脑水0.5毫升。也可以将羔羊放入37℃左右的温水中，让头部外露，用少量温水反复洒向心脏区，然后取出，用干布摩擦全身。

（5）给脐动脉内注射10%氯化钙2～3毫升。治疗原理是在脐血管和脐环周围的皮肤上，广泛分布着各种不同的神经末梢网，形成了特殊的反射区，所以从这里可以引起在短时间内失去机能的呼吸中枢的兴奋。

十六、羔羊缺奶

1. 病因　常见的有母羊和羔羊两方面的原因，但有时可因人为管理不当造成缺奶。

（1）母羊

①产羔母羊不认自己的羔羊，这种现象多见于初次产羔的母羊。

②母羊无奶或奶量太少。

③母羊发生乳房炎，拒绝羔羊吃奶。

（2）羔羊　体质太弱，不能自己吃奶。

（3）管理粗放

①未将母羊乳房周围的长毛剪除，形成了较大的粪球，羔羊误认为是乳头而吸吮，主要见于绵羊。

②放牧时将羔羊丢失，致使羔羊吃不到奶。

2. 防治

（1）母羊

①母羊临产之前应剪去乳房周围的长毛。

②对认羔性能差而不让羔羊吃奶的母羊，加强人工控制，让羔羊吃奶。必要时建立哺乳间，进行单间隔离，让羔羊在母羊周围自由活动，促使认羔。一般经过半天到一天，就可纠正。

③定期检查母羊乳房，发现乳房炎及时治疗。

（2）缺奶羔羊

①尽量多次喂奶，防止一次喂量过多引起消化不良。

②为了帮助消化，可在喂奶以后，灌服助消化药物，为此可给予健儿康或胖得生1包，每日2～3次。

③加强保温。

④如发现感冒，及时治疗，防止引起支气管肺炎。

（3）加强责任心　放牧出入羊圈时，要检查羔羊数目。如回圈时发现羔羊短缺，必须及时寻找。

十七、胎粪不下（胎粪停滞）

胎粪不下又名胎粪停滞或胎粪秘结。本病在山羊羔和绵羊羔都能发生。

1. 病因

（1）由于吃不到初乳或初乳不足，尤其是初乳质量不良。

（2）羔羊体质瘦弱，肠道蠕动无力。

（3）人工喂奶不能定时、定量、定温。

（4）有时是因为羔羊发生了肠套叠。

2. 防治

（1）加强母羊怀孕后期的营养，增强羔羊体质，提高乳的质量，避免发生缺奶现象。

（2）人工喂奶时，必须做到定时、定量、定温。

（3）停止吃奶，防止症状加剧和胀气。

（4）促使粪便排出。

①用温肥皂水或 2‰食盐水进行深部灌肠。

②如果灌肠无效，可给石蜡油 5～10 毫升或一轻松（双醋酚汀）1～2 毫克，也可给小儿七珍丹 15 粒，每日一次。还可用中药番泻叶 60 克，加水 500 毫升，煮沸，再加水到 500 毫升，每只羔羊灌服 30 毫升，每日一次。

③按摩腹部，促进肠道活动。

（5）手术治疗。如诊断为肠套叠，可用手术方法整复。

十八、毛球阻塞

毛球阻塞是因为羊毛在羔羊胃内形成小球，阻塞在幽门处或小肠里而发生阻塞的一种疾病。

1. 病因

（1）由于初生羔羊体质瘦弱，维生素 A、维生素 D 和矿物元素（钙、磷等）不足或缺乏，首先发生异食癖。这种患异食癖的羔羊，经常啃食圈内泥土和母羊后腿的被毛或其他羊身上的毛，将毛咽入胃中。

（2）因未剪去母羊乳房周围的长毛，羔羊吃奶时将毛吃下去。

（3）山羊羔喜欢玩耍，在隔离人工哺乳的羔羊群中，互相舔食身上的被毛。也可因为人工喂给的奶量不足，羔羊常把其他公羔的阴囊当成奶头吸吮，而把羊毛吃下去。

2. 防治

（1）加强母羊饲养管理，提高母羊体质。

（2）给瘦弱羔羊补充维生素 A、维生素 D 和矿物元素，可加喂市售的维生素 A、维生素 D 粉和营养素（或家畜生长素），对有舐食癖的羔羊，更应特别认真补喂。

（3）母羊临产之前，应剪除乳房周围的长毛。

（4）确诊为毛球阻塞时，及时施行手术治疗，取出毛球。如果胃肠道没有发生坏死，治愈希望较大。

十九、羔羊低糖血症

羔羊低糖血症亦称新生羔体温过低，俗称新生羔羊发抖。

本病常见于哺乳期的羔羊，绵羊羔和山羊羔均可发生，其特征是羔羊表现寒战，如不救治，会很快发生昏迷而死亡。

1. 病因 初生羔羊的每 100 毫升血液中大约含有 50 毫克右旋葡萄糖，这是生后初期热能的来源。但由于以下各种原因常可使血糖迅速耗尽而发生本病。

（1）羔羊出生时过弱。

（2）对初生羊喂奶延迟，如果气温太低，而不及早喂奶供给能量，就容易引起体温下降，而发生寒战。

（3）母羊缺奶或拒绝羔羊吃奶。

（4）患有消化不良或肝脏疾病。

（5）由于内分泌紊乱。

2. 防治

（1）加强怀孕母羊的饲养管理，给予丰富的碳水化合物。

（2）给缺奶羔羊进行人工哺乳 3 升，做到定时、适量。

（3）及时治疗消化不良和肝脏疾病。

（4）首先注意保暖，将羔羊放到温暖的地方，用热毛巾摩擦羔羊全身。有条件的羊舍可设置保温箱，里面安装电灯泡和风扇。

（5）及早提供能量。可灌服 5％葡萄糖溶液，每次 30 毫升，每天 2 次。亦可每天给葡萄糖粉 10～25 克，分 2 次口服。

（6）对于重症昏迷羔羊，应予缓慢静脉注射 25％葡萄糖溶液 20 毫升，然后继续注射葡萄糖盐水 20～30 毫升，维持其含量。亦可用 5％葡萄糖溶液深部灌肠。待羔羊苏醒后，即用胃管投服温的初乳或让羔羊哺乳。人工喂给初乳时，初乳温度极为重要，如果温度不够，羔羊会表现急躁不安或拒绝吃奶。

附表

附表 1　羊体温、脉搏、呼吸及瘤胃蠕动次数

项目	体温 （℃）	脉搏 （次/分）	呼吸 （次/分）	瘤胃蠕动 （每 2 分，次）
羊	38～40	70～80	12～20	3～6
青年奶山羊	37.6～39.7	80～119	18～34	3～7

附表 2　羊血沉速度正常值

项目	红细胞沉降速度（毫米）			
	15 分钟	30 分钟	45 分钟	60 分钟
绵羊	0.2	0.4	0.6	0.8
山羊	3	8	20	30

附表 3　羊血液正常值

项目			绵　羊	山　羊
血红蛋白（克/100 毫升血液）			11.6	10.7
红细胞计数（百万个/毫米^3）			8.1（1 岁以上） 10.1（羔羊）	13.9
血小板计数（千个/毫米^3）			170～980	310～1 020
白细胞计数（千个/毫米^3）			9.0	12.0
白细胞计数比例（%）	嗜酸性粒细胞	平均数	5.0	6.0
		变动范围	(1.0～9.0)	(3.0～12.0)
	嗜碱性粒细胞	平均数	0.5	0.1
		变动范围	(0～1.0)	(0～0.2)
	中性粒细胞 幼年型	平均数	0.5	0.2
		变动范围	(0～0.5)	(0.2～0.4)
	杆核型	平均数	1.5	1.0
		变动范围	(0.5～6.0)	(0.5～5.0)
	分叶型	平均数	32.5	34.0
		变动范围	(26～52)	(29～38)
	淋巴细胞	平均数	59.0	57.5
		变动范围	(37～65)	(50～63.5)
	单核细胞	平均数	2.0	1.5
		变动范围	(1.0～6.0)	(1.0～2.2)

名　　称	预防的疫病	用法及用量说明	免疫期
无毒炭疽芽孢苗	绵羊炭疽病	绵羊颈部或后腿皮下注射 0.5 毫升。注射 14 天后产生免疫力	1 年
无毒炭疽芽孢苗（浓缩苗）	绵羊炭疽病	用时以 1 份浓苗加 9 份 20%氢氧化铝胶液稀释后，绵羊皮下注射 0.5 毫升	1 年
第Ⅱ号炭疽芽孢苗	绵羊、山羊炭疽病	绵羊、山羊均皮下注射 1 毫升。注射后 14 天产生免疫力	1 年
布鲁氏菌猪型 2 号菌苗	山羊、绵羊布鲁氏菌病	山羊、绵羊臀部肌内注射 0.5 毫升（含菌 50 亿），3 月龄以内的羔羊和孕羊均不能注射；饮水免疫时按每只羊内服 200 亿菌体计算，于 2 天内分 2 次饮服	绵羊：1.5 年 山羊：1 年
布鲁氏菌羊型 5 号弱毒冻干菌苗	山羊、绵羊布鲁氏菌病	用适量灭菌蒸馏水，稀释所需的用量。皮下或肌内注射，羊为 10 亿活菌；室内气雾羊每只剂量为 25 亿活菌；室外气雾（露天避风处）羊每只剂量 50 亿活菌。羊可饮服或灌服，每只剂量 250 亿活菌	1.5 年
布鲁氏菌无凝集原（M—111）菌苗	绵羊、山羊布鲁氏菌病	无论羊只年龄大小（孕羊除外）每只羊皮下注射 1 毫升（含菌 250 亿）或每只羊口服 2 毫升（含菌 500 亿）	1 年
破伤风明矾沉降类毒素	破伤风	绵羊、山羊各颈部皮下注射 0.5 毫升。第二年再注射 1 次，免疫力可持续 4 年	1 年
破伤风抗毒素	紧急预防和治疗破伤风	皮下或静脉注射，治疗时可重复注射一至数次。预防量：1 万～2 万国际单位；治疗量：2 万～5 万国际单位	2～3 周
羊快疫、猝狙、肠毒血症三联菌苗	羊快疫、羊猝狙、肠毒血症	成年羊和羔羊一律皮下注射 5 毫升	1 年

名　称	预防的疫病	用法及用量说明	免疫期
羊快疫、猝狙、肠毒血症三联干粉菌苗	羊快疫、羊猝狙、肠毒血症	临用前每头份干菌用 1 毫升 20%氢氧化铝胶盐水稀释，充分摇匀，无论羊年龄大小，一律肌内或皮下注射 1 毫升	1 年
羊梭菌病四防氢氧化铝菌苗	羊快疫、羊猝狙、肠毒血症、羔羊痢疾	无论羊年龄大小，一律肌内、皮下注射 5 毫升	暂定半年
羊黑疫菌苗	羊黑疫	皮下注射，大羊 3 毫升，小羊 1 毫升	1 年
羔羊痢疾菌苗	羔羊痢疾	怀孕母羊分娩前 20～30 天皮下注射 2 毫升，第二次于分娩前10～20 天皮下注射 3 毫升	母羊 5 个月，乳汁可使羔羊被动免疫
黑疫、快疫混合苗	黑疫、快疫	羊不论大小，一律皮下或肌内注射 3 毫升	1 年
羊厌氧菌氢氧化铝甲醛五联苗	羊快疫、猝狙、羔羊痢疾、肠毒血症和羊黑疫	羊无论年龄大小，一律皮下或肌内注射 5 毫升	半年
羔羊大肠杆菌病菌苗	羔羊大肠杆菌病	3 月龄至 1 岁羊，皮下注射 2 毫升；3 月龄以内的羔羊皮下注射 0.5～1 毫升	半年
C 型肉毒梭菌苗	羊肉毒梭菌中毒症	绵羊、山羊颈部皮下注射 4 毫升	1 年
C 型肉毒梭菌透析培养菌苗	羊 C 型肉毒梭菌中毒症	用生理盐水稀释，每毫升含原菌 0.02 毫升。羊颈部皮下注射1 毫升	1 年
山羊传染性胸膜肺炎氢氧化铝苗	山羊传染性胸膜肺炎	山羊皮下或肌内注射：6 月龄山羊 5 毫升；6 月龄以内羔羊 3 毫升	1 年

名　　称	预防的疫病	用法及用量说明	免疫期
羊肺炎支原体氢氧化铝灭活苗	山羊、绵羊由绵羊肺炎支原体引起的传染性胸膜肺炎	颈侧皮下注射，成羊 3 毫升，6 月龄以内羊 2 毫升	1.5 年以上
羊流产衣原体油佐剂卵黄囊灭活苗	羊衣原体性流产	注射时间，应在羊怀孕前或怀孕后 1 个月内进行，每只羊皮下注射 3 毫升	暂定 1 年
羊痘鸡胚化弱毒苗	绵羊、山羊痘病	用生理盐水 25 倍稀释，摇匀，不论羊大小，一律皮下注射 0.5 毫升。注射后 6 天产生免疫力	1 年
羊口疮弱毒细胞冻干苗	绵羊、山羊口疮病	按每瓶总头份计算，每头份加生理盐水 0.2 毫升，在阴暗处充分摇匀，采用口唇黏膜注射法，每只羊于口唇黏膜内注射 0.2 毫升，注射是否正确，以注射处呈透明发亮的水泡为准	暂定 5 个月
狂犬病疫苗	狂犬病	皮下注射，羊 10～25 毫升。如羊已被病畜咬伤时，可立即用本苗注射 1～2 次，两次间隔 3～5 天，以作紧急预防	暂定 1 年
牛羊伪狂犬病疫苗	羊伪狂犬病	山羊颈部皮下注射 5 毫升。本苗冻结后不能使用	暂定半年
羊链球菌氢氧化铝菌苗	绵羊、山羊链球菌病	背部皮下注射，6 月龄以上羊每只 5 毫升；6 月龄以下羊 3 毫升；3 月龄以下的羔羊，第一次注射后，最好到 6 月以后再注射 1 次，以增强免疫力	暂定半年
羊链球菌弱毒菌苗	羊链球菌病	用生理盐水稀释，气雾菌苗用蒸馏水稀释，每只羊尾部皮下注射 1 毫升（含 50 万活菌），半岁至 2 周岁羊减半。露天气雾免疫每只羊按 3 亿活苗，室内气雾免疫每只按 3 000 万活菌计算（每平方米 4 只羊计 1.2 亿菌）	1 年

参 考 文 献

晁生玉，张冰，张居农．2010．青海高海拔地区藏羊诱导发情技术的探讨
　　［J］．中国草食动物（5）：38－39．

陈建明，冯建忠，张居农．2009．山羊奶营养及加工工艺特性［J］．中国奶
　　牛（4）：42－45．

陈明辉，张居农，等．2007．母羊一年两产技术的生产应用效果［J］．上海
　　畜牧兽医通讯（1）：25．

陈汝新，等．1981．实用养羊学［M］．上海：上海科学技术出版社．

陈萸芳，等．1992．抗孕马血清的性质与应用研究．动物胚胎移植与有关生
　　物技术国际学术研讨会论文集．

褚云鸿．1990．生殖药理学［M］．北京：人民卫生出版社．

道良佐．1989．肉羊肥育技术［M］．北京：北京农业大学出版社．

道良佐．1996．肉羊生产技术手册［M］．北京：中国农业出版社．

董庆杰，等．1998．绵羊一年两产繁殖技术的探讨［J］．辽宁畜牧兽医
　　（1）：16－17．

董伟，等．1985．家畜的生殖激素［M］．北京：农业出版社．

范涛，等．1986．养羊技术指导［M］．北京：金盾出版社．

冯德民，等．2003．肉羊生产技术指南［M］．北京：中国农业大学出版
　　社．

冯维祺，等．1995．肉羊高效益饲养技术［M］．北京：金盾出版社．

高俊杰，刘永祥，张冰，等．野生及杂交盘羊的电刺激采精技术研究［J］.
　　中国草食动物（4）：50－52．

高俊杰，张冰，王潇，等．2011．初产杂交盘羊诱导发情处理效果的观察
　　［J］．中国草食动物（4）：44－35．

顾洪如．1993．牧草饲料作物在发展节粮型养殖业中的地位与作用．草业科
　　学（3）：47－49．

桂东城，孟智杰，张居农．2009．一种孕酮透皮缓释贴剂对母羊诱导发情效

果的观察 ［J］. 中国畜牧兽医（1）：204－205.

郭志勤, 等.1998. 家畜胚胎工程 ［M］. 北京：中国科学技术出版社.

韩建国, 等.1998. 优质牧草的栽培与加工贮藏 ［M］. 北京：中国农业出版社.

韩正康, 等.1989. 反刍家畜瘤胃的消化和代谢 ［M］. 北京：科学出版社.

何永涛, 等.1998. 羔羊培育技术 ［M］. 北京：金盾出版社.

胡万川, 等.1997. 养羊手册 ［M］. 石家庄：河北科学技术出版社.

贾志海, 等.1998. 科学养羊一月通 ［M］. 北京：中国农业大学出版社.

蒋和平.1997. 高新技术改造传统农业论 ［M］. 北京：中国农业出版社.

蒋树威, 等.1998. 畜牧业可持续发展的理论与实用技术 ［M］. 北京：中国农业出版社.

雷英鹏, 张居农.2008. 非繁殖季节绵羊诱导发情试验 ［J］. 草食家畜（1）：26－27.

李键, 等.1993. 生殖激素免疫的研究进展 ［J］. 国外兽医学—畜禽疾病（1）：1－6.

李延春, 等.2003. 夏洛莱羊养殖与杂交利用 ［M］. 北京：金盾出版社.

李志农, 等.1993. 中国养羊学 ［M］. 北京：农业出版社.

梁文星, 张居农.2009. "诱乳素"诱导空怀萨能奶山羊非繁殖季节泌乳的研究 ［J］. 中国草食动物（6）：31－32.

刘怀野, 等.1998. 畜禽塑料暖棚饲养新技术问答 ［M］. 北京：中国农业出版社.

刘守仁, 等.1996. 绵羊学 ［M］. 乌鲁木齐：新疆科技卫生出版社.

刘守仁, 等.1995. 中国美利奴羊的品系繁育 ［M］. 乌鲁木齐：新疆科技卫生出版社.

刘玺.1997. 畜禽肉类加工技术 ［M］. 郑州：河南科学技术出版社.

刘永祥, 张居农.2008.PMSG 的生物学活性及其在养羊生产中的应用 ［J］. 中国畜牧杂志（特刊）：165－169.

卢德勋, 等.1996. 科学养羊技术 150 问 ［M］. 北京：中国农业出版社.

卢德勋.1992. 计量营养学是当代动物营养学发展的前沿 ［J］. 内蒙古畜牧科学,13（1）：11－13.

鲁申, 等.1997. 山羊绒山羊皮 ［M］. 北京：中国农业大学出版社.

陆昌华，等．2007．动物及动物产品标识技术与可追溯管理［M］．北京：中国农业科学技术出版社．

陆昌华，等．2006．动物卫生经济学及其实践［M］．北京：中国农业科学技术出版社．

罗军，等．1998．肉羊实用生产技术［M］．西安：陕西科学技术出版社．

马月辉，等．1997．绒山羊高效益饲养技术［M］．北京：金盾出版社．

马月辉．1993．我国羊肉生产的前景与途径［J］．黑龙江畜牧兽医（1）：6‐8．

毛杨毅，等．2002．农户舍饲养羊配套技术［M］．北京：金盾出版社．

宁夏回族自治区农业建设委员会．1997．养羊实用技术［M］．银川：宁夏人民出版社．

潘永明，张居农．2007．山区牧场绵羊饲养管理实用配套技术的探讨．2007中国羊业进展［M］．北京：中国农业出版社．

钱元诚，等．1994．牛羊的饲料加工与利用［M］．乌鲁木齐：新疆科技卫生出版社．

三村耕．1989．家畜管理学［M］．杭州：浙江科学技术出版社．

商树歧．1998．羊［M］．北京：经济管理出版社．

邵敬於．1998．人绝经期促性腺激素的临床应用［M］．上海：上海医科大学出版社．

沈正达，等．1993．羊病防治手册［M］．北京：金盾出版社．

司建河，桂东城，张居农．2010．新疆农场肉用种公羊规模应用人工授精技术要点［J］．中国草食动物（3）：81‐82．

宋洛文，等．1997．肉牛繁育新技术［M］．郑州：河南科学技术出版社．

谭景和，等．1993．绵羊同步发情超数排卵的研究［J］．黑龙江畜牧兽医（6）：4‐6．

唐秀芝，等．1998．粮饲兼用玉米与饲料加工技术［M］．北京：科学出版社．

佟屏亚，等．1998．玉米高产实用技术［M］．北京：科学出版社．

王德荣．1997．畜禽养殖业集约化发展与环境保护［J］．天津畜牧兽医，14（2）：10‐12．

王建辰，等．1998．动物生殖调控［M］．合肥：安徽科学技术出版社．

王建辰，等．2003．羊病学［M］．北京：中国农业出版社．

王建明，等．1997．肉羊规模化饲养配套技术［M］．济南：山东科学技术出版社.

王利智，等.1990.免疫法提高绵羊繁殖力的研究［J］.中国养羊（1）：19 -20.

王天增，等.1998.怎样养好小尾寒羊［M］.郑州：河南科学技术出版社.

王伟.1996.生态农业的希望——EM［M］.北京：化学工业出版社.

王新谋，等.1997.家畜粪便学［M］.上海：上海交通大学出版社.

王新平，张居农.德国肉用美利奴羊对中、低品质新疆细毛羊改良效果的观察［J］.中国草食动物（6）：37 - 38.

王毅.1998.高效养羊短平快「M］.北京：中国致公出版社.

王正周.1992.食物链原理在畜牧业上的应用［J］.家畜生态（2）：36 - 39.

王仲士.1996.奶牛繁殖与人工授精［M］.上海：上海科学技术文献出版社.

文光华.1998.养羊窍门百问百答［M］.北京：中国农业出版社.

乌兰巴特尔.1997.畜牧业产业化初探［J］.内蒙古畜牧兽医（4）：12 -15.

夏银，等.1994.褪黑激素抗原抗体制备的研究［M］.北京：中国农业科技出版社.

谢庆阁，等.1996.畜禽重大疾病免疫防制研究进展［M］.北京：中国农业科技社.

邢廷铣.1997.食物链与农牧结合生态工程［M］.北京：气象出版社.

徐泽君，等.1997.肉羊快速育肥技术［M］.郑州：河南科学技术出版社.

杨柯，刘春环，张居农.2008.由孕马胎盘提取 PMSG 工艺的研究［J］.中国草食动物（1）：69 - 70.

杨志强.1998.微量元素与动物疾病［M］.北京：中国农业科技出版社.

叶月皎.1997.全新发展观——可持续发展我国持续畜牧业发展道路［J］.天津畜牧兽医（2）：1 - 5.

于宗贤.1995.科学养羊问答［M］.北京：中国农业出版社.

余伯良.1993.微生物饲料生产技术［M］.北京：中国轻工业出版社.

余华等.1997.褪黑激素对免疫系统的调节作用［J］.上海免疫学杂志

（1）：63 - 65.

张冰，王潇，张居农 . 2010. 转基因克隆技术在羊上应用的研究进展 ［J］.
中国奶牛（5）：19 - 22.

张冰，张居农 . 2007. 高原地区绵羊胚胎移植配套技术方案的研究 . 中国羊
业进展 ［M］. 北京：中国农业出版社 .

张春礼，张居农 . 2008. 公羊生殖保健技术在肉羊生产中的应用 ［J］. 中
国草食动物（1）：68 - 69.

张鹤亮，等 . 1998. 鸡粪饲料生产利用技术 ［M］. 石家庄：河北科学技术
出版社 .

张洪泉，等 . 1997. 性药物学与性病治疗 ［M］. 天津：天津科学技术出版
社 .

张坚中，等 . 1988. 家畜冷冻精液 ［M］. 北京：中国农业科技出版社 .

张居农，蓝烽 . 2006. 循环经济是实现我国工厂化养羊高效益的必然之路
［J］. 中国农业通报（专集）：241 - 244.

张居农，刘红，刘振国，等 . 2003. 工厂化高效养羊的羔羊直线强化育肥技
术体系 ［J］. 畜禽业（11）：30 - 31.

张居农，刘红，苗启华，等 . 2004. 调整以产毛为主的养羊生产方向，加快
西部优质肉羊生产的步伐 ［J］. 中国畜牧杂志（1）：5 - 8.

张居农，刘红，等 . 2003. 工厂化高效养羊的羔羊早期断奶 ［J］. 畜禽业
（10）：30 - 31.

张居农，刘振国，蒋学国，等 . 2000. 绵羊高效繁殖的生物工程技术 ［J］.
中国动物保健（12）：4 - 5.

张居农，张冰，卢全晟，王潇 . 2009. 重视与改善农场动物福利，发展有中
国特色的工厂化高效养羊产业 . 第十届全国畜牧业经济理论研讨会暨首
届中国畜牧业发展论坛 .

张居农，张振，阿布都喀迪尔 . 2010. 以新循环经济思想指导，加快发展我
国的工厂化高效养羊产业 ［J］. 中国草食动物（6）：52 - 55.

张居农 . 1991. 促甲状腺素释放激素和绒毛膜促性腺激素对缺奶母羊催奶作
用的试验 ［J］. 中国养羊（4）：36 - 39.

张居农，等 . 1995. 大幅度提高绵羊冷冻精液繁殖率技术设计研究 ［J］.
新疆农业科学（1）：27 - 30.

张居农，等 . 1997. 动物抑制素的分子生物学特性 ［J］. 石河子大学学报

（4）：335－340.

张居农，等.1999.非繁殖季节诱导母羊发情优选方案的研究［J］.黑龙
江畜牧兽医（4）：12－13.

张居农，等.2005.高度审视工厂化高效养羊战略思想，加速我国有机羊肉
产品生产的步伐［J］.中国畜牧杂志（4）：47－49.

张居农，等.1998.工厂化高效养羊是我国养羊业的根本出路.第三届全国
养羊学会学术研讨会.山东.

张居农，等.1998.利用同期发情技术提高山区牧场绵羊繁殖率的研究.第
三届全国养羊学会学术研讨会.山东.

张居农，等.1998.利用诱导发情技术对非繁殖季节母羊实行一年两产.第
三届全国养羊学会学术研讨会.山东.

张居农，等.1996.绵羊胚胎移植实用化技术研究［C］.第三届全国畜牧
兽医青年科技工作者学术讨论会优秀论文集.长春：长春出版社.

张居农，等.1995.绵羊胚胎移植受体同期化处理技术研究［J］.石河子
大学学报（1）：43－48.

张居农，等.1995.绵羊同期发情技术的研究［J］.中国畜牧杂志（5）：
27－30.

张居农，等.1998.绵羊同期发情技术原理与技术程序.第三届全国养羊学
会学术研讨会.山东.

张居农，等.1997.母羊导尿术及尿液早期妊娠诊断试验［J］.地方病通
报（12）：65－66.

张居农，等.2001.肉用羊超数排卵技术方案的研究［J］.中国草食动物
（专辑）：125－126.

张居农.1998.动物抑制素的作用机制与技术开发［J］.石河子大学学报
（自然科学版）（1）：81－86.

张居农.1995.复合激素制剂对绵羊同期发情作用的研究［J］.中国养羊
（1）：25－26.

张居农.2006.工厂化养羊的典型范例与经济效益探讨.2006中国羊业进展
［M］.北京：中国农业出版社.

张居农.2005.工厂化养羊实施羔羊早期断奶的效果分析［J］.当代畜牧
（5）：7－8.

张居农.1994.激素处理对提高绵羊冷冻精液受胎率作用的研究［J］.草

食家畜（1）：30－31.

张居农．1990. 激素型双羔素对提高绵羊双羔率的试验［J］．石河子农学院学报（2）：48－51.

张居农．1995. 静松灵在绵羊胚胎移植中的应用［J］．内蒙古畜牧科技（3）：45－46.

张居农．1991. 局部气候因素与母羊发情表现的关系分析．第六届全国家畜繁殖研究会学术讨论会论文集.

张居农．1985. 空怀母羊当保姆［J］．农村科技（6）：13.

张居农．1998. 利用同期发情技术提高山区牧场绵羊繁殖率的研究［C］．第三届中国养羊学会学术讨论会论文集.

张居农．1998. 利用诱导发情技术对非繁殖季节母羊实行一年两产的试验［C］．第三届中国养羊学会学术讨论会论文集.

张居农，卢全晟，等．2005. 不同 CIDR 对受体山羊同期发情处理效果的比较［J］．黑龙江动物繁殖（2）：26－27.

张居农．1996. 绵羊繁殖技术研究的策略［J］．草食家畜（1）：31－33.

张居农．1980. 绵羊精液冷冻精子生理生化研究［J］．科技通讯（3）：26－33.

张居农．1985. 绵羊精液冷冻精子生理生化研究［J］．新疆农业科学（3）：41－42.

张居农．1978. 绵羊冷冻精液精子顶体观察的研究［J］．科技通讯（2）：8－12.

张居农．1997. 免疫系统对家畜生殖功能的调节和影响［J］．石河子大学学报（1）：9－12.

张居农．1995. 母羊发情抑制的恢复试验［J］．黑龙江畜牧兽医（11）：18－19.

张居农．1986. 牵拉子宫颈深部输精对提高绵羊冷冻精液受胎率的影响［J］．新疆农业科学（4）：38－40.

张居农．1984. 牵拉子宫颈深部输精对提高绵羊冷冻精液受胎率的作用［J］．石河子农学院学报（2）：6.

张居农．1995. 三合激素对绵羊同期发情作用的研究［J］．内蒙古畜牧科技（1）：38－40.

张居农．1994. 受体管理与胚胎移植［J］．当代畜牧（6）：6－8.

张居农．1987．提高澳美公羊利用效率的研究［J］．石河子农学院学报
　　（1）：57－63．

张居农．1992．提高非繁殖季节公羊利用率的试验．中国养羊
　　（1）：22－24．

张居农．1985．新疆塔城垦区应用绵羊冷冻精液技术效果分析［C］．第三
　　届全国家畜繁殖研究会学术讨论会论文集．

张居农．1985．新疆塔里木河下游垦区应用绵羊冷冻精液效果的分析［J］．
　　中国畜牧杂志（4）：6－7

张居农．1990．畜产品加工技术［M］．乌鲁木齐：新疆人民出版社．

张居农．1997．应用氯前列烯醇对绵羊进行同期发情的试验［J］．草食家
　　畜（2）：22－27．

张居农．1984．应用生殖激素对提高绵羊冻精受胎率的作用［J］．中国养
　　羊（3）：14－16．

张居农．1996．营养对母羊排卵率的效应［J］．草食家畜（2）：27－31．

张居农．1991．用台盼蓝和固绿染色法对绵羊精液品质测试试验．新疆动物
　　学会学术讨论会论文集．

张居农．1988．诱乳素诱导母羊泌乳试验［J］．新疆农业科学
　　（1）：38－39．

张居农，岳文斌．2007．工厂化高效养羊是创造我国生态、有机与可持续肉
　　羊生产发展的必然选择．2007年中国羊业进展［M］．北京：中国农业
　　出版社．

张居农．1994．甾体避孕药对非繁殖季节母羊诱导发情作用的试验［J］．
　　新疆畜牧业（4）：24－28．

张尚德，等．1986．羊毛学［M］．西安：陕西科学技术出版社．

张信．1997．羊病数值诊断与防治［M］．天津：天津大学出版社．

张振，张居农．2010．新疆喀什地区波尔山羊发情调控技术的研究［J］．
　　中国草食动物（5）：35－36．

赵兴绪，等．2010．畜禽疾病诊断指南［M］．北京：中国农业出版社．

赵有璋．1998．积极发展世纪之交的中国养羊业［J］．科技导报
　　（10）：46－49．

赵有璋．1998．积极发展世纪之交的中国养羊业．科技导报（10）：42－49．

赵玉民．1997．发展肉羊业的意义及其限制因素和对策［J］．吉林农业科

学（2）：49-53.

周乐等.1995.家畜妊娠诊断的研究进展 [J]．国外兽医学—畜禽疾病
（3）：16.

R. J. Esslemon. 1988. 乳牛的繁育管理 [M]．上海：上海科学技术文献出版社．

C. M. Oldham. 1990. Reproductive physiology of Merino sheep concepts and consequences．

D. R. Lindsay. 1990. The Future Research into Reproduction in Sheep. Reproductive Physiology of Merino Sheep Concepts and Consequences.

Freudenberger，D. O. 1993. Effectso fimmunizationa GainST GnRH upon body growth. volumtary foodintake and plasma hormone concentration in yearling red deer stays（cerus elaphus）[J] . Agri. Sci. ，121：381-388.

George. E. 1991. training manual for embryotransfer in cattle.

R. H. Huter. 1980. Physiology and technology of reproduction in female domestic animal.

ZhanJunong. 1988. Experiment of induced lactation for empty ewe inductor of lactation FAO. Agrindex Vol ⅩⅣ. No. 12.

第二版贺词一

　　加入 WTO 后，我国的羊产品不仅要满足国内市场的要求，而且要符合国际市场的要求。只有采用生态养羊产业化的经营方式，生产的羊产品才能无污染、无药物残留，才能符合国际市场对羊产品的基本要求。

　　按照工厂化高效养羊的思想，我们与石河子大学动物科技学院的张居农教授自 2008 年开始合作，首先在山西省右玉县以山西全生现代农业发展有限公司羊场为研究基地，通过攻关、开发、研制，创立了具有中国特色的山西雁门关农村型工厂化高效养羊的模式，为做大、做强肉羊产业，扩大市场占有率，形成强大的地方产业链，提高肉羊产业的综合效益创立了典范。

　　张居农教授总结多年从事养羊生产、科研的研究成果和经验，主编撰写的《高效养羊综合配套新技术》（第二版）一书，不仅有益于在我国大力推广高效养羊配套技术，对于提高养羊业的科技含量，促进养羊业的发展也具有重要的指导作用。

　　借《高效养羊综合配套新技术》再版之际，谨向张居农教授表示热烈祝贺。

天津全生生态建设有限公司 CEO

2014 年 6 月　于天津滨海新区

第二版贺词二

　　随着社会进步与人们生活水平的提高，羊产品的安全问题日益引起人们的关注，它不仅关系到消费者的膳食安全、营养和感官需要，而且还关系到羊产品与相关产业的健康发展。工厂化养羊，正是由传统型向现代型转变时期新型产业的集中体现。

　　在《高效养羊综合配套新技术》第二版中，张居农教授从多年养羊生产、科研的成果与经验和循环经济理论出发，提出了以工厂化高效养羊加速我国养羊产业化发展进程的技术思想，并介绍了相应的高效养羊配套技术，对于在我国大力推广新技术，提高养羊业的科技含量，促进全设施养羊业的发展具有重要的指导作用。

　　北京华牛世纪生物技术研究院在北京房山、河北永清、山西闻喜、四川射洪、青海海西州、内蒙古鄂尔多斯的试验基地，与张居农教授有过长期、大量的试验合作。以人的健康为标准，在传统农业技术的基础上，应用生物工程技术，研究设施化农业；在生态场九大要素的作用下，精控植物生长和动物的繁育，以及产出物的深加工。经过多年的积累，在土壤、有机肥、植物组合、动物繁育、动物肥育的生物调控，以及在食品、保健品、药品中的运用等方面拥有诸多实用技术，取得25项国家发明专利。

　　按照工厂化高效养羊思想指导，我们从2012年开始与张居农教授在新疆、青海创立具有中国特色的工厂化高效养羊的示范基地。《高效养羊综合配套新技术》的再版，将成为我们合作的新开端。在此，谨向张居农教授表示祝贺。

北京华牛世纪生物技术研究院　院长　研究员　华子昂

2014 年 6 月

第一版贺词

养羊业是我国畜牧业的重要组成部分，在国民经济及人们生活中占有重要地位。随着农业产业结构的调整，中国的养羊业正在发生根本性的转变，正在向工厂化高效养羊的方向迅猛发展。

石河子大学动物科技学院张居农教授，在主持承担新疆生产建设兵团重大科研项目"规模化高效养羊综合配套技术研究"的同时，总结了多年从事养羊生产、科研的研究成果和经验，主编了《高效养羊综合配套新技术》一书。该书的出版，不仅有益于高效养羊配套技术在我国的大力推广，而且对提高养羊业的科技含量、促进养羊业的发展也具有重要的指导作用。

浙江医药股份有限公司是中国开发、生产避孕药和类固醇激素的大型企业之一。从 1995 年起，我们与张居农教授在开发、研制新型动物生殖免疫和发情调控制剂方面进行了卓有成效的技术合作，这也是我们为中国畜牧业发展所努力服务的开端。20 世纪50 年代中期，美国和英国的两位动物繁殖学前辈 Ian Gordon 和Min Cheuh Cheng，在动物胚胎移植、精子体外获能和绵羊生殖上的研究成果促进了当时人类避孕药的发展，而避孕药的应用也极大地促进了人们使用高效孕激素来调控绵羊生殖力技术的进一步完善。现在，对母羊的生殖调控已在国外养羊业发达的国家普遍使用。今后，我们将加强这方面的合作，为我国的畜牧业发展贡献力量。

借此书出版之际，谨向张居农先生表示最热烈的祝贺。

浙江医药股份有限公司董事长 金敦德

2001 年 6 月 20 日

图书在版编目（CIP）数据

高效养羊综合配套新技术/张居农主编 . —2 版
. —北京：中国农业出版社，2014.7
（最受养殖户欢迎的精品图书）
ISBN 978－7－109－18363－6

Ⅰ.①高… Ⅱ.①张… Ⅲ.①羊－饲养管理 Ⅳ.
①S826

中国版本图书馆 CIP 数据核字（2013）第 222385 号

中国农业出版社出版
（北京市朝阳区农展馆北路 2 号）
（邮政编码 100125）
责任编辑 黄向阳 周锦玉
———————————
中国农业出版社印刷厂印刷 新华书店北京发行所发行
2014 年 7 月第 2 版 2014 年 7 月第 2 版北京第 1 次印刷
———————————
开本：850mm×1168mm 1/32 印张：17.125 插页：2
字数：418 千字 印数：1～5 000 册
定价：39.00 元
（凡本版图书出现印刷、装订错误，请向出版社发行部调换）

夏洛来母羊

夏洛来羊（母羊与羔羊）

无角陶塞特公羊

萨福克羊母羊

内蒙古绒山羊公羊

小尾寒羊公羊

小尾寒羊母羊

中国美利奴种公羊

抓绒

B型品系后备母羊群

B型品系种公羊

阿勒泰肉用细毛羊

多浪羊公羊

南江黄羊公羊

辽宁绒山羊

波尔山羊母羊

内蒙古绒山羊

南江黄羊公羊